全国普通高等中医药院校药学类专业第三轮规划教材

中药制药工艺学

（供中药学、中药制药、药物制剂等专业用）

主　　编　王　沛　刘永忠
副 主 编　甘春丽　侯安国　李朋伟　熊　阳　王　蒙
编　　者　（以姓氏笔画为序）

丁文雅（广西中医药大学）	王　沛（长春中医药大学）
王　蒙（黑龙江中医药大学）	王优杰（上海中医药大学）
甘春丽（哈尔滨医科大学）	刘　沛（承德医学院）
刘　艳（怀化学院）	刘永忠（江西中医药大学）
刘越强（吉林省力创工程咨询有限公司）	孙　黎（安徽中医药大学）
杨岩涛（湖南中医药大学）	李明慧［哈尔滨医科大学（大庆）］
李朋伟（河南中医药大学）	李洁琳（云南明镜亨利制药有限公司）
时　军（广东药科大学）	张　烨（内蒙古医科大学）
张兴德（南京中医药大学）	陈　阳（中国医科大学）
季　春（贵州大学）	郑　琳（天津中医药大学）
郑　鑫（沈阳药科大学）	赵　鹏（陕西中医药大学）
侯安国（云南中医药大学）	唐　岚（浙江工业大学）
郭志华（长春工业大学）	惠　歌（长春中医药大学）
臧　娟（辽宁中医药大学）	熊　阳（浙江中医药大学）
颜春潮（湖北中医药大学）	

学术秘书　国　坤（江苏食品药品职业技术学院）

中国健康传媒集团
中国医药科技出版社

内 容 提 要

本教材是"全国普通高等中医药院校药学类专业第三轮规划教材"之一，依照教育部相关文件和精神，根据中药学等相关专业中药制药工艺学教学大纲的基本要求和课程特点，结合《中国药典》和相关执业考试编写而成。全书共四篇，即中药制药工艺设计前准备部分、中药制备单元操作部分、中药制剂工艺部分、通用制药辅助工艺部分，共分为十七章，是研究从中药原料、辅料的准备购置、工艺设计、执行条件、环境要求等出发，对中药制备过程进行系统的描述，同时列举了典型工艺设计的案例。本教材为书网融合教材，即纸质教材有机融合电子教材、教学配套资源（PPT、微课、视频等）、题库系统、数字化教学服务（在线教学、在线作业、在线考试），使教学资源更加多元化、立体化，促进学生自主学习。

本教材主要供全国中医药院校中药学、中药制药、药物制剂等专业使用，也可作为医药行业考试与培训的参考用书。

图书在版编目（CIP）数据

中药制药工艺学/王沛，刘永忠主编. —北京：中国医药科技出版社，2023.12
全国普通高等中医药院校药学类专业第三轮规划教材
ISBN 978 – 7 – 5214 – 3951 – 9

Ⅰ.①中…　Ⅱ.①王…　②刘…　Ⅲ.①中成药 – 生产工艺 – 中医学院 – 教材　Ⅳ.①TQ461

中国国家版本馆 CIP 数据核字（2023）第 115022 号

美术编辑　陈君杞
版式设计　友全图文

出版　**中国健康传媒集团**｜中国医药科技出版社
地址　北京市海淀区文慧园北路甲 22 号
邮编　100082
电话　发行：010 – 62227427　邮购：010 – 62236938
网址　www.cmstp.com
规格　889mm×1194mm $^1/_{16}$
印张　20
字数　480 千字
版次　2024 年 1 月第 1 版
印次　2024 年 1 月第 1 次印刷
印刷　三河市万龙印装有限公司
经销　全国各地新华书店
书号　ISBN 978 – 7 – 5214 – 3951 – 9
定价　**65.00 元**

获取新书信息、投稿、为图书纠错，请扫码联系我们。

出版说明

"全国普通高等中医药院校药学类专业第二轮规划教材"于2018年8月由中国医药科技出版社出版并面向全国发行，自出版以来得到了各院校的广泛好评。为了更好地贯彻落实《中共中央　国务院关于促进中医药传承创新发展的意见》和全国中医药大会、新时代全国高等学校本科教育工作会议精神，落实国务院办公厅印发的《关于加快中医药特色发展的若干政策措施》《国务院办公厅关于加快医学教育创新发展的指导意见》《教育部　国家卫生健康委　国家中医药管理局关于深化医教协同进一步推动中医药教育改革与高质量发展的实施意见》等文件精神，培养传承中医药文化，具备行业优势的复合型、创新型高等中医药院校药学类专业人才，在教育部、国家药品监督管理局的领导下，中国医药科技出版社组织修订编写"全国普通高等中医药院校药学类专业第三轮规划教材"。

本轮教材吸取了目前高等中医药教育发展成果，体现了药学类学科的新进展、新方法、新标准；结合党的二十大会议精神、融入课程思政元素，旨在适应学科发展和药品监管等新要求，进一步提升教材质量，更好地满足教学需求。通过走访主要院校，对2018年出版的第二轮教材广泛征求意见，针对性地制订了第三轮规划教材的修订方案。

第三轮规划教材具有以下主要特点。

1.立德树人，融入课程思政

把立德树人的根本任务贯穿、落实到教材建设全过程的各方面、各环节。教材内容编写突出医药专业学生内涵培养，从救死扶伤的道术、心中有爱的仁术、知识扎实的学术、本领过硬的技术、方法科学的艺术等角度出发与中医药知识、技能传授有机融合。在体现中医药理论、技能的过程中，时刻牢记医德高尚、医术精湛的人民健康守护者的新时代培养目标。

2.精准定位，对接社会需求

立足于高层次药学人才的培养目标定位教材。教材的深度和广度紧扣教学大纲的要求和岗位对人才的需求，结合医学教育发展"大国计、大民生、大学科、大专业"的新定位，在保留中医药特色的基础上，进一步优化学科知识结构体系，注意各学科有机衔接、避免不必要的交叉重复问题。力求教材内容在保证学生满足岗位胜任力的基础上，能够续接研究生教育，使之更加适应中医药人才培养目标和社会需求。

3.内容优化，适应行业发展

教材内容适应行业发展要求，体现医药行业对药学人才在实践能力、沟通交流能力、服务意识和敬业精神等方面的要求；与相关部门制定的职业技能鉴定规范和国家执业药师资格考试有效衔接；体现研究生入学考试的有关新精神、新动向和新要求；注重吸纳行业发展的新知识、新技术、新方法，体现学科发展前沿，并适当拓展知识面，为学生后续发展奠定必要的基础。

4.创新模式，提升学生能力

在不影响教材主体内容的基础上保留第二轮教材中的"学习目标""知识链接""目标检测"模块，去掉"知识拓展"模块。进一步优化各模块内容，培养学生理论联系实践的实际操作能力、创新思维能力和综合分析能力；增强教材的可读性和实用性，培养学生学习的自觉性和主动性。

5.丰富资源，优化增值服务内容

搭建与教材配套的中国医药科技出版社在线学习平台"医药大学堂"（数字教材、教学课件、图片、视频、动画及练习题等），实现教学信息发布、师生答疑交流、学生在线测试、教学资源拓展等功能，促进学生自主学习。

本套教材的修订编写得到了教育部、国家药品监督管理局相关领导、专家的大力支持和指导，得到了全国各中医药院校、部分医院科研机构和部分医药企业领导、专家和教师的积极支持和参与，谨此表示衷心的感谢！希望以教材建设为核心，为高等医药院校搭建长期的教学交流平台，对医药人才培养和教育教学改革产生积极的推动作用。同时，精品教材的建设工作漫长而艰巨，希望各院校师生在使用过程中，及时提出宝贵意见和建议，以便不断修订完善，更好地为药学教育事业发展和保障人民用药安全有效服务！

数字化教材编委会

主　　编　王　沛　刘永忠
副 主 编　李明慧　郑　琳　臧　娟　甘春丽　侯安国　李朋伟　熊　阳　王　蒙
编　　者　（以姓氏笔画为序）

丁文雅（广西中医药大学）　　　　　王　沛（长春中医药大学）
王　蒙（黑龙江中医药大学）　　　　王优杰（上海中医药大学）
甘春丽（哈尔滨医科大学）　　　　　刘　沛（承德医学院）
刘　艳（怀化学院）　　　　　　　　刘永忠（江西中医药大学）
刘越强（吉林省力创工程咨询有限公司）孙　黎（安徽中医药大学）
杨岩涛（湖南中医药大学）　　　　　李明慧［哈尔滨医科大学（大庆）］
李朋伟（河南中医药大学）　　　　　李洁琳（云南明镜亨利制药有限公司）
时　军（广东药科大学）　　　　　　张　烨（内蒙古医科大学）
张兴德（南京中医药大学）　　　　　陈　阳（中国医科大学）
季　春（贵州大学）　　　　　　　　郑　琳（天津中医药大学）
郑　鑫（沈阳药科大学）　　　　　　赵　鹏（陕西中医药大学）
侯安国（云南中医药大学）　　　　　徐美玲（吉林大学）
唐　岚（浙江工业大学）　　　　　　郭志华（长春工业大学）
惠　歌（长春中医药大学）　　　　　臧　娟（辽宁中医药大学）
熊　阳（浙江中医药大学）　　　　　颜春潮（湖北中医药大学）

学术秘书　国　坤（江苏食品药品职业技术学院）

前言 PREFACE

中药制药工艺学是研究药物制备原理及生产过程的一门综合性学科。随着中药制药现代化步伐的加快，对中药制药工艺水平的要求越来越高。中药制药工艺学课程设计的总体目标和指导思想也逐步向着现代化中药制药企业的制药技术改造与提高质量管理要求相结合的方向发展。根据中药制药技术的特征及其客观规律，本教材是从中药原料、辅料准备的采购、工艺过程的设计、执行条件、环境要求等方面研究入手，对中药制备过程进行了系统的描述，同时列举了典型工艺设计的案例。作为中药的工业化生产工艺，着重体现了规模化大生产的可行性和产品质量的可控性，同时兼顾了对环境保护等绿色工业化生产工艺的设计理念。

中药制药工艺学本着中医药理论与规模化大生产实践相结合的思维理念，从四个不同篇幅对中药制药工艺展开了叙述。第一篇，中药制药工艺设计前准备部分，其中包括执行中药制药工艺工作的人员，实施制药工艺操作的组织机构、场所（车间），设计中药制药工艺需掌握的中医药的"理法方药"必备知识等。第二篇，中药制备单元操作部分，其中包括中药（饮片）制剂前的各种处理（炮制加工工艺过程），中药的各种提取分离，制剂前半成品的制备工艺等。第三篇，中药制剂工艺部分，其中包括临床常用的颗粒剂、片剂、丸剂、液体制剂等剂型的中药制剂工艺。第四篇，通用制药辅助工艺部分，其中包括工业化规模生产的扩大生产问题，工业化生产工艺条件优化问题，规模化生产中工艺用水的制备、使用、质量控制等问题，制药工业化生产对环境的影响、三废治理等内容。

本教材主要供中药学、中药制药、制药工程、生物制药、药物制剂等专业使用，亦可作为制药企业新药研发及规模生产、设计制药工艺路线、筛选制药工艺条件的参考用书。

本教材在编写过程中，得到了各编委所在院校、制药企业、科研院所领导的大力支持，在此表示感谢！

由于学科的快速发展，教材中若有不足之处，敬请广大读者和同仁提出宝贵意见，以便再版时修订提高。

编　者
2023 年 10 月

CONTENTS 目录

◆ 第一篇　中药制药工艺设计前准备部分 ◆

1　第一章　绪论
2　一、中药的发展历程
2　二、中药组方与剂型
4　三、中药制药工艺学研究的目的和意义
5　四、中药新药制备工艺研究的技术要求
8　五、中药制药工艺的设计案例

11　第二章　制药前准备
11　第一节　安全意识
11　一、起火点与爆炸
12　二、火灾与疏散通道
14　三、爆炸极限及防爆原则
15　四、粉尘爆炸
17　五、粉尘爆炸的防范
17　六、粉尘治理
18　七、粉尘爆炸扑救
18　八、火灾与爆炸的防控
20　九、防静电技术
21　第二节　无菌意识
22　一、人员进入生产车间的要求
22　二、物料进入生产车间的要求
23　三、洁净车间形式
23　四、洁净厂房的设计
27　五、洁净室污染控制

29　第三章　生产技术组织及管控
30　第一节　供应部门的管控
30　一、原辅料管控
34　二、包装材料管控
35　三、成品及其他物品的管控
36　第二节　物资供应部工作职责
36　一、供应部经理岗位职责
37　二、采购员岗位职责
37　三、库房管理员岗位职责

38　四、搬运工岗位职责
38　第三节　产品生产过程的管控
39　一、生产操作人员职责
42　二、生产过程管理
44　三、产品的批号管理
45　四、生产过程
46　五、生产过程监控

49　第四章　质量监督管理
49　第一节　质量管理机构
49　一、组织机构
50　二、质量管理的实施
60　第二节　质量管理
60　一、质量部门职责
61　二、质量监控实施方法
63　三、质量改进

65　第五章　中药配伍应用
65　第一节　中药配伍问题的提出
66　一、调控药效
67　二、药物理化性质的变化
67　第二节　中药学的配伍变化
68　一、中药处方的组方原则和配伍方法
69　二、用药禁忌
71　三、中西药的配伍
73　第三节　药理学的配伍变化
73　一、拮抗作用
74　二、协同作用
75　三、增加毒副作用
75　第四节　药剂学的配伍变化
75　一、物理的配伍变化
76　二、化学的配伍变化
78　三、注射液的配伍变化

第二篇　中药制备单元操作部分

81　第六章　中药前处理工艺
81　第一节　中药前处理的原则
82　　一、天然药物的来源
82　　二、中药处理的必要性
82　　三、中药炮制的目的
85　第二节　中药处理方法
85　　一、中药材的净制
86　　二、药材的软化工艺
88　　三、饮片切制工艺
89　　四、饮片干燥工艺
91　第三节　中药炮制工艺
91　　一、炒法
94　　二、炙法
96　　三、煅法
98　第四节　中药材预处理与炮制过程的质量
　　　　　控制
98　　一、中药材、中药饮片的质量要求
102　　二、中药饮片的质量控制

105　第七章　粉碎、筛分与混合工艺
105　第一节　粉碎工艺
106　　一、粉碎过程
106　　二、粉碎机制
107　　三、粉碎原则
107　　四、粉碎方法
109　　五、中药超微粉碎
111　第二节　筛分工艺
112　　一、筛分过程与机制
112　　二、筛分目的
112　　三、药筛种类
113　　四、筛分方法
114　　五、筛分设备
115　　六、提高筛分效率的有效措施
116　第三节　混合工艺
116　　一、混合过程
118　　二、混合机制
118　　三、混合影响因素
120　　四、混合过程中的离析

120　　五、混合方法
121　　六、混合设备
121　　七、常见混合工艺问题

124　第八章　中药提取工艺
124　第一节　提取过程
124　　一、中药提取成分分类
125　　二、提取工艺研究的评价指标
125　　三、提取过程基本原理
126　　四、影响提取的因素
127　　五、常用的提取溶剂
128　　六、常用的提取辅助剂
129　第二节　传统提取方法
129　　一、煎煮法
131　　二、浸渍法
131　　三、渗漉法
134　　四、水蒸气蒸馏法
135　　五、回流提取法
135　第三节　现代提取方法
135　　一、超声波提取法
135　　二、超临界流体萃取法
137　　三、微波辅助提取法
137　　四、仿生提取法
137　　五、生物提取法
138　第四节　中药提取实例
138　　一、煎煮法提取旋覆代赭汤工艺
139　　二、小青龙合剂提取工艺
139　　三、橙皮酊的制备工艺
140　　四、桂枝茯苓胶囊提取工艺
140　　五、牛黄解毒片制备工艺

143　第九章　中药半成品制备工艺
143　第一节　中药分离与精制
143　　一、分离精制工艺技术路线的选择
144　　二、过滤分离
145　　三、沉降分离
146　　四、沉淀分离
149　　五、大孔吸附树脂技术

152　六、膜分离技术
154　第二节　浓缩干燥工艺
154　一、浓缩的分类
155　二、蒸发浓缩

156　三、蒸发浓缩设备
158　四、膜浓缩
159　五、干燥工艺

◆ 第三篇　中药制剂工艺部分 ◆

162　**第十章　颗粒剂制备工艺**
163　**第一节　中药颗粒剂概述**
163　一、中药颗粒剂的分类
163　二、颗粒剂的基本要求
164　**第二节　常用的制粒方法**
165　一、湿法制粒
171　二、干法制粒

176　**第十一章　片剂制备工艺**
176　**第一节　概　述**
176　一、片剂的分类
178　二、中药片剂的类型
178　三、片剂的质量要求
179　**第二节　片剂的辅料**
179　一、稀释剂与吸收剂
180　二、润湿剂与黏合剂
181　三、崩解剂
182　四、润滑剂
182　**第三节　片剂的制备**
183　一、湿法制粒压片法
185　二、干法制粒压片法
186　三、粉末直接压片法
186　四、片剂成型的影响因素
187　五、压片过程中可能发生的问题及解决
　　　　方法
189　**第四节　片剂的包衣**
189　一、包糖衣
190　二、包薄膜衣
191　三、包衣的方法
192　四、包衣过程中出现的问题
193　**第五节　片剂的质量控制与评价**
193　一、片剂的质量检查
193　二、片剂的质量控制
194　三、片剂的验证

196　**第十二章　丸剂制备工艺**
196　**第一节　制丸剂常用的物料**
196　一、制水丸常用的物料
197　二、制蜜丸常用的物料
198　三、制糊丸常用的物料
198　四、制滴丸常用的物料
198　**第二节　泛制法**
198　一、泛制法制备水丸的工艺
200　二、泛制法制备浓缩丸的工艺
200　三、泛制法制备糊丸的工艺
201　四、泛制法制丸常见问题与解决措施
202　**第三节　塑制法**
202　一、塑制法制备水丸的工艺
203　二、塑制法制备蜜丸的工艺
204　三、塑制法制备浓缩丸的工艺
205　四、塑制法制备糊丸的工艺
205　五、塑制法制备蜡丸的工艺
205　六、塑制法制丸常见问题与解决措施
206　**第四节　滴制法**
207　一、滴丸的制备工艺
207　二、制备滴丸常见问题与解决措施
208　**第五节　小丸的制备工艺**
208　一、包衣锅滚动法制备小丸的工艺
209　二、挤出－滚圆法制备小丸的工艺
210　三、离心造丸法制备小丸的工艺
210　四、流化床喷涂法制备小丸的工艺
211　**第六节　丸剂的包衣工艺**
211　一、丸剂包衣的种类
211　二、丸剂包衣的方法

214　**第十三章　液体制剂制备工艺**
214　**第一节　液体制剂概述**
215　一、中药液体制剂的基本要求

215　二、中药液体制剂的分类
215　三、中药液体制剂的前处理过程
215　**第二节　合剂制备工艺**
216　一、合剂的基本要求
216　二、合剂的制备工艺过程
219　**第三节　糖浆剂制备工艺**
219　一、糖浆剂的基本要求
219　二、糖浆剂的制备工艺过程
221　**第四节　煎膏剂制备工艺**
221　一、煎膏剂的基本要求
221　二、煎膏剂的制备工艺过程
223　三、举例

224　**第五节　酒剂制备工艺**
224　一、酒剂的基本要求
225　二、酒剂的制备工艺过程
226　三、举例
226　**第六节　酊剂制备工艺**
227　一、酊剂的基本要求
227　二、酊剂的制备工艺过程
228　三、举例
228　**第七节　其他液体制剂制备工艺**
228　一、流浸膏剂
229　二、露剂

◆ 第四篇　通用制药辅助工艺部分 ◆

232　**第十四章　制药用水的制备与质量控制**
232　**第一节　制药用水的质量要求**
232　一、制药用水的分类
233　二、制药用水的质量标准
235　三、《药品生产质量管理规范》对制药用
　　　　水系统的要求
236　**第二节　制药用水的制备**
236　一、纯化水的制备
241　二、注射用水的制备
244　**第三节　制药用水系统的验证**
244　一、纯化水系统的验证
246　二、注射用水系统的验证
247　**第四节　制药用水系统的运行和维护**
247　一、制药用水系统的持续监测
247　二、制药用水系统的维护

250　**第十五章　制药扩大生产工艺**
250　**第一节　实验室研究与工业生产的区别**
250　一、实验室研究阶段
251　二、中试放大阶段
251　三、工业化生产阶段
252　**第二节　放大试验的基本概念与方法**
253　一、经验放大法
253　二、相似放大法

254　三、数值模拟放大法
255　四、设计放大法
256　**第三节　制药工艺放大的研究内容**
257　一、工艺条件的进一步筛选优化
257　二、设备的选择
258　三、原辅材料和中间体的质量监控
258　四、安全生产与"三废"防治措施的研究
258　**第四节　物料衡算**
258　一、物料衡算的理论基础
259　二、物料衡算的确定
260　三、衡算指标与衡算步骤
260　四、车间总收率
260　**第五节　物料衡算实例**
261　一、年产亿粒××胶囊剂物料衡算实例
261　二、批提中药材的生产工艺设计

265　**第十六章　制药工艺的优化**
265　**第一节　工艺优化的方法**
265　一、模型法
265　二、统计法
266　**第二节　单因素试验设计**
267　一、均分法
267　二、对分法
267　三、黄金分割法

268　四、分数法

269　第三节　多因素试验设计

269　一、全面试验设计

270　二、简单比较法

270　三、正交试验设计

271　四、均匀试验设计

272　第四节　正交试验设计

272　一、正交表

274　二、正交试验设计的一般步骤

274　三、不考虑交互作用的正交试验设计

278　四、考虑交互作用的正交试验设计

281　第五节　均匀试验设计

281　一、均匀设计表

282　二、均匀设计的一般步骤

282　三、等水平的均匀设计

284　四、不等水平的均匀设计

288　**第十七章　制药工业三废治理**

288　第一节　制药工业与环境保护

289　一、制药工业对环境的污染

289　二、"三废"防治措施

290　第二节　废水治理技术

290　一、废水的污染控制指标

291　二、工业废水分类

291　三、工业废水的排放标准

292　四、废水处理原则

292　五、工业废水处理方法

295　六、生物法治理污水技术

297　七、制药工业中的废水治理

299　第三节　废气治理技术

299　一、工业废气中污染物的排放标准和环境标准

300　二、废气治理工艺流程

300　三、工业废气中污染物的防治方法

303　四、制药工业中的废气治理

304　第四节　废渣处理技术

304　一、回收和综合利用

305　二、废渣处理技术

306　三、制药工业中的废渣治理

308　**参考文献**

第一篇　中药制药工艺设计前准备部分

第一章　绪　论

PPT

◎ 学习目标

知识目标

1. 掌握　中药制药工艺学研究内容和目的。

2. 熟悉　中药制药发展历程，中药新药研发中工艺的选择原则。

3. 了解　中药制药的特点和发展历程。

能力目标　通过本章的学习，掌握中药制药工艺学研究的内容、目的和意义，熟悉中药新药研发过程中制备工艺遵循的理论依据和技术要求，了解中药的发展历程。

随着社会的发展，人们越来越关注药品给人类自身健康及生活环境带来的积极和不良的影响，自身保健、回归自然、生态保护等已成为人类生活的新追求。中药制药工艺学正是为实现人们追求自身健康的一门学科，是将中药传统的一人一方转为同一症候群人同方的学科。

中药制药工艺学是运用中医药基础理论，对中药组方（包括传统方剂和现代组方）中的药物或是天然药用物质进行分析研究，针对所含有效成分的理化特性及临床应用要求及特点，运用现代制药技术及手段来进行药物的剂型选择、制备、工艺路线的设计、工艺条件的筛选及优化，使药物的制备工艺达到科学、先进、可行，药品达到安全、有效、可控和稳定。具体细化包括对中药组方的配伍进行科学优化，合理设定生产各岗位和质量监控点，运用科学方法确定工艺参数，选择合适的制药设备，确立各项生产技术指标，建立质量控制体系和具体测试方法，同时对生产场地要求、副产品处理及环保三废等提出一系列设计方案。确保该产品顺利实现由实验室向规模化生产的转化，从而将祖国的中医药传承发展，为社会创造效益和福祉。

中药制药工艺学是综合应用现代中药学、天然药物化学、中药制剂学、中药制药工程学等学科的综合知识，利用现代中药制药的技术与手段，对中药及天然药物进行提取、分离、浓缩、干燥及制剂工艺研究的专业课程。研究方向以中药现代化为核心，围绕现代中药制药领域和生产过程的核心技术进行工艺参数设计，既要求有中药的基础理论知识储备，同时还要透彻理解中药新药研发、生产所涉及的一般规律、管理规范如《药品生产质量管理规范》和技术指导等。总之，中药制药工艺是多学科交叉、融合，需要沟通协调的制药过程中最重要的工作，中药制药工艺学是制药工程等药学相关专业人才培养的专业核心必修课程。

>>> 知识链接 •--

《药品生产质量管理规范》

《药品生产质量管理规范》（Goods Manufacturing Practices，GMP）是国家卫生管理部门为保证药品的质量，对药品生产全过程进行管理所制订的准则。GMP适用于药品制剂生产的全过程和原料药生产中影响成品质量的关键工序，对药品生产的全过程加以管理并辅以抽样检验，才能保证药品的质量。

一、中药的发展历程

药品一词，据考证首次见载于元代的《御药院方》（以宋金元三朝御药院所制成方为基础编制），书中记载御药院的职能"掌按验秘方，以时剂和药品，以进御和供奉禁中之用"。

根据现存文献考证，"本草"之名，始于西汉晚期。《汉书》之《平帝记》《郊祀记》《楼护传》均有记载，沿用至今已有两千多年之久。我国习惯以"本草"代指中药。"本"的原始意义是根，"草"则是草本植物的泛称。《墨子·贵义》有"譬若药然草之本"，算是最早以本草代指药物。韩保昇认为"按药有玉石草木虫兽，而直云本草者，为诸药中草类最多也"。陶弘景在《本草经集注》的序中论述，认为扁鹊、淳于意、仲景、胡洽等历代名医用药"皆修药性"，为"本草家意"，并引用颜光禄之言，指出"诠三品药性，以本草为主"。

在我国古代典籍中，传统药物多以"药""毒"或"毒药"称谓表述。"中药"一词，最早记载于《神农本草经》，将药物按有毒无毒分为上、中、下三品。其中，"中药一百二十种为臣，主养性以应人，无毒、有毒，斟酌其宜。欲遏病补虚羸者，本中经"。此处"中药"是一种药物分类术语，是相对"上药"和"下药"而言的，专指无毒或有毒，既能补虚又能祛邪的中品药物。

"中药"一词的广泛应用，与外来药物（尤其是西方药学）的输入直接相关。早期传入的外来药物对我国传统药学的影响并不大，而且很快被收入历代本草之中，并赋予了中医药理论体系的特有内涵，丰富和发展了我国传统药学。如《新修本草》至少收载有27种药材不是中国出产；《海药本草》收录药物所注的产地大都是外国地名。

自17～18世纪以来，随着西方医药输入日益增多，由于中西药之间有明显的差异，为便于区分，人们逐渐把中国传统药物称为"中药"。如，在清代末期"医士"考试试卷中出现过"中药"称谓；近代名医张锡纯的《医学衷中参西录》中明确提出了"中药"与"西药"的概念及其二者差异，强调"盖西医用药在局部，是重在病之标也；中医用药求原因，是重在病之本也。究之标本原宜兼顾，若遇难治之证，以西药治其标，以中药治其本，则奏效必捷，而临证亦确有把握矣"。由此可见，"中药"一词在20世纪初正式开始启用，不过在1950年之前，中医学校的教科书中和出版的药学书籍中罕有"中药"一词作为书名、学科名或机构名称，直到1950年以后，"中药"一词才大量出现在行政机构、学校、书籍、团体和会议的名称上，一直沿用至今。

"中药"一词在不同的历史时期存在不同的内涵，与各个时期社会的政治、经济、科学、文化密切相关，是系统的、科学的实践经验的总结。随着中医药理论实践的发展，其内涵不断得以丰富，形式不断得到拓展。汉代《神农本草经》记载"中药"主要用作药物的分类标准；20世纪初，"中药"是针对我国传统药物的一种称谓；目前，根据《中华人民共和国中医药法》，"中药"是指包括汉族和少数民族药在内的我国各民族药的统称。

二、中药组方与剂型

历代学者在长期医疗实践中不断继承发展，提炼总结使得中药品种日益丰富，并著之于文献，即历代本草中。至清末，经著录的本草古籍达一千余种，保存至今的也有四百余种。其中最早的药物学专著《神农本草经》作为经典之作，载药365种，为后世药学理论发展奠定了基础。魏晋南北朝以来，本草学理论不断丰富和发展，如陶弘景的《本草经集注》，极大丰富了临床用药内容，载药730种，首创沿用至今玉石、草木、虫、兽、果、菜、米食药物分类方法，初步确立综合性本草模式。唐代在全国药物普查基础上修撰的《新修本草》是我国第一部官修本草，载药 850 种，也被称为世界上第一部药典，比欧洲《纽伦堡药典》早 800 年。《本草拾遗》增收《新修本草》未载之药 692 种，二者合计收载 1542 种。宋代由国家组织撰修、雕版印刷《开宝本草》《嘉祐本草》等，使本草规范得以准确地广泛传播。

《证类本草》囊括北宋以前的本草资料，被视为本草典籍承前启后的传世之作，而《太平惠民和剂局方》被称为世界上第一部由官方主持编撰的成方制剂规范，全书共 10 卷，附指南总论 3 卷，收载大量方剂和制法，是一部流传较广、影响较大的临床方书。金元时期张元素的药物专书《珍珠囊》并创以讨论药性、注重临床为主要内容的一种本草体例。明代医药学家李时珍的《本草纲目》，收载药物已达 1892 种，其中植物药有 1094 种、动物药 443 种、矿物药 161 种、其他类药物 194 种，是我国本草史上最伟大的集成之作。清代赵学敏编著的《本草纲目拾遗》吸收了大量的外来新药和民间用药，极大地丰富了本草学内容。

在药物加工制备方面，我国古代就有专门描述炼丹、炮制、食疗等方面的专题著作。如早期炼丹术的代表作《周易参同契》《抱朴子》，对比同时期有记录的药学典籍，当时中国在制药方面已趋于领先。在中药炮制领域还有《雷公炮炙论》《雷公炮炙药性赋》《本草蒙筌》《炮炙大法》和《修事指南》等著作先后问世，对后世炮制及现在中药药材加工都有深远影响。此外，《食疗本草》对食物治疗疾病、食物鉴定颇有建树，而《饮膳正要》记载了少数民族食疗经验，并描述了蒸馏制酒法。同时，还有《履巉岩本草》《滇南本草》等一批记载地区药物的本草专书。

在药物剂型方面，我国自古以来就有药性决定剂型、从临床用药需求选择适宜剂型的论述。早在商代就有汤剂使用记载，战国时期《五十二病方》记载有丸剂、酒（散）剂，其中丸剂最为常用，出现有以酒、醋、油脂制丸的技术。在《内经》中也有汤剂、丸剂、散剂、膏剂和酒剂的记载。汉代医药学家张仲景编著的《伤寒论》和《金匮要略》总计收方剂 314 个，记载煎剂、浸剂、丸剂、剂酒剂、浸膏剂、糖浆剂、洗剂、软膏剂、栓剂及脏器制剂等十余种剂型。对处方、剂量、药料质地、生熟、加工炮制、加水量、煮取量、用法用量等均有明确规定。书中首次记载用动物胶汁、炼蜜和淀粉糊作丸剂的赋形剂，至今仍然沿用。晋朝时期葛洪著有《肘后备急方》，记载了铅硬膏、干浸膏、蜡丸、浓缩丸、锭剂、条剂、栓剂和饼剂等剂型，首先使用"成药"这一术语，并将成药、防疫药剂及兽用药剂列为专章载述。唐朝《备急千金要方》《千金翼方》所载"紫雪丹""磁朱丸""定志丸"等中成药至今仍在沿用。

中医药在宋朝迎来成药大发展时期，设立有专门的制药、售药机构（和剂局、惠民局），将制备丸、散、膏、丹等作为成药出售，是我国商业性药房之始。前文所述《太平惠民和剂局方》，收载了大量的方剂及其制备方法，其中成药 775 种，方剂 791 首，按剂型分：丸剂 290 方，汤剂 128 方，煎剂 2 方，煮散剂 26 方，散剂 233 方，膏剂 19 方，饼剂 4 方，锭剂 2 方，砂熨剂 4 方，丹剂 77 方，粉剂 1 方，其他剂型 5 方。文中对处方、合药、服饵、畏恶相反、服药食忌和药石炮制等均有专章讨论，很多方剂和制法至今仍为传统中成药制备所沿用，被称为世界上第一部中药制剂规范。《本草纲目》记载方剂 11096 首，而剂型近 40 种，除丸散膏丹常用剂型外，尚有油剂、软膏剂、熏蒸剂、曲剂、露剂、喷雾剂等，它不仅是我国本草学中一部享有世界声誉的巨著，在方剂学、药剂学等多学科领域中都有重大贡献。在成方拟定上，中药处方是以中医理论为指导，遵循辨证施治、方剂组成、药性配伍、药物用量、药物炮制等原则，按"理法方药"对症拟定处方。中药处方分为经方、古方、时方、验方与医师处方。当某一张处方制成一定剂型，证明有效并定型后则称"成方"。中药方剂从古至今出现过十余万种，有相当数量已被淘汰，现在仍应用的约有数千种。这些方药是我们取之不尽用之不竭的宝藏，是历代医家在中医理论指导下，在临床实践中抽提出来的宝贵经验，是经过了数千人乃至数十万人临床实践才凝结出来的瑰宝。

在给药途径方面，战国时期除用药外敷和内服外，还存在有药浴、熏、熨等法；到东汉时期，给药途径就多达几十种，如洗身法、药摩法、含咽法、烟熏法、灌肠法等。这些给药方法在后世都得到了保留并有进一步的发展。

随着 19 世纪中期化学、生物学、医学等现代科学的发展，逐步形成的现代制药工业体系也影响和推动着中药制药工业的发展。而中药制剂和西药制剂不同，有它的特殊性，除制备工艺是在中医药理论指导下进行，药材需经加工或炮制成饮片，利用现代化学方法提取中药材中的有效成分，再依处方制成制剂。随着社会的不断进步，也要求中药制备工艺应尽可能采用新技术、新工艺、新辅料、新设备，以提高中药制剂研究水平，提高中药质量控制，保证药物质量，从而促进中医药的国际化。

>>> 知识链接 o--

中药饮片

根据《中国药典》定义，"饮片是指经过加工炮制的中药材，可直接用于调配或制剂"。管理意义上的饮片是指"根据调配或制剂的需要，对经产地加工的净药材进一步切制、炮炙而成的成品"。中药材和中药饮片，在来源、部分性状和鉴别反应是相同的，在处方应用、加工方法和监管方法上是不同的。其中定义中提及的再加工炮制包括挑拣、浸泡、切制、蒸、炒、炙、煅等工艺步骤。

--•

三、中药制药工艺学研究的目的和意义 📱微课

中药制药工艺学研究的目的是完成由实验室产品向工业化产品的转化，把新药的研究成果转化为制药企业建设的计划并付诸实施。运用工业化大生产的理念将实验室的药物生产工艺逐级地由中试放大到规模化大生产的相应条件，在工艺筛选中设计出最合理、最经济的生产流程，根据产品的档次和质量要求，筛选出合适的装备，设计出各级各类的参数，同时选定合适生产环境，布置车间、配备各级各类的生产设施，建立质量监控条件和检验、化验指标及自动化仪表控制环节，同时涵盖其他公用工程设施，最终使该制药企业得以按预定的设计期望顺利投入生产，制备合格产品。

中药制剂工艺是按照中医药的整体观和辨证论治等理论来研究生产和应用的综合性学科，当处方确定后，首先要进行与质量研究相结合的制备工艺的研究，在具有稳定的工艺后，才能制备出质量可靠、疗效确切的药品，并保证其在药理、毒理、临床、质量标准及质量稳定性研究中获得可靠的结果，工艺不合适会直接影响临床疗效，工艺不稳定会影响质量标准研究和各项实验的结果。例如，有些中药的有效成分在水中溶解度小而不易溶出，煎煮时间太短，就会造成提取不完全，有效成分仍大量存留于残渣中；也有些中药主要有效成分遇热不稳定，却采用长时间加热提取、浓缩、干燥，使有效成分遭到破坏；再比如有些中药材的有效成分在醇中不溶，却采用水煎醇沉的工艺，使有效成分在高浓度醇中被大量沉淀而损失；有些方药如连翘散等有效成分为挥发油，采用较长时间水煎煮的提取方法，使挥发性成分大量逸失。以上举例都说明不合适的制药工艺会直接影响制剂的临床疗效，而合适的制药工艺是药物疗效的根本保证。

中药制药与化学药物以分子为核心，从成分的理化性质、构效、量效关系来研究制剂相比较，具有明显的差别，其工艺路线更长、更复杂、更不易组织规模化现代化大生产。中药的化学成分的物质观和化学药的化学成分物质观是不一样的，不能以分子药物论来看待中药成分，而必须结合中医药的理、法、方、药的传统理论来认识中药的成分，用某种成分作"有效成分"来研究中药的疗效是不全面的，容易以偏概全。例如中药制药过程中不能用人参皂苷、熊去氧胆酸、麻黄碱、小檗碱等代表人参、熊

胆、麻黄、黄连的疗效。多味中药组成的复方，按中医理论的组方原则进行配合，不是简单的各味药的加减。如由附子、干姜、甘草三味中药组成的四逆汤，具温中逐寒、回阳救逆之效，有显著而持久的强心作用，其毒性比单味附子的毒性小 4.1 倍。单用附子强心，作用既不明显又不持久，且毒性大。以经方厚朴三物汤、小承气汤、厚朴大黄汤，药材组成一样名不一样，君药不一样，而主治证就不一样，也就是说三者作用靶点不同，若用现代药学理论反推回去自然是入血的化学成分出现不同。再比如砒霜在我国古代是毒药，现代临床经验和药理研究已经证实三氧化二砷抗肿瘤作用。现代中医药发展既离不开中医药理论做基础，也要灵活运用现代科学技术，理论和实践相结合，传承精华、守正创新来推动中医药现代化、产业化。

总之，对中药制剂的化学成分的认识要立足于中药整体综合作用的特点，不能简单拿化药的理论套用。比如在《中药新药研究指南》中工艺设计原则要求，一般工艺设计按中医药理论和临床治疗作用的要求，分析处方的内容和复方各药味之间的关系，参考各药味所含成分的理化性质及药理作用的研究结果，根据与治疗作用相关的有效成分或有效部位的理化性质，结合剂型制备上的要求，进行提取和制剂工艺路线的设计和筛选。如某些具有活血化瘀作用的药物，根据其理化性质的研究结果，已知其活血化瘀的有效部位为水溶性，因此，工艺设计可以其水溶性成分的提取为主；又如某些具有健脾作用的药物，根据其药理作用的研究结果，其健脾作用与其增强胃肠运动的功能相关，则可利用其增强胃肠运动功能的作用为指标，作为筛选最佳工艺路线的依据。

在继承和发扬我国中医药优势和特色的基础上，充分利用现代科学技术的理论、方法和手段，借鉴国际认证医药标准和规范，研究、开发、管理和生产以现代化和高科技为特征的安全、高效、稳定、可控的现代药品。目前中药企业产值逐年增大，占我国制药工业总产值 1/5 以上，中成药品种多而全，已成为我国临床用药的主力军。中药未来发展趋势应该以创新药物的研制为主力军，同时兼顾传统中成药的二次开发，鼓励中药新剂型开发中大量运用新技术、新剂型、新辅料，提升中药企业竞争力，在继承和创新中逐步实现中药现代化，加速中医药与国际医药市场接轨。

四、中药新药制备工艺研究的技术要求

中药新药研究是一项涉及药学、药理、毒理、临床等多学科研究的系统工程。药学研究主要包括处方药味及其质量、剂型、生产工艺、质量研究及质量标准、稳定性等研究内容。中药新药研究应在中医药理论指导下，根据中药特点、新药研发的一般规律及不同研究阶段的主要目的，开展针对性研究，落实药品全生命周期管理，促进中药传承与创新，保证药品安全、有效、质量可控。

中药新药研究中遵循的一般原则包括：遵循中医药理论指导，尊重传统经验和临床实践，鼓励采用现代科学技术进行研究创新；符合中药特点及研发规律，充分认识中药的复杂性、新药研发的渐进性及不同阶段的主要研究目的，分阶段开展相应的研究工作，体现质量源于设计理念，注重研究的整体性和系统性，提高新药的研发质量和效率，促进中药传承和创新发展；践行全生命周期管理，加强药材、饮片、中间体、制剂等全过程的质量控制研究，建立和完善符合中药特点的全过程质量控制体系，并随着对产品认知的提高和科学技术的不断进步，持续改进药品生产工艺、质量控制方法和手段，促进药品质量不断提升。

制备工艺是中药新药研究的一个重要环节。中药制备工艺研究应以中医药理论为指导，对方剂中药物进行方药分析，应用现代科学技术和方法进行剂型选择、工艺路线设计、工艺技术条件筛选和中试等系列研究，并对研究资料进行整理和总结，使制备工艺做到科学、合理、先进、可行，使研制的新药达到安全、有效、可控和稳定。制备工艺研究应尽可能采用新技术、新工艺、新辅料、新设备，以提高中药制剂研究水平。

目前国家层面有关中药制剂生产工艺研究的技术要求可参考两部分指导原则，一是《中药复方制剂生产工艺研究技术指导原则（试行）》，另一个是《基于人用经验的中药复方制剂新药药学研究技术指导原则》。

（一）中药复方制剂生产工艺研究技术指导原则

开展以中药饮片为原料的中药复方制剂生产工艺研究应在中医药理论指导下，根据临床用药需求、处方组成、药物性质及剂型特点，尊重传统用药经验，结合现代技术与生产实际进行必要的研究，以明确工艺路线和具体工艺参数，做到工艺合理、可行和药品质量均一、稳定、可控，保障药品的安全、有效。2020 年 11 月颁布的《中药复方制剂生产工艺研究技术指导原则（试行）》中明确了制剂生产工艺研究内容涵盖：前处理研究、提取纯化与浓缩干燥研究、成型研究、包装选择研究、中试研究、商业规模生产研究、工艺验证等。

由于中药复方组成复杂、化学成分众多以及存在多靶点作用等特点；不同处方药味组成不同，相同的药味针对不同的适应证和临床需求，可能需要采用不同的处理工艺；制剂制备工艺、技术与方法繁多，新技术与新方法不断涌现；不同的制备工艺、方法与技术所应考虑的重点，需进行研究的难点，要确定的技术参数，均有可能不同。因此中药复方制剂生产工艺的研究既要遵循中医药理论，尊重传统用药经验，又要遵循药品研究的一般规律，利用现代研究成果，在分析处方组成和各药味之间的关系、各药味所含成分的理化性质和药理作用的基础上，结合制剂工艺和生产实际、环保节能等要求，综合应用相关学科的知识，采用合理的试验设计和评价指标，开展相关研究。鼓励采用符合产品特点的新技术、新方法、新辅料。中药复方制剂生产工艺研究的基本原则及要求如下。

1. 尊重传统用药经验　中药复方制剂的研究是基于中医药对生命、健康、疾病的认识，是以既往古籍及现代文献记载以及实际临床应用过程中的研究探索和数据积累为基础的。中药复方制剂工艺研究应遵循中医药理论，尊重传统用药经验。因此前期的文献研究工作越系统、深入，临床应用中积累的数据越充分，越能更好地把握研究的核心和重点。

2. 质量源于设计　中药复方制剂研究应基于"质量源于设计"的理念。中药复方制剂工艺研究初期就应以临床价值为导向，在了解药物配伍、临床应用等情况的基础上，设计工艺路线和药物剂型，通过试验研究，理解产品的关键质量属性和量质传递，确定关键工艺参数；根据物料性质、工艺条件等，建立能满足产品质量设计要求且工艺稳定的设计，如确定工艺参数控制范围等，并根据设计空间，开展质量风险管理，确立质量控制策略和药品质量标准体系。

3. 整体质量评价　中药复方制剂生产工艺研究中的评价应体现复方整体质量特性。应结合复方中药的特点，从临床应用情况、组方配伍、所含的化学成分、药理药效等方面选择适宜的评价指标。关注与药品安全性及有效性的相关性。工艺研究选择的指标应该是全面、科学、客观，并尽可能是可量化的，能够客观反映相关工艺过程的变化，能够反映药物质量的整体性、一致性和药效物质的转移规律，保证工艺过程可控。应建立中间体/中间产物和工艺动态过程控制评价指标及判断标准。应建立环境友好、成本适宜的生产工艺，并作为质量评价指标。生产工艺与生产设备密切相关，应树立生产设备是为药品质量服务的理念，生产设备的选择应符合生产工艺的要求。

4. 工艺持续改进　为保证产品质量的均一稳定，中药复方制剂工艺持续改进具有重要意义。各研究阶段确定的工艺路线和工艺参数，由于工艺条件、批量规模等因素的影响，会有一定的局限性。因此一般需要通过扩大生产规模进行验证和改进，上市前应进行商业规模的生产条件验证，确定生产工艺和工艺参数。中药复方制剂新药生产工艺研究中，工艺路线、关键工艺参数不变的前提下，工艺优化研究工作可在确证性临床试验前进行。上市前各研究阶段及上市后的工艺改进研究，可参照相关指导原则。

（二）基于人用经验的中药复方制剂新药药学研究技术指导原则

人用经验是中医药理论、人用经验和临床试验相结合的中药注册审评证据体系（以下简称"三结合"中药注册审评证据体系）的重要组成部分，是在临床实践过程中积累形成的，可用于支持中药复方制剂新药的研发，其中人用经验应是高质量的中医临床实践的科学总结。

1. 基本要求　人用经验所用药物的药学研究应基于中医临床实践，明确药学关键信息，其中包括处方药味（药材基原、药用部位、炮制等）及其用量、辅料、制备工艺、剂型、用法用量等。以人用经验作为注册审评证据的中药复方制剂新药，应与人用经验所用药物进行对比研究，处方药味（包括药材基原、药用部位、炮制等）及其用量、工艺路线、剂型、用法用量等应一致。若工艺参数、生产规模、辅料等发生改变，应进行支持相关改变的桥接研究。在中医临床实践中应注意收集整理人用经验所用药物的药学关键信息，做到信息应明确并可溯源。

2. 主要内容　人用经验所用药物的药学研究内容，包括但不限于药材/饮片、制备工艺、质量研究及质量标准（如适用）、稳定性研究（如适用）等。基于人用经验的中药复方制剂新药申请注册时，应根据《中药注册分类及申报资料要求》研究完善药学内容。

（1）处方　明确人用经验所用药物的处方药味（包括药材基原、药用部位、炮制等）及其用量。申请注册的中药复方制剂新药的上述信息应与人用经验所用药物一致，并明确药材产地、药材及饮片的质量控制要求等，保证药材、饮片质量相关信息可追溯。

（2）制备工艺　明确人用经验所用药物的工艺路线及关键工艺参数。申请注册的中药复方制剂新药上述信息应与人用经验所用药物基本一致。如工艺参数、生产规模、辅料种类及其用量等发生改变，可参照相关规定如《已上市中药药学变更研究技术指导原则（试行）》进行研究、评估，一般不应引起药用物质基础和吸收利用的明显改变。除已获批准的制剂（如医疗机构中药制剂）外，人用经验所用药物的制备工艺应是能够反映中医临床实践的传统工艺。

>>> **知识链接** ○- -

传统中药制剂

医疗机构应用传统工艺配制中药制剂（简称传统中药制剂）包括：中药饮片经粉碎或仅经水或油提取制成的固体（丸剂、散剂、丹剂、锭剂等）、半固体（膏滋、膏药等）和液体（汤剂等）传统剂型；中药饮片经水提取制成的颗粒剂以及由中药饮片经粉碎后制成的胶囊剂；由中药饮片用传统方法提取制成的酒剂、酊剂。

- -●

（3）剂型　中药复方制剂新药的剂型应与人用经验所用药物一致。如发生改变，应研究、评估对药物有效性、安全性的影响。一般情况下，临床使用汤剂、合剂的，申请注册的中药复方制剂新药可以制成颗粒剂。

（4）质量研究及质量标准　人用经验所用药物的质量应满足临床需求，保证质量基本可控。应基于中药质量控制特点，对中药复方制剂新药进行质量研究，并从药材、饮片、制剂工艺等全过程加强质量控制研究，明确所用药材、饮片、中间体及制剂的质量标准，提高质量可控性。

（5）稳定性　根据中药复方制剂新药稳定性研究结果，拟定有效期、贮藏条件、直接接触药品的包装材料和容器。若中药复方制剂新药与人用经验所用药物处方药味及其用量、制备工艺及关键工艺参数、辅料种类及用量、剂型、规格、直接接触药品的包装材料等一致，人用经验所用药物的稳定性研究数据可以作为申请注册的中药复方制剂新药有效期的支持性数据。

（6）桥接研究 在中药复方制剂新药与人用经验所用药物的处方药味（包括药材基原、药用部位、炮制等）及其用量、工艺路线、给药途径、日用饮片量一致的前提下，若工艺参数、生产规模、辅料等发生改变，应根据具体情况进行桥接研究评估，可采用合适的指标（如干膏率、浸出物/总固体、指标成分的含量、特征/指纹图谱等）进行对比分析，并提供支持相关改变的桥接研究资料。

五、中药制药工艺的设计案例

中药制药工艺的设计通常针对的是中药复方制备的工艺，中药制剂传统的剂型有汤剂、丸剂、散剂、膏剂等，我们以手工（小作坊）制备工艺改为工业化规模生产的案例来说明中药制药工艺设计的思路和具体操作方法。

案例设计的目的是适应工业化规模生产要求。具体操作方法是将传统手工制丸改为工业化的泛制法制作，以处方中的有效成分的高效液相色谱法测定的含量为制备成品的考察指标，以临床疗效总有效率为最终考核指标，同时比较处方中的辅料用量、制备时间、工作量等因素。

（一）传统工艺制法

将处方中的部分中药（普通中药）加入提取装置加水浸泡30分钟，按煎煮法提取2次，第1次1.5小时，第2次1小时；浓缩成浸膏。将当粉碎的中药（例如儿茶、硼砂等）粉碎成细粉并与当研磨成细粉的中药（例如冰片、麝香等）混匀后，加入50～60℃浓缩浸膏中和坨，手工搓条，剪条成丸，搓圆，上水打光，阴干即得，具体流程见图1-1。

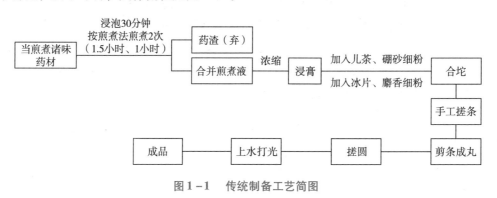

图1-1 传统制备工艺简图

传统工艺中，药粉和浸膏的比例只能凭经验予以控制，合坨、制丸工序全手工操作，同时还要保证药料温度控制在28～35℃，手工操作药料损耗大，成品率及生产效率都较低下，难以工业化生产。

（二）改进后的工艺

将处方中的部分中药（中药饮片）加入提取装置加水浸30分钟，加热回流提取挥发油后，挥发油分离另器存放，中药继续热回流提取2.5小时后，取回流提取液浓缩至相对密度约1.20，然后加入医用乙醇醇沉，静置24小时后，滤过，取滤液减压浓缩回收乙醇得浸膏适量。将当粉碎的中药（例如儿茶、硼砂等）粉碎成过7号筛的细粉，加入50～60℃浓缩浸膏后和坨、炼药、阴干。将阴干的药坨粉碎成过4号筛的药粉，与当研磨成细粉的中药（例如麝香等）研磨成细粉后与之混匀，并分成5号筛和能过4号筛而不能过5号筛的药粉。再将水不溶性成分（例如冰片等）溶于乙醇，再取能过4号筛而不能过5号筛的药粉适量，用乙醇体积分数为70%～90%配制水不溶性成分乙醇溶液，在糖衣机内喷雾起模，然后用过5号筛的药粉加大，随药丸的增大，乙醇体积分数逐步降低，至规定大小后喷入挥发油，阴干（控制湿度60%以下），紫外线照射灭菌，分装即得，具体流程见图1-2。

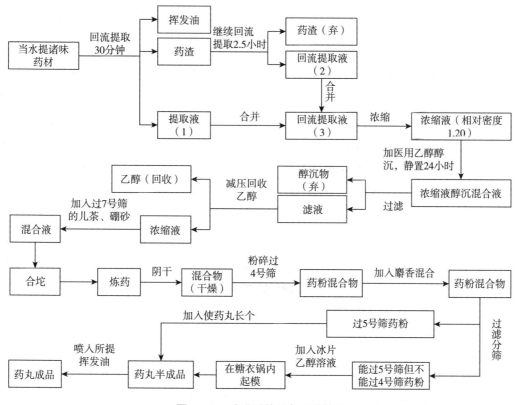

图 1-2 改进后的制备工艺简图

（三）制备成品的考察指标

表 1-1 传统工艺中指标成分含量（mg/kg）

批号	儿茶素	表儿茶素
080915	15.33	2.58
080927	15.57	2.62
081018	14.98	2.53
081104	15.11	2.54
081125	15.49	2.60

表 1-2 改进工艺后指标成分含量（mg/kg）

批号	儿茶素	表儿茶素
080918	16.55	2.80
081011	17.02	2.89
081028	16.93	2.91
081111	17.15	3.01
081102	17.48	3.12

（四）临床疗效总有效率

表 1-3 两组不同工艺制剂临床疗效观察结果

组别	例数	显效	有效	无效	总有效率/%
传统工艺组	96	40	39	17	82.29
改进工艺组	96	41	39	16	83.33

（五）结果分析

用高效液相色谱仪，进行儿茶素、表儿茶素的含量测定显示，改进工艺方法制备样品中儿茶素和表儿茶素总含量百分比高于传统工艺制备的样品。对两种工艺制备的丸剂进行临床疗效观察，两组疗效无显著差异。

（六）结论

将水不溶物直接溶于乙醇后作为赋形剂泛丸，缩短制备时间，降低工作量和损耗，操作更简便。改进工艺中将传统工艺中损失的中药材中的挥发油予以保留并加入丸剂中。且主药儿茶中的儿茶素和表儿茶素含量高于传统工艺所制备，生产效率高，符合现代制药要求，制备的成品质量均一、可控、临床疗效可靠，可作为规模生产工艺。

目标检测

答案解析

一、选择题

1. GMP 是指（　　）
   A. 药品生产质量管理规范　　　　　　　　B. 药品经营质量管理规范
   C. 中药新药注册审批管理办法　　　　　　D. 标准操作规程

2. 基于一般制药原则，浓缩药液的重要手段是（　　）
   A. 水提取醇　　　　B. 蒸发　　　　C. 液液萃取　　　　D. 树脂吸附

3. 防止工业污染最根本的措施是在（　　）降低"三废"造成的危害。
   A. 中试生产阶段　　B. 小试及预生产阶段　　C. 大生产过程中　　D. 生产后处理中

4. 被称为世界上第一部由官方主持编撰的成方制剂规范是（　　）
   A. 《太平惠民和剂局方》　　　　　　　　B. 《本草拾遗》
   C. 《雷公炮炙论》　　　　　　　　　　　D. 《伤寒论》

5. 不属于传统中药制剂的是（　　）
   A. 散剂　　　　B. 膏剂　　　　C. 酊剂　　　　D. 片剂

二、简答题

1. 中药制药工艺学的主要研究内容有哪些？
2. 中药制药工艺研究的目的是什么？
3. 基于人用经验的中药复方制剂新药药学研究的基本原则有哪些？
4. 传统中药剂型有哪些？
5. 举例说明中药的化学成分的物质观和化学药的化学成分物质观的差别。

书网融合……

思政导航　　　　　本章小结　　　　　微课　　　　　题库

第二章　制药前准备

PPT

◎ 学习目标

知识目标
1. **掌握**　制药前准备（岗前培训）的内容，即安全和无菌意识包括的具体内容。
2. **熟悉**　安全意识中的起火点与爆炸的条件及各种安全隐患的防范措施。
3. **了解**　洁净厂房的设计中的各种洁净车间形式的设计要求。

能力目标　通过本章的学习，能够掌握制药前需要进行的岗前培训内容。

　　在任何生产过程中，保障操作人员安全、生产设备和设施的顺利运转，都是企业生产过程中的第一要务。近年来，中药制药工业持续高速发展，必须充分认识安全对于中药制药工业生产的重要性。制药安全生产是指在药品生产活动中，为避免造成人员伤害和财产损失，而采取相应的事故预防和控制措施，以保证从业人员的人身安全，保证生产活动得以顺利进行的相关活动。由于药品生产工艺的复杂性，决定了药品在生产过程中存在着大量的安全隐患，避免和减少这些事故的发生就成了中药制药企业生产中的重要任务之一。

　　在中药制药过程中，除了需要有安全意识外，由于药品生产的特殊性，还要引入洁净生产技术，在中药制药过程中加强质量意识，采取 GMP 验证与认证的方法，来保证药品的生产质量。

≫ 第一节　安全意识

　　所谓安全意识，就是在操作者头脑中建立起来的生产必须安全的观念。是人们在生产活动中，对各种各样可能对自己或他人造成伤害的外在环境条件的一种戒备和警觉的心理状态。由于药品生产工艺的复杂性，药品在生产过程中存在着大量的安全隐患，为避免造成人员伤害和财产损失，而采取相应的事故预防和控制措施，以保证从业人员的人身安全，保证生产活动得以顺利进行的相关活动。

一、起火点与爆炸

　　中药制药企业为创造安全生产的条件，必须采取各种措施防止火灾与爆炸的发生。中药制药企业的安全防火要根据生产过程中的使用情况来定。诸如中药材的加工及贮存、中间产品、成品的物理化学性质和数量的多少，发生火灾爆炸危险程度的性质以及建筑结构的特点来进行防火设计。

（一）燃点与自燃点

　　某一物质与火源接触而能着火，火源移去后，仍能继续燃烧的最低温度，称为它的燃点或着火点。

　　某一物质不需火源即自行着火，并能继续燃烧的最低温度，称为它的自燃点或自行着火点。同一种物质的自燃点随条件的变化而不同。主要影响因素是压力与可燃气体和空气混合物的组成，压力对自燃点有很大影响，压力越高，自燃点越低。因为自燃点是氧化反应速度的函数，而系统压力是影响氧化速度的因素之一。可燃气体与空气混合物的自燃点，随其组成改变而不同。大体上是混合物组成符合等当量反应计算量时，自燃点最低；空气中氧的浓度提高，自燃点亦降低。

（二）闪点

液体挥发出的蒸气与空气形成混合物，遇火源能够闪燃的最低温度，称为该液体的闪点。液体达到闪点时，仅仅是它所放出的蒸气足以燃烧，并不是液体本身能燃烧，故火源移去后，燃烧便停止。两种可燃液体混合物的闪点，一般介于原来两种液体的闪点之间，但常常并不等于由这两组分的分子分数而求得的平均值，通常要比平均值低 1 ~ 11℃。具有最低沸点或最高沸点的二元混合液体，亦具有最低闪点或最高闪点。

燃点与闪点的关系，易燃液体的燃点约高于闪点 1 ~ 5℃，而闪点越低，二者相差愈小。可燃液体的闪点在 100℃ 以上者，燃点与闪点相差可达 30℃ 或更高，而苯、乙醚、丙酮等的闪点都低于 0℃，二者相差只有 1℃ 左右。因此，对于易燃液体，因为燃点接近于闪点，所以在估计这类易燃液体的火灾危险性时，可以只考虑闪点而不考虑其燃点。

（三）爆炸

物系自一种状态迅速地转变成另一种状态，并在瞬息间以机械功的形式放出大量能量的现象，称为爆炸。爆炸亦可视为气体或蒸气在瞬息间剧烈膨胀的现象。根据爆炸的定义，爆炸可分为物理性爆炸和化学性爆炸两大类。物理性爆炸是由于设备内部压力超过了设备所能承受的强度而引起的爆炸，其间没有化学反应。化学性爆炸分为：简单分解的爆炸物爆炸、复杂分解的爆炸物爆炸、爆炸性混合物爆炸等三类。

二、火灾与疏散通道

火灾是指在时间或空间上失去控制的燃烧所造成的灾害。在各种灾害中，火灾是最经常、最普遍地威胁公众安全和社会发展的主要灾害之一。

疏散通道是指实施营救和被困人员疏散的通道，是引导人们向安全区域撤离的专用通道。疏散通道的作用在各种险情中都起到了不可低估的作用，例如发生火灾时，可以引导人们向不受火灾威胁的地方撤离。

（一）发生火灾的主要原因

火灾发生的原因很复杂，一般可归纳为：①外界原因。如明火、电火花、静电放电、雷击等。②物质的化学性质。如可燃物质的自燃，危险物品的相互作用等。③设计或管理中的原因。如设计错误，不符合防火或防爆要求；设备缺少适当的安全防护装置，密闭不良；操作时违反安全技术规程；生产用设备以及通风、采暖、照明设备等失修与使用不当等。

（二）生产的火灾危险性分类

生产的火灾危险性是按照在生产过程中使用或产生的物质的危险性进行分类的；可分为甲、乙、丙、丁、戊五类（表 2 - 1），以便在生产工艺、安全操作、建筑防火等方面区别对待，采取必要的措施，使火灾、爆炸的危险性减到最小限度，一旦发生火灾爆炸时，将火灾影响限制在最小范围内。

1. 可燃气体采用爆炸下限分类 爆炸下限 <10% 为甲类；爆炸下限 ≥10% 为乙类。受到水、空气、热、氧化剂等作用时能产生可燃气体的物质，按可燃气体的爆炸下限分类。

2. 可燃液体采用闪点分类 闪点 <28℃ 为甲类；28℃ ≤ 闪点 <60℃ 为乙类；闪点 ≥60℃ 为丙类。有些固体（如樟脑、萘、磷等）能缓慢地蒸发出可燃蒸气；有的物质受到水、空气、热、氧化剂等作用能产生可燃蒸气，也按其闪点分类。

3. 可燃粉尘、纤维类物质 凡是在生产过程中排出浮游状态的可燃粉尘、纤维物质，并能够与空气形成爆炸混合物的，全部列为乙类。

甲、乙类生产厂房，属于有爆炸危险的建筑，建筑设计应采用防爆措施。生产火灾危险分类见表 2-1。一座厂房内或其防火墙间有不同性质的生产工段时，其分类应按火灾危险性较大的部分确定。但火灾危险性大的部分占本层面积的比例小于 5%（丁、戊类生产厂房中的油漆工段小于 10%），且发生事故时不足以蔓延到其他部位，或采取防火措施能防止火灾蔓延时，可按火灾危险性较小的部分确定。

表 2-1 生产的火灾危险性分类

生产类别	火灾危险性的特征
甲	使用或生产下列物质： ①闪点 <28℃ 的易燃液体； ②爆炸下限 <10% 的可燃气体； ③常温下能自行分解或在空气中氧化即能导致迅速自燃或爆炸的物质； ④常温下受到水或空气中蒸气的作用，能产生可燃气体并引起燃烧或爆炸的物质； ⑤遇酸、受热、撞击、摩擦以及遇到有机物或硫黄等易燃的无机物，极易引起燃烧或爆炸的强氧化剂； ⑥受撞击、摩擦或与氧化剂、有机物接触时能引起燃烧或爆炸的物质； ⑦在压力容器内本身温度超过自燃点的物质
乙	使用或生产下列物质： ①闪点在 28~60℃（包括等于 28℃）的易燃、可燃液体； ②爆炸下限 ≥10% 的可燃气体； ③助燃气体和不属于甲类的氧化物； ④不属于甲类的化学易燃危险固体； ⑤生产中排出浮游状态的可燃纤维或粉尘，并能与空气形成爆炸性混合物者
丙	使用或生产下列物质： ①闪点 ≥60℃ 的可燃液体； ②可燃固体
丁	属于下列情况的生产： ①对非燃烧物质进行加工，并在高热或熔化状态下经常产生辐射热、火花或火焰的生产； ②利用气体、液体、固体为燃料或将气体、液体进行燃烧做其他用的各种生产； ③常温下使用或非加工难燃性物质的生产
戊	常温下使用或加工非燃烧物质的生产

注：在生产过程中，如使用或产生易燃、可燃物质的量较少，不足以构成爆炸或火灾危险时，可按实际情况确定其火灾危险性的类别。

（三）疏散通道的安全要求

疏散通道是实施营救和被困人员疏散的通道，在各种险情中都起到了不可低估的作用，为保证安全地撤离危险区域，各厂房的疏散通道都应符合相关的安全要求。

1. 安全出口 厂房安全出口的数目不应少于 2 个；洁净厂房每一生产层、每一防火分区或每一洁净区的安全出口的数量，均不应少于 2 个，且应分散均匀布置，从生产地点至安全出口不得经过曲折的人员净化路线。但符合下列要求的可设 1 个。

（1）洁净厂房中，生产甲、乙类的厂房每层的总建筑面积不超过 $50m^2$，且同一时间内的生产人员总数不超过 5 人。

（2）洁净厂房中，生产丙、丁、戊类的厂房，应符合国家现行的《建筑设计防火规范》（GB 50016-2014）的规定。丙类厂房，每层面积不超过 $250m^2$，且同一时间的生产人数不超过 20 人。丁、戊类厂房，每层面积不超过 $400m^2$，且同一时间的生产人数不超过 30 人。

2. 地下室安全出口 厂房地下室、半地下室的安全出口数目不应少于 2 个，面积不超过 $50m^2$，且人数不超过 10 人。地下室、半地下室如用防火墙隔成几个防火分区时，每个防火分区可利用防火墙上通向相邻分区的防火门作为第二安全出口，但每个防火区必须有一个直通室外的安全出口。

3. 厂房疏散楼梯、走道、门的相关要求 厂房每层的疏散楼梯、走道、门的各自总宽度为一、二层 0.6m/百人，三层 0.8m/百人，四层以上 1.0m/百人。当各层人数不相等时，其楼梯总宽度应分层计算，下层楼梯总宽度按其上层人数最多的一层人数计算，但楼梯最小宽度不宜小于 1.1m。底层外门的总宽度应按该层或该层以上人数最多的一层人数计算；但疏散门的最小宽度不宜小于 0.9m，疏散走道宽度不宜小于 1.4m。

4. 消防电梯的要求 高度超过 32m 的设有电梯的高层厂房，每个防火分区内应设一台消防电梯（可与客、货梯兼用），并应符合以下条件：①消防电梯间应设前室，其面积不应小于 6m²，与防烟楼梯间合用的前室，其面积不应小于 10m²；②消防电梯的前室宜靠外墙，在底层应设直通室外的出口，或经过长度不超过 30m 的通道通向室外；③消防电梯井、机房与相邻电梯井、机房之间应采用耐火极限不低于 2.5 小时的非燃烧体墙隔开，如在隔墙上开门时，应设甲级防火门；④消防电梯前室应采用乙级防火门或防火卷帘，消防电梯的井底应设排水设施，消防电梯应设电话和消防队专用的操纵按钮。

5. 专用消防通道 洁净厂房同一层的外墙应设有通往洁净区的门窗或专用消防口，以方便消防人员的进入及扑救。

三、爆炸极限及防爆原则

爆炸是一种极为迅速的物理或化学的能量释放过程。在此过程中，空间内的物质以极快的速度把其内部所含有的能量释放出来，所以一旦失控，发生爆炸事故，就会产生巨大的破坏作用。在有爆炸危险的厂房里，一旦发生爆炸，往往会使厂房倒塌、人员伤亡、机器设备毁坏，以使生产长期停顿。如果处理不当，还会引起相邻厂房发生连锁爆炸或二次爆炸。因此为了确保安全生产，首先必须做好预防工作，消除可能引起燃烧爆炸的危险因素，这是最根本的解决方法。

（一）爆炸极限

可燃气体或蒸气在空气中刚足以使火焰蔓延的最低浓度，称为该气体或蒸气的爆炸下限。可以使火焰蔓延的最高浓度，称为爆炸上限。在下限以下及上限以上的浓度，不会爆炸。爆炸极限用可燃气体或蒸气在混合物中的体积百分数或质量浓度（kg/m³）表示。

每种物质的爆炸极限随一系列条件的变化而变化：混合物的初始温度愈高，则爆炸极限的范围愈大，即下限愈低，而上限愈高；当混合物压力在 0.1MPa 以上时，爆炸极限范围随压力的增加而扩大（一氧化碳除外）。当压力在 0.1MPa 以下时，随着初始压力的减少，爆炸极限的范围也缩小，到压力降到某一数值时，下限与上限结成一点时，压力再降低，混合物即变成不可爆炸物。这一最低压力，称为爆炸的临界压力。临界压力的存在，表明在密闭的设备中进行减压操作，可以避免爆炸的危险。若把惰性气体，如氮或二氧化碳等加到可燃气体混合物中，则爆炸极限范围可以缩小。

（二）防爆的基本原则

从理论上讲，不使可燃物质处于危险状态，或者消除一切着火源，这两个措施只要控制其一，就可以防止火灾和化学爆炸事故的发生。在生产实践中，由于生产条件的限制或某些不可控因素的影响，仅采取防火防爆措施是不够的，往往需要采取多方面的措施来提高生产过程的安全程度。以此来保障生产者的生命安全，以人为本。

1. 厂房宜采用单层建筑 在单层厂房中，最好将生产设备按流程布置成简单的矩形，将有爆炸危险的设备配置在靠近一侧外墙门窗的地方或多层厂房的最上一层靠外墙处。工人操作位置在室内一侧，且在主导风向的上风位置。生产厂房内不应设置办公室、休息室，如必须贴邻其他厂房设置时，应采用一级、二级耐火极限不低于 3 小时的非燃烧体防护墙隔开并设置直通室外或疏散楼梯的安全出口。有爆炸危险的设备应尽量避开厂房的梁、柱等承重布置。其总控制室应独立设置，分控制室可毗邻外墙设置，并应用耐火极限不低于3小时的非燃烧体墙与其他部分隔开。使用和生产甲、乙、丙类液体的厂房管、沟不应和相邻厂房的管、沟相通，该厂房的下水道应设有隔油设施。

2. 不应设在地下室或半地下室 地下室或半地下室的自然通风条件很差，生产过程中"跑、冒、滴、漏"的可燃气体、可燃液体的蒸气或粉尘，一旦与空气混合达到爆炸极限，遇到着火源则发生爆炸。其次，绝大多数可燃气（蒸气）比空气重，它们会沉降扩散到地下室或半地下室，一旦达到爆炸浓度，遇着火源则发生爆炸；再从建筑防爆方面看，地下室或半地下室不能设置轻质屋盖，轻质外墙及泄压窗，因此一旦发生爆炸，不能将压力很快释放，从而加重爆炸所产生的破坏作用；同时不能设置较多的安全出口，不利于安全疏散和进行抢救。

3. 宜设在敞开式或半开式建筑内 这种建筑自然通风良好，能使设备系统中泄漏出来的可燃气、可燃液体蒸气及粉尘很快地扩散，不易达到爆炸极限，所以能有效地排除形成爆炸的条件，如采用露天框架式建筑，对安全和卫生都是有利的。即使在设备内部发生爆炸事故，由于是敞开或半敞开建筑，由爆炸造成的损失也大为减轻。同时，建筑造价较低，施工较快。

4. 设置必要的泄压设施 泄压设施宜采用轻质屋盖作为泄压面积，用于泄压的门、窗、轻质墙体也可作为泄压面积。当发生爆炸时，这些轻质构件将首先爆破，向外释放大量气体和热量，减少室内爆炸压力，防止承重构件倒塌或破坏。作为泄压面积的轻质屋盖和轻质墙体的每平方米重量不宜超过120kg。布置泄压面时，应将其尽可能靠近爆炸部位，泄压方向一般向上，侧面应尽量避开人员集中场所、主要通道及能引起二次爆炸的车间、仓库。

5. 选用耐火、耐爆的结构 厂房的结构形式有砖混结构、现浇钢筋结构，装配式钢筋结构和钢框架结构等。在选型时，应根据它们的特点以满足生产与安全的一致性及使用性和节约投资的综合效益考虑。钢结构厂房耐爆强度是很高的，但由于受热后钢材的强度极限大大下降，如温度升到500℃时，其强度只有原来的1/2，耐火极限低，在高温时将失去承受荷载的能力，因此对钢结构的厂房，其容许极限温度应控制在400℃以下。至于可发生400℃以上温度事故的厂房，如用钢结构则应采取在主要钢构件外包上非燃烧材料的被覆，被覆的厚度应满足耐火极限的要求，以保证钢构件不致因高温而降低强度。

6. 设置防爆设施 防爆墙的作用与泄压装置的作用相反，应具有耐爆炸压力的强度和耐火性能，如黏土砖、混凝土、钢筋混凝土、钢板及型钢、砂带等都是建筑防爆墙的材料。防爆墙的构造设计，按材料可分为防爆砖墙、防爆钢筋混凝土墙、防爆单层和双层钢板墙、防爆双层钢板中间夹填混凝土墙等。发生爆炸时，防爆窗应不致受爆炸产生的压力而破碎，因而窗框及玻璃均应采用抗爆强度高的材料。窗框可用角钢、钢板制作，玻璃则是由两片或两片以上窗用平板玻璃使用聚乙烯醇丁醛塑料片，在高温中加压黏合而成。防爆门同样应具有很高的抗爆强度，需要用角钢或槽钢、工字钢拼装焊接制作门框骨架，门板则以抗爆强度高的装甲钢板或锅炉钢板制作，故防爆门又称装甲门。

四、粉尘爆炸

粉尘爆炸是指可燃粉尘在受限空间内与空气混合形成的粉尘云，在点火源作用下，形成的粉尘空气混合物快速燃烧，并引起温度压力急骤升高的化学反应。粉尘爆炸多在伴有铝粉、锌粉、铝材加工研磨粉、各种塑料粉末、有机合成药品的中间体、小麦粉、糖、木屑、染料、胶木灰、奶粉、茶叶粉末、烟草粉末、煤尘、植物纤维尘等产生的生产加工场所。

（一）粉尘爆炸产生的条件
粉尘爆炸条件一般有五个：①粉尘本身具有可燃性或者爆炸性；②粉尘必须悬浮在空气中并与空气

或氧气混合达到爆炸极限；③有足以引起粉尘爆炸的热能源，即点火源；④粉尘具有一定扩散性；⑤粉尘在密封空间会产生爆炸，如制粒烘箱、沸腾干燥机都会发生乙醇、水粉尘爆炸。

一般比较容易发生爆炸事故的粉尘有铝粉、锌粉、硅铁粉、镁粉、铁粉、铝材加工研磨粉、各种塑料粉末、有机合成药品的中间体、小麦粉、糖、木屑、染料、胶木灰、奶粉、茶叶粉末、烟草粉末、煤尘、植物纤维尘等。这些物料的粉尘易发生爆炸燃烧的原因是都有较强的还原剂 H、C、N、S 等元素存在，当它们与过氧化物和易爆粉尘共存时，便发生分解，由氧化反应产生大量的气体，或者气体量虽小，但释放出大量的燃烧热。

粉尘爆炸的难易与粉尘的物理、化学性质和环境条件有关。一般认为燃烧热越大的物质越容易爆炸，如煤尘、碳、硫黄等。氧化速度快的物质容易爆炸，如镁粉、铝粉、氧化亚铁、染料等。容易带电的粉尘也很容易引起爆炸，如合成树脂粉末、纤维类粉尘、淀粉等。这些导电不良的物质由于与机器或空气摩擦产生的静电积聚起来，当达到一定量时，就会放电产生电火花，构成爆炸的火源。

粉尘的爆炸由以下三步发展形成：第一步是悬浮的粉尘在热源作用下迅速地干馏或气化而产生出可燃气体；第二步是可燃气体与空气混合而燃烧；第三步是粉尘燃烧放出的热量，以热传导和火焰辐射的方式传给附近悬浮的或被吹扬起来的粉尘，这些粉尘受热气化后使燃烧循环地进行下去。随着每个循环的逐次进行，其反应速度逐渐加快，通过剧烈的燃烧，最后形成爆炸。这种爆炸反应以及爆炸火焰速度、爆炸波速度、爆炸压力等将持续加快和升高，并呈跳跃式的发展。

（二）粉尘爆炸的特点

多次爆炸是粉尘爆炸的最大特点。第一次爆炸气浪，会把沉积在设备或地面上的粉尘吹扬起来，在爆炸后短时间内爆炸中心区会形成负压，周围的新鲜空气便由外向内填补进来，与扬起的粉尘混合，从而引发二次爆炸。二次爆炸时，粉尘浓度会更高。粉尘爆炸所需的最小点火能量较高，一般在几十毫焦耳以上。与可燃性气体爆炸相比，粉尘爆炸压力上升较缓慢，较高压力持续时间长，释放的能量大，破坏力强。

（三）粉尘爆炸的危害

粉尘爆炸具有极强的破坏性。粉尘爆炸涉及的范围很广，煤炭、化工、医药加工、木材加工、粮食和饲料加工等部门都时有发生。容易产生二次爆炸。能产生有毒气体，常见的是一氧化碳，另一种是爆炸物（如塑料）自身分解的毒性气体。毒气的产生往往造成爆炸过后的大量人畜中毒伤亡。

（四）影响粉尘爆炸的因素

粉尘质量小，吸热升温快，很少的热量即可使其达到着火点。达到一定密度的可燃性粉尘，一旦遇到燃烧条件，就会向燃气一样发生燃爆。粉尘爆炸主要影响因素有以下几点。

1. 爆炸物的物理化学性质　物质的燃烧热越大，则其粉尘的爆炸危险性也越大，例如煤、碳、硫的粉尘等；越易氧化的物质，其粉尘越易爆炸，例如镁、氧化亚铁、染料等；越易带电的粉尘越易引起爆炸。粉尘在生产过程中，由于互相碰撞、摩擦等作用，产生的静电不易散失，造成静电积累，当达到某一数值后，便出现静电放电。静电放电火花能引起火灾和爆炸事故。粉尘爆炸还与其所含挥发物有关。如煤粉中当挥发物低于 10% 时，就不再发生爆炸，因而焦炭粉尘没有爆炸危险性。

2. 爆炸物的颗粒大小　粉尘的表面吸附空气中的氧，颗粒越细，吸附的氧就越多，因而越易发生爆炸，而且，着火点越低，爆炸下限也越低。随着粉尘颗粒的直径的减小，不仅化学活性增加，而且还容易带上静电。

3. 爆炸物粉尘的浓度　与可燃气体相似，粉尘爆炸也有一定的浓度范围，也有上下限之分。但在一般资料中多数只列出粉尘的爆炸下限，因为粉尘的爆炸上限较高。

五、粉尘爆炸的防范

常用粉尘爆炸的防护措施主要有四种：遏制、泄放、抑制、隔离。主要防护设备包括：防爆板、防爆门、无焰泄放系统、隔离阀以及抑爆系统。在实际应用中，并不是每一种防护措施单独使用，往往采用多种防护措施进行组合运用，以达到更可靠更经济的防护目的。

1. 遏制　就是在设计、制造粉体处理设备的时候采用增加设备厚度的方法以增大设备的抗压强度，但是这种措施往往以高成本为代价。

2. 泄放　包括正常泄放和无焰泄放，是利用防爆板、防爆门、无焰泄放系统对所保护的设备在发生爆炸的时候采取的主动爆破，泄放爆炸压力的办法是进行泄压，以达到保护粉体处理设备的安全。防爆板通常用来保护户外的粉体处理设备，如粉尘收集器、旋风收集器等，压力泄放的时候并随有火焰以及粉体的泄放，可能对人员和附近设备产生伤害和破坏；防爆门通常用来保护处理粉体的车间建筑，以达到整个车间避免产生粉体爆炸；对于处于室内的粉体处理设备，有时对泄放要求非常严格，不能产生火焰、物料泄放或者没有预留泄放空间的情况下，通常会采用无焰泄放系统，以达到保护人员以及周围设备的安全。

3. 抑制　爆炸抑制系统是在爆燃现象发生的初期（初始爆炸）由传感器及时检测到，通过发射器快速在系统设备中喷射抑爆剂，从而避免危及设备乃至装置的二次爆炸，通常情况下爆炸抑制系统与爆炸隔离系统一起组合使用。爆炸需要完整的三个要素，并在适当的条件下产生，所以要抑制爆炸的发生，必须取消三要素中的一个要素。一种措施是往粉体处理设备内部注入惰性气体如 N_2、CO_2 等代替空气，从而降低氧化剂氧气 O_2 的含量，以达到抑制爆炸的目的；另一种措施是取消易燃易爆物料，但是这是不可能的，因为设备本身就是用来处理该物料的。所以以上两种措施都是不可能或者很难做到的，所以我们一般采用最简单的措施，就是取消其中的一个重要因素：火源，从而抑制爆炸的发生。这就要采用爆炸抑制系统，最简单的爆炸抑制系统是由四个单元组成：监视器、传感器、发射器和电源。

抑爆系统通俗来说相当于一个自动灭火器，但是在这里要灭的不是熊熊烈火而是发生爆炸前期的小火球。当安装在粉体设备上的传感器探测到设备内部发生火花，使得燃料燃烧，形成小火球，即将要发展成大火球产生爆炸的瞬间，马上发出一个指令给发射筒，发射筒马上会向设备内部喷出灭火剂，把要引发爆炸的火花熄灭，从而抑制了爆炸的发生。

4. 隔离　隔离措施往往和抑爆系统一起应用。隔离就是把有爆炸危险的设备与相连的设备隔离开，从而避免爆炸的传播产生二次爆炸。

在现代工业中，我们给粉体设备做防爆措施，不能只单独考虑某一个设备，要从整体出发，要作为一个防爆系统工程来设计，所以往往需要采取多种方案组合应用。如泄放和机械隔离方案、泄放和化学隔离方案、无焰泄放和机械隔离方案、无焰泄放和化学隔离方案、抑制和机械隔离方案等等，也可能需要所有方案的集合体。

六、粉尘治理

工业粉尘通常指含尘的工业废气或产生于固体物料加工过程中的粉碎、筛分、输送、爆破等机械过程，或产生于燃烧、高温熔融和化学反应等过程。这些粉尘会破坏车间空气环境，危害操作员工的身体健康，损坏车间机器设备，排放还会污染大气环境造成社会公害。因此，改善车间操作空气环境和防止大气污染，需要了解工业粉尘的来源和危害，采取各种措施进行工业粉尘治理，使工作现场达到卫生标准，环保设施的排放达到排放标准。

工业粉尘产生的原因有以下几方面：固体物质的机械粉碎、研磨过程，如选矿、耐火材料与铸造车间中的破碎机，球磨机等散发的粉尘；粉末状微粒物料的混合、过筛、运输及包装过程；物质的不完全燃烧或爆炸，如锅炉烟气中夹杂的大量烟尘。

综合抑尘技术主要包括生物纳膜抑尘技术、云雾抑尘技术及湿式收尘技术等关键技术。

1. 生物纳膜抑尘技术　生物纳膜是层间距达到纳米级的双电离层膜，能最大限度增加水分子的延展性，并具有强电荷吸附性；将生物纳膜喷附在物料表面，能吸引和团聚小颗粒粉尘，使其聚合成大颗粒状尘粒，自重增加而沉降；该技术的除尘率最高可达 99% 以上，平均运行成本为 0.05 ~ 0.5 元/吨。

2. 云雾抑尘技术　云雾抑尘技术是通过高压离子雾化和超声波雾化，可产生 $1\mu m$ ~ $100\mu m$ 的超细干雾；超细干雾颗粒细密，充分增加与粉尘颗粒的接触面积，水雾颗粒与粉尘颗粒碰撞并凝聚，形成团聚物，团聚物不断变大变重，直至最后自然沉降，达到消除粉尘的目的；所产生的干雾颗粒，30% ~ 40% 粒径在 $2.5\mu m$ 以下，对大气细微颗粒污染的防治效果明显。

3. 湿式收尘技术　通过压降来吸收附着粉尘的空气，在离心力以及水与粉尘气体混合的双重作用下除尘；独特的叶轮等关键设计可提供更高的除尘效率。适用于散料生产、加工、运输、装卸等环节，如矿山、建筑、采石场、堆场、港口、火电厂、钢铁厂、垃圾回收处理等场所。

七、粉尘爆炸扑救

扑救粉尘爆炸事故的有效灭火剂是水，尤以雾状水为佳。它既可以熄灭燃烧，又可湿润未燃粉尘，驱散和消除悬浮粉尘，降低空气中的粉尘浓度，但忌用直流喷射的水和泡沫，也不宜用有冲击力的干粉、二氧化碳、1211 灭火剂，防止沉积粉尘因受冲击而悬浮引起二次爆炸。

对一些金属粉尘（忌水物质）如铝、镁粉等，遇水反应，会使燃烧更剧烈，因此禁止用水扑救。可以用干沙、石灰等（不可冲击）；堆积的粉尘如面粉、棉麻粉等，明火熄灭后内部可能还阴燃，也应引起足够重视；对于面积大、距离长的车间的粉尘火灾，要注意采取有效的分割措施，防止火势沿沉积粉尘蔓延或引发连锁爆炸。

八、火灾与爆炸的防控

制药企业的安全生产是以预防为前提的，我们应该提前做好各项安全工作以达到安全生产的目的。火灾与爆炸是贯穿整个生产过程中的危险源之一，预防火灾与爆炸事故，必须坚持预防为主，防消结合的方针，严格控制和管理各种危险物及火源，消除危险因素。

（一）电气防爆

电气防爆是将设备在正常运行时产生电弧、火花的部件放在隔爆外壳内，或采取浇封型、充沙型、充油型或正压型等其他防爆形式以达到防爆目的。在爆炸危险性环境中使用的电气设备，为了防止和减少引爆因素，必须在设备本体防爆和运行防爆两个方面采取必要措施。电气设备引燃爆炸混合物有两方面原因：电气设备产生的火花、电弧和电气设备表面［即是（与）爆炸混合物相接触的表面］发热。根据爆炸和火灾危险场所的电力装置的设计规定，将爆炸和火灾危险场所分为三类。

1. 气体或蒸汽爆炸性混合物的爆炸危险场所　该场所包括正常情况下能形成爆炸性混合物的场所；正常情况下不能形成，而仅在不正常情况下能形成爆炸混合物的场所；在不正常情况下，只能在场所的局部地区形成爆炸性混合物的场所。

2. 粉尘或纤维爆炸性混合物的场所　该场所包括正常情况下能形成爆炸性混合物的场所；正常情况下不能形成，而仅在不正常情况下能形成爆炸性混合物的场所。

3. 火灾危险场所　按可燃物质的状态划分为三级。包括闪点高于场所环境温度的可燃液体，在数量和配置上，能引起火灾危险的场所，如柴油、润滑油；可燃粉尘或可燃纤维，在数量和配置上，能引起火灾危险的场所，如镁粉、焦炭粉；固体状可燃物质，在数量和配置上，能引起火灾危险的场所，如煤、布、木、纸、中药材。

防爆电器的防爆结构类型有六类：①防爆安全型，正常运行时不产生火花、电弧或危险温度，并采取措施防止意外火花的发生，从而提高了安全程度；②隔爆型，设备外壳能承受爆炸时的全部压力，万一有爆炸性混合物进入并发生爆炸时，由于按传爆间歇原理设计，爆炸火焰不能蔓延到设备之外；③防爆充油型，将发生火花、电弧或危险温度的部件浸入油中，消除它们与爆炸性混合物接触的可能性；④防爆通风、充气型，在外壳内以正压通入新鲜空气或充入惰性气体，使外部的爆炸性气体不能进入；⑤防爆安全火花型，在正常和故障情况下，产生的电火花都不能引起爆炸性混合物的爆炸；⑥防爆特殊型，结构上不属于上述各种类型，采用其他防爆措施的电器。

（二）厂房的防爆

在厂房的防爆设计中，主要考虑的措施是：①采用框架防爆结构；②设置泄压面积；③合理布置；④设置安全出口；⑤杜绝火源。厂房的安全疏散距离（即厂房安全出口至最远工作地点的允许距离）见表 2 - 2。

表 2 - 2　厂房的安全疏散距离

生产类别	耐火等级	安全疏散距离/m	
		单层厂房	多层厂房
甲	一级、二级	30	25
乙	一级、二级	75	50
丙	一级、二级	75	50
	三级	60	40
丁	一级、二级	不限	不限
	三级	60	50
	四级	50	—
戊	一级、二级	不限	不限
	三级	100	75
	四级	60	—

注：厂房安全出口一般不应少于两个，门、窗向外开。

生产建设须将安全措施置于首位，制剂车间大多属于丙类生产岗位，但也有少数产品使用有机溶媒，分别属甲、乙类生产岗位。因此，建筑设计应按防爆、防火分区考虑，机械动力设备、电器开关按钮、照明灯具等必须符合防爆要求，并有防静电接地措施。在平面布局上，其位置应在车间外人流不集中处，结构上应考虑泄压、防爆和防火要求、材料，用于泄压的墙体、屋顶应符合保温、轻质、脆性、耐火和不燃烧、无毒等特性。泄压面积与防爆区空间体积的比值宜采用 0.05 ~ 0.22（m²/m³）范围内的数值。设计防爆墙时，所选用材料除应具有较高强度外，还应具有不燃烧的性能。防火墙上不应设置通气孔道，不宜开门、窗、洞口，必须开设时应采用防爆门窗。

（三）洁净厂房的防火与安全

制药工业有洁净度要求的厂房，在建筑设计上均考虑密闭（包括无窗厂房或有窗密闭操作的厂房），所以更应重视防火和安全问题。

1. 洁净厂房的特点　①空间密闭，一旦火灾发生后，烟量特别大，对于疏散和扑救极为不利，同时由于热量无处泄漏，火源的热辐射经四壁反射，室内迅速升温，使室内各部位材料缩短达到燃点的时间。当厂房为无窗厂房时，一旦发生火灾不易被外界发现，故消防问题更显突出。②平面布置曲折，增加了疏散路线上的障碍，延长了安全疏散的距离和时间。③若干洁净室通过风管彼此相通，火灾发生时，特别是火灾刚起尚未发现而仍继续送回风时，风管将成为火及烟的主要扩散通道。

2. 洁净厂房的防火与安全措施 根据生产中所使用原料及生产性质，严格按"防火规范"中的生产的火灾危险性分类定位，一般洁净厂房（无论是单层或多层）均采用钢筋混凝土框架结构，耐火等级为一、二级，内装饰围护结构的材料选用既符合表面平整、不吸湿、不透湿，又符合隔热、保温、阻燃、无毒的要求。顶板、壁板（含夹心材料）应为不燃体，不得采用有机复合材料。根据洁净厂房的特点，结合有关防火规范，洁净厂房的防火与安全措施的重点如下。

（1）洁净厂房的耐火等级不应低于二级，一般钢筋混凝土框架结构均满足二级耐火等级的构造要求。

（2）甲、乙类生产的洁净厂房，宜采用单层厂房，按二级耐火等级考虑，其防火墙间最大允许占地面积，单层厂房应为 3000m^2，多层厂房应为 2000m^2。丙类生产的洁净厂房，按二级耐火等级考虑，其防火墙间最大允许占地面积，单层厂房应为 8000m^2，多层厂房应为 4000m^2。甲乙类生产区域应采用防爆墙和防爆门与其他区域分隔，并应设置足够的泄压面积。

（3）为了防止火灾的蔓延，在一个防火区内的综合性厂房，其洁净生产与一般生产区域之间应设置非燃烧体防火墙封闭到顶。穿过隔墙的管线周围空隙应采用非燃烧材料紧密填塞，防火墙耐火极限要求为 4 小时。

（4）电气井、管道井、技术竖井的井壁应为非燃烧体，其耐火极限不应低于 1 小时，12 厘米厚砖墙可满足要求。井壁口检查门的耐火极限不应低于 0.6 小时。竖井中各层或间隔应采用耐火极限不低于 1 小时的不燃烧体。穿过井壁的管线周围应采用非燃烧材料紧密填塞。

（5）由于火灾时燃烧物分解的大量灼热气体在室内形成向上的高温气浪，紧贴屋内上层结构流动，火焰随气体方向流动、扩散、引燃，因此提高顶棚抗燃烧性能有利于延缓顶棚燃烧倒塌或向外蔓延。甲、乙类生产厂房的顶棚应为非燃烧体，其耐火极限不宜小于 0.25 小时，丙类生产厂房的顶棚应为非燃烧体或难燃烧体。

（6）洁净厂房每一生产层，每一防火分区或每一洁净区段的安全出口均不应少于两个。安全出口应分散、均匀布置，从生产地点至安全出口（外部出口或楼梯）不得经过曲折的人员净化路线。安全疏散门应向疏散方向开启，且不得采用吊门、转门、推拉门及电动自控门。

（7）无窗厂房应在适当部位设门或窗，以备消防人员进入。当门窗口间距大于 80m 时，应在该段外墙的适当部位设置专用消防口，其宽度不应小于 750mm，高度不应小于 1800mm，并有明显标志。

（8）设置合适的疏散距离，通常火灾初起时，前半小时升温较慢，不燃结构的持续时间在 5~20 分钟，起火点尚在局部燃烧，火势不稳定，因而这段时间对于人员疏散、抢救物资、消防灭火是极为重要的时间，故疏散时间与距离以此进行计算。一般制剂厂房为丙类生产，个别岗位有使用易燃介质，因此，在车间布置时均将其安排在车间外围，有利疏散。防火规范规定：对于一级或二级耐火建筑物中乙类生产厂房的疏散距离规定是单层厂房 75m，多层厂房 50m。

九、防静电技术

当两种不同性质的物质相互摩擦或接触时，由于它们对电子的吸引力大小各不相同，发生电子转移，使甲物质失去一部分电子带正电荷，乙物质获得一部分电子而带负电荷。如果该物质对大地绝缘，则电荷无法泄露，停留在物体的内部或表面呈相对静止状态，这种电荷就称为静电。也就是说，静电现象是指物体中正或负电荷过剩。当两个物体接触和分离所引起摩擦、剥离、按压、拉伸、弯曲、破碎、滚转等情况都会产生静电现象。

（一）静电的危害

在静电产生过程中，若材料导电率大且接地，不会积累电荷。但若材料导电率小，物体就呈带电状态，且导电率越小就越容易带电。静电放电的火花能量，若达到或大于周围可燃物的最小着火能量，且可燃物在空气中的浓度或含量也在爆炸范围极限以内，就能立刻引起燃烧或爆炸。

在中药制药企业中，中药材加工、物料输送、搅拌、干燥、滚压、装卸、取样等工序都能产生大量的静电荷。当人体接近这些带电体时，往往有可能造成电击事故。同时由于静电电压很高，当人受到电击时，可能引起坠落、摔倒等二次事故，还会使工作人员神经紧张，妨碍工作。在静电放电长期作用下，还可能产生职业危害。人体带电放电常见的情况有：①人与人之间相互接触放电；②人与其他金属接地体之间放电；③两脚之间放电，当人穿着绝缘鞋，而两脚与地面摩擦程度不同，电位也有差异，在两脚靠近时就会发生脚间放电。

在生产过程中，如果不清除静电，将会妨碍生产进行和降低产品质量。例如，静电使粉体吸附于设备、管道等物体，将会影响粉体的过滤和输送。静电还能使纤维缠绕、电器设备吸附尘土，从而影响正常生产或因电子元件的误动作而发生安全事故等。

（二）静电的消除

物体带静电后，会产生力学、放电和感应三个方面物理现象。制药生产中的静电去除应从消除起电的原因和降低起电的程度等方面综合考虑。

1. 消除起电原因　消除起电原因最有效的方法之一是采用高电导率的材料来制作操作室的地坪、各种面层和操作人员的衣鞋。比电阻小于 $10^5 \Omega \cdot m$ 的材料实际上是不会起电的。①采用高导电率的材料来制作洁净室的地坪、各种面层和操作人员的衣鞋。为了使人体服装的静电尽快地通过鞋及工作地面泄漏于大地，工作地面的导电性能起着很重要的作用，因此，对地面抗静电性能提出一定要求，对 220V、380V 交流工频电压是绝缘体。这样既可以让静电泄漏，又可在人体不慎误触 220V、380V 电源时，保证人身安全。②操作室的饰面材料要具有较好的导电性能，并设置可靠的接地措施。防静电接地装置的电阻值以 100Ω 为合适，采用导电橡胶或导电涂料时，与接地装置接触面积不小于 $10cm^2$。静电接地必须有足够的机械强度。③在非金属地面材料中加入导电材料。操作室的非金属地面材料中掺入乙炔炭黑粉或者铜、铝等粉屑，以增大地面的电导率。此外，为提高非金属固体材料面层的导电性，可将表面活性剂涂覆在树脂材料的表面，也可掺入树脂中，构成带表面活性剂的地面。

2. 减少起电程度　加速电荷的泄漏以减少起电程度可通过各种物理和化学方法来实现。①物理方法：接地是消除静电的一种有效方法。接地既可将物体直接与地相接，也可以通过一定的电阻与地相接。直接接地法用于设备、插座板、夹具等导电部分的接地，用金属导体保证与地可靠接触。当不能直接接地时，就采用物体的静电接地，即物体内外表面上任意一点对接地回路之间的电阻不超过 107Ω，则可以认为是静电接地。②调节湿度法：控制生产车间的相对湿度在 40%～60%，可以有效地降低起电程度，减少静电发生。提高相对湿度还可以使衣服纤维材料的起电性能降低，当相对湿度超过 65% 时，材料中所含水分足以保证积聚的电荷全部泄漏掉。③化学方法：化学处理是减少电气材料上产生静电的有效方法之一。它是在材料的表面镀覆特殊的表面膜层和采用抗静电物质。为了保证电荷可靠地从介质膜上泄漏掉，必须保证导电膜与接地金属导线之间具有可靠的电接触。④空气电离法：利用静电消除器来电离空气中的氧、氮原子，使空气变成导体，就能有效地清除物体表面的静电荷。常用的静电消除器有感应式静电消除器和高压式静电消除器。

▷ 第二节　无菌意识 📱微课

"修合无人见，存心有天知"是中药制药行业的信条，旨在说明中药材的质量控制在中药制剂生产过程中所起的决定性作用。为了保证我国中药制药企业生产出质量合格的中药产品，真正服务于人类健康，近年来，我国陆续修订、颁布实施了新版《药品生产质量管理规范》（GMP）、《中药材生产质量管理规范》（GAP），从多个方面加强了对中药质量安全的规范。药品 GMP 是药品生产全过程实施质量管理、保证生产出优质药品的一整套系统、科学的管理规范，是药品生产和质量管理的基本准则。

一、人员进入生产车间的要求

制药 GMP 车间是一个管理严格的生产车间，不可以随意进出，也不可以随意操作。为了使车间内环境以及药品生产安全合格，有很多严格的要求。GMP 要求从业人员必须经过培训才能上岗，培训的主要内容是在生产和管理过程中如何执行 GMP。适任（即适合担任本岗位的任务）是对每一个生产操作人员的基本要求，生产操作人员不仅要具备本岗位的专业知识，还要具备执行 GMP 标准操作规程的能力。

（一）洁净区人员要求

在人体的皮肤以及与外界接触的腔道黏膜，均有细菌的生长繁殖。尤其是手、头发、鼻腔、咽喉、口腔中存在着大量的细菌。它们通过呼吸、咳嗽、讲话以及直接接触不断地向外界排放而污染环境，直接影响药品质量，因此要进行清洁、更衣、穿戴隔离衣。鞋可黏附大量的尘土污染物，故必须执行严格换鞋制度。工作服可沉积吸附大量微生物和不清洁物，衣服本身也会散发纤维屑，故应该常清洗、灭菌。进入高洁净区洗手必须严格、认真，用消毒皂和流水洗，洗净的手不可用普通手巾擦拭，最好的办法是用热风吹干或采用发尘低、不产生静电的纤维织物。在洁净区每操作半小时必须进行一次消毒。为防止毛发上的微生物、尘粒散落到洁净室，操作者必须戴头罩把全部毛发遮住。同时，生产场所不能吸烟，不得吃食物，所有操作人员必须进行健康检查，患有皮肤病、传染病的患者及带菌者（如皮癣、灰指甲等）或可能造成污染危险的人员不能从事此项工作。

（二）人流规划

人流规划主要关注进出洁净区的所有人员对产品以及产品对人员及生产环境的风险。人流规划的关键措施包括：①尽量减少进出洁净区的人员数量，必要时采取权限控制措施，如使用门禁系统。②应设置人员进入洁净区前的相关准备区域，如更外衣及鞋区域（通常称为一次更衣区）、更鞋区（更换工艺鞋）、盥洗区、手部清洁和消毒区、更换洁净工艺服（通常称为二次更衣区）、工艺服清洗区等。③应建立有效的手段（如气流控制、压差控制）来确保人员在进出不同洁净级别区域的过程中不会对空气洁净度造成不利影响。④人流与物流不要求一定是完全分开的，但应尽量减少人流与物料的交叉。⑤人员进入洁净区操作间之前可以通过设立互锁装置避免洁净区内走廊与操作间直接连通。

二、物料进入生产车间的要求

通常说的物料管理是一个广义概念，即物料所包含的对象包括：物料、产品。而《药品生产质量管理规范》中将物料与产品的概念进行了细分，其中物料包括原料、辅料、包装材料。就药品制剂而言，原料特指原料药；就原料药而言，原料是指用于原料药生产的除包装材料以外的其他物料。

物流规划需结合生产工艺路线来加以设计。首先将洁净区内的生产过程，分解成单个步骤，并将相应的设备与生产步骤一一对应，然后将设备分配到相应的洁净室内，这样就产生了物料在洁净区内的流动路线。无论采用什么方式，必须保证该方式不会对药品生产造成不利影响，尤其是交叉污染。物流规划的关键措施包括：综合考虑物流路线的合理性，使之更顺畅、最小化交叉污染；减少物料处理工艺步骤、缩短物料运输距离；采取合适的保护措施，减少粉尘暴露及交叉污染；生产过程中产生的废弃物的出口应与物料的出入通道分开；分别设置人员和物料进出洁净区的通道；进入有空气洁净度要求区域的原辅料、内包装材料应有清洁措施，如设置缓冲区用于这些物料的清洁和处理（如用 75% 乙醇擦拭包装外表面、必要时脱去外包装等），处理后的物料需放置在洁净区专用的托盘或容器中；生产操作区域内应只设置必要的工艺设备和设施。用于生产、物料贮存的区域不得用作非本区域工作人员的通道。

三、洁净车间形式

洁净车间（洁净室）是一个生产企业的核心，是空气达到一定级别的可供人活动或生产工作的空间，其功能室控制微粒子和微生物的污染。洁净室的洁净不是一般的干净，而是达到了一定空气洁净度级别。现代洁净车间按其车间内气流流行的特性一般分为乱流、单向流和辐流洁净车间。

1. 乱流洁净车间　洁净车间把洁净空气从送风口送入车间内时，迅速向四周扩散、混合，同时把差不多同样数量的气流从回风口排走，其洁净气流稀释着车间内污染空气，把原来含尘浓度高的车间内空气冲淡，使其含尘浓度下降，一直达到平衡。其特征是利用干净气流的混合稀释作用，把车间内含尘浓度很高的空气稀释，使车间内污染源所产生的污染物质均匀扩散并及时排出车间外，降低车间内的含尘浓度，使车间内的洁净度达到要求，且气流在车间内不是以单一方向流动，车间内有回流、漩涡产生。

2. 单向流洁净车间　单向流洁净车间的气流以均匀的截面速度沿着平行流线单一方向在全车间截面上通过。这种车间的出现，对于空气洁净技术来说是一个重要的里程碑，使空气洁净技术发生了飞跃，使创造异常洁净的环境成为可能。其特征是靠送风气流"活塞"般的挤压作用，迅速把车间内污染物排除。具有如下特点：①在车间内，从送风口到回风口气流流经途中的截面基本上没有变化。②送风静压箱和高效过滤器起到均压流作用，全车间截面上流速比较均匀，在工作区内流线单相平行没有涡流。③不是靠掺混稀释作用，而是靠推出作用将车间内的污染推出，单向流洁净车间的气流被称为"活塞流""平推流"，也就是说，干净空气好比一个空气活塞，沿着房间这个"气缸"，向前（下）推进，把原有的含尘浓度高的空气挤出房间，污浊空气沿整个截面排至车间外。④单向流洁净车间内工艺设备可以任意布置，而且可以简化人身净化设施，但是顶棚结构较复杂，造价和运行费用很高。

3. 辐流洁净车间　辐流洁净车间是介于乱流和单向流洁净车间的一种洁净形式，其净化机制既不同于乱流车间的掺混稀释作用，也不同于单向流车间流线平行的活塞作用。辐流洁净车间的送风口与回风口安装在异侧，对角布置。送风口扩散孔板一般做成 1/4 圆弧形，通过这种送风口送出辐射状的洁净气流向斜下方回风口处流动，把污染物"斜推"向回风口区域，最后排出室内。实践证明这种类型的洁净车间的气流明显优于乱流洁净车间。

四、洁净厂房的设计

为满足药厂洁净室洁净生产要求，必须综合运用多项洁净技术。在洁净厂房的设计中要围绕不同的洁净度要求考虑最佳方案；在其施工过程中则要以质量为本，保证达到设计要求；在生产运行中要严格遵守各项操作规程及制度，以确保药品生产所必需的洁净环境。

（一）生产工艺要求

《药品生产质量管理规范（2010 年修订）》对药品生产厂房、药品生产区、生产过程等做了基本要求，其主要目的是指导降低药品生产过程中的污染、交叉污染、混淆和差错。通过设计降低生产过程中产品之间交叉污染对产品质量带来的风险，同时设计要充分满足日常生产、工艺要求以及人员操作舒适、方便的目的。

无菌药品生产所需的洁净区可分为以下四个级别：①A 级高风险操作区，如灌装区、放置胶塞桶和与无菌制剂直接接触的敞口包装容器的区域及无菌装配或连接操作的区域，应当用单向流操作台（罩）维持该区的环境状态。单向流系统在其工作区域必须均匀送风，风速为 0.36 ~ 0.54m/s（指导值）。应当有数据证明单向流的状态并经过验证。在密闭的隔离操作器或手套箱内，可使用较低的风速。②B 级指无菌配制和灌装等高风险操作 A 级洁净区所处的背景区域。③C 级和 D 级指无菌药品生产过程中重要程度较低的洁净操作区。

中药制剂的质量与中药材和中药饮片的质量、中药材前处理和中药生产工艺密切相关，中药制剂厂房设施的环境要求包括以下几个方面：①中药材和中药饮片的取样、筛选、称重、粉碎、混合等操作易产生粉尘的，应当采取有效措施，以控制粉尘扩散，避免污染和交叉污染，如安装捕尘设备、排风设施或设置专用厂房（操作间）等。②中药材前处理的厂房内应当设拣选工作台，工作台表面应当平整、易清洁，不产生脱落物。③中药提取、浓缩等厂房应当与其生产工艺要求相适应，有良好的排风、水蒸气控制及防止污染和交叉污染等设施。④中药提取、浓缩、收膏工序宜采用密闭系统进行操作，并在线进行清洁，以防止污染和交叉污染。采用密闭系统生产的，其操作环境可在非洁净区；采用敞口方式生产的，其操作环境应当与其制剂配制操作区的洁净度级别相适应。⑤中药提取后的废渣如需暂存、处理时，应当有专用区域。⑥浸膏的配料、粉碎、过筛、混合等操作，其洁净度级别应当与其制剂配制操作区的洁净度级别一致。中药饮片经粉碎、过筛、混合后直接入药的，上述操作的厂房应当能够密闭，有良好的通风、除尘等设施，人员、物料进出及生产操作应当参照洁净区管理。中药注射剂浓配前的精制工序应当至少在 D 级洁净区内完成。非创伤面外用中药制剂及其他特殊的中药制剂可在非洁净厂房内生产，但必须进行有效的控制与管理。中药标本室应当与生产区分开。

（二）厂房设计基本分区

洁净厂房设施的设计除了要严格遵守 GMP 的相关规定之外，还必须符合国家的相关政策，如消防、环保等要求。同时制药车间也需要从实用、安全、经济等方面综合加以考虑。通常来说，厂房分为以下 4 个区域。

1. 室外区 指厂房内部或外部无生产活动和更衣要求的区域。通常指生产区域外部的办公区、机加工区、动力设施区域、餐厅、卫生间等。

2. 一般区（非控制区） 厂房内部产品外包装区域和其他不将产品或物料明显暴露操作的区域，如 QC（quality control）实验室、原辅料和成品储存区等。

3. 洁净区 是厂房内部非无菌产品生产的区域和无菌药品灭（除）菌及无菌操作以外的生产区域。非无菌产品的原辅料、中间品以及与工艺有关的设备、内包材等在此区域允许暴露。

4. 无菌区 无菌产品的生产区域。

（三）洁净室等级

洁净室按是否对微生物浓度进行控制又可分为两大类：工业洁净室（以控制非生物微粒的污染为主要任务）和生物洁净室（以控制生物微粒的污染为主要任务）。洁净技术的主要任务是控制工作环境中的含尘粒及微生物的浓度，使生产环境经过净化达到一定的洁净度。而空气净化的主要内容是研究环境、人和设备产生的灰尘和污染源以及空气净化系统的特点和功能。制药工业的洁净技术主要指系统、全面地考虑各种影响因素，用一定的方法、装备达到必需的生产净化环境要求的技术。

1. 空气的洁净度 在药品生产过程中有一些工序、药品及包装材料暴露于空气中，就有可能会受到污染，影响到药品的质量。大气中含有污染源的成分很复杂，有尘埃、微生物、无机性非金属微粒、金属微粒、有机性微粒等。花粉、纤维、皮屑是有机尘粒的重要来源。

2. 洁净室等级 洁净室是一个相对封闭的区域，无论是何等级的洁净区（包括一般生产区）都是用厂房的隔断（外墙或内墙、地面、顶棚）围绕封闭而成。洁净室内洁净区的人物流、容器、包装材料、工具等采取净化措施，以防止将尘粒、微生物带入洁净区。按洁净室内气流的形成分为常规洁净室和单向流洁净室，后者又有垂直层流、水平单向流和局部单向流之分。

洁净室等级是洁净设计的一个重要的技术参数。在《药品生产质量管理规范》（2010 年版）及其附录中对无菌药品、原料药、生物制品、血液制品、中药制剂等五种药品生产洁净厂房等级分别做了规定。其中无菌药品生产洁净区分 A、B、C、D 四个洁净级别。如表 2-3、表 2-4 所示。

表 2-3　各级别空气悬浮粒子的标准

洁净度级别	悬浮粒子最大允许数/m³			
	静态		动态	
	≥ 0.5μm	≥ 5.0μm	≥ 0.5μm	≥ 5.0μm
A 级	3520	20	3520	20
B 级	3520	29	352000	2900
C 级	352000	2900	3520000	29000
D 级	3520000	29000	不作规定	不作规定

注：①为确认 A 级洁净区的级别，每个采样点的采样量不得少于 1 立方米。A 级洁净区空气悬浮粒子的级别为 ISO (international organization for standardization) 4.8，以 ≥5.0μm 的悬浮粒子为限度标准。B 级洁净区（静态）的空气悬浮粒子的级别为 ISO 5，同时包括表中两种粒径的悬浮粒子。对于 C 级洁净区（静态和动态）而言，空气悬浮粒子的级别分别为 ISO 7 和 ISO 8。对于 D 级洁净区（静态）空气悬浮粒子的级别为 ISO 8。测试方法可参照 ISO 14644-1。②在确认级别时，应当使用采样管较短的便携式尘埃粒子计数器，避免 ≥5.0μm 悬浮粒子在远程采样系统的长采样管中沉降。在单向流系统中，应当采用等动力学的取样头。③动态测试可在常规操作、培养基模拟灌装过程中进行，证明达到动态的洁净度级别，但培养基模拟灌装试验要求在"最差状况"下进行动态测试。

表 2-4　洁净区微生物监测的动态标准

洁净度级别	浮游菌 cfu/m³	沉降菌 (φ90mm) cfu/4 小时	表面微生物	
			接触 (φ55mm) cfu/碟	5 指手套 cfu/手套
A 级	<1	<1	<1	<1
B 级	10	5	5	5
C 级	100	50	25	—
D 级	200	100	50	—

注：①表中各数值均为平均值。②单个沉降碟的暴露时间可以少于 4 小时，同一位置可使用多个沉降碟连续进行监测并累积计数。

洁净度控制尘粒、微生物的最大允许数量，其中 ≥0.5μm 主要控制微尘，≥5μm 则因为此级别微尘与微生物直径等价而用于微生物控制；微生物最大允许数的单位是 CFU（colony-forming units）即"菌落形成单元数"。浮游菌与沉降菌是两种可等同的测量方法，浮游菌法对空气取样，收集其中的生物性粒子，用培养基培养后计数；沉降菌法是用暴露法收集降落于培养皿，培养其表面的生物性粒子，培养后计数。

3. 洁净工作台　洁净工作台是一种在特定的局部空间内创造洁净空气环境的装置，最重要的条件是使洁净的单向流空气布满流过工作台面，不妨碍操作，并能迅速排除工作台面的尘埃，防止环境中尘埃卷入工作台面。

洁净工作台的构造原理是新风或回风由新风口或台面回风口经预过滤器吸入，经高效过滤器过滤后，将洁净空气送到操作区，然后排到室内或室外。

洁净工作台的分类主要有以下几种：①按气流分为乱流式和平行流式：平行流式又分为水平平行流式和垂直平行流式；②按系统分为直流式和循环式，介于二者之间的称为半直流式和半循环式；③按用途分为通用式和专用式。

洁净工作台的选用原则如下：①工艺设备在水平方向对气流阻挡最小时，应选用水平单向流工作台，在垂直方向对气流阻挡最小时，应选用单向流工作台；②当生产工艺产生有害气体时，宜选用排气工作台，反之，可选用循环工作台；③当工艺对防振有要求时，可选用脱开式工作台；④当水平平行流工作台对放时，间距不应小于3m。

（四）空气吹淋室

空气吹淋室是指强制吹除工作人员及其衣服上附着尘粒的设施，又名风淋室。供给吹淋室的空气应经过高效过滤器过滤，小室式吹淋室吹淋时间控制在30～60秒为宜。喷嘴射流方向应与人相切，喷嘴密度要适当，尽量使人身各部位都受到气流的吹淋。应使送风和回风气流通畅，吹淋室喷嘴气流速度一般为25～35m/s，吹淋温度宜取30～35℃。小室式吹淋室的门应连锁和自动控制并应设置手动开关装置。上班人员在30人以内，可采用单人小室式吹淋室；当上班人员超过30人时，可采用单人小室并联或多人小室式。

（五）洁净室的确认

通过洁净室的定义可知，洁净室是重要的受控环境。对于洁净室而言，洁净度是重要的参数，为了洁净度持续有效地得到保证，我们需要进行洁净室确认。洁净室确认是评估定级的洁净室或洁净空气设备与其预期用途的符合性水平的总体过程。

1. 设计确认　洁净室的总体设计确认是指通过对设计图纸、功能说明和技术手册等设计资料的检查来确认洁净室周围环境、生产区与辅助区功能布局等是否满足药品的生产要求和相关法规的设计要求。洁净室平面布置设计确认则是确认洁净室的人流物流、工艺设备布局、净化设施布局、洁净室洁净等级的划分等是否能满足药品的生产要求以及工艺流程是否清晰，是否有污染和交叉污染的设计缺陷存在。

2. 安装确认　洁净室中任何组件的选用不当都有可能对后期洁净室的运行和维护带来严重的影响，因此洁净室组件的选择和检查就显得尤为重要。检查洁净室吊顶材料、隔墙板材料、地面材料、洁净门、洁净观察窗、洁净灯具、洁净电话等组件的材质、规格型号、技术参数和制造商能否满足洁净室内部建筑的要求和已批准设计文件的要求。

洁净室参数确认是指为保证生产用设备的准确就位以及洁净房间换气次数的准确性，需要对洁净室的长、宽、高等参数进行确认。用校准后的卷尺对房间长、宽、高进行测量，用测量后的参数计算房间的面积和体积。

良好的洁净室密封性能有效地防止含有粒子或其他污染物的空气通过顶板和墙板的孔隙渗入。确认过程中需检查墙板与墙板、墙板与地面、墙板与顶板、灯具与顶板、静压箱与顶板、穿墙管道与顶板、穿墙管道与墙板之间的密封情况且表面平整易清洁。

为保持洁净区的压差与密封性，需要确认安装在气闸或气锁上互锁装置的有效性，即气闸或气锁的两扇门或多扇门不能同时打开。同时还要考虑紧急情况下使用应急装置后互锁门能同时开启。

室内照度应按不同工作室的要求，提供足够的照度值。主要工作室一般不低于300勒克斯（Lux或Lx），辅助工作室、走廊、气闸室、人员净化室和物料净化用室可低于此标准，但应不低于150Lx，对照度要求高的部位可适当增加局部照明。

为保证洁净室内操作人员的舒适性和安全性，需对洁净室内的噪声进行确认，一般洁净设施的A计权声级［采用A声级进行计量的声压级的单位，标示在A级计权下的噪声分贝大小，记作dB（A）］范围为：非单向流洁净室内的噪声（空态）不高于60dB（A），单向流和混合流洁净室内的噪声（空态）不高于65dB（A）。

>>> **知识链接** ○ -

噪声的利用

1. 噪声除草　根据不同的植物对不同的噪声敏感程度不一样，人们制造出噪声除草器。

2. 噪声诊病　科学家制成一种激光听力诊断装置，它由光源、噪声发生器和电脑测试器三部分组成。使用时，它先由微型噪声发生器产生微弱短促的噪声，振动耳膜，然后微型电脑就会根据回声，把耳膜功能的数据显示出来，供医生诊断。

3. 噪声发电　科学家发现人造铌酸锂具有在高频高温下将声能转变成电能的特殊功能。当声波遇到屏障时，声能会转化为电能，英国的学者根据这一原理，设计制造了鼓膜式声波接收器，将接收器与能够增大声能、集聚能量的共鸣器连接，当从共鸣器来的声能作用于声电转换器时，就能发电。

4. 噪声除尘　美国科研人员研制出一种功率为 2kW 的除尘器，它能发出频率 2000Hz、声强为 160dB 的噪声，这种装置可以用于烟囱除尘，控制高温、高压、高腐蚀环境中的尘粒和大气污染。

5. 噪声克敌　"噪音弹"能在爆炸间释放出大量噪音波，麻痹人的中枢神经系统，使人暂时昏迷。

- ●

五、洁净室污染控制

洁净室为药厂核心生产空间，对洁净程度有着十分严格的要求，直接关系着药品质量。总结以往药厂生产经验来看，洁净室很容易受到多种因素带来的影响，一旦环境被污染，将会直接反映到药品质量上，造成药品生产延误，甚至会加剧患者病情，造成巨大的不良影响。因此，必须要提高对制药企业洁净室污染控制的重视，确定各污染渠道，并制订科学可行的控制方案进行管理，保证洁净室环境达到专业标准。

（一）人员污染控制

人是最大的污染源，约占洁净区总污染的 80%，生产人员总是直接或间接地与药品接触，所以在厂房设计中考虑人员净化尤为重要。一个人在相对轻松的工作条件下，每分钟大概释放 100000 颗粒物质（这些颗粒一般为 0.3μm 或更大）。而一个在燥热且不舒适的环境下工作的人每分钟能够释放出上百万的颗粒物质，包括更多的细菌。

因此，应根据产品生产工艺和空气洁净度等级要求，设置人员净化用室，包括换鞋、存外衣、盥洗、消毒、更换洁净工作服、气闸等设施。洁净室的入口处应设置净鞋设施（如：跨越凳）和气闸室。气闸室的门应采用互锁装置，防止出入口的门同时被打开，导致内部洁净区与非洁净区的空气直接连通。

（二）物料污染控制

物料包括进入洁净室的原辅料、包装材料和其他生产用物品。物料的运输、存储环节通常是在一般环境中进行的，物料的外表面可能会被外界的尘土或微生物污染，因此进入洁净室的物料必须经过相应的净化处理。

物料的出入口应设置物料净化用室和设施，如物料外清间、气闸室或传递窗。物料在外清间内拆除外包装后进行表面的清洁和消毒后通过气闸室或传递窗方可进入洁净区。进入无菌区的物料还应在入口处设置提供物料、物品灭菌用的灭菌设施。

目标检测

答案解析

一、选择题

1. 按照生产的火灾危险性分类可分为（　　）种。
   A. 二　　　　　　　　B. 三　　　　　　　　C. 四　　　　　　　　D. 五

2. 以下说法正确的是（　　）
   A. 混合物的初始温度愈高，则爆炸极限的范围愈大
   B. 当混合物压力在 0.1MPa 以上时，爆炸极限范围随压力的增加而减小
   C. 当压力在 0.1MPa 以下时，随着初始压力的减少，爆炸极限的范围会增加
   D. 把惰性气体加到可燃气体混合物中，爆炸极限范围不可以缩小

3. 关于粉尘爆炸的难易程度，下面说法错误的是（　　）
   A. 粉尘爆炸的难易与粉尘的物理、化学性质和环境条件有关
   B. 燃烧热越大的物质越容易爆炸
   C. 氧化速度快的物质不容易爆炸
   D. 容易带电的粉尘也很容易引起爆炸

4. 人流规划的关键措施不包括（　　）
   A. 尽量减少进出洁净区的人员数量
   B. 应设置人员进入洁净区前的相关准备区域
   C. 应建立有效的手段如气流控制、压差控制等确保人员在进出不同洁净级别区域的过程中不会
      对空气洁净度造成不利影响
   D. 人流与物流必须是完全分开的，应尽量减少人流与物料的交叉

5. 现代洁净车间按照车间内气流流行的特性分为（　　）
   A. 乱流、单向流和辐流洁净车间　　　　　　B. 乱流、双向流和层流洁净车间
   C. 错流、单向流和辐流洁净车间　　　　　　D. 乱流、单向流和层流洁净车间

二、思考题

1. 简述发生火灾的主要原因。
2. 简述疏散通道的安全要求。
3. 简述生产中如何消除静电。

书网融合……

思政导航　　　　　本章小结　　　　　微课　　　　　题库

第三章　生产技术组织及管控

PPT

◎ **学习目标**

知识目标

1. 掌握 　原辅料管控、包装材料管控、生产前准备、生产操作过程及清场操作。

2. 熟悉 　供应部经理岗位职责、采购员岗位职责、包装操作及产品批号的划分原则、生产文件的管理、物料平衡管理。

3. 了解 　成品及其他物品的管控、库房管理员及搬运工岗位职责。

能力目标 　通过本章学习，能够理解生产技术组织，并熟悉相应的管控。能够结合药品的实际生产过程的管控，掌握物资供应部的管控、产品生产过程的管控、人员及文件的管控。

药品是经由原料、辅料通过固定的生产流程而得到的。生产的管理对于药品的质量有极为重要的作用。可以说，对于药品生产企业而言，生产管理是药品制造全过程中决定药品质量的最为关键和复杂的环节之一。

药品的生产制造过程同其他商品一样，都是以工序生产为基本单元。如果生产过程中某一工序或其相应的影响因素发生变化，如环境、设施、设备、人员、物料、控制、程序等，必然会引起药品质量及其生产过程的波动。因此，除了药品要符合质量标准之外，药品生产全过程的工作质量也必须符合药品生产质量管理规范（GMP）的要求。生产组织机构图如图3-1所示。

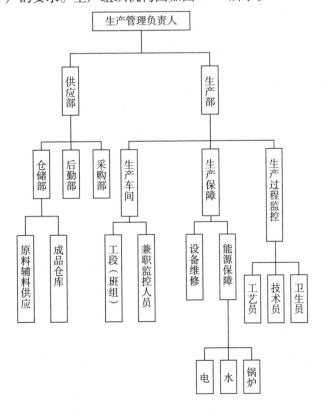

图 3 - 1　生产组织机构图

生产管理可归纳为生产文件管理、生产流程管理、生产控制管理三个方面，总体要求是：确保生产的进行是按照现行经批准的文件要求开展，确保生产全过程始终处于受控状态，确保最终产品质量符合标准要求。

第一节　供应部门的管控

药品生产是将物料加工转换成产品的一系列实现过程。产品质量基于物料质量，形成于药品生产的全过程。可以说，物料质量是产品质量的先决条件和基础。药品生产的全过程进行了严格和科学的管理，即从物料供应商的选择，到物料的购入、储存、发放和使用（生产）、销售，直到用户。

>>> 知识链接

科学管理之父——泰勒

科学管理理论是由弗雷德里克·温斯洛·泰勒（F. W. Taylor）在其《科学管理原理》（1911年）中提出的。泰勒是美国古典管理学家，也是科学管理的创始人，被管理界誉为科学管理之父。在米德维尔工厂，他从一名学徒工开始，担任过车间管理员、技师、小组长、工长、设计室主任和总工程师。在这家工厂的经历使他了解工人们普遍怠工的原因，他感到缺乏有效的管理手段是提高生产效率的严重障碍。为此，泰勒开始探索科学的管理方法和理论。

泰勒的科学管理理论，使人们认识到了管理学是一门建立在明确的法规、条文和原则之上的科学，它适用于人类的各种活动，从最简单的个人行为到经过充分组织安排的大公司的业务活动。科学管理理论对管理学理论和管理实践的影响是深远的，科学管理的许多思想和做法被许多国家参照采用。

一、原辅料管控

物料管理系指药品生产所需物料的购入、储存、发放和使用过程的管理，所涉及的物料是指原料（包括原料药）、辅料、中间产品、待包装产品、成品（包括生物制品）、包装材料。

物料管理的目的，首选是确保药品生产所用的原辅料、与药品直接接触的包装材料符合相应的药品注册的质量标准，并不得对药品质量有不利影响。其次是建立明确的物料与产品的管理规程，确保物料和产品的正确接收、贮存、发放、使用和发运，采用措施防止差错、交叉污染、混淆等。

药品质量与生产中所选用的原辅料质量有着极为密切的关系，从某种程度上来说，原辅料质量一旦确定，成品的质量也就随之确定了，而且成品的质量绝对超不过原材料的质量。高品质的药品对物料的质量要求很高，物料达不到要求，无论生产工艺、生产设备、质量管理水平多高，都无法生产出高品质的药品。同时，企业所用物料还需要保证合法，不能购买非法厂家或无规定批文的物料。《药品管理法》规定生产药品所需的原料、辅料、直接接触药品的包装材料和容器必须符合药用要求，同时还规定了物料使用如不符合要求，按假劣药论处。因此物料的使用既需合理又需合法。物料与产品的管理架构如图3-2所示。

1. 采购　药品生产所用的原辅料、与药品直接接触的包装材料应符合药典或GMP相应的质量标准规定，物料供应商的确定及变更应进行质量评估，并经质量管理部门批准后方可采购。药品生产所用物料应从符合规定的单位购进，并按规定验收入库。因此，采购原辅材料时，应按照如下程序进行。

（1）物料供应商的评估和选择　目前，我国物料供应分为两种，一种是生产企业直接供货，这种情况只需对生产企业进行审计；另一种是由商业单位供货，这种情况除需审计商业单位的经营资质外，

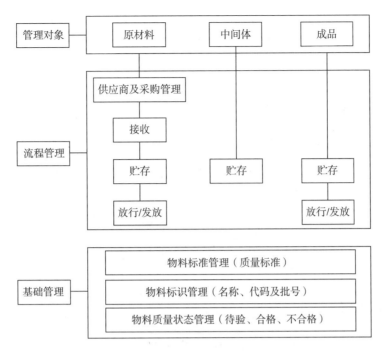

图 3-2 物料与产品的管理架构图

还需要对生产企业进行审计（GMP 规定应尽可能直接向生产商购买）。采购原辅材料前，采购部门必须对生产企业有无法定的生产资格进行确认，并由质量管理部门会同有关部门对主要物料供应商的产品质量和质量保证体系进行考察、审计或认证，然后对生产企业的生产能力、市场信誉进行深入的调查。经质量管理部门确认供应商及其物料合法，具备提供质量稳定物料的能力后，批准将供应商及对应物料列入"合格供应商清单"，作为物料购进、验收的依据。

（2）定点采购　在供货单位确认之后，实行定点采购。一般情况下，不应对供货企业进行经常性变更，一方面便于供货单位熟练掌握所提供原辅材料的生产工艺，确保提供高质量的原辅材料，另一方面便于本企业及时发现并帮助解决供货单位在生产过程中出现的问题和遇到的困难，共同提高原辅材料的质量，保证生产需要。

（3）确定采购计划及生产计划　合理的采购计划及生产计划能够及时地为企业提供符合质量标准的、充足的物料。销售预测是编制企业采购和生产计划的基础，生产计划的编制一方面取决于市场，另一方面又取决于物料及成品库存。企业以市场为导向，必须保证不因物料库存量过低而影响生产计划的制订，导致失去商机的风险，但又不能库存过多，与物料的库存量不匹配，造成大量资金积压。同时，作为特殊商品的药品及大部分原辅料都有一定的有效期，库存量不当可能导致过多物料超过有效期而报废。

（4）索证与合同　根据我国法律规定，出售产品必须符合有关产品质量的法律、法规的规定，符合标准或合同约定的技术要求，并有检验合格证。禁止生产、经销没有产品检验合格证的产品。因此，采购原辅材料时应向销售单位索取产品检验合格证、检验证书。同时，在签订经济合同时，除按合同规定的，应包括如买卖双方、标的、数量、价格、规格、交货地点、违约责任等一般内容外，应特别注明原辅材料质量标准要求和卫生要求。

2. 接收　原辅料接收流程如图 3-3 所示，主要包括如下环节。

（1）验收　物料到货后，由仓储部门安排专人（物料接收员）按规定程序对物料进行验收。

（2）编制物料代码和批号　经过验收手续的原辅材料，无论合格与否，均需放进仓库暂存。对验收合格的原辅材料，按规定的程序和方法进行编号（编制代码和批号）。

（3）待检　对同意收货的原辅材料编号后，对进库的原辅材料外包装进行清洁除尘，放置到待检区域（挂黄色标志），填写请验单，送交质量管理部门。对验收不合格的货物，将其放置到专门的不合格区域，及时上报有关部门进行处理。

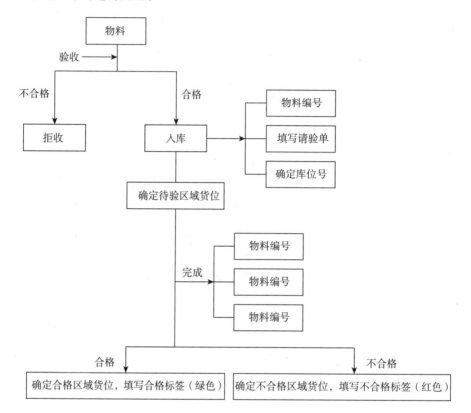

图 3-3　原辅料接收流程图

3. 检验、入库　质量管理部门接到仓储部门的请验单后，立即派专人到仓库查看所到货物，并在货物上贴上"待验"黄色标签，表示这批原料在质量管理部门的控制之下，没有质量管理部门的许可，任何部门和人员一律不得擅自动用该批货物。然后由质量管理部门通知质量检验部门进行检验。质量检验部门接到质量管理部门的通知之后，立即派人员按规定的抽样办法取样。取样后，贴取样标签并填写取样记录。样品经检验后，质检部门将检验结果报给质量管理部门审核，质量管理部门根据审核结果通知仓储部门。仓储部门根据质量管理部门的通如对所到原辅材料进行处理，除去原来的标志和标签，将合格的原辅材料移送至合格品库区储存，挂绿色标志；将不合格品移送至不合格品库区，挂红色标志，并按规定程序及时通知有关部门处理。检验参考如下标准。

（1）原料质量标准　原料药应以《中国药典》为依据，原料药可根据生产工艺、成品质量要求及供应商质量体系评估情况，确定需要增加的控制项目；中药材还需要增加采购原料的商品等级、加工炮制标识及产地。进口原料药应符合国际通用的药典并具有口岸药品检验所的药品检验报告书。对国际通用药典未收载的，应采用国家药品监督管理局核发的"进口药品注册证"的质量标准。

（2）辅料质量标准　辅料质量标准可以《中国药典》或国家食用标准为依据。采用国家食用标准时，需要经验证，确保不影响产品质量，并经国家食品药品监督管理部门批准。

（3）包装材料质量标准　药品包装材料（简称药包材）质量标准可依据国家标准、行业标准和协议规格制定。不符合法定标准的药包材不得生产、销售和使用。直接接触药品的包装材料、容器的质量标准应符合药品要求的卫生标准。首次进口的药包材，必须取得国家药品监督管理局核发的《进口药包材注册证书》，并由国家药品监督管理局授权的药包材检测机构检验合格后，方可在国内销售使用。

（4）成品质量标准　药品质量标准可依据国家药品标准（包括现行版药典和药品标准）制定企业内控标准。企业内控标准一般应高于法定标准。

（5）中间产品和待包装产品的质量标准　中间产品和待包装产品无法定质量标准时，企业应依据法定标准、行业标准和企业的生产技术水平、用户要求等，制定高于行业标准的内控标准。内控标准应根据产品开发和生产验证过程中的数据或以往的生产数据来确定，同时还需要综合考虑生产产品的特性、反应类型以及控制工序等能够影响产品质量的因素。如果将中间产品的检验结果用于成品的质量评价，则应制定与成品质量标准相对应的中间产品质量标准，该质量标准应类似于原辅料或成品质量标准。

4. 储存　仓储保管人员应对原料的理化性质、包装材料以及影响原辅材料质量的各种因素有充分的了解，并在此基础上，对其进行妥善保管储存。

（1）合理储存　物料的合理储存需要按照物料性质根据规定的储存条件储存，并在规定使用期限内使用。分类储存物料需要按其类别、性质、储存条件进行分类储存，避免相互影响和交叉污染。通常的分类原则为：①常温、阴凉、冷藏应分开。②固体、液体原料分开储存。③挥发性及易串味原料应避免污染其他物料。④原药材与净药材应严格分开。⑤特殊管理物料按相应规定储存和管理，并设立明显标志。特殊管理的物料［指麻醉药品、精神药品、医疗用毒性药品（包括药材）、放射性药品、药品类易制毒化学品及易燃、易爆和其他危险品］的验收、贮存、管理应当执行国家有关规定，与公安机关联网或专库专柜、双人双锁管理，并有明显的规定标志。⑥存放待检、合格、不合格原辅材料时要严格分开，按批次存放。⑦不合格退货或召回的物料或产品应当隔离存放。

（2）规定条件下储存　物料储存必须确保有与其相适应的储存条件，以维持物料的质量，此条件下物料相对稳定。不正确储存会导致物料变质分解和有效期缩短，甚至造成报废。规定的储存条件为如下。①冷藏：2～10℃；阴凉：10～20℃；常温：20～30℃。②相对湿度：一般为45%～75%，有特殊要求的按规定储存，如空心胶囊。③储存：要求遮光、干燥、密闭、密封、通风等。

（3）规定期限内使用　物料经过考察，在规定储存条件下，一定时间内质量能保持相对稳定，当接近或超过这个期限时，物料趋于不稳定，甚至变质，这个期限为物料的使用期限。原辅料应按有效期或复验期贮存。储存期内，如发现对质量有不良影响的特殊情况，应当复验。

（4）仓储设施　物料储存要避免影响物料原有质量，同时还要避免污染和交叉污染。因此仓储区应当能满足物料或产品的储存条件（如温湿度、避光）和安全储存的要求，配备空调机、去湿机、制冷机等设施，并进行检查和监控。

仓储区应有与生产规模相适应的面积和空间，用以存放物料、中间产品、待验品和成品。应最大限度地减少差错和交叉污染。库内应保持清洁卫生、通道畅通。

仓库的"五防"设施：防蝇、防虫、防鼠、防霉、防潮。

仓库的"五距"：垛距、墙距、行距、顶距、灯距（热源）。

垛码要井然有序，整齐美观。堆垛的距离规定是：垛与墙的距离不得小于30cm，垛与柱、梁、顶的间距不得小于30cm，垛与散热器、供暖管道的间距不得小于30cm，垛与地面的间距不得小于10cm，主要通道宽度不得小于2m，照明灯具垂直下方不得堆码药品，并与药品垛的水平间距不得小于50cm。

5. 养护　一般来说，仓储保管人员应对原料理化性质、包装材料以及影响原辅材料质量的各种因素有充分了解，在此基础上，对其进行妥善保管和养护。养护是企业确保库存物料质量的一项重要工作，物料经质量验收检验，进入仓库，到进入生产后流出，其质量都要靠养护工作提供充分的保障。

6. 出库验发　出库验发是指对即将进入生产过程的物料出库前进行检查，以保证其数量准确、质量良好。出库验发是一项细致而繁杂的工作，必须严格执行出库验发制度，具体要求做到以下几点。

（1）坚持"三查六对"制度　出库验发，首先要对有关凭证进行"三查"，即查核生产或领用部门，查验领料凭证或批生产指令、领用器具是否符合要求；然后将凭证与实物进行"六对"，即对货号、品名、规格、单位、数量、包装是否相符。

（2）掌握"四先出"原则　"四先出"即先产先出、先进先出、易变先出、近期先出。

二、包装材料管控

在药品生产、储存、运输、销售等环节中，无论是原料还是成品，都离不开包装，而包装材料应在避免药品受外界因素的影响而变质或外观改变等方面起着决定性的作用。

（一）包材的概念与分类

1. 按照与药品的关系分类　所谓药品包装材料是指药品内、外包装材料，包括标签和使用说明书。按与其所包装药品的关系分为三类。

（1）内包装材料　指用于与药品直接接触的包装材料，也称为直接包装材料或初级包装材料，如注射剂安瓿、铝箔、油膏软管等。内包装应能够保证药品在生产、运输、储存及使用过程中的质量，并便于医疗使用。

（2）外包装材料　指内包装以外的包装，按由里向外分为中包装和大包装，如纸盒等。外包装应根据药品的特性选用不易破碎的包装，以保证药品在运输、储存、使用过程中的质量。

（3）印刷性包装材料　指具有特定式样和印刷内容的包装材料，如印字铝箔、标签、说明书、纸盒等。这类包装材料可以是内包装材料如软膏管，也可以是外包装材料如外盒、外箱等。

2. 按监督管理的要求分类　包装材料由国家实行产品注册管理，生产企业必须按法定标准进行生产。

（1）Ⅰ类包装材料　直接接触药品且直接使用的药品包装用材料、容器。如药用 PVC（聚氯乙烯）硬片、塑料输液瓶（袋）等。

（2）Ⅱ类包装材料　直接接触药品，可清洗，在实际使用过程中，经清洗后需要并可以消毒灭菌的药品包装用材料、容器。如安瓿、玻璃管制口服液瓶、抗生素瓶天然胶塞等。

（3）Ⅲ类包装材料　除Ⅰ类、Ⅱ类以外其他可能直接影响药品质量的药品包装用材料、容器。如口服液瓶铝（合金铝）、铝塑组合盖等。

（二）包材管理制度

包装材料对药品质量的影响是巨大的，尤其是Ⅰ类包装材料和Ⅱ类包装材料。这些包装材料在正常情况下能够发挥保护药品的作用，但如材质选用不当，或受到污染，那么这种包装不但不能起到保护药品的作用，反而可对药品造成污染，严重影响药品质量。因此，包装材料的采购、验收、检验、入库、储存、发放等方面的管理，除可按原辅料管理执行以外，还必须注意以下问题。

1. 分类标准　药品包装材料、容器必须按法定的标准进行生产，法定标准包括国家标准和行业标准，国家标准和行业标准由国家药品监督管理局组织制订和修订。没有制定国家标准和行业标准的药品包装材料、容器，由申请产品注册企业制订企业标准。

2. 注册管理　我国对药品包装材料实行注册管理制度。药品包装材料必须经药品监督管理部门注册并获得"药包材注册证书"后方可生产。未经注册的药包材不得生产、销售、经营和使用。生产Ⅰ类药包材，必须经国家药品监督管理局批准注册；生产Ⅱ类药包材由企业所在省、自治区、直辖市药品监督管理局批准注册。药包材执行新标准后，药包材生产企业必须向原发证机关重新申请核发"药包材注册证书"。国外企业、中外合资境外企业生产的首次进口的药包材，必须取得国家药品监督管理局核发的"进口药包材注册证书"，并经国家药品监督管理局授权的药包材检测机构检验合格后，方可在国内销售、使用。使用进口药包材，必须凭国家药品监督管理局核发的"进口药包材注册证书"复印件加盖药包材生产厂商的有效印章后，经所在省、自治区、直辖市药品监督管理局备案后方可使用。

3. 生产药包材的条件　申请单位必须是经注册的合法企业。企业应具备生产所注册产品的合理工艺以及有关的洁净厂房、设备、校验仪器、人员、管理制度等质量保证必备条件。生产 I 类包装材料，必须同时具备与所包装药品生产相同的洁净度条件。生产 I 类包装材料企业的生产环境出国家药品监督管理局，省、自治区、直辖市药品监督管理局指定的检测机构检查认证。检测机构对申请注册的产品应抽样三批，进行检测。I 类包装材料的申请企业将其"药品包装材料、容器注册申请书"连同所需资料经省、自治区、直辖市药品监督管理局审批核发初审合格后，报国家药品监督管理局核发"药包材注册证书"。II 类包装材料和 III 类包装材料的申请企业将其"药品包装材料、容器注册申请书"连同所需资料报省、自治区、直辖市药品监督管理局核发"药包材注册证书"，并报国家药品监督管理局备案。国内首次开发的药包材产品必须通过国家药品监督管理局组织评审认可后，按规定类别申请"药包材注册证书"，方可生产、经营和使用。

（三）印刷性包材的管理

印刷性包装材料直接为用户和患者提供了使用药品所需要的信息，但因错误信息引起的用药事故亦较为常见。故应对印刷包装材料进行严格管理，尽可能避免和减少由此造成的混药和差错危险，以及文字说明不清对患者带来的潜在危险。直接接触药品的印刷性包装材料的管理和控制要求与原辅料相同。现仅以标签和说明书的接收、储存和发放过程为例，说明印刷性包装材料的管理。

1. 标签、说明书的接收　①药品的标签、使用说明书与标准样本需要经企业质量管理部门详细核对无误后签发检验合格证，才能印刷、发放和使用。②仓库管理员在标签、说明书入库时，要检查品名、规格、数量是否相符，检查是否污染、破损、受潮、霉变，检查外观质量有无异常（如色泽是否深浅不一，字迹是否清楚等），如检到不符合要求的标签，需要计数、封存。

2. 标签、说明书的储存　①仓库在收到质量管理部门出具的包材检验合格报告单后，将待验标志换成合格标志。印刷性包材应当设置专门区域妥善存放，未经批准的人员不得进入。若检验不合格则将该批标签和说明书移至不合格库（区域），并进入销毁程序。②标签和说明书应按品种、规格、批号分类存放，按先进先出的原则使用。③专库（专柜）存放，专人管理。

3. 标签、说明书的发放　①仓库根据生产指令单及车间领料单计数发放。②标签、说明书由生产部门专人（领料人）领取，仓库发料人按生产车间所需限额计数发放，并共同核对品种、数量，确认质量符合要求及包装完好后，方可发货并签名确认。③标签实用数、残损数及剩余数之和与领用数相符，印有批号的残损标签应由两人负责销毁，并做好记录和签名确认。④不合格的标签、说明书未经批准不得发往车间使用。⑤不合格标签、说明书应定期销毁，销毁时应有专人监督，并在记录上签字。

三、成品及其他物品的管控

成品是指企业所生产的产品，出厂前均应通过检验，达到药品注册标准后方可出厂使用。至于其他物品，这里指需要特殊管理的物品，诸如麻醉药品、精神药品、医疗用毒性药品（包括药材）、放射性药品、药品类易制毒化学品及易燃、易爆和其他危险品等的验收、储存、管理均应严格执行国家有关的规定。

不合格的中间产品、待包装产品和成品的每个包装容器上均应有清晰醒目的标志，并在隔离区内妥善保存。不合格的中间产品、待包装产品和成品的处理应当经质量管理负责人批准，并有记录。

产品回收需经预先批准，并对相关的质量风险进行充分评估，根据评估结果决定是否回收。回收应当按照预定的操作规程进行，并有相应记录。回收处理后的产品应当按照回收处理中最早批次产品的生产日期确定有效期。

制剂产品不得进行重新加工。不合格的制剂中间产品、待包装产品和成品一般不得进行返工。只有不影响产品质量、符合相应质量标准，且根据经批准的操作规程以及对相关风险充分评估后，才允许返工处理。返工应当有相应记录。

对返工或重新加工或回收后生产的成品，质量管理部门应当考虑进行额外相关项目的检验和稳定性考察。

企业应当建立药品退货的操作规程，并有相应的记录，内容至少应当包括：产品名称、批号、规格、数量、退货单位及地址、退货原因及日期、最终处理意见。同一产品、同一批号、不同渠道的退货应当分别记录、存放和处理。

只有经检查、检验和评价，有证据证明退货质量未受影响，且经质量管理部门根据操作规程评价后，方可考虑将退货重新包装、重新发运销售。评价考虑的因素至少应当包括药品的性质、所需的贮存条件、药品的现状、历史，以及发运与退货之间的间隔时间等因素。不符合贮存和运输要求的退货，应当在质量管理部门监督下予以销毁。对退货质量存疑时，不得重新发运。退货处理的过程和结果应当有相应记录，待质量部门检验后，再行处理。

第二节 物资供应部工作职责

制药企业物资（供应）部通常主要负责采购、储存、发放、运输原辅料、包装材料、成品等物料及其他一切生产生活用品的供给。其职责如下。

（1）负责物资的采购，保证采购的原料、辅料、包装材料和容器等符合质量标准。

（2）负责企业生产物资进厂的验收工作，目测外包质量，填写请验单。按序号登记入库。

（3）负责原辅料、包装材料、成品、低值易耗品和设备零配件、化学试剂的储存管理工作，并按规定分区、分类码放整齐，标志齐全，账、物、卡相符，并执行先进先出的规定。

（4）负责原料药的超期复验及合格的原辅料、包装材料的发放管理工作，负责对不合格的原辅料、包装材料的登记，无法处理的退回原供应部。

（5）负责仓储物资的盘点及账目处理工作。生产用原料、辅料、包装材料用量及成本的统计与预估。

（6）负责成品的验收入库、储存、出库管理，并做好销售记录，应做到异常情况的产品能全部追回（批号能跟踪）。

（7）负责产品退货的接收、保管及发放管理工作。

（8）负责各库区的卫生管理工作，防火、防盗等安全管理工作。

（9）建立主要物资的供应厂商资料及价格体系，配合质量部、生产部对货源单位进行质量保证能力的审核，择优选择供应厂商。

一、供应部经理岗位职责

供应部经理的工作目标是根据生产计划和采购计划，在确保质量的前提下组织生产物料等物资的采购，确保生产物资的供应；根据 GMP 规范和公司相关规程，确保库房物资的规范管理。其职责如下。

（1）了解相关法规政策，掌握供应市场信息，定期组织采购招标，保证采购的物资符合有关规定。

（2）按生产计划组织制订生产物料需求计划，报主管领导审批。

（3）按物料需求计划和追加计划组织生产物料等的采购，保证按质、按量、均衡、及时、经济地采购。

（4）保障物资的合理储备，减少储备资金占用，加速资金周转。

（5）组织建立、健全各种库存台账、记录及报表，并监督检查；按规定及时向主管领导及有关部门提交相应报表。

（6）协助质量管理部门组织生产物资供应商的考察、评估，参与合格供应商的确定。

（7）根据评估意见协助质保部建立、健全合格供应商档案，并按规定进行管理。

（8）按规定签订合同。

（9）按 GMP 规范和公司相关规程进行库房及库存物资管理。

（10）完成上级领导交办的其他临时性工作。

二、采购员岗位职责

采购员的工作目标是根据生产物料及相关物资需求计划，负责生产相关物资的采购工作。其职责如下。

（1）严格遵守国家物资政策法规、财务纪律及公司规定，按规范采购。

（2）对生产物料的来源、品质、价格等进行市场调查，深入了解物资资源信息。

（3）负责执行物资的询价、比价、议价业务，合理选择物资品种及代用物资，努力降低生产成本。

（4）生产物料的采购及催交。如拖期或提前交货时，要主动向主管负责人反映，以便及早采取相应措施，避免影响生产或过早交货而积压资金等。

（5）物料应付款的核对与请款。

（6）查访、联络供应商。

（7）掌握所签订合同的执行情况，做好记录或登入台账。

（8）协助质保部进行合格供应商档案的建立、完善及其管理。

（9）定期接受相关培训，提高专业知识及技能。

（10）完成上级领导交办的其他临时性工作。

三、库房管理员岗位职责

库房管理员的工作目标是确保物料的正确接收、贮存和发放，负责验收入库物料的保管和保养，同时保证出库物料的质量和数量。其职责如下。

（1）严格遵守《一般工作人员工作标准》相关内容。

（2）接受公司质管人员的指导和监督。

（3）按规程进行物料的验收入库管理。

（4）对出库物料的质量和数量负责。

（5）按规程进行物料保管与保养。

（6）按规程进行物料发放。

（7）按规程进行清仓盘点。

（8）建立健全各种台账、记录、货位卡及报表，做到账、卡、物齐全和一致，并按规定及时向主管领导及有关部门提交相应报表。

（9）负责库房的清洁整理，做好库房相应温湿度监控记录。

（10）提高安全意识，严格按照《安全生产管理》和《安全操作规程管理》执行。

（11）定期接受相应培训，提高专业知识及技能。

（12）完成上级领导交办的其他临时性工作。

四、搬运工岗位职责

搬运工的工作目标是负责物料搬运及药品装箱入库等，并按照生产指令和GMP要求，严格遵守相关操作规程进行工作。其职责如下。

（1）工作上服从班长安排，并接受供应部经理、库房主管和质管人员的指导和监督。

（2）严格遵守《生产人员工作标准》。

（3）负责物料搬运工作。

（4）对因工作失误造成的损失负责。

（5）在仓库工作期间，必须严格遵守仓库安全管理规定，严禁将火种带入库区，不准吸烟。无火情时严禁动用消防设施。

（6）装卸、搬运作业前做到"三检查"。①检查工作物料的形状、性质、规格、重量等，以确定作业方法。②检查工具、设备质量等是否符合安全要求。③检查作业现场、行进路线是否畅通。

（7）必须严格按照操作规程进行作业，不准穿拖鞋、背心等进入工作区。发现搬运器具损坏，要及时汇报。

（8）提高安全意识，严格按照《安全生产管理》《安全操作规程管理》的要求执行。

（9）库内堆垛、调货，应服从库房管理员的安排；堆码药品（包括其他进发货物）均不得倒置，注意轻拿轻放；堆垛要求整齐、合理；包装破损的货物不予上垛并及时报库房管理员处理；收发货服从安排，装卸车及时。

（10）爱护企业财产，公私分明。凡发现利用工作之便将公司财物窃为己有者，均按盗窃处理；情节严重者移送公安机关处理。

（11）搬运工单人/次的负重量不得超过50kg，两人共搬的总重量不得超过80kg。①搬运工单人/次负重单件货物超过40kg的，必须有人搭肩、有人卸肩，且搬运距离不得超过70m。②80kg以上及300kg以下单件货物，应使用手推车、滑板等工具装卸搬运；300kg以上单件货物，应使用绞车、滑车、起重机等机械设备搬运；如使用工具、设备搬运确有困难或不便，应组织多人搬运，每人平均负重量不得超过50kg；人数增多，其平均负重量应适当递减，同时，应指定专人负责统一指挥，并尽可能准备替补人手。

（12）掌握本岗位相关操作规程，在生产中认真执行。在搬运、发放生产所用物料时认真核对产品品名、规格、批号；在成品装箱入库时认真核对所印大箱的品名、批号、规格、生产日期、有效期等的准确性；检查发现收缩机及搬运设备有问题时要及时上报，按规定处理。

（13）完成上级领导交办的其他临时性工作。

◇ 第三节　产品生产过程的管控

药品是经由一系列的流程生产出来的，因此，生产管理是药品生产企业药品制造全过程中决定药品质量的最关键和最复杂的环节之一。这里所讲的生产指生产加工，即药品制备过程中，从物料的传递、加工（制剂）、包装、贴签、质量控制、放行、储存、销售发放等一系列相关的控制作业活动，因此，生产的各个阶段均应采取措施保护产品和物料免受污染。

药品的生产制造过程同其他商品一样，都是以工序生产为基本单元，生产过程中影响这些工序的因素（如环境、设施、设备人员、物料、控制、程序等）出现变化，必然会引起药品质量及其生产过程的波动。因此，不仅药品要符合质量标准，而且药品生产全过程的工作质量也要符合 GMP 要求。

生产管理的主要目标是按照 GMP 要求对生产全过程进行监控，以杜绝差错和混淆，防止污染和交叉污染，以确保所生产药品的质量。

一、生产操作人员职责

生产操作人员通常包括车间主任（理论上应为半脱产）、副主任（技术主任）、工段长、班组长、岗位工人及辅助人员等。企业的产品是企业全员通力协作的结果，所以需要全员的通力合作才能完成企业产品的生产。

（一）生产前准备

生产开始前，应确保设备和工作场所没有上批次遗留的产品、文件或与本批产品生产无关的物料，设备处于已清洁及待用状态，检查结果应当有记录。生产操作前，应当核对物料或中间产品的名称、代码、批号和标识，确保生产所用物料或中间产品正确且符合要求。

1. 生产用文件 根据生产工艺规程、标准操作规程及生产作业计划，制定主配方、生产指令、包装指令等，执行者应认真阅读并理解生产指令等的要求，同时，检查与生产品种相适应的工艺规程、SOP 等生产管理文件是否齐全。经复核、批准后分别下达各工序，同时下达生产记录。

2. 生产用物料 根据生产指令编制限额领料单并领取物料或中间产品，标签要凭包装指令按实际需用数由专人领取，并且要计数发放，发料人、领料人要在领料单上签字。对所用各种物料、中间产品应有质量管理监督员签字的中间产品递交单；生产期间使用的所有物料、中间产品或待包装产品的容器及主要设备、必要的操作室应当粘贴标识，或以其他方式标明生产中的产品或物料名称、规格和批号。如有必要，还应当标明生产工序。容器、设备或设施所用标识应当清晰明了，标识的格式应当经企业相关部门批准。除在标识上使用文字说明外，还可采用不同的颜色区分被标识物的状态（如待验：黄色；合格、已清洁：绿色；不合格：红色等）。用于盛装物料的容器、桶盖编号要一致，并有容器标识，标明复核重量等信息。

3. 生产现场 生产操作开始前，操作人员必须对卫生和设备状态进行检查，检查内容有：检查生产场所是否符合该区域清洁卫生要求，是否有"已清洁"状态标识；更换生产品种及规格前是否清场，是否有上次生产的清场合格记录，清场者、检查者是否签字，未取得"清场合格"不得进行另一个品种的生产；对设备状态进行严格检查，是否保养，试运行情况是否良好，是否清洁（或消毒）并达到工艺卫生要求，检查合格挂上"合格"标牌后方可使用。正在检修或停用的设备应挂上"检修""停用"或"不得使用"的状态标识；检查工具、容器清洗是否符合标准；检查计量器具是否与生产要求相适应，是否清洁完好，是否有"计量检定合格证"，并在检定有效期内，对衡器进行使用前校正；检查操作人员的工作服穿戴是否符合要求等。

4. 记录 操作人员检查后应填写检查记录，签名并签署日期，检查记录（生产许可证）纳入批记录。

（二）生产操作过程

正确执行生产操作过程的顺序（工艺流程）是生产出合格产品的组织保证，也是 GMP 所要求的，不允许出现错误。

1. 投料 投料又称称量配制，称量配制是物料生产过程的开始，投错料、投料量不准确会造成较大的经济损失和质量风险。物料（固体和液体）的称量或量取应按照操作规程，确保准确投料，并避免交叉污染。如在暴露的条件下投料，应使用排风系统来控制粉尘或者溶剂的挥发。

2. 操作管控 操作人员应按生产指令或包装指令要求、工艺规程、标准操作规程等进行生产、清场、记录等操作，质量监督员按照产品质量监控频次和质量监控点进行检查，以确保药品达到规定的质量标准，并符合药品生产许可和注册批准的要求。具体如下：①文件为批准的现行文本，必须符合生产指令的内容要求。②保证生产中传递合格的中间产品，工序收率或物料平衡、消耗定额应符合工艺规定。③保证生产工序符合工艺规程要求，有工艺查证记录，中间产品有质量检验记录，生产中有质量监督人员的专检、生产操作人员的互检、生产操作人员的个人自检。④厂房、设备、物料、人员、生产操作、工作服等符合工艺卫生要求。清洁记录、清洁状态标识、现场清洁卫生等必须符合要求。⑤不得在同一生产操作间同时进行不同品种和规格药品的生产操作，除非没有发生混淆或交叉污染的可能。在生产的每一阶段，应当保护产品和物料免受微生物和其他污染。在干燥物料或产品，尤其是高活性、高毒性或高致敏性物料或产品的生产过程中，应当采取特殊措施，防止粉尘的产生和扩散。

（三）包装操作

包装是指待包装产品变成成品所需的所有操作步骤，包括分装、贴签等。但无菌生产工艺中产品的无菌灌装，以及最终灭菌产品的灌装等不视为包装。企业应制定包装操作规程，包括内包装、外包装两个方面；对分装、贴签等过程进行规范，对手工包装、可能出现的补签等情况应详细规定，并制定防止污染、混淆或差错产生的措施。

（1）包装开始前应当进行检查，确保工作场所、包装生产线、印刷机及其他设备已处于清洁或待用状态，无上批遗留的产品、文件或与本批产品包装无关的物料，检查结果应当有记录。

（2）包装操作前，还应当检查所领用的包装材料正确无误，核对包装产品和所用包装材料的名称、规格、数量、质量状态，且与工艺规程相符，同时填写批包装记录，并附有相应的印刷包装材料实样，以便追溯；待包装产品的状态标识应准确、粘贴牢固，防止因标识遗失导致混药风险。

（3）为避免差错和混淆，在每一包装操作场所或生产线（包括内包生产线、机器外包生产线和手工外包操作间），生产操作过程中应当有标识标明包装中的产品名称、规格、批号和批量的生产状态。

（4）待包装产品外观性状大多不易区分，存在极大的混淆风险，且不易发现。当有数条包装线同时进行包装时，应当采取隔离或其他有效防止污染、交叉污染或混淆的措施。

（5）待用分装容器在分装前应当保持清洁，避免容器中有玻璃碎屑、金属颗粒等污染物。分装容器主要指与生产用物料直接接触的周转容器（如缓冲瓶、换料桶等），在使用前应清洗并保持清洁，必要时进行消毒或灭菌，并在规定的储存条件和储存期内妥善放置，避免对物料产生污染。

（6）产品分装、封口后应当及时贴签。部分待包装产品内包完成后，包装上无产品信息，若散落则无法识别，极易发生混淆差错，因此应及时贴签。在未贴签时应有有效的防混淆差错措施，如集中存放、妥善保存、有必要的状态标识，标明名称、规格、批号、数量、生产日期等信息，且应确保标识牢固、不易脱落。

（7）包装过程中，在线打印的信息（如产品批号或有效期）均应当进行检查，确保其正确无误，并予以记录。如手工打印，应当增加检查频次。包装操作时，内标签（即直接接触药品的包装标签）、外标签（除内标签以外的其他标签）和用于运输和储存的包装标签需根据批生产指令打印产品名称、规格、生产批号、生产日期和有效期等。企业应有可靠的措施，确保打印信息的准确性和打印内容完整、清晰。

（8）使用切制式标签或在包装线以外单独打印标签，应当采取专门措施，防止混淆。各类包装标签的式样不同，包括卷式标签、切制式标签等。其中，切制式标签易发生散落，应采取措施防止混淆；

在包装线外已打印产品信息的标签应妥善保管，防止不同批次标签的混淆。

（9）应当对电子读码机、标签计数器或其他类似装置的功能进行检查，确保其准确运行，检查应当有记录。使用带有电子读码、计数、检重、检漏、自动剔废等功能的包装机，各项功能应能够有效保证产品质量，企业应定期按照已验证有效的方法对配套功能的有效性进行确认，确保相应功能的可靠运行。

（10）包装材料上印刷或模压的内容应当清晰、不易褪色和擦除。药品包装所用的材料，包括与药品直接接触的包装材料和容器、印刷包装材料，但不包括发运用的外包装材料，除已印刷的产品名称、规格、生产地址等信息外，包装材料上的部分信息如生产日期、生产批号等是在生产过程中以模压或喷墨等方式印制的，企业应对供应商的印刷质量进行考察，确保印刷内容清晰准确。同时企业应加强中间检查，确保包装过程中打印信息的准确性和完整性。

（11）包装期间，产品的中间控制检查应当至少包括下述内容：①包装外观是否规整；②包装是否完整；③产品和包装材料是否正确；④打印信息是否正确；⑤在线监控装置的功能是否正常；⑥样品从包装生产线取走后不应再返还，防止产品混淆或污染。

（12）因包装过程产生异常情况而需要对产品重新包装的，必须经专门检查、调查并经由指定人员批准，重新包装后应当有详细记录。对包装过程出现设备故障、印刷标签错误、装箱错误等异常情况需要对产品重新包装时，应加强监控，做好偏差记录。

（13）在物料平衡检查中，发现待包装产品、印刷包装材料以及成品数量有显著差异时，应当进行调查，未得出结论前产品不得放行。

（14）包装结束时，已打印批号的剩余包装材料应当由专人负责全部计数销毁，并有记录。如将未打印批号的印刷包装材料退库，应当按照操作规程执行。

根据各企业生产规模需求，可能需要多个设备组合完成包装过程。如口服固体瓶装包装线应包含理瓶机、数瓶机、旋盖机、贴标机、封口机、装盒机、裹包机、装箱机等多台设备。企业应根据品种包装线特点制定产品中间控制检查项目，确保包装工序各环节操作的可靠性、稳定性，保证产品的质量。

（四）清场操作

清场是对每批产品的每一个生产阶段完成以后的清理和小结工作，是药品生产和质量管理的一项重要工作内容。每次生产结束后应当进行清场，确保设备和工作场所没有遗留与本次生产有关的物料、产品和文件。下次生产开始前，应当对前次清场情况进行确认。

1. 清场的概念 清场是指在药品生产过程中，每一个生产阶段完成之后，由生产人员按规定的程序和方法对生产过程中所涉及的设施、设备、仪器、物料等进行清理，以便开展下一阶段的生产，清场结束后应挂上写有"已清场"字样的标识牌。清场的目的是为了防止在生产中不同品种、规格、批号的物料、产品、文件等之间发生混淆和差错。清场分为大清场和小清场。更换生产品种或某一产品连续生产一定批次后应进行大清场，确保所有前一批次生产所用的物料、产品、文件、废品等全部移出，设备房间按照清洁操作规程要求进行彻底清洁。同产品批间清场及生产完工当日的清场为小清场，小清场时应确保前一批次生产所用的物料、产品、文件、废品等全部移出，设备厂房清除表面粉尘，确保目视清洁。

2. 清场的范围和要求 清场的范围应包括生产操作的所有区域和空间，包括生产区、辅助生产区以及涉及的一切相关的设施、设备、仪器和物料等。具体要求为：地面无积尘、无结垢，门窗、室内照明灯、风管、墙面、开关箱（罩）外壳无积灰，室内不得存放与生产无关的杂物；使用的工具、容器应清洁、无可视异物，无前次产品的遗留物；设备内外无前次生产遗留的药品，无油垢；非专用设备、管道、容器、工具应按规定拆洗或灭菌；直接接触药品的机器、设备及管道工具、容器应每天或每批清洗或清理。同一设备连续加工同一非无菌产品时，其清洗周期可按设备清洗的有关规定；包装工序调换品种时，多余的标签、标识物及包装材料应全部按规定处理；固体制剂工序调换品种时，对难以清洗的用品，如烘布、布袋等，应予更换，对难以清洗的部位要进行清洁验证。

3. 清场工作的内容 一般来说，清场工作涉及以下三个方面内容。①物料的清理：生产中所用到的物料，包括原料、辅料、半成品、中间体、包装材料、成品、剩余物料等的清理和退库、储存和销毁等工作。②文件的清理：生产中所用到的各种规程、制度、指令、记录，包括各种状态标识等的清除、交还、交接和归档等工作。③清洁卫生：对生产区域和辅助性生产区域的清洁、整理和消毒灭菌等工作。

4. 清场管理 每批药品的每一生产阶段完成后必须由生产操作人员清场，并填写清场记录。清场记录内容包括：操作间编号、清场前产品的品名、规格批号、生产工序、清场项目、清场日期、检查项目及结果、清场负责人及复核人签名。清场负责人及复核人不得由同一人担任。清场记录应有正本、副本，正本纳入本次批记录中，副本纳入下一产品的批记录中。清场记录只有正本时，可纳入本批生产记录中，而清场合格证纳入下批生产记录中作为下批产品生产的依据。

清场结束后指定部门具有清场检查资格的人员复查合格后发给"清场合格证"，作为下一个品种（或下一个批次或同一品种不同规格）的生产凭证附入生产记录。未取得"清场合格证"不得进行下一步的生产。

二、生产过程管理

生产过程是药品制造全过程中决定药品质量的最关键和最复杂的环节之一。药品生产过程实际上既是物料的生产过程，又是文件记录的传递过程。

以典型中成药生产过程为例，从中药材领取、前处理（炮制、提取、浓缩、干燥、灭菌）、投料、制剂、包装、待验、检验合格后入库、清场，是物料投入、目标产物的生成以及后续处理的过程。

记录传递过程是指由生产部门发出生产指令，确定批号和签发批生产记录（由质量管理部门或者授权生产部门进行），并在生产过程中由操作人员完成各种批生产记录、批包装记录以及其他辅助记录（设备使用记录、清洁记录等），中间体检验人员完成中间体检验记录，原料药检验人员完成成品检验记录，该记录经部门负责人或者授权人员审核并归档。质量管理人员对这些记录进行审核，作为批放行的一部分。

（一）生产文件的管理与执行

生产文件的管理是指按现行经批准的文件进行生产，确保生产全过程始终处于受控状态，确保最终产品质量符合标准要求的管理状态。

1. 工艺规程 工艺规程是指为生产特定数量的成品而制定的一个或一套文件，包括生产处方、生产操作要求和包装操作要求，规定原辅料和包装材料的数量、工艺参数和条件、加工说明（包括中间控制）、注意事项等内容；工艺规程的制定应当以国家药品监督管理部门注册批准的工艺为依据，同时和工艺验证的结果相一致，药品制剂和原料药投入正常生产的产品，必须有完整的、经批准按规定程序编制的工艺规程，否则不允许生产，执行过程中不得任意变动；工艺规程是药品生产和质量管理中最重要的文件，具有唯一性，每种药品的每个生产批量均应有经企业批准的工艺规程。工艺规程的模式不是固定的，可根据企业各自的情况制定相应的模式；在执行过程中如因生产工艺改革、设备改进或更新、原辅材料变更等变动工艺规程，须提出申请并经验证，修订稿的编写、审核、批准程序与制定时相同。工艺规程原则上每5年由主管生产技术的负责人组织讨论并修订。

2. 标准操作规程 标准操作规程（standard operation procedure，SOP）是经批准用来指导药品生产活动的通用性文件，如设备操作、维护与清洁、验证、环境控制、取样和检验等。标准操作规程是企业活动和决策的基础，确保每个人正确、及时地执行与质量相关的活动和流程；标准操作规程一经发布，任何人不得任意改动，操作人员必须严格按照标准进行操作；标准操作规程应结合工艺规程、设备、新技术的变动情况而作相应调整修订，且关键内容的修订需经验证；标准操作规程修订稿的编写、审核、批准程序与制定时相同。

3. 批生产记录 批生产记录（batch production record，BPR）是用于记述每批药品生产、质量检验和放行审核的所有文件和记录，可追溯所有与成品质量有关的历史信息。

批生产记录包括产品制造过程中使用的所有物料和所有岗位操作的相关文件。每批药品均应有一份反映各个生产环节实际情况的生产记录，批生产记录是该批药品生产全过程（包括中间产品检验）的完整记录，它由主配方、生产记录、有关岗位生产记录、清场记录、偏差调查处理情况、检验报告单、质量监控记录等汇总而成。

通过记录，可以准确地反映生产过程中各个工序的任务、时间、批量、物料、操作、数量、质量、技术参数、操作人、复核人等的实际情况，同时也能反映出质量管理部门对生产过程的监控情况。

4. 批生产记录的编制原则 批生产记录在编制过程中要注意体现剂型的特点：①批生产记录应当依据现行批准的工艺规程的相关内容制定，记录格式的设计应依据产品工艺规程中的操作要点和技术参数等内容，体现出产品剂型的特点，应避免填写差错，批生产记录的每一页应当标注产品的名称、规格和批号。②格式应当经生产管理负责人和质量管理负责人审核和批准，批生产记录的复制和发放均应按照操作规程进行控制并有记录，每批产品的生产只能发放一份原版空白的批生产记录复制件。③具有质量可追踪性的批生产记录应统一编码，其内容应具有质量的可追踪性，可追溯该批产品的生产历史以及与质量有关的情况。

5. 批生产记录的填写与归档 批生产记录的填写应保证在生产过程中，进行每项操作时及时记录，操作结束后，应当由生产操作人员确认并签注姓名和日期。①操作人员应按要求认真及时填写批生产记录，填写时应用擦不掉的蓝色或黑色墨水填写，做到字迹清晰、内容真实、数据完整，并由操作人和复核人同时签上姓名和日期，不得提前填写，也不能写成"回忆录"或"备忘录"，更不得伪造记录。②批生产记录应保持整洁，不得撕毁和任意涂改。记录内容的任何更改，应在原错误的地方划一横线，写上正确信息，签注姓名和日期，并使原有信息仍清晰可辨，必要时应当说明更改的理由。记录如需重新写，则原有记录不得销毁，应当作为重新誊写记录的附件保存。记录表格不得有未填的空项，如某项信息不适用可填写 N/A（not/applicable），如出现无内容可填时，可在该项划一斜线或横线，当出现空白区域或空白页时，应在整个区域或空白页画斜线，在斜线上签注姓名和日期。③批生产记录的归档应由车间指定的人员按批号整编装订，由质量管理部门归档，保存至药品有效期后一年。用电子方法保存的批记录，应当采用磁带、缩微胶卷、纸质副本或其他方法做备份，以确保记录的安全，且数据资料在保存期内便于查阅。

6. 批包装记录的管理 批包装记录是该批产品包装全过程的完整记录。批包装记录一般情况下单独设置，也可作为批生产记录的组成部分。每批产品或每批部分产品的包装，都应有批包装记录，以便追溯该批产品包装操作以及与质量有关的情况。①批包装记录，内容包括包装指令、待包装产品的名称、批号、规格、批量；印有批号的标签和使用说明书及产品合格证；待包装产品和包装材料领用数量及发放人、领用人、复核人签名；已包装产品数量；前次包装操作的清场记录（副本）及本次包装清场记录（正本）；本次包装操作完成的检查核对结果、复核人签名、生产操作负责人签名。②合箱记录，药品零头包装应只限两个批号为一个合箱，合箱应在产品开始时进行，包装箱外应标明合箱内两个药品的批号，装入或贴上两个产品的合格证，并建立合箱记录和合箱台账。③原料药生产中，对可以重复使用的包装容器，应根据书面程序清洗干净，并去除原有的标签。④在包装过程中，进行每项操作时应当及时记录，操作结束后，应由包装操作人员确认并签注姓名和日期。

（二）物料平衡管理

在每个关键工序计算收率并进行物料平衡，不仅可以计算生产效能，更是能避免或及时发现差错与混淆的最有效方法。物料平衡系指在药品生产过程中，同批产品的产量和数量应保持的平衡程度。当物料平衡的数值过高时，有可能是有上一批生产的物料混入本批产品，该批次产品则不能继续生产加工或出厂，必须找出原因，予以解决。当物料平衡过低时，有可能是本批次物料存在跑料损失、混入下批次产品、丢失等多方面原因，同样不能继续加工或出厂，也必须分析原因，予以处理。因此，每个品种各关键生产工序的批生产记录（批包装记录）都必须明确规定物料平衡的计算方法，以及根据验证结果确定各工序物料平衡的合格范围（通常物料平衡在 98.0% ~ 102.0% 之内）。

三、产品的批号管理

批次管理是药品生产控制的一种方法，通过合理的批次设定，便于对某一数量或某一时间段产品生产的过程和质量均一性进行控制。企业应当建立划分产品生产批次的操作规程，生产批次的划分应当能够确保同一批次产品质量和特性的均一性。企业应当结合自身品种、设备特点和法规要求合理划分批次。如有必要，可将一批产品分成若干亚批，最终合并为均一的一批，也可将若干合格小批混合形成一个混合批，每批药品均应编制唯一的批号。应当建立编制药品批号和确定生产日期的操作规程，除另有法定要求外，生产日期不得迟于产品成型或灌装（封）前最后混合操作的开始日期，不得以产品包装日期作为生产日期。

1. 产品批号的含义　产品的批号是指经一个或若干加工过程生产的、具有预期均一质量和特性的一定数量的原辅料、包装材料或成品。在连续生产情况下，批必须与生产中具有预期均一特性的确定数量的产品相对应，批量可以是固定数量或固定时间段内生产的产品量。批号是用于识别一个特定批的、具有唯一性的数字和（或）字母的组合，用以追溯和审查该批药品的生产历史。据此，能查到该批药品的生产日期直至相关的生产、检验、销售等记录。

2. 产品批号的划分原则　在药品生产中，由于剂型不同、生产情况不同，为确保生产的每批药品质量达到均一的要求，就必须根据批的定义确定生产中哪些产品能标记为一个批号。

（1）无菌药品批的划分原则　①大（小）容量注射剂以同一配液罐最终一次配制的药液所生产的均质产品为一批；同一批产品如用不同的灭菌设备或同一灭菌设备分次灭菌的，应当可以追溯。②粉针剂以同一批无菌原料药在同一连续生产周期内生产的均质产品为一批。③冻干产品以同一批配制的药液使用同台冻干设备、在同一生产周期内生产的均质产品为一批。④眼用制剂、软膏剂、乳剂和混悬剂等以同一配制罐最终一次配制所生产的均质产品为一批。

（2）非无菌制剂产品批的划分原则　口服或外用的固体、半固体制剂在成型或分装前使用同一台混合设备一次混合所生产的均质产品为一批；口服或外用的液体制剂以灌装（封）前经最后混合的药液所生产的均质产品为一批。

（3）原料药批的划分原则　连续生产的原料药，在一定时间间隔内的、在规定限度内的均质产品为一批；间歇生产的原料药，可由一定数量的产品经最后混合所得的、在规定限度内的均质产品为一批。混合前的产品必须按同一工艺生产并符合质量标准，且有可追踪的记录。

（4）生物制品批的划分原则　生物制品的批号按照《中国药典》的"生物制品分批规程"要求划分，生物制品批号和亚批号都应符合相应的要求，同一批号的制品应来源一致、质量均一；同一制品的批号不得重复；同一制品不同规格不应采用同一批号，成品批号应在半成品配制后确定，配制日期即为生产日期；生物制品原液生产日期的确定应符合相关法规要求。

（5）中药制剂批的划分原则　固体制剂在成型或分装前使用同一台混合设备一次混合所生产的均质产品为一批。如采用分次混合，经验证，在规定限度内所生产一定数量的均质产品为一批。液体制剂、膏滋、浸膏、流浸膏等以灌装前经同一台混合设备最后一次混合的药液所生产的均质产品为一批。

3. 产品批号的编制方法　批号的编制可有各种模式，均由企业自定，但要求企业统一规定，需要注意的是：批号不代替生产制造日期。批号的编码方式通常为×年×月×日（流水号）形式，也有采用字母与一组数字联合使用的形式。通常来讲，对于正常产品和返工产品采用以下批号形式。①正常批号：常用六位数字表示，前两位是年份，中间两位是月份，后两位是日期或流水号。如 220307，即 2022 年 3 月 7 日生产的药品的批号。②返工批号返工后原批号主干不变，只是在原批号后加一代号以示区别，如在 220307 之后加一 R 字母，表示是 2022 年 3 月 7 日生产的这批药品的返工。

4. 产品批号的管控原则　批号是用于识别一个特定批的具有唯一性的数字和（或）字母的组合。为便于追溯生产批次，企业应编制具有唯一性、简单、易于识别的批号管理规程，明确各工序批号编制原则和管理记录要求，应根据剂型特点合理制定生产日期的确定原则。

（1）企业应建立操作规程，规范中间产品（包括细胞或病毒原液）、待包装产品或成品批号编制原则，能够体现唯一性，建立操作规程，明确药品生产日期的确定原则。

（2）生产日期确定原则应符合 GMP、药典附录及相关法规的要求，如：不得迟于产品成型或灌装（封）前经最后混合的操作开始日期，不得以产品包装日期作为生产日期；对于回收处理后的产品应当按照回收处理中最早批次产品的生产日期确定本批产品的生产日期；混合批次原料药的生产日期应为参与混合的最早批次产品的生产日期等。

（3）企业应有措施确保给定的产品批号唯一性，通过批号可以追踪和审查该批药品的生产全过程和生产历史。

（4）应按照操作规程设定生产批号、确定生产日期，产品不同剂型的总混设备，其容量应能满足批量要求。

（5）亚批、返工批、混合批等规定应符合要求，并能确保批量内药品质量的均一性。

（6）批号联接，所有物料进厂需编制进厂编号、炮制药材编制炮制批号、粉碎药材编制粉碎批号、包装产品编制包装批号等，所有批号必须在指令上及主配方上标明。

四、生产过程

生产过程是为保证做到及时、安全地按各项标准为生产及其他部门提供所需的能源（包括水、电、气、汽、冷却介质、空调等），设备维修与维护，确保整个工厂的一切机械、电气运转正常而进行的一项工作。

1. 设备维修　制药企业中的设备通常包括生产设备、辅助设备、办公设备、生活必需设备等（诸如生产车间里的制剂设备、辅助车间里的仪器仪表设备、检验科室里的化验设备、机修车间里的机器修理设备、办公室里的办公自动化设备、生活中的后勤保障设备等）。所有这些设备均需做好日常维护及定期检修和保养，以保证生产的顺利进行。

2. 能源保证　制药企业如同一个有机整体，能源就是企业活力的动力源泉，同时也是企业运转的消耗"大户"，只有得到充分的保证和满足，才能完成企业的预定目标，实现预期产值，达到效益目标。企业的能源动力通常包括生产锅炉，给、排水动力站，净化空调动力设施，高、低压供电站，"三废"处理站等。

五、生产过程监控 ⓔ微课

生产过程需要进行全过程、全方位的监控，这一过程是依靠全员参与实现的，具体体现在兼职技术员、兼职工艺员、兼职卫生员的督促与监督。生产过程的监控通常包括下述方面。

1. 状态标识管理 对工艺中的设备、物料进行正确标识，可以防止差错和混淆。确定设备的过程状态有助于操作人员和管理者正确地控制操作过程，避免设备的错用。故而应该很好地控制以下各点：①批号和进行中的操作状态。②设备的清洁状态。③状态标识卡、设备维护中、超期或超出校准期限。④对于需要返工或重新加工的物料可以使用相应的有颜色和编码的标签标识。质量部门应该明确规定哪些物料可以重处理或重加工，并确保有对应的经批准的规程。⑤需要返工或重新加工的物料可以通过隔离、电脑控制、专门的标签、封存设备或其他适当的手段控制。⑥企业应建立状态标识管理规程。规程中应明确规定各类状态标识对象、内容、色标、文字、符号等内容，并在文件后附样张。规程中应明确规定各类状态标识的"全过程管理程序"，由生产管理部门统一规定，各主管部门分别管理，包括印制、登记、领用、签发、归档、处理等内容。

状态标识管理应能分别满足操作间、设备、管道、容器具、物料等与所生产产品有关的范围。

（1）生产操作间的状态有清场、待清场、运行、清洁和待清洁等。

（2）生产设备应当有明显的状态标识，标明设备编号和内容物（如名称、规格、批号）；没有内容物的应当标明清洁状态。设备的状态有运行、已清洁、待清洁、检修、停用和闲置等；主要固定管道应当标明内容物名称和流向；衡器、量具、仪表等用于记录和控制的设备及仪器应当有明显的标识，标明其校准有效期。

（3）生产期间使用的所有物料、中间产品或待包装产品的容器及主要设备、必要的操作室应当贴签标识，或以其他方式标明生产中的产品或物料名称、规格和批号，如有必要还应标明生产工序。容器具的状态有已清洁和待清洁等；物料的状态有合格、待验、不合格等。

（4）容器设备或设施所用标识应当清晰明了，标识的格式应当经企业相关部门批准。除在标识使用文字说明外，还可采用不同的颜色区分被标识物的状态（如待验：黄色；合格、已清洁：绿色；不合格：红色）。

2. 生产过程中防混淆和污染

（1）混淆 混淆是指一种或一种以上的其他原材料或成品与已标明品名的原材料或成品相混合，如原料与原料、成品与成品、标签与标签、有标识的与未标识的、已包装的与未包装的混淆等。在药品生产中，这类的混淆事件时有发生，有的甚至产生严重后果，带来极大危害，应引起注意。

（2）污染 生产操作中可能的污染主要有以下几个途径：人员、设备、环境、物料。污染可以是交叉污染、灰尘污染或微生物污染。对于许多外来物质的污染，无法通过最终检验来识别会带来巨大的质量风险。生产管理人员要时刻考虑可能的污染和交叉污染的风险，加强控制避免发生，尤其避免在最后的生产步骤发生。①应从人员、设备、环境、物料、生产计划安排、状态标示管理的角度来采取措施，避免污染和交叉污染。②对避免污染和交叉污染的措施应定期评估。③设备和设施（厂房、设备、管道等）的设计和预防性维护非常重要，可以消除隐患，防止污染或交叉污染的发生。④当批与批之间有大量的残留物时，特别是过滤或干燥器的底部，应有研究数据能证明没有不可接受杂质的积累，或者确定不存在微生物的污染（若适用的话）。这也有助于确定生产专用设备（长期用于生产某种产品的）清洗频率。

3. 卫生管理 人是药厂中最大的污染源。人体是一个永不休止的污染媒介，当工作人员每天来企业上班时，也许随身将几百万细菌带入企业。当人们谈话、咳嗽和打喷嚏时，被污染了的水滴不断地从呼吸道中释放到工作场所。在生产过程中也常常会产生许多污染物（诸如尘埃、污物、棉绒、纤维和头发等），而微生物也会通过空气、水、物体表面和人的接触传播污染生产环境，因此生产环境（包括操作者）必须要按照 GMP 要求进行清洁处理，以保证制药的质量安全。常规的企业卫生准则一般应包括但不局限于如下内容：①制定门窗、地面、墙壁和操作台面的清洁消毒的方法、频率和责任人等。②使用的清洁剂和消毒剂，消毒剂如需交替使用则应制定相应的替换周期。③人员卫生要求，包括勤洗手、勤剪指甲等。④洁净区行为规范，包括在洁净区不得佩戴手表、饰物，不得化妆，不得裸手直接接触产品等。⑤患有传染病或体表有伤口的人员不得从事直接接触药品或对药品质量有不利影响的生产，员工患病应有汇报制度。⑥企业应定期对在洁净区工作的员工进行操作纪律、卫生和微生物方面的培训，对于需要进入洁净区的外部人员也需要进行适当的培训、指导和监督。

目标检测

答案解析

一、选择题

1. 以下法规中，（　　）规定生产药品所需的原料、辅料、直接接触药品的包装材料和容器必须符合药用要求

　　A.《药品管理法》　　　　　　　　　　B.《生产管理法》

　　C.《包装管理法》　　　　　　　　　　D.《物料管理法》

2. 原辅料接收流程的环节中不包括的环节是（　　）

　　A. 验收　　　　　　　　　　　　　　B. 编制物料代码和批号

　　C. 待检　　　　　　　　　　　　　　D. 返工

3. "待验"表示这批原料在质量管理部门的控制之下，用（　　）标签标识

　　A. 黑色　　　　　　B. 黄色　　　　　　C. 绿色　　　　　　D. 红色

4. 不合格品移送至不合格品库区，需要挂（　　）标志

　　A. 黑色　　　　　　B. 绿色　　　　　　C. 红色　　　　　　D. 黄色

5. 国际通用药典未收载的进口原料药，其质量标准应遵照（　　）

　　A. 出口药品注册证　　　　　　　　　　B. 药品注册证

　　C. 原料药注册证　　　　　　　　　　D. 进口药品注册证

6. 垛与墙最小距离是（　　）

　　A. 20cm　　　　　B. 30cm　　　　　C. 40cm　　　　　D. 50cm

7. 在药品生产过程中，同批产品的产量和数量所应保持的平衡程度指的是（　　）

　　A. 热量平衡　　　　B. 物料平衡　　　　C. 能量平衡　　　　D. 质量检测

8. 药厂中最大的污染源是（　　）

　　A. 容器　　　　　　B. 设备　　　　　　C. 人　　　　　　　D. 包装

9. 清场结束后应挂上的标识牌是（　　）

　　A. 已清场　　　　　B. 待检查　　　　　C. 待清场　　　　　D. 已结束

10. 塑料输液瓶属于（　　）包装材料

　　A. Ⅰ类　　　　　　B. Ⅱ类　　　　　　C. Ⅲ类　　　　　　D. Ⅳ类

二、思考题

1. 为什么药品质量及药品生产全过程的工作质量必须符合 GMP 的要求？

2. 什么是物料管理，其目的是什么？

3. 什么是"三查六对"制度和"四先出"原则？

4. 供应部经理、采购员、库房管理员的工作目标分别是什么？

5. 包装期间，产品的中间控制检查包括哪些内容？

书网融合……

思政导航　　　　本章小结　　　　微课　　　　题库

第四章　质量监督管理

PPT

学习目标

知识目标

1. 掌握　质量管理实施中的 PDCA 循环与质量数据处理方法；质量监控实施方法中的质量风险管理工具。

2. 熟悉　质量监控实施方法中的风险评估与控制；质量管理中的关键人员职责与质量源于设计的设计理念。

3. 了解　质量管理组织机构、质量管理中的纠正与预防措施、质量改进中的自检类型与流程。

能力目标　通过本章的学习，掌握药品质量管理实施与质量监控实施等内容。

药品是关系人民生命安全的特殊商品，对药品质量监督管理是确保药品有效、安全的基础，是保障人民健康的重要措施，也是推动我国医药行业持续健康发展的重要力量。药品质量监督管理是对药品从研发、制造直至使用全过程的质量保证和质量控制的监督管理，具有全面性、全员性和全程性等特点。

第一节　质量管理机构

质量管理机构的建设对药品质量起着至关重要的作用。我国《药品管理法》规定，药品生产企业应建立生产和质量管理机构，并配备与药品生产相适应的具有专业知识、生产经验及组织能力的管理人员和技术人员。为保证药品质量，药品生产企业须建立药品生产质量管理规范、质量保证（quality assurance，QA）及质量控制（quality control，QC）等相关机构对药品质量进行监督管理。其中质量保证体系的建立和运行是制药企业生产出安全、有效、可控、稳定药品的重要保障，是为生产出符合规定质量药品而进行的有计划的系统活动。质量保证体系可以明确各部门、各环节的质量管理职能，使质量管理工作制度化、标准化、程序化，进而有效保证产品质量；也可以把企业各环节的工作质量与产品质量联系起来，进而提高产品质量；还可以把企业内的质量管理活动、流通领域和使用过程的质量信息联系起来，使企业的质量管理活动达到上下衔接、横向协调、综合管理的效果。因此，建立和健全质量保证体系能够从组织上、制度上保证企业长期稳定地生产出质量合格的产品。

一、组织机构

美国著名质量管理专家朱兰（J. M. Juran）博士认为，要设立一个有效的质量管理组织机构，以下六点必须认真予以考虑。①识别所需进行的一系列活动（这些活动必须由人去完成）；②确定这些活动的职能和责任范围（无论这些活动是内部的还是外部的）；③将一系列活动组合成合理的工作岗位（包括一个或多个活动）；④确定每个工作岗位的权利和责任；⑤确定工作岗位之间的关系，包括：a. 层次关系，即命令链，b. 交流与合作方式，即工作岗位之间的接口形式；⑥协调内、外关系，以最优组合方式达到组织的宗旨。质量管理组织机构如图4-1所示。

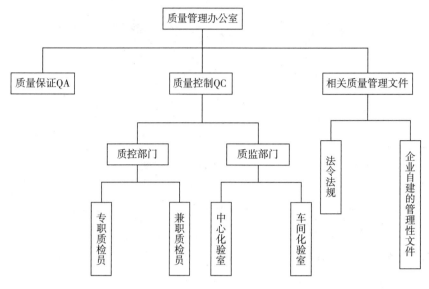

图4-1 质量管理组织机构图

二、质量管理的实施

药品质量不仅关系到患者的生命，也关系到药品生产企业的生命，因此应建立并运行质量保证体系，以保证制药企业生产出安全、有效、可控、稳定的药品。制药企业应采用全面质量管理（total quality management，TQM）对药品生产全过程进行管理，这有利于稳定地运行质量保证体系保证药品质量。全面质量管理是以质量计划为主线、以过程管理为重心、以全员参与为基础，而实施运行的质量保证体系。它主要包含三层含义：①管理的对象是全面的，即管理的范围是全过程的质量管理和全面的质量管理；②全员参加的质量管理，即要求全部员工，无论高层管理者还是普通办公职员或一线工人，都要参与质量管理活动；③全过程质量管理，即从市场调查、产品设计、生产、销售到产品寿命结束为止的全部环节进行质量管理。

（一）PDCA 循环

质量保证体系的运行应以质量计划为主线，以过程管理为重心，以提高质量保证水平为目的，按"PDCA"循环进行，通过计划（plan）—实施（do）—检查（check）—处理（action）的管理循环步骤（图4-2）展开控制，具体步骤如下。

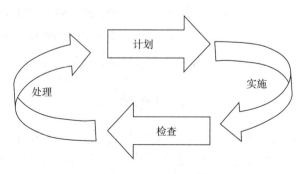

图4-2 PDCA 循环图

1. 计划阶段 计划阶段是确定质量管理的方针、目标，以及实现方针、目标的措施和行动计划，主要内容是制订质量目标、活动计划、管理项目和措施方案。步骤如下：①分析现状，找出存在的质量问题。②分析产生质量问题的各种原因和影响因素。③从各种原因中找出产生质量问题的主要原因。④针对造成质量问题的主要原因，制定技术措施方案，提出解决问题的计划并预测预期效果，具体落实执行者、时间进度、地点和完成方法等。

2. 实施阶段 实施阶段包含计划行动方案和按计划规定方法展开的生产技术活动等，它是具体组织实施指定的计划和措施。

3. 检查阶段 检查阶段是对照计划检查是否严格执行了计划行动方案，并检查计划执行的结果，主要是在计划执行过程中或执行之后检查执行情况是否符合计划的预期结果。

4. 处理阶段 处理阶段是以检查结果为依据，分析结果、总结经验、吸取教训。

（二）质量数据处理 🅴 微课

在质量管理工作中采集数据并进行统计分析，可以了解生产过程或产品的质量状况，找出引起产品质量波动的原因，因此进行质量数据处理对寻找引起药品质量问题的原因具有重要意义。在质量管理中常用数理统计方法进行数据处理，其中常见的数理统计方法主要有排列图法、分层法、调查表与因果图法、控制图法、直方图法、散布图法、对策表法等。

1. 排列图法 排列图是为寻找影响质量的主要原因而使用的方法。它是由两个纵坐标、一个横坐标、几个按高低顺序依次排列的长方形和一条累积百分数曲线组成的图，如图4-3所示。

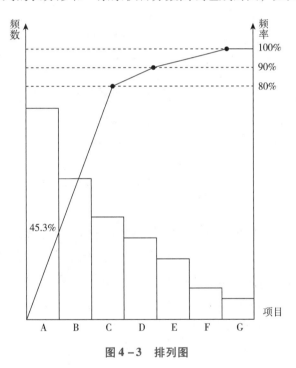

图4-3 排列图

收集某段时期质量问题数据并按不合格项目进行分类，一般按存在问题的内容进行分类，如质量指标不符合规格的数目、出现的场合、出现的时间（某日、某班、某时）；也可按造成问题的原因进行分类，如使用的原料、设备、人员等。根据分类情况在横坐标上按大小顺序从左到右填写项目名称。左纵坐标是频数坐标，右纵坐标是频率（累积%）坐标，左、右纵坐标等高，按项目的频数画出直方并画帕累托曲线。帕累托曲线是将各项目所占的累计百分数与此项直方线交点处标注百分数，并将这些点连接画成曲线，即得到帕累托曲线。从右纵坐标累积百分率为80%、90%和100%处分别向左引一条平行于横坐标的虚线，在三条虚线的下方分别写上A类、B类、C类，通常A类区的项目是引起产品不合格的主要因素；B类区的项目是引起产品不合格的次要因素；C类区是引起产品不合格的一般因素。在实际应用中这种划分不是绝对的，有时要看相邻直方间拉开的距离大小和措施的难易再确定主次因素，因此应根据实际情况灵活运用排列图找出影响质量的主要原因。

2. 分层法 把收集的数据按照不同目的加以分类再进行整理的办法称为分层法。这个方法常与质量管理中的其他方法联用，如分层直方图、分层控制图、分层散布图等。它把搜集的质量数据按照与质量有关的各种因素加以分类，把性质相同、条件相同的数据归为一组，把划分的组叫作层。分层的目的是把错综复杂的影响因素分析清楚，以便数据可以更加明确地反映客观实际。分层时的基本原则是同一层内的数据波动幅度尽可能小，而层与层之间的差别尽可能大，通常按以下几个标志对数据进行分层：①操作者，即按不同操作者、年龄、性别、技术水平、班次等分层。②机器，即按设备类型、新旧程度、不同生产线和生产方式等分层。③原材料，即按产地、制造厂、成分、规格、批号、到货日期等分层。④操作方法，即按不同的操作条件、工艺要求、生产速度以及操作环境等分层。⑤测量，即按测量者、测量位置、测量仪器、取样方法和条件等分层。⑥时间，即按年、季、月、日、白天、黑夜等不同时间、不同班次分层。⑦其他方面，即按缺陷部位、不合格品内容、制造地区、使用条件等分层。分层的标志很多，可根据质量管理的需要灵活运用，有时还可以同时用几种标志来分层，以便更准确地找出问题。

3. 调查表与因果图法 调查表是用于记录调查原因的一种统计图表，它利用统计图表的形式进行数据搜集和数据整理，并在此基础上进行粗略的分析。调查表可根据不同的调查项目和质量特性制备不同的格式。常用的调查表有不合格项目调查表、缺陷位置调查表、质量分布调查表、矩阵调查表等，如不合格项目调查表是对生产中出现的不合格产品进行分析，在表中可以体现造成废品的项目及这些项目所占比率。表4-1是不合格产品调查表，在表中的日期、操作者、投料量、产量、不合格率项下填写收集到的数据，再计算不合格率，并对废品产生的原因进行粗略分析。

表 4 - 1　不合格产品调查表

日期	操作者	投料量	产量	不合格率	不合格项目				
					1	2	3	4	5
合计									

因果图又名特性要因图、石川图、树枝图、鱼刺图，它是表示质量特性与原因关系的图。在因果图的作图过程中，应先明确要分析的质量问题、确定需要解决的质量特性，如产品的质量成本、产量、销售量、工作质量等问题。将质量问题写在图的右边，画一条箭头指向右端，确定造成质量问题的大原因。通常人、机器、原料、方法、环境五大因素是影响产品质量的主要因素，因此经常见到按五大因素分类的因果图，图中根据具体情况将原因排列在主干线的两侧，并把大原因用箭头排列在主干线的两侧，再按各大原因展开分析，将中、小原因及相互之间的关系用长短不等的箭头线画在图上，如图4-4所示。

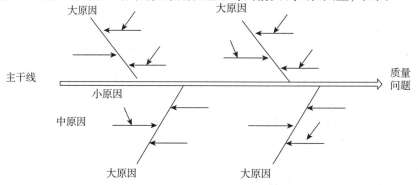

图 4 - 4　因果图

4. 对策表法　对策表法是制定措施计划时常用的一种表格形式的方法。在 PDCA 循环方法中分析问题、找出存在的质量问题及主要原因后，要制定对策即改进措施计划。这种用表格表达改进措施的形式即对策表。对策表（表 4-2）既是实施的计划又是检查的依据，通常包括以下几方面内容：项目、现状、目标、措施、负责人、完成期限等。此外还有折线图（图 4-5）、柱状图（图 4-6）、饼状图（图 4-7）等表达方式。

表 4-2　对策表

序号	项目	现状	目标	措施	负责人	完成期限	备注
1							
2							
3							

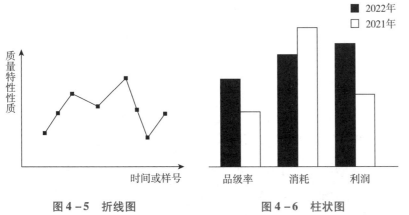

图 4-5　折线图　　　　图 4-6　柱状图　　　　图 4-7　饼状图

5. 散布图法　散布图也叫相关图，它是表示两个变量之间变化关系的图。在生产中遇到两个有关系的变量时，两个变量之间常存在或完全确定的函数关系，或非确定性的依赖或制约关系。通常非确定性的依赖或制约关系不能用函数关系来表示，但是可以借助散布图法来描述这种变量之间的关系。散布图是由纵坐标、横坐标和很多散布的点组成（图 4-8），在绘制过程中横坐标应包含最大值和最小值，纵坐标应等距绘制，收集的数据应按照对应坐标轴位置画点，当数据相同时在点上加圈。从散布图上点的分布状况可以观察分析出两个变量之间是否有相关性。在质量管理活动中，可以用散布图来判断各种因素对产品质量特性

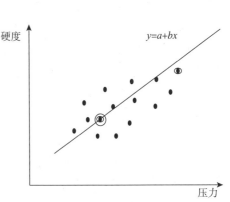

图 4-8　散布图

有无影响及影响程度。当两个变量相关程度很大时，则可找出它们的关系式，借助关系式通过一个变量推断出另一个变量，以达到简化和节约的目的。

在散布图中，当 x 增加 y 随之明显增加则称强正相关，表明 x 与 y 的关系密切（图 4-9a）；当 x 增加 y 随之增加但不如图 4-9a 明显则称为弱正相关（图 4-9b），表明对 y 的影响除 x 外还有其他因素；当 x 增加 y 明显减少称为强负相关（图 4-9c），表明 x 与 y 的关系也是密切的；当 x 增加 y 也随之减少（图 4-9d），因它不如图 4-9c 明显，所以称弱负相关；图 4-9e 表示 x 与 y 之间没有什么关系则称不

相关；图 4 - 9f 表示 x 与 y 之间有关系，但不是线性相关。以上对散布图的判断方法为对照典型图法，它是最简单的散布图判断分析方法。

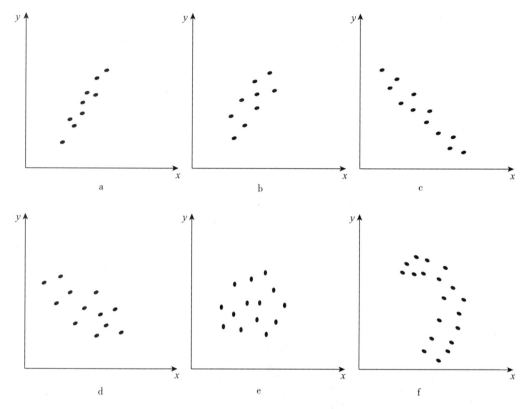

图 4 - 9　六种典型散布图

此外，符号检定法（图 4 - 10）也是散布图的一种分析判断方法。它首先在画好的散布图上画一条与 y 轴平行的 P 线，使 P 线的左右两侧点数相等或大致相等；再画一条与 x 轴平行的 Q 线，使 Q 线上下两部分的点数相等或大致相等。P、Q 二线将画面划分为四个区域，分别数出各区域的点数，重复的点（⊙）按重复次数计，如图 4 - 10 中 $n_1 = 0$，$n_2 = 14$，$n_3 = 1$，$n_4 = 13$，压在线上的点不计算；计算两个对角区域点数之和 $n_{1,3} = 0 + 1 = 1$，$n_{2,4} = 14 + 13 = 27$，未压线的总点数 $N = n_{1,3} + n_{2,4} = 28$。与符号检定表（表 4 - 3）比较，在对角区域点数之和当中，点数比较少的一项低于或等于哪个水平点数，则为此水平相关。

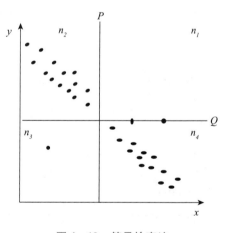

图 4 - 10　符号检定法

例如当 $n = 28$ 时，符号检定表中显著水平 α 为 0.01 时的规定为 6 点，α 为 0.05 时的规定为 8 点，$n_{1,3}$ 相比 $n_{2,4}$ 区域点数少，$n_{1,3}$ 区域点数为 1 少于 6 点和 8 点，因此判断二者之间有相关关系；符号检定法规定，当两个变量之间有相关关系时，$n_{1,3} > n_{2,4}$ 是正相关，反之 $n_{1,3} < n_{2,4}$ 是负相关，当 $n = 28$ 时，$n_{1,3} < n_{2,4}$，因此判定二者之间存在负相关；符号检定表中 n 为未压线的总点数，对应 n 给出 $\alpha = 0.01$ 和 $\alpha = 0.05$ 两个显著水平的点数，显著水平也称为风险率，α 值越小说明显著水平越高，风险越小。由于 $n_{1,3}$ 区域点数为 1 少于 α 为 0.01 和 0.05 时 6 点和 8 点，因此判定二者之间存在显著水平 $\alpha = 0.01$ 的负相关。

表4-3 相关图符号检定表

n \ α	0.01	0.05	n \ α	0.01	0.05	n \ α	0.01	0.05	n \ α	0.01	0.05
8	0	0	29	7	8	50	15	17	71	24	26
9	0	1	30	7	9	51	15	18	72	24	27
10	0	1	31	7	9	52	16	18	73	25	27
11	0	1	32	8	9	53	16	18	74	25	28
12	1	2	33	8	10	54	17	19	75	25	28
13	1	2	34	9	10	55	17	19	76	26	28
14	1	2	35	9	11	56	17	20	77	26	29
15	2	3	36	9	11	57	18	20	78	27	29
16	2	3	37	10	12	58	18	21	79	27	30
17	2	4	38	10	12	59	19	21	80	28	30
18	3	4	39	11	12	60	19	21	81	28	31
19	3	4	40	11	13	61	20	22	82	28	31
20	3	5	41	11	13	62	20	22	83	29	32
21	4	5	42	12	14	63	20	23	84	29	32
22	4	5	43	12	14	64	21	23	85	30	32
23	4	6	44	13	15	65	21	24	86	30	33
24	5	6	45	13	15	66	22	24	87	31	33
25	5	7	46	13	15	67	22	25	88	31	34
26	6	7	47	14	16	68	22	25	89	31	34
27	6	7	48	14	16	69	23	25	90	32	35
28	6	8	49	15	17	70	23	26			

典型图对照法和符号检定法只是对散布图中给出的结果是否相关作出粗略的判断，而回归直线和回归式是用数学式定量表示两个变量之间的关系，更有实用意义。当两个变量间存在显著的相关关系，变量 x、y 值在一个范围内越靠近平均值出现的可能越大时，常用一元回归方程 $y = a + bx$ 来表示，方程所代表的直线称为 y 对 x 的回归直线，它是与全部点最接近的直线。

散布图使用时应注意：①散布图相关的判定只限于画图所用的数据范围之内，不能随意延伸判定范围，如需延伸应扩大搜集数据的范围，重新制作相关图；②散布图绘制时应将具有不同性质的数据分开作相关图，否则将会导致不真实的判定；③散布图中个别偏离分布趋势的点可能是特殊原因造成，判明原因后可以舍去。此外，散布图可能会出现伪相关现象，应使用专业技术对相关分析结果做进一步鉴别。

6. 直方图法 直方图是通过数据整理、分析，掌握质量数据分布情况，是估算工序不合格产品率的一种方法。将全部数据分成若干组，以组距为底边、以该组距相应的频数为高。按比例绘制矩形得到直方图，其基本形式如图4-11所示。直方图的绘制主要有三大步骤，即作频数分布表、画直方图、进行有关计算。

将数据按大小顺序分组排列，反映各组频数的统计表称为频数分布表，其中频数表示出现的次数。频数分布表可以把大量的原始数据综合起来，以较直观、形象的形式显示分布情况，通常做直方图的数据要大于50个，否则误差太大。根据数据情况进行合理分组，组数太少会掩盖各组内的变化情况引

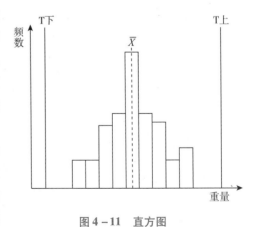

图4-11 直方图

起较大的计算误差，组数太多则会造成各组的高度参差不齐难以看清分布的情况。用收集数据中的最大值减去最小值计算极差（R），极差值除以组数可以得组间距，通常以整数倍分组，组距尽量取奇数。为了避免出现数据值与组的边界值重合造成频数计算困难问题，组的边界值单位应取最小测量单位的

1/2。如收集到某中药厂生产的中药注射剂灭菌温度数据100个，以115℃为基数，统计高出115℃的数据，其中最大值（X_{max}）为1.7℃，最小值（X_{min}）为0.3℃，组数 K 为12，中药的最小计量单位是0.1℃，则组距（n）＝（$X_{max} - X_{min}$）/12＝（1.7 - 0.3）/12＝0.1，第一组下限为：X_{min} - 1/2 × 0.1＝0.3 - 0.05＝0.25，第一组上界限值为下界限值加上组距：0.1 + 0.25＝0.35，第二组的下界限值就是第一组的上界限值，第一组的上界限值加上组距就是第二组的上界限值，因此第二组的上界限值为0.35，下界限值为0.45，照此类推定出各组的组界。

直方图绘制时先画纵坐标，再画横坐标，纵坐标表示频数，横坐标表示质量特性，以组距为底，频数为高，画出各组直方。直方图可以形象、直观地反映产品质量的分布情况，通过对图形的观察和分析可以判断生产过程是否稳定，预测生产过程的不合格品率。直方图典型的性状主要包括正常型、孤岛型、偏向型、双峰型、平顶型、断齿型等（图4 - 12）。正常型又称对称型，它的特点是中间高，两边基本对称，这表明工序处于稳定状态。孤岛形是在远离主分布中心的地方出现小的直方形如孤岛，表明短时间内有异常因素使加工条件发生变化，如原料混杂、操作疏忽或测量工具有误差等。偏向型是直方的顶峰偏向一侧，当计数值或计量值只控制一侧界限时常出现此形状，有时也可因加工习惯造成这样的分布，如孔加工往往偏小，而轴加工往往偏大等，双峰型主要是由两个不同的分布混合形成的图形，即把两个数据混在一起作图，如两个人在加工同一批产品，两台设备加工的产品混为一批等。平顶型是直方呈平顶形，它往往是由于生产过程中有缓慢变化的因素造成，如刀具的磨损、操作者疲劳等，应采取措施控制该因素，使其处于良好水平。断齿型直方图出现大量参差不齐直方，但图形整体看起来还是中间高、两边低、左右基本对称的图形状态，造成这种情况不是生产上的问题，可能是分组过多或测量仪器精度不够、读数有误等原因所致。

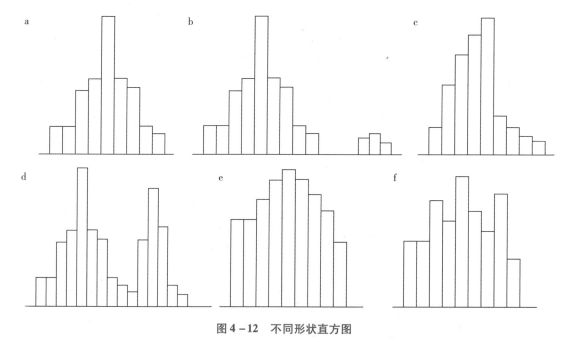

图4 - 12　不同形状直方图
a. 正常型　b. 孤岛型　c. 偏向型　d. 双峰型　e. 平顶型　f. 断齿型

当直方图形状呈现正常型时还需要把直方图与规格标准进行比较，以判定工序满足标准要求的程度，如图4 - 13所示，图中 B 是实际尺寸分布范围，T 是规格标准范围。理想型直方图的 B 在 T 的中间，实际尺寸分布的两边与标准的距离约等于 T/8。偏心型直方图是分布范围在界限之内但分布中心偏离规格中心，表明控制有倾向性，如操作者主观上认为外径大了可以返工，外径小了要报废，于是倾向于偏大控制，应调整分布中心使之合理。无富余型直方图是分布在规格范围之内但分布较宽，易超出标准，因此必须采取措施缩小分布范围。瘦型直方图表明规格标准范围显著大于实际尺寸分布范围，这种工艺不会出现不合格产品，但不经济，可考虑改变工艺，放松加工精度或缩小公差，以便有利于降低成本。胖型直方图是实际分布尺寸的范围太大造成超出标准范围，这主要是由质量波动太大、工序能力不足出现部分不合格品，应多方面采取措施，缩小分布。陡壁型是工序控制不好，实际尺寸分布显著偏离规格中心，造成不合格产品出现。

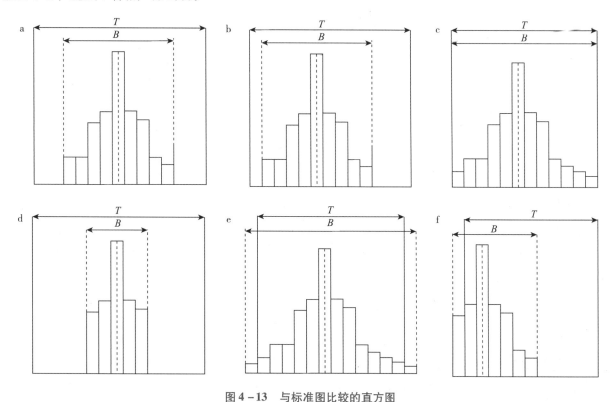

图4-13 与标准图比较的直方图

a. 理想型直方图　b. 偏心型直方图　c. 无富余型直方图　d. 瘦型直方图　e. 胖型直方图　f. 陡壁型直方图

7. 控制图法 控制图是质量管理的主要统计方法，可以在动态的生产过程中直接使用。它是用于分析和判断工序是否处于稳定状态所使用的带有控制界限的图，是对工序进行质量控制的一种统计方法。在生产过程中如果仅以产品的质量标准控制产品质量上下界限，不能迅速及时地反映动态中的工序状况，而使用控制图法可以显示生产过程质量波动状况、控制动态工序质量，起到预防作用。控制图法可以通过图表显示生产随时间变化的质量波动情况，有助于分析和判断质量波动是由偶然性原因还是系统性原因造成，提醒人们及时采取正确对策，消除系统因素影响，保持工序状态稳定，预防废品产生。

控制图（图4-14）中纵坐标是特性值，横坐标为样本号或时间，上面的虚线为控制上限，用符号UCL表示；下面虚线为控制下限，用符号LCL表示；中间的线为中心线，用符号CL表示；被控制的质量特性值以点画在图上，根据点的排列情况判定生产过程是否正常。控制线可以通过收集生产稳定状态下的数据计算出来，控制线的范围应该比规格的范围窄。

控制图按照测定值性质不同可分为两类，分别用于计量值控制图和计数值控制图。用于计量值的有 $\bar{x}-R$（平均值与极差）控制图，$\bar{x}-R_s$（单值与移动极差）控制图，$\bar{x}-R$（中值极差）控制图。用于计数值的有 P_n（不合格品数）控制图、C（缺陷数）控制图、P（不合格品率）控制图、u（单位内缺陷数）控制图。

$\bar{x}-R$ 控制图是把观察平均值 $\bar{x}$ 变化的控制图和观察极差 R 变化的控制图，上下对应画在一起的综合控制图。其中 $\bar{x}$ 控制图主要观察工序平均值 $\bar{x}$ 的变化；P_n 控制图主要观察工序散差的变化。$\bar{x}-R$ 图常

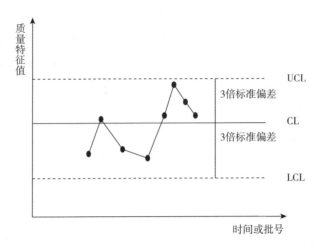

图 4 – 14 控制图基本形式图

用于控制长度、重量、时间、张力、纯度等计量特性，可同时观察到各组平均值的变化和整体分布的变化情况，具有信息量多、检验能力强、精度高等优点，是质量管理应用中十分有效的一种控制图，适用于产品批量较大且稳定的生产过程。在制作 $\bar{x} - R$ 图时先对工序进行分析，收集生产条件较稳定、有代表性的数据（通常 50 个以上），再计算各组平均值 $\bar{x}$ 和各组极差值 R，其中 R 为组内最大值与最小值之差，再计算 x_i 的平均值 $\bar{x}$ 和极差 R 的平均值 $\bar{R}$，最后计算控制界限和中心线进行绘图。

$$X = \frac{X_1 + X_2 + X_3 + \cdots + X_n}{n} \tag{4-1}$$

$$R = X_{\max} - X_{\min} \tag{4-2}$$

$\bar{x} - R_s$ 控制图是单值控制图和极差控制图连通的控制图，它可以通过绘图显示质量随时间变化的波动曲线。如某厂对某段时间产品质量数据汇总制图，如所有点均在上下界限内则认为生产处受控状态，如存在异常点则需查明原因并进行剔除，或重新获得数据进行绘制。应用 $\bar{x} - R_s$ 控制图在出现异常波动时能较客观地分析和判断是偶然性原因还是系统性原因造成的质量波动。

P 控制图是不良控制率管制图，用于控制对象为不合格品率的情况，如废品率、交货延迟率、缺勤率等差错率。P 控制图是计数资料控制图，它能直观反映不良事件发生动态，在产品质量评价上应用较多。如某日生产的产品不合格率落在控制界限内，则表示该日的质量水平无显著异常，若超出上控制界限则可认为该日的产品不合格率与以往有非常显著差异，若低于下控制界限则可认为产品合格率显著高于平均水平，若全月的产品不合格率均在控制界限内则表示全月总体质量水平稳定。P 控制图结果可预测指标的发展总体趋势，它能帮助发现问题，并针对原因采取对应的措施或及时调整措施改进。

C 控制图又称为缺陷数控制图，是控制一定的单位（如一部机器、单位长度、面积等）所出现的不合格数目是一种常用图且计算比较简单。如在药物销售环节可以使用 C 控制图，在药品销售过程中出现一次服务失误就可能失去一个顾客，以调查表回答方式收集数据绘图，当点超过控制线属于异常点时，应把这些样本取出进行分析，并对出现的质量缺陷问题进行改进。

P_n 控制图主要用于控制不合格产品数目的情况。当生产过程处于控制状态，不合格品数目在很小的范围内变动。用统计方法可以规定一个不合格品数目的控制界限，当各点在这个界限内，且各点在控制界限内的排列没有缺陷，我们就判定生产过程基本处于受控状态。

控制图法可以观察药品的生产状态，当没有超出控制界限的点或连续 35 个点中仅有一点出界或连续 100 点中不多于 2 点出界，且界限内点的排列是完全随机的、没有规律的、没有排列缺陷时，工序处于受控制状态。当连续若干点超出控制界限或界限内点呈缺陷性排列时，则工序发生异常。通常缺陷性排列主要有四种："链状"缺陷性排列、"趋势"缺陷性排列、"周期性"缺陷性排列和"靠近控制线"缺陷性排列。"链状"缺陷性排列是指在中心线的一侧连续出现 7 点，连续 11 点中至少有 10 点在同一侧，连续 14 点中至少有 12 点在同一侧，连续 17 点中至少有 14 点在同一侧，连续 20 点中至少有 16 点在同一侧，$\bar{x} - R$ 图出现这种情况通常是由分布中心偏移所致（图 4 - 15a）。形成"趋势"缺陷性排列是指出现连续上升或下降的排列，7 点的连续就可判定异常，这种状况常是由于存在某种趋势因素所致，如原材料过期等（图 4 - 15b）。"周期性"缺陷性排列是指点呈周期性变动，点随时间推移，发生具一定间隔的周期性波动，这可能是存在周期性起作用的因素所致（图 4 - 15c）。"靠近控制线"缺陷性排列是指点靠近控制线，把中心线与控制线中间分成三等分，连续 3 点之中有 2 点在最外侧的 1/3 带状的区域内，即为异常状态（图 4 - 15d）。

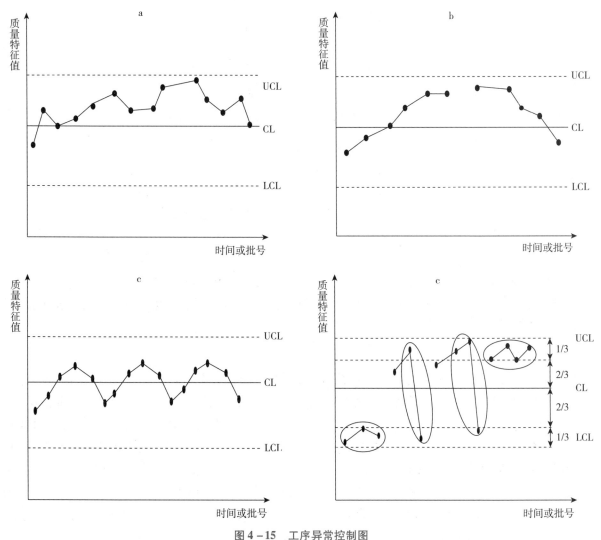

图 4 - 15　工序异常控制图

a. 呈"链状"排列控制图　b. 呈"趋势"排列控制图　c. 呈"周期性"排列控制图　d. 呈"靠近控制线"排列控制图

　　使用控制图时应注意以下事项：①控制线只能根据生产实际的数据计算出来；②对确定的控制对象应有定量的指标，过程必须具有重复性，选择的质量指标应是能代表过程或产品质量的指标；③抽样的间隔时间设置应从过程中系统因素发生的情况、处理问题的及时性等技术方面来考虑；④控制图应在生产现场及时分析，当生产条件发生变化或使用一段时间后须重新核定控制图。

》》第二节　质量管理

药品生产企业需确保所生产的产品适用于预期的用途，符合药品注册批准的要求，并不让患者承担安全、质量和疗效存在的风险。这要求企业内部各部门不同层次的人员及供应商、经销商共同参与并承担各自的义务。药品生产企业必须建立涵盖药品生产质量管理规范和质量控制的全面质量保证系统，应以完整的文件形式明确规定质量保证系统，并监控其有效性。

一、质量部门职责

质量控制是质量保证体系的重要组成部分，是药品生产质量管理规范的重要组成部分，它涉及产品质量形成全过程的各个环节，如设计过程、采购过程、生产过程等。质量控制可划分为三个阶段，分别为事前质量控制阶段、事中质量控制阶段和事后质量控制阶段。在产品开发设计阶段的质量控制称为事前质量控制，又称质量设计。在制造过程中需要对生产过程进行监测，该阶段质量控制称为事中质量控制，又称质量监控阶段。抽样检验控制产品质量是传统的质量控制，被称为事后质量控制。在上述各个阶段中最重要的是质量设计，其次是质量监控，再次是事后质量控制。

（一）关键人员职责

关键人员为企业的全职人员，主要包括企业负责人、生产管理负责人和质量管理负责人。企业负责人全面负责企业日常管理，是药品质量的主要责任人。企业负责人常负责提供必要的资源、合理的计划，并保证质量管理部门独立履行其职责。生产管理负责人主要确保药品按照批准的工艺规程生产、贮存，生产人员严格执行与生产操作相关的各种操作规程，厂房和设备运行状态良好，完成必要的验证工作等。质量管理负责人主要确保原辅料、包装材料、中间产品、待包装产品和成品符合注册批准要求和质量标准，并在产品放行前完成对批记录的审核，审核、批准所有与质量有关的变更，确保所有重大偏差和检验结果超标情况已经过调查并得到及时处理等。

（二）质量源于设计

药品的质量是设计和生产出来的，而不是检验出来的，因此"质量源于设计"（quality by design，QbD）成为质量部门对药品质量管理策划的主要工具。"质量源于设计"是在可靠的科学和质量风险管理基础上预定目标，强调对产品和工艺的理解及工艺的控制。"质量源于设计"对人们理解药品生产的科学性和风险性具有重要意义，它为研究者提供一种机制，即通过对物料特性、生产工艺和生产控制的了解确保药品在体内的行为，为药品生产和药品监管部门更改生产规范或上市许可提供更强的灵活性。

药品的质量应源于生产工艺的设计，而非来源于质量检测，因此了解生产工艺对改进药品生产具有重要作用。生产者应了解物料的关键质量属性（critical quality attributes，CQAs），如物料物理、化学、微生物特性等，熟悉生产中的关键工艺参数（critical process parameters，CPPs），如影响药品质量的投料过程、干燥程序中参数的设置等。通过对关键质量属性和关键工艺参数的理解，可以更好地对其进行控制，减少生产时的可变行为、提高药品质量、降低生产故障、提高药品产率。

原料药的关键属性和生产工艺关键参数在药品生产中对药品质量有较大影响，因此在药品研发时应对其各方面进行充分考虑，如通过风险统计模式研究原料的关键属性、生产工艺关键参数与药品关键属性间的关系，依据目的药品质量与工艺研究选择适合的原料和生产工艺，了解药品和生产工艺后利用风险管理设置合理的管理制度。

全面了解产品处方和生产过程后，建立设计空间和控制制度可以降低产品销售生命期内的生产管理变更。设计空间是指多维组合、交互输入的变量（如材料属性）与提供质量保证的工艺参数在空间内的操作固定不变，在空间外的操作可以发生更改变动，但这些变动要在监管部门审批后更改，因此设计空间由申请人提出，监管部门评估、审批。在设计空间内有一个区域称为控制空间，它是由物料关键属性和生产工艺关键参数的上限或下限界定，当控制空间远小于设计空间时工艺较为稳定。设计空间应与生产工艺关键参数、产品的关键属性和生产的控制规则相关联，它可以增强生产人员对设计空间内产品和工艺的理解，提高生产和管理的灵活性。

（三）纠正及预防措施

纠正措施和预防措施系统是基于对问题科学分析和理解的基础上提出问题的解决方案，它可以增进对产品和工艺的理解，改进产品和工艺。企业应建立纠正措施和预防措施系统，对投诉、召回、偏差、自检或外部检查结果、工艺性能和质量监测趋势等进行调查并采取纠正和预防措施。

纠正措施是指为了消除已发现的不符合或其他不良状况的原因所采取的行动；预防措施是指为了消除可能潜在的不符合或其他不良状况的诱因所采取的行动。纠正措施和预防措施是企业持续改进的有效工具，其内容主要包括对具体问题的补救性整改措施；通过对问题根本原因的分析，解决偏差发生的深层次原因，并采取措施预防类似问题的再次发生；对预防措施进行跟踪，评估实施效果等。

企业建立并实施的纠正和预防措施操作规程主要包括：①对投诉、召回、偏差、自检或外部检查结果、工艺性能和质量监测趋势及其他来源的质量数据进行分析，确定已有和潜在的质量问题，必要时应采用适当的统计学方法分析；②调查与产品、工艺和质量保证系统有关的原因；③确定所需采取的纠正和预防措施，防止问题的再次发生；④评估纠正和预防措施的合理性、有效性和充分性；⑤对实施纠正和预防措施过程中所有发生的变更予以记录；⑥确保相关信息已传递到质量受权人和预防问题再次发生的直接负责人；⑦确保相关信息及其纠正和预防措施已通过高层管理人员的评审。

二、质量监控实施方法

药品质量监管在医药行业中非常重要，而质量风险管理是有效质量监管体系的重要组成部分，它贯穿于整个产品生命周期，是对产品质量风险进行评估、控制、沟通和审核的系统化过程。药品在生产和使用过程中存在一定风险，只有在整个产品生命周期中保持质量稳定，才能确保产品的重要质量指标在产品生命周期的各阶段均与其临床研究保持一致。因此在产品研发和生产过程中对潜在质量问题实施前瞻性的识别和控制可以更好地控制药品的质量，而有效的质量风险管理方法可以确保患者使用到高质量产品。此外，当遇到质量问题时质量风险管理有助于提升决策水平，有效的质量风险管理能使所做的决策更加全面、合理。

（一）质量风险管理的应用范围

质量风险管理主要应用于药物及其制剂、生物和生物技术产品（包括原材料、溶剂、辅料、包装和标签材料等在药品、生物和生物技术产品的使用）的整个生命周期中，它涉及产品质量的各个环节，包括研发、生产、销售、检查、申报及审核等。它是在整个产品生命周期内对其质量风险进行评估、控制、沟通和审核的系统化过程，因此质量风险评估要遵循以科学知识为基础、以保护患者利益为最终目的的原则，同时质量风险管理程序实施的力度、形式和文件要求应科学合理，并与风险的程度相匹配。质量风险管理的决策者应负责组织内各部门间质量风险管理的协调工作，并建立质量风险管理机制与质量风险管理体系。

（二）风险评估

风险评估包括对危害源的鉴定和对接触这些危害源造成风险的分析和评估，它主要由风险的鉴定、分析和评估组成。风险鉴定是运用一定方法，利用相关信息确定危害源，其中相关信息主要包括历史数据、理论分析、已知见解和利益相关者的关注点等。风险鉴定主要阐明"什么可能出错"及可能出现的后果，在质量风险评估过程中它为采取进一步措施提供基础。风险分析是对确定危害源有关风险进行的预估，评估已鉴定风险发生的概率和发现风险的能力。风险评价是将已鉴定和分析的风险与给定的风险标准进行比较，用定性或定量的方法确定风险发生的可能性和严重性。当风险用定量表达时，一般用数字0～1（0%～100%）的范围来表示其概率，也可用高、中、低这样的定性描述来表示风险。

（三）风险控制

风险控制的目的是降低风险至可接受水平，包括制订降低或接受风险的决定。风险降低是当质量风险超过了可接受水平时减缓或避免质量风险的方法，包括减缓危害的严重性、减少危险的可能性所采取的措施。提高质量风险检测能力也属于风险控制策略的一部分，应注意在采取降低风险措施时，可能在系统中引入新的风险或增加已有风险的严重性。

风险认可是接受风险的决定，即使最好的质量管理措施，某些损害性的风险也不会完全被消除，在这种情况下可认为已经采用了最佳的质量风险管理策略，质量风险已降低到可接受水平，该水平将依赖于许多参数，应根据具体问题进行分析。

（四）质量风险管理工具

使用质量风险管理工具有助于实施质量风险管理，常用的质量风险管理工具主要有危害分析和关键控制点、危害操作分析、失败模式与影响分析、过失树状分析方法、初步危害源分析及风险分级和筛选等。

1. 危害分析和关键控制点 危害分析和关键控制点是一个确保产品质量可靠性和安全性的系统性、前瞻性、预防性的方法。它采用技术和科学的原理去分析、评估、预防和控制风险及与设计、开发、生产及产品使用有关的危害负效应。可以用来确定和管理与物理、化学和生物学危害源（包括微生物污染）有关的风险。当对产品和工艺的理解足够深刻、足以支持危机控制点的设定时，危害分析和关键控制点法是最有效的，它有助于监控生产过程的关键点。

2. 危害操作分析 危害操作分析建立在假设风险事件是由偏离原设计或操作意图而引起。是一种使用"引导性词汇"，进行系统性"脑力激荡"的危害识别技巧，"引导性词汇"主要是没有、更多、不同于、部分等，将引导性词汇应用到相关参数（如污染、温度等）中以助于定义可能偏离正常使用或设计意图的情况。危害操作分析可被应用于原料药和制剂产品的生产工艺、设备和厂房设施中，常用在医药行业的工艺安全性危害评估中。此外，危害操作分析的结果是风险管理的关键操作清单，该方法适用于生产工艺中关键点的日常监控。

3. 失败模式与影响分析 失败模式与影响分析是一种对工艺的失败模式及其结果可能产生潜在影响的评估。失败模式与影响分析可以合理地对复杂过程进行分析，将其分解为可操作的步骤。它在总结重要的失败模式、引起失败的因素及失败潜在的后果方面是一个强有力的工具，可用于排列风险的优先次序、监控风险控制行为的效果，也可用于设备和设施中分析、确定生产过程中的高风险步骤或关键参数。

4. 过失树状分析方法 过失树状分析方法是对产品或过程功能性缺陷进行假设的分析方法，主要用于确定引起某种假定错误和问题根本性原因的分析方法，这种方法一次评价一个系统的（或子系统）错误，但是它也能通过识别因果链将多个导致失败的原因结合起来，结果可以通过过失模式的树状图形式来表示。过失树状分析方法可用于寻找到问题根源，如在对投诉或者偏差进行调查时，可以利用过失树状分析了解造成问题的根本原因。过失树状分析是一个评估多种因素如何影响一个既定结果的好方法，它依赖专家对过程的了解和对各种影响因素的辨别能力。

5. 初步危害源分析 初步危害源分析是一种通过利用已有的关于危害源或失败的经验或知识，来识别将来的危害源、危险局面和会导致危害事件发生的分析方法。它也应用于评估既定活动、设施、产品或系统中危险发生的可能性。这种方法包括：①确定风险事件发生的可能性。②定量评估对健康可能导致损害或毁坏的程度。③确定可能的补救办法。当实际情况不允许使用更进一步的技术来分析现存系统或对危害源进行有限排序时，可应用初步危害源分析。初步危害源分析常应用于项目的早期开发阶段，此时设计细节与运行程序的信息比较缺乏，因此它经常成为进一步分析的基石。

风险分级和筛选是用于比较风险并将风险分级的工具。它将每一个基本的风险问题尽可能多的分解开，以抓住风险的相关因子，这些因子被整合成一个相对风险得分以进行风险排序。风险筛选是以风险得分的加权因子或截点的形式用于测量和确定管理或方针目的的风险排序筛选。

三、质量改进

自检是一项自我检查纠正的活动，是企业内部管理的一种重要手段，它可以保证制药企业生产质量管理体系的持续有效与不断改进、完善。自检是企业根据规定的方案和程序，定期对企业内部人员、厂房、设备、文件、生产、质量控制、药品销售、用户投诉和产品回收处理等项目进行定期自我检查。

（一）自检的类型

按自检对象分类，可分为产品质量自检、过程（工序）质量自检和生产质量管理体系自检三种。产品自检是对最终产品的质量进行单独评价的活动，用于确定产品质量的符合性和适用性，通过对产品进行客观评价，获得产品的质量信息，评估产品的质量、检测质量活动的有效性、对产品再次验证、对供应商产品质量进行确认等。生产过程质量自检是通过对过程、流程或作业的检查、分析评价过程质量控制的适宜性、正确性和有效性，其中过程质量是指产品寿命周期各个阶段的质量。生产质量管理体系自检是独立对企业生产质量管理体系进行的自检。生产质量管理体系自检应覆盖企业的所有部门和过程，一般围绕产品质量形成全过程进行，通过对生产质量管理体系中各场所、各职能部门、各过程的自检和综合，得出生产质量管理体系符合性和有效性的评价结论。

从质量体系审核的目的及检查方人员的立场和角度划分，质量体系审核分为第一方审核、第二方审核和第三方审核，其中第二方审核和第三方审核又称为外部质量体系审核，而自检是第一方审核。第一方审核即内部质量体系审核，是一个企业或组织对其自身质量体系所进行的有目的的检查。第二方审核是需方对供方质量体系进行的审核，由需方派出或需方委托人员代表对供方质量体系进行审核，审核的标准是需方对供方质量保证能力的要求。第三方审核是第三方认证机构对企业质量体系进行的审核或认证，由质量体系认证机构或其他监督管理机构派出审核组和审核员，按照国际标准或国内标准及规范对企业的质量体系进行的审核或认证过程。

（二）自检流程

自检流程一般分为五个主要阶段：启动阶段、自检的准备、自检实施阶段、自检报告阶段、自检后续活动阶段。自检启动阶段是在自检实施之前做好整体策划和组织管理，明确自检的目的、范围、依据，组建自检小组，收集和审阅相关自检信息，做到自检计划落实、自检责任落实。在自检启动阶段主要活动有：①任命自检小组组长；②确定自检目的、确定自检依据及自检范围；③组建自检小组，收集、审阅与自检有关的文件；④必要时建立与受检查部门的初步联系等活动。

自检前准备是自检工作的重要环节，其主要活动有：①编制自检计划并分发；②内审小组成员分工；③准备自检文件；④准备现场检查所需要的资源。

自检实施阶段是自检小组在完成自检准备工作之后展开自检的现场检查工作，现场检查以召开首次会议为开始，自检人员进入现场检查，运用各种检查方法和技巧，收集和记录自检发现，通过对客观证据、自检发现的整理、分析和判断，经检查部门确认后，开具缺陷项目、不符合项报告，最后以末次会议结束。

自检报告是自检小组在结束现场检查工作后编制的一份文件，它是对自检中检查发现（缺陷项目）的统计、分析、归纳、评价，它是对整个自检活动的全面、清晰、准确的叙述。自检报告提交后，自检工作结束，自检报告阶段的主要活动有：①自检报告的编写；②自检报告的批准；③自检报告的分发与管理。

自检后续活动阶段是现场检查完成后，企业相关质量管理部门、自检小组、质量部负责人及各职能部门继续关注自检的后续工作，自检后续活动阶段主要活动有：①纠正措施的制定；②纠正措施的执行；③纠正措施的跟踪验证。

目标检测

答案解析

一、选择题

1. PDCA 循环的管理步骤中不包括（　　）

    A. 计划　　　　　　　　B. 实施　　　　　　　　C. 检查　　　　　　　　D. 检验

2. 对危害源的鉴定和对接触这些危害源造成风险的分析属于（　　）

    A. 风险评估　　　　　　B. 风险控制　　　　　　C. 风险审核　　　　　　D. 风险危害

3. 质量数据处理的数理统计方法中不包括（　　）

    A. 排列图法　　　　　　B. 散布图法　　　　　　C. 程序化图法　　　　　D. 控制图法

4. 在产品开发设计阶段的质量控制是（　　）

    A. 事中质量控制　　　　B. 质量设计　　　　　　C. 事后质量控制　　　　D. 质量监控阶段

5. 常用的质量风险管理工具中不包括（　　）

    A. 过失树状分析　　　　　　　　　　　　　　　　B. 散布图分析

    C. 初步危害源分析　　　　　　　　　　　　　　　D. 失败模式与影响分析

6. 缺陷性排列的工序异常控制图中不包括（　　）

    A. 呈"链状"排列控制图　　　　　　　　　　　　　B. 呈"趋势"排列控制图

    C. 呈"散布"排列控制图　　　　　　　　　　　　　D. 呈"周期性"排列控制图

二、思考题

1. 药品生产企业的关键人员有哪些？关键人员主要职责是什么？

2. 直方图典型的性状主要包括哪些？其特点和可能产生的原因是什么？

3. 质量风险管理的应用范围是哪些？

书网融合……

思政导航

本章小结

微课

题库

第五章　中药配伍应用

PPT

> **学习目标**
>
> **知识目标**
> 1. **掌握**　药物配伍变化、配伍禁忌的含义；药物"七情"的含义及具体内容。
> 2. **熟悉**　研究配伍变化的目的；中药配伍禁忌与处理原则；中药学、药理学及药剂学的配伍变化。
> 3. **了解**　中药注射剂的配伍变化。
>
> **能力目标**　通过本章的学习，能够掌握药物配伍的原则，保证用药安全性。

中药配伍应用是根据具体病情需要，按用药法则，审慎选择两种以上的药物合用，以充分发挥药物效能，取得预期疗效的方法。所谓"用药之妙，莫如加减，用药之难，亦莫如加减"，而用药加减之难，就是难在选药配伍。一张疗效较可靠的方子，不仅要针对性强，恰中病情，还须谨严，用药主次分明。要做到这一点，就必须善于巧妙地配伍。

◈ 第一节　中药配伍问题的提出

中医药学称之为"配伍"。"配"，有组织、搭配之义；"伍"，有队伍、序列之义。徐灵胎说"药有个性之特长，方有合群之妙用"，"方之与药，似合而实离也，得天地之气，成一物之性，各有功能，可以变易气血，以除疾病，此药之力也。然草木之性与人殊体，入人肠胃，何以能如之所欲，以致其效。圣人为之制方，以调剂之，或用以专攻，或用以兼治，或以相辅者，或以相反者，或以相用者，或以相制者。故方之既成，能使药各全其性，亦能使药各失其性。操纵之法，有大权焉，以方之妙也"。（《医学源流论·方药离合论》）在此，徐氏明确指出了在组药成方的过程中，必须重视"配伍"这个环节。例如，黄连配木香（香连丸）善治热痢里急后重，配吴茱萸（左金丸）长于治肝火腹痛吞酸；配肉桂（交泰丸）治心肾不交的失阳；配生地（黄连丸）能治实热消渴。一味黄连因配伍不同，主治亦迥然各异，可见配伍的重要性。

此外，药物的配伍剂量也是至关重要的，因为不同的剂量在一对配伍或方剂中，所起的作用是不同的。例如，《伤寒论》阳明篇中的小承气汤和《金匮要略》＜腹满寒疝宿食病＞中的厚朴三物汤、＜痰饮咳嗽病＞中的厚朴大黄汤，三方用药同为厚朴、大黄、积实，因其用量的不同，主治亦不同。小承气汤中重用大黄，目的重在通便，治腹大满不通者；厚朴三物汤中重用厚朴，目的重在下气散满，以除胀通闭为主，治腹痛便闭；厚朴大黄汤中重用大黄、积实，目的重在破中脘水饮之阻膈，开水饮下行，治支饮胸满者。又如，当归、川芎相配用，若重用当归为佛手散，以养血为主；重用川芎为川芎汤，以活血行气止痛为主。

古人经过长期的医疗实践，在选药配伍方面积累了极其丰富的经验，总结出了选药配伍的七种规律，称"七情"，即单行、相须、相使、相杀、相畏、相恶、相反，并具体总结出了"十八反""十九畏"等。除相反的药物原则上不能同用，单行药物不须配伍外，余者基本需要药物配伍后相互间起促进、抑制和对抗等作用。

一、调控药效 [e]微课

运用配伍方法组药成方，从总体而言，其目的不外增效、减毒两个方面，"用药有利有弊，用方有利无弊"，如何充分发挥药物对治疗疾病有"利"的一面，同时又能控制、减少甚至消除药物对人体有"弊"的一面，这就是药物运用配伍手段的最根本目的。

1. 增强药效　功用相近的药物配伍，能增强治疗作用。如天门冬、麦门冬同用润肺生津；知母、黄柏同用滋阴降火；金银花、连翘同用清热解毒；附子、肉桂同用引火归源等，都比单用其中的一味效力增强。还可以选用功效不同的药物配伍应用，即"相使"，以发挥其相辅相成的作用，增强疗效。黄芪、当归相配能益气生血；大黄、枳实相配能行气通便；芍药、甘草配伍应用能缓急止痛等，都是性味功效不同的药物相配用而能使疗效增强；荆芥、防风同用以疏风解表，薄荷、茶叶同用以清利头目，党参、黄芪同用以健脾益气，桃仁、红花同用以活血祛瘀等。

2. 产生协同作用　药物之间在某些方面具有一定的协同作用，常相互需求而增强某种疗效。如麻黄和桂枝相配，通过"开腠"和"解肌"协同，比单用麻黄或桂枝方剂的发汗力量明显增强；附子和干姜相配，俗称"附子无姜不热"，体现了先后天脾肾阳气同温，"走而不守"和"守而不走"协同，大大提高温阳祛寒作用。

3. 产生抑制作用　控制药物的毒副作用。某些药物具有偏性或毒性能产生副作用或不利于某种病情，若配以能制其偏性或缓解其毒性的药物，则可消除其不利因素，促进其有利因素，以达到治疗目的，此即"相畏"。即一种药物的毒性反应或副作用，能被另一种药物或减轻或消除，如生姜能制半夏的毒性，同用能增强其降逆止呕作用。"相恶"：两种药物合用，一种药物与另一种药物相互作用而致原有功效降低，甚至丧失药效，如生姜恶黄芩，黄芩能削弱生姜的温胃止呕作用。"相杀"：一种药物能减轻或消除另一种药物的毒性或副作用，如大枣能缓解甘遂的毒性，二者配用能缓解甘遂对肠胃道的刺激，攻逐水饮等。

4. 控制多功用单味中药的发挥方向　如桂枝具有解表散寒、调和营卫、温经止痛、温经活血、温阳化气等多种功用，但其具体的功用发挥方向往往受复方中包括配伍环境在内的诸多因素所控制。如前所述，在发汗解表方面，多和麻黄相配；温经止痛方面，往往和细辛相配；调和营卫、阴阳方面，又须与白芍相配；温经活血功用，常与丹皮、赤芍相配；温阳化气功用，常与茯苓、白术相配。又如黄柏具有清热泻火、清热燥湿、清虚热、降虚火等作用，但往往以其分别配伍黄芩、黄连、苍术、知母为前提。川芎具有祛风止痛、活血行气的作用，但祛风止痛多与羌活、细辛、白芷等引经药相配；活血调经多与当归、赤芍同用，而行气解郁则又与香附、苍术相伍。再如柴胡有疏肝理气、升举阳气、解表退热的作用，但调肝多配白芍，升阳多伍升麻，和解少阳则须配黄芩。由此可见，通过配伍，可以控制药物功用的发挥方向，从而减少临床运用方药的随意性。

5. 扩大治疗范围，适应复杂病情　中医药学在长期的发展过程中，经历代医家的反复实践总结，产生了不少针对基础病机的基础方剂，如四君子汤、四物汤、二陈汤、平胃散、四逆散等。在临床上通过随证配伍，可以使这些基础方剂不断扩大治疗范围。如四君子汤具有益气健脾的功用，是主治食少便溏、面色萎黄、声低息短、倦怠乏力、脉来虚软等脾胃气虚证的基础方。若由脾虚而生湿，阻滞气机，以致胸脘痞闷不舒，则可相应配伍陈皮，即异功散（五味异功散），功能健脾益气，化湿和胃；若脾虚痰湿停滞，出现恶心呕吐、胸脘痞闷、咳嗽痰多稀白，则再配半夏入方，即六君子汤，功能重在健脾气、化痰湿；若在脾胃气虚基础上，因痰阻气滞较重而见纳呆、嗳气、脘腹胀满或疼痛、呕吐泄泻等，则可配伍木香、砂仁，即香砂六君子汤，功能益气健脾、行气化痰。由此可见，通过随证配伍，则可达到不断扩大治疗范围的目的。

通过配伍控制毒副作用，主要反映在两个方面：一是"七情"中"相杀"和"相畏"关系的运用，即一种药物能减轻另一种药物的毒副作用，如生姜能减轻和消除半夏的毒性、砂仁能减轻熟地滋腻碍脾的副作用等；二是多味功用相近药物同时配伍的运用，这种方式既可利用相近功用药物的协同作用，又能有效减轻毒副作用的发生。这是因为功用相近的多味药物同用，可以减少单味药物的用量，而多味药物之间，其副作用的发挥方向往往不尽一致。根据同性毒力共振、异性毒力相制的原理，这就可以在保障治疗效果的基础上最大限度地控制和减轻毒副作用。如十枣汤中的甘遂、芫花、大戟，泻下逐水功用相近，且单味药用量亦大致相似，在组成十枣汤时，以三味各等分为末，枣汤调服。其三味药合用总量相当于单味药的常用量。通过现代动物实验及临床观察证明，这样的配伍方法具有缓和或减轻毒副作用的效果。

应当指出，控制毒副作用的方法，除了上述两个方面外，中医药学中还包含着丰富的方法和内容。如因时、因地、因人制宜，恰如其分地控制用量，特定的炮制方法，道地药材的选择，具体的煎药、服药方法以及恰当的剂型要求等。

二、药物理化性质的变化

药物的相互配伍，还会发生物理或化学方面的变化，这是指几种药物配成一种制剂或将几种注射液配伍使用时，由于 pH 或溶媒的改变等而产生潮解、液化、变色、浑浊、沉淀及分解失效等情况。有目的地使两种药物配伍而生成第三种药物，这是配伍中的正常现象，如氢氧化铝凝胶的制备、镁乳的制备等。但在许多情况下，所发生的物理或化学的配伍变化是不期望的，变化的结果或是降低疗效而影响治疗，或是生成有毒物质而危及患者生命，或由于配伍不当得不到理想制剂而影响患者使用等。因此，只有知道危险的存在，才能合理利用相关专业知识，采取相应的措施进行风险防范。上述物理或化学的配伍变化是在药物用于患者口服或注射之前发生的，故属于药剂学的配伍变化。在无目的的配伍中，对于造成使用不便或对治疗有害而又无法克服的，则属于药剂学的配伍禁忌。

从目前情况来看，在制剂室内遇到药剂学的配伍逐渐减少，这是因为片剂、丸剂、胶囊剂、散剂与颗粒剂等固体制剂的使用越来越多，而合剂、糖浆剂等液体制剂的使用虽也不少，一般都是按照拟订的处方生产或配制的。但是，随着药品种类的不断增加，以及临床药理学、生物药剂学的迅速发展，药理学的配伍变化已引起广泛重视。调剂人员遇到可能会发生配伍禁忌的处方时，应及时与医师联系，求得解决。

◇ 第二节 中药学的配伍变化

中医处方用药时，有用单方的，有用复方的。单方的特点是处方简单，作用专一，易于掌握。复方可以适应复杂的病情，全面兼顾，并能利用药物之间产生的协同或拮抗作用，发挥长处，克服短处，以期取得更好的疗效。

中药的配伍，是针对疾病的情况，根据中药的性能进行考虑的。中药的性能，就是药物的性味和功能。各种药物都有它一定的性能，主要是性、味、升降浮沉和归经等。四性（又称四气）就是寒、热、温、凉四种药性。五味就是辛、甘、酸、苦、咸五种药味。四性、五味是构成药物性能的基础，用性味来说明药物的功能是中药运用的特点。

一、中药处方的组方原则和配伍方法

随着祖国医药学的不断发展，采用多味药的复方防治疾病时，处方的组织原则和配伍方法很早就被注意到。这是由于疾病的情况比较复杂，症有主次，或者病有兼夹，或者证有转变；而药物的性能又很少单纯，或者性味有所偏胜，或者具有毒性，或者会产生副作用。因而为了适应复杂多变的病情，充分发挥药物疗效，对中药的配伍就显得相当重要。

（一）组方原则

每一首方剂的组成，固然要根据病情，在辨证立法的基础上选择合适的药物，妥善配伍而成。但在组织不同作用和地位的药物时，还应符合严密的组方基本结构的要求，即"君、臣、佐、使"的组方形式。这样才能做到主次分明，全面兼顾，扬长避短，提高疗效。

关于"君、臣、佐、使"组方基本结构的理论，最早见于《黄帝内经》，《素问·至真要大论》说"主病之为君，佐君之为臣，应臣之为使"。其后，金人张元素有"力大者为君"之说；李东垣说"主病之谓君，兼见何病，则以佐使药分别之，此制方之要也"，又说"君药分量最多，臣药次之，使药又次之，不可令臣过于君。君臣有序，相与宣摄，则可以御邪除病矣"。明代何伯斋更进一步说："大抵药之治病，各有所主。主治者，君也。辅治者，臣也。与君药相反而相助者，佐也。引经及治病之药至病所者，使也。"可以看出，无论是《内经》，还是张元素、李东垣、何伯斋，虽对君、臣、佐、使的涵义作了一定的阐发，但还不够系统和全面。今据各家论述及历代名方的组成规律，进一步分析归纳如下。

1. 君药 即是针对主病或主证起主要治疗作用的药物。

2. 臣药 有两种意义。①辅助君药加强治疗主病或主证的药物；②针对重要的兼病或兼证起主要治疗作用的药物。

3. 佐药 有三种意义。①佐助药，即配合君、臣药以加强治疗作用，或直接治疗次要兼证的药物；②佐制药，即用以消除或减弱君、臣药的毒性，或能制约君、臣药峻烈之性的药物；③反佐药，即病重邪甚，可能拒药时，配用与君药性味相反而又能在治疗中起相成作用的药物，以防止药病格拒。

4. 使药 有两种意义。①引经药，即能引方中诸药至特定病所的药物；②调和药，即具有调和方中诸药作用的药物。

综上所述，一个组方中药物的君、臣、佐、使，主要是以药物在方中所起作用的主次地位为依据。为进一步说明君、臣、佐、使理论的具体运用，以麻黄汤为例分析如下。

麻黄汤出自《伤寒论》，主治外感风寒表实证，症见恶寒发热、头痛身疼、无汗而喘、舌苔薄白、脉象浮紧等。其病机为外感风寒，卫阳被遏，营阴郁滞，肺气不宣。治法为辛温发汗，宣肺平喘。其组成分析如下。

君药——麻黄：辛温，发汗解表以散风寒；宣发肺气以平喘逆。

臣药——桂枝：辛甘温，解肌发表，助麻黄发汗散寒；温通经脉，解头身之疼痛。

佐药——杏仁：苦平，降肺气助麻黄平喘（佐助药）。

使药——炙甘草：甘温，调和诸药。

通过对麻黄汤的分析，可知遣药组方时既要针对病机考虑配伍用药的合理性，又要按照组成的基本结构要求将方药组合成为一个主次分明、全面兼顾的有机整体，使之更好地发挥整体效果，这是需要充分运用中医药理论，进行周密设计的。

至于"以法统方"和"君臣佐使"理论的关系，前者是遣药组方的原则，是保证方剂针对病机、切合病情需要的基本前提；后者是组方的基本结构和形式，是体现治法、保障疗效的手段。只有正确把握上述两方面的基本理论和技能，加之熟练的用药配伍技巧，才能组织好理想的有效方剂。

（二）配伍方法

中药处方除按上述"君、臣、佐、使"这个原则组成外，在具体用药上还要注意药物之间的相互关系，这就是要讲究配伍方法。前人早已有"七情"配伍的理论，简述如下。

1. 单行　是单独用一味主药，不加辅助药物，如独参汤、独圣散等。

2. 相须　是用二味以上功效相近的药物配伍在一起，相互加强作用，以提高疗效。如大黄配芒硝，则泻下作用更强；石膏配知母，可加强清热；芡实金樱丸（原名水陆二仙丹）中的芡实和金樱子配伍，可增强固精止遗作用；其他如乳香与没药，三棱与莪术，黄连、黄柏与黄芩的配伍等。

3. 相使　是主药与辅助药配伍在一起，相互增强作用。如黄芪配茯苓，治疗气虚水肿，以黄芪补气为主，茯苓利水为辅，而茯苓又有助于黄芪补气，黄芪又有助于茯苓利水。又如麻黄汤主治风寒表实证，方中以麻黄辛温发汗解表平喘为主，辅以桂枝温经散寒，增强麻黄发汗解表作用。

4. 相畏　是一味药物有毒性，可受另一味药物的监制。如生半夏有毒，用生姜加工炮制后，不但能解除半夏的毒性，并能加强它的止呕作用。

5. 相杀　是一味药物能解除另一味药物的毒性反应。如防风能解砒霜毒。近年临床实验证明，用防风治疗砷剂中毒的患者，测定尿中排砷量明显增高，从而中毒症状也相应消失。又如绿豆能解巴豆毒性。

6. 相恶　是一味药物能减弱另一味药物的效用。如人参与莱菔子同用，可减弱人参补气的效用。

7. 相反　是二味药物配伍应用后，会产生毒性作用。如甘草反大戟，乌头反半夏等。

从上面"七情"的内容可看出，相须、相使是药物之间产生协同作用，是临床处方时经常采用的。相畏、相杀是利用药物之间产生的拮抗作用，对有毒性的药物用以监制、防止副作用或解毒。而相恶、相反，则是药物的配伍禁忌。

七情配伍关系中，除单行外，相须、相使可以起到协同作用，能提高药效；相畏、相杀可以减轻或消除毒副作用；相恶是一种药物抵消或削弱了另一种药物的功效；相反是药物配伍后，产生毒性反应或副作用。临床用药时，相须相使、相畏相杀是常用的配伍方法，而相恶相反是配伍禁忌。

中药的成分多很复杂，一个组方由几味甚至十几味药组成的复方，情况就更为复杂，它们之间是否产生了新成分，是怎样产生协同作用或拮抗作用的，这些问题有待今后努力去解决。

二、用药禁忌

为了保证用药安全，有些药物在某种情况下不宜使用或不宜同用，以免降低药效甚至产生不良后果，这就是用药禁忌。包括配伍禁忌、妊娠用药禁忌、饮食禁忌、病证禁忌等内容。根据对患者造成的不良影响程度的不同，又常分为忌用和慎用。其中凡用药与证治相违，即属病证禁忌。如寒证忌用寒药，热证忌用热药，邪盛而正不虚者忌用补虚药，正虚而无邪者忌用攻邪药等，皆属一般的用药原则。

（一）配伍禁忌

所谓配伍禁忌，是指某些药物配伍使用，会产生或增强毒副作用，或破坏和降低原药物的药效，因此临床应当避免配伍使用。中药配伍禁忌的范围主要包括药物七情中相反、相恶两个方面的内容。由于中药的性能较缓和，历代医家对配伍禁忌药物的认识都不一致。在中医用药的经验中，对一些特殊药物的配伍也提出警示。

《神农本草经》指出："勿用相恶、相反者"。但相恶与相反所导致的后果不一样。相恶配伍可使药物某些方面的功效减弱，但又是一种可以利用的配伍关系，并非绝对禁忌。而"相反为害，甚于相恶"，可能危害患者的健康，甚至危及生命。故相反的药物原则上禁止配伍应用。目前医药界共同认可的配伍禁忌，有"十八反"和"十九畏"。

五代后蜀韩保昇《蜀本草》首先统计七情数目，提到"相恶者六十种，相反者十八种"，今人所谓"十八反"之名，盖源于此。相畏为中药七情之一，内容已如前述。但从宋代开始，一些医药著作中，出现畏、恶、反名称使用混乱的状况，与《神农本草经》"相畏"的原义相悖。作为配伍禁忌的"十九畏"就是在这种情况下提出的。

十八反：甘草反甘遂、大戟、海藻、芫花；乌头反贝母、瓜蒌、半夏、白蔹、白及；藜芦反人参、沙参、丹参、玄参、苦参、细辛、芍药。

十九畏：硫黄畏朴硝，水银畏砒霜，狼毒畏密陀僧，巴豆畏牵牛，丁香畏郁金，川乌、草乌畏犀角，牙硝畏三棱，官桂畏石脂，人参畏五灵脂。

对于十八反、十九畏作为配伍禁忌，历代医药学家虽然遵信者居多，但亦有持不同意见者，有人认为十八反、十九畏并非绝对禁忌；有的医药学家还认为，相反药同用，能相反相成，产生较强的功效。倘若运用得当，可愈沉疴痼疾。

现代对十八反、十九畏进行了药理实验研究，取得了不少成绩。但由于十八反十九畏牵涉的问题较多，各地的实验条件和方法存在差异，使实验结果相差很大，简单的毒性试验大多得到互相矛盾的结果。早期的研究结果趋向于全盘否定；近年来，观察逐渐深入，"不宜轻易否定"的呼声渐高。此外，还有的实验证明，十八反、十九畏药对人体毒副作用的大小，与药物的绝对剂量及相互间的相对剂量有关。

十八反与十九畏是自古以来的中医药的临床经验总结，但必须指出，由于当时的社会条件及科学水平的限制，医生用药方法、剂量及患者的情况不同等因素，对上述配伍禁忌，既要看到它的合理性，也要看到它的片面性，故而需采用近代科学技术方法对其进行深入细致的研究，探讨配伍变化的机制，更好地为人民的健康服务。

（二）食物的禁忌

服药禁忌是指服药期间对某些食物的禁忌，又称服药食忌，简称食忌，俗称忌口。饮食禁忌主要包括三方面的内容：一是证候禁忌，由于药物具有寒热温凉和归经等特点，因而一种药物只适用于某种或某几种特定的证候，而对其他证候无效，甚或出现反作用。此时，对其他证候而言即为禁忌证，如便秘有阴虚、阳虚、热结等不同，大黄只适用于热结便秘，而阴虚、阳虚便秘就是大黄的禁忌证。二是指根据病情及用药特点，忌食与病情和药性不相宜的食物。如寒性病忌食生冷食物、寒性饮料等；热性病忌食辛辣、热性、煎炸食物及酒类；胸痹患者，忌食肥肉、脂肪、动物内脏及烈性酒；肝阳上亢者，忌食胡椒、辣椒、大蒜、酒等辛热助阳之品；疮疡、皮肤病患者，忌食鱼、虾、蟹等腥膻发物及辛辣刺激性食品；外感表证者忌食油腻类食品；经常头目眩晕、烦躁易怒的患者，忌食辣椒、胡椒、大蒜及酒等。如温热病应忌食辛辣油腻煎炸之品，寒凉证应忌食生冷寒凉之品。三是指服某些药物期间对某些特定饮食的禁忌。不宜同吃某些食物，以免降低疗效或加剧病情或变生他证。如古代文献中的甘草、黄连、桔梗、乌梅忌猪肉，常山忌葱，薄荷忌鳖肉，地黄、何首乌忌葱、蒜、萝卜；丹参、茯苓、茯神忌醋；土茯苓、使君子忌茶；以及蜜反生葱、柿反蟹等。

古今中医皆重视病、药、食之间的服用禁忌，其目的是避免发生不良反应和疗效降低，或对病情不利，影响患者康复。关于饮食禁忌的现代研究甚少，且结果很不一致，有待进一步探讨。

（三）妊娠用药禁忌

妊娠禁忌药是指妇女妊娠期除中断妊娠、引产外，为防止损伤胎儿或导致流产而禁忌使用或须慎重使用的药物。

古代医药家很早就对妊娠禁忌药有所认识，东汉《神农本草经》中即载有具有堕胎作用的药，梁代《本草经集注·例·诸病用药》专设堕胎药一项，收载堕胎药 41 种。具体的妊娠禁忌药，在现存的文献中，最早见于南宋朱端章《卫生家宝产科备要》所载产前所忌药物歌收载妊娠禁忌药计有 73 种，其后历代均有增加。在我国古代堕胎是违反传统道德观念的，所以，前人记载堕胎药，主要还是从妊娠禁忌药的角度来认识、对待，而不是在寻求堕胎的有效药。

在为数众多的妊娠禁忌药中，不同的药对妊娠的危害程度是有所不同的，因而在临床上也应区别对待。古代对妊娠禁忌药主要提禁用与忌用极少提慎用。近代则根据临床实际，将常用中药分为禁用与慎用两大类。属禁用的多系剧毒药或药性作用峻猛之品及堕胎作用较强的药。慎用药则是活血药、行气药、攻下药、药性辛热的温里药等。

禁用药：如水银、砒霜、雄黄、轻粉、斑蝥、马钱子、蟾酥、川乌、草乌、藜芦、胆矾、瓜蒂、巴豆、甘遂、大戟、芫花、牵牛子、商陆、麝香、干漆、水蛭、虻虫、三棱、莪术等。

慎用药：如牛膝、川芎、红花、桃仁、姜黄、牡丹皮、枳实、大黄、番泻叶、芦荟、芒硝、附子、肉桂等。

在众多的妊娠禁忌药中，妊娠禁忌的理由也是多种多样的，其中，能引起堕胎是最早提出妊娠禁忌的主要理由，随着对妊娠禁忌药的认识逐渐深入，对妊娠禁忌理由的认识也逐步加深。归纳起来，主要包括：①对母体不利；②对胎儿不利；③对产程不利；④对小儿不利。因此，都是应当给予高度重视的。

总的说来，对于妊娠禁忌药物，如无特殊必要，应尽量避免使用，以免发生不良后果。如孕妇患病非用不可，则应注意辨证准确，掌握好剂量与疗程，并通过恰当的炮制和配伍，尽量减轻药物对妊娠的危害，做到用药安全而有效。

三、中西药的配伍

随着医疗市场的不断发展，以及我国对中医药的重视，一些患者对中药的疗效也越来越认可，在临床中西药物联用也越来越普遍，并且能收到比单纯用中药或西药难以达到的疗效和效果，减少了不良反应，但也有一些因配伍不当而降低疗效的，甚至产生毒副作用。为此，研究和总结中西药物的合理应用，对保证用药安全，具有重要的临床意义。

（一）原则与目的

中西药各有特点，各有长处，中西药联合就是要充分发挥各自优势，取得优于单独使用中药或西药的综合疗效，使其优势互补，兼顾全面，增强疗效，减轻或消除毒副作用及其不良反应，从而缩短疗程，减少药物的用量或扩大药物的适应范围，从而降低医疗成本，这是中西药联用的优势所在，也应是中西药联用的目的，理应作为界定中西药联用是否合理的标准。

（二）中西药复方制剂的特点

中西药复方制剂，主要有治疗范围广、疗效确切的特点。有的中西药合用可产生协同作用，效果比单用好，故这类制剂中的中药或西药的一般用量均比单用时为小，安全性大；有的西药单用时具有一定的副作用或毒性，有的对消化道黏膜有较强的刺激性，但与某些中药配伍后，或降低其副作用及毒性，或改善了药物的刺激性。

我国目前已生产供临床应用的中西药复方制剂的种类日益增多，治疗范围也越来越广。仅举数例如下。

1. 喘舒宁片　含琥珀酸钠、氯化铵、盐酸异丙嗪。琥珀酸钠为中药广地龙中平喘的有效成分，与少量盐酸异丙嗪配伍增加镇静与抗过敏作用，从而增强平喘效果。凡长期服用麻黄碱、氨茶碱有不良反应或不奏效者，服用本品有显著效果。

用于止咳平喘的制剂，尚有双红抗喘丸、喘平片、喘咳片、哮喘姜胆片、复方杜胆龙片、咳喘灵等。

2. 抗感宁片　含四季青（野冬青）、白英、前胡、异丙基安替比林、扑尔敏。四季青和白英配伍，有较好的抗菌和抗病毒作用，前胡有止咳作用，这些中草药与退热和抗过敏的西药配伍，产生协同作用，用于病毒性感冒。

用于抗感冒的制剂，尚有银黄清热片、抗感冒片、上感片、抗感冒三号片及四号片、新感冒灵等。

3. 胃乐片　含次硝酸铋、碳酸氢钠、碳酸镁、菖蒲根粉、大黄粉。菖蒲具有宣气和中，用于食欲不振、胸腹胀闷。整个配方对胃肠有保护、抗酸和收敛作用。

4. 牙痛粉　含白芷、细辛、冰片、氨基比林、非那西丁、安乃近。白芷具有活血排脓、消肿止痛作用，细辛有温经止痛作用。本品局部使用具有使用方便、止痛作用快、无副作用等特点。

5. 新降片　含枸杞子根提取物、车前子提取物、珍珠母提取物、利血平、利普素。本处方采用证明是有效的降血压的中草药与小剂量的降血压的西药配伍，降压作用较温和，疗效较确实，且可减少单用西药时的头晕、鼻塞等副作用。降血压的制剂，尚有复方罗布麻片、力降宁片等。

6. 复方氟脲嘧啶片　含 5 - 氟脲嘧啶、环磷酰胺、鲨肝醇、奋乃静、海螵蛸粉、白及粉。5 - 氟脲嘧啶与环磷酰胺均为抗癌药，由于常产生恶心、呕吐等胃肠道反应，故以往只供注射用，没有口服剂型。处方中配有鲨肝醇，对血常规一般影响不大，但白细胞下降因人而异。因有镇静剂与两种中药（白及和海螵蛸）配伍，不仅能止血消肿，还可保护胃肠黏膜，故服药期间可防止发生呕吐等严重的消化道反应。本品口服用于消化道癌。

7. 痛必止注射液　含汉防己全碱、白屈菜全碱、玄胡全碱、巴比妥。巴比妥对其他药物的镇痛作用具有明显的增强效果，经镇痛实验和临床应用证明，本品的镇痛作用仅次于吗啡，比一般非麻醉性镇痛剂（安痛定、复方氨基比林等）强 20 倍，且无成瘾性，可用于晚期癌及类风湿患者的止痛。

（三）中西药配伍的机制

中西药配伍的机制实质上也就是药物的相互作用。所以说药物在吸收、分布、代谢、排泄等一个或多个环节发生变化，均可影响中药或西药在体内的血药浓度从而引起疗效的改变。

1. 中西药物相互作用的药代动力学　药物进入机体以后机体对药物的反应就是药动学。从这方面讲药物的吸收和药物的消除对药效有很大的影响。首先，对吸收的影响，胃肠道 pH 的变化可引起中西药物溶解速度改变，影响药物的跨膜转运。如弱碱性药物四环素与抗酸药陈香露白露片合用，因抗酸药的碱性使胃中的 pH 升高，妨碍四环素的溶解。一般来说，大部分药物是以分子的形式在胃肠道被吸收的，因此弱酸性药物容易在胃部吸收（因其在胃酸环境中大多以非解离型存在），而弱碱性药物需在碱性的肠道才能被吸收（因其在碱性环境以分子形式存在较多）。此外，会发生化学反应生成复合物或复合物酸碱中和反应。比如含有酸性物质的山楂、五味子、女贞子、木瓜等药物的汤剂或中成药与氨茶碱、碳酸氢钠等碱性西药联用，以及牡蛎、龙骨、硼砂等碱性中药与阿司匹林、胃蛋白酶合剂等酸性西药合用，都会发生中和反应，使两种药疗效均降低甚至失去治疗作用。相互作用产生络合物妨碍吸收、降低疗效或增加毒副反应。

2. 对体内分布的影响　中西药物联用时可影响体内的分布，从而使疗效增强或减弱，甚至产生毒副作用。例如氨基糖苷类抗生素链霉素、庆大霉素、卡那霉素等与含硼砂的中成药合用时，能使前者排泄减少，抗菌作用增强，但同时可增加脑组织中药物的浓度，使药物对前庭神经毒性增加；在用庆大霉素治疗胆道感染时，合用理气药枳实，因为枳实能松弛胆道总管括约肌，使胆道内压力下降，可增加胆道中庆大霉素的药物浓度。这些都说明药物间的相互作用对相互的分布有很大的影响，从而产生对疗效的影响。

3. 对代谢的影响　大多数药物都在肝脏中代谢，一般降解为水溶性强且无活性的代谢产物，易于从肾脏中排出体外。然而肝脏代谢主要依赖肝药酶（P_{450}酶系）的活性，不论中药、西药都可能会有影响肝药酶活性，因此，联用对彼此在体内的代谢有很大的影响，从而影响药物在体内的时间而影响疗效。

第三节　药理学的配伍变化

药理学的配伍变化又称疗效学的配伍变化。药物合并使用后，使药理作用的性质和强度发生变化，如发生协同作用、拮抗作用，使疗效降低或产生毒副作用，影响治疗效果，甚至危及患者生命安全。

一、拮抗作用

药理作用相反的药物合用时，则产生拮抗作用或对抗作用。例如中枢抑制药与中枢兴奋药、降压药与升压药、抗血凝药与止血药合用，均能产生拮抗作用，而难以发挥疗效。另如杀菌性抗生素（如青霉素）与抑菌性抗生素（如四环素）合用，能产生拮抗作用，使疗效降低。又如乳酶生是活的乳酸菌制剂，乳酸菌入肠后，能分解糖类产生乳酸，使肠内酸度增高，从而抑制病原微生物的繁殖，以防止肠内异常发酵；倘将乳酶生与抗生素、磺胺药、痢特灵、黄连素、喹碘方以及甘汞、次碳酸铋、矽炭银、鞣酸蛋白、酊剂等合用，则乳酶生的疗效会显著下降。

此外，有些药物的配伍，虽非因药理作用相反而产生拮抗作用，但在药物的吸收、代谢及排泄等过程中，由于药物之间的相互影响而产生疗效降低或毒性增加等情况。

（一）药物在消化道吸收时的相互影响

药剂在吸收部位发生的物理化学反应，包括由于温度、pH、水分、金属离子等作用引起结构性质改变，影响药物制剂的崩解时间、溶出速率、吸收速度和程度。

1. 铁剂（如硫酸亚铁）、生物碱类及氨基比林等口服后，在胃内能与鞣质结合成难溶性化合物，而影响药物的吸收。又如淀粉酶、胃蛋白酶等遇鞣质均易发生反应，而降低酶的活性或失效。故上述药物不宜与含鞣质较多的中草药及其制剂同服。

2. 活性炭是常用的吸附剂，不但在药品生产上常用于脱色、除臭，临床上也常用于治疗腹泻、食物中毒、生物碱中毒等。活性炭与其他药物合用时，其他药物的吸收会受影响。据报道丙嗪与活性炭同服，丙嗪在消化道的吸收减少，疗效降低。实验证明，伪麻黄碱与白陶土同服，前者的吸收因受白陶土的吸附作用而减少。根据以上情况，国内生产的矽炭银片是含有白陶土、药用炭与氯化银的片剂，与其他药物合用须慎重。

3. 四环素类口服后，遇 Ca^{2+}、Mg^{2+}、Al^{3+} 等离子，可生成难吸收的化合物，而影响四环素类的吸收，疗效降低。故四环素类不宜与含有 Ca^{2+}（如碳酸钙）、Mg^{2+}（如三硅酸镁）、Al^{3+}（如氢氧化铝）等的制酸药合用。此外，四环素类与硫酸亚铁同服时，可使四环素类的吸收减少40%～90%。

（二）药物在代谢过程中的相互影响

药物在体内受药酶的作用发生的配伍变化分为酶促作用或酶抑作用。药酶的作用具有专属性。当两种药物同时应用时，产生激发性药酶的作用，即酶促作用。例如乙醇有酶促作用，风湿止痛药酒可使安乃近等代谢加快，半衰期缩短，药效下降。酶抑作用是指药物因能抑制另一种药物代谢酶的活性，使代谢作用减缓，因而使该药物的药理作用增强或毒性增加。如双香豆素抑制甲磺丁脲在肝脏内羟基化反应酶的作用，使甲磺丁脲的羟化反应不能顺利进行，在体内停留时间延长。

此外药物还可因在肝脏蓄积而造成损害。如朱砂安神丸、健脑丸、七厘散、苏合香丸、冠心苏合丸等与具有还原性的西药，如溴化钾、溴化钠、碘化钾、碘化钠、硫酸亚铁、亚硝酸盐等同服时，可生成具有毒性的溴化汞或碘化汞沉淀，不仅能刺激胃肠道出血，导致严重的药源性肠炎，而且汞离子对酶蛋白质的巯基有特殊的亲和力，抑制多种酶的活性而干扰组织细胞的正常功能，并可在肝脏蓄积，从而增加对肝脏的损害。又如含鞣质的中药五倍子、大黄、地榆等与红霉素类抗生素、利福平、灰黄霉素、林可霉素和氨苄青霉素等同时服用时，不仅可生成鞣酸盐沉淀物，不易被吸收，降低各自的生物利用度，而且易发生药源性肝病。

（三）药物在排泄过程中的相互影响

药物及其代谢产物经肾脏排泄时，除药物分子的大小、离解常数、尿 pH 等因素外，还受其他药物影响。影响的结果，会使药物的排泄加快或减慢，甚至增加毒性或副作用。

1. 丙磺舒在肾小管能抑制青霉素、对氨基水杨酸等的排泄，合用时可延长后者的药效。但有些药物如乙酰水杨酸等，都能促进青霉素的排泄，降低其血浓度和疗效。

2. 某些磺胺药（如 ST、SD、SM_1、SM_2）及其乙酰化物的溶解度，在碱性尿中比在酸性尿中大得多，为防止出现结晶尿、血尿等副作用，须加服碳酸氢钠。故上述磺胺药不宜与氯化铵或其他使尿呈酸性的药物配伍。

3. 乌洛托品本身是无杀菌作用的，但经肾脏排泄时，只有在酸性尿中分解出甲醛发挥作用，通常为使尿呈酸性须加服氯化铵。故乌洛托品不宜与碳酸氢钠配伍。

值得提出的是，药物的拮抗作用被用于临床治疗有很大的实际意义。如中枢神经抑制药（催眠药或镇静药）中毒时，常用中枢神经兴奋药急救。山梗菜碱为呼吸中枢兴奋药，可用来解除阿片、吗啡等引起的中毒。抗血凝药（如双香豆素、华法令）用过量时，维生素 K 则是有效的解毒药。口服阿托品或曼陀罗、草乌、附子、马钱子及颠茄制剂等中毒时，可用 0.5% ~ 4% 鞣酸溶液洗胃等。

二、协同作用

两种以上的药物合用后，其药效较单独使用时有所增强，则称为协同作用。如果协同作用的效果等于各药物作用的总和时，称为相加作用；协同作用的效果大于各药物作用的总和时，则称为相乘作用或增强作用。例如三溴合剂及青霉素与链霉素合用产生相加作用；局部麻醉药与肾上腺素、吗啡与东莨菪碱合用，均有增强作用。药物的协同作用在临床上具有重要意义，仅举数例说明。

1. 对结核病的治疗，常将链霉素、异烟肼与对氨基水杨酸三者合用，可提高疗效，并可延缓耐药性的产生。

2. 茵陈中的利胆成分对羟基苯乙酮或茵陈浸膏（含多种利胆成分）与灰黄霉素合用治疗头癣，可增强后者的疗效。据称是由于胆汁分泌增加，提高了灰黄霉素的溶解度，从而促进其吸收。

3. 在驱虫药物的联合应用中，也发现了协同作用的产生。例如小剂量灭虫宁与驱虫净合用治疗钩虫病，可增加驱虫效果，并对驱除美洲钩虫的效果有所提高。国外发现由海人草（鹧鸪菜）提取出的海人酸与山道年合用，可提高驱虫率。

但是有些药物之间产生的协同作用不宜利用，或在药物剂量上必须注意调整，否则易出现毒性反应或副作用。例如，磺胺药与抗血凝药合用，可使抗血凝作用增强，有引起出血的危险。口服降血糖药（如甲苯磺丁脲）与水杨酸类药物或氯霉素合用，可使降血糖作用增强，易引起低血糖症。

三、增加毒副作用

某些药物联合应用后，不但会改变药物的性状，还会使药物减效、失效或增加毒性或产生副作用，因此，不宜配伍使用或慎重给药。

1. 抗癌药石蒜含有蒜碱，与大剂量维生素 C 配合使用时，能增强石蒜碱的毒性，故不宜配伍应用。

2. 甘草主要成分为甘草酸，水解后生成甘草次酸，具有糖皮质激素样作用，与某些西药合用可导致疗效降低或产生不良反应，如与洋地黄毒苷长期配伍应用时，因甘草具有去氧皮质酮样作用，能"保钠排钾"，使体内钾离子减少，导致心脏对强心苷的敏感性增加而引起中毒；与速尿及噻嗪类利尿剂合用时，因为甘草具有水钠潴留作用，可减弱利尿剂的利尿效果，引起低血钾症。

3. 可的松类激素与水杨酸类药物合用，可增加消化道溃疡的发生率，故两药不宜合用。

4. 氯霉素与氨甲蝶呤（MTX）合用，可增强对骨髓的抑制作用，从而增加产生再生障碍性贫血的危险。

5. 乙胺丁醇为抗结核药，与利福平合用，可产生协同作用，但乙胺丁醇的主要副作用为球后视神经炎，而利福平能增强这种副作用。故在用药过程中，应注意观察患者可能产生的视力障碍，慎重给药。

6. 国内研究证明，蓖麻油能增加鹤草酚的毒性；用小鼠进行的急性毒性试验表明，加服食用豆油和酒，也使鹤草酚的毒性明显增加。故服用鹤草酚驱虫时，应避免用蓖麻油导泻，并禁用大量油、酒类食物。

药物的相互影响，不论是产生协同作用或拮抗作用，都是在体内进行的一个极为复杂的药理学过程。从本节中所举的例子可说明，正确掌握和运用药物的配伍变化，在医疗工作中和制剂处方的设计方面，都具有重要的实际意义。

第四节 药剂学的配伍变化

药剂学的配伍变化属于体外配伍变化，即药物进入机体前发生的变化。这种变化由物理化学性质的变化引起，是在药剂生产、贮藏及用药配伍过程中发生的配伍变化。根据变化的性质不同，药剂学的配伍变化分为物理的、化学的与药理的配伍变化三大类。三类之间也同样是相互联系的。这些配伍变化的发生，除与主药、附加剂和溶媒等性质有关外，还与配伍时的条件如 pH、浓度、混合顺序、混合后使用的时间、原料纯度等许多因素有关。

药剂学的配伍变化，有的在较短时间内便可发生，有的则需较长时间。对这种变化中不利于生产、不利于贮藏、造成使用不便或对治疗有害而又无法克服的配伍变化称之为药剂学的配伍禁忌。

一、物理的配伍变化

物理的配伍变化，系指药物在配伍制备、贮存过程中，发生分散状态或物理性质的改变，从而影响到制剂的外观或内在质量的变化。例如含树脂的醇性制剂在水性制剂中析出树脂，含共熔成分多的制剂失掉干燥均匀的结聚状态。吸附性强的固体粉末（如活性炭、白陶土等）与剂量较小的生物碱盐配伍时，可因后者被吸附而在机体中不能完全释放。微晶的药物在水溶液中，由于某些物质的溶解度改变而逐渐聚结成大晶体等。

（一）溶解问题

在液体药剂的配制过程中，经常遇到的则是溶解问题，须根据药物的性质和治疗需要，选用适当溶媒和方法加以解决。

1. 两种不相混溶的液体需要配伍时，如油与水的配伍可设法制成乳剂。乳剂有供口服及外用的液体乳剂，如蓖麻油乳、液状石蜡酚酞乳、松节油搽剂等；也有供注射用的，如静注用脂肪乳剂；在半固体制剂中，也多制成乳膏供外用。

2. 水不溶性药物根据医疗需要，可加入适宜的助悬剂和表面活性剂制成混悬剂。混悬剂可供口服、外用、点眼及注射，如三磺合剂、复方硫黄洗剂、醋酸可的松滴眼液和注射液等。

3. 有些难溶于水的药物需要制成溶液时，可选用适当的溶媒。如呋喃西林在水中的溶解度很小（1∶4200），若在处方中加入甘油及二甲基亚砜各30%，配制0.2%的滴耳液，则能增加其溶解度而提高疗效。

4. 有些药物在水中的溶解度很小，加入适量的聚山梨酯80增溶，可制成较高浓度的制剂。如氯霉素的溶解度很小，滴眼液只能配制0.25%或0.5%浓度，若加入适量聚山梨酯80，则可配成1%浓度的溶液。用薄荷油配制薄荷水时，若加入0.22%的聚山梨酯80，则可配制成0.05%的薄荷油溶液，并可免去加滑石粉及过滤等步骤，简化操作过程。

5. 在某药物的溶液中，加入另一种不能溶解该药物的溶媒时，往往会析出沉淀或使液体分层，在药物的配伍中应加注意。如10%樟脑醑遇水极易析出樟脑；薄荷醇与水混合，能析出薄荷油浮在液面，使液体分层。苯甲酸，尼泊金等的乙醇溶液与水混合时，也能析出沉淀。此外，在饱和溶液中，加入其他可溶性药物时，原先溶解的溶质会有部分析出，如在单糖浆中加入氯化铵或溴化钾（钠）时，可使部分蔗糖析出。

（二）潮解与液化

吸湿性很强的药物与含结晶水的药物相互配伍时，药物易发生吸湿潮解；能形成低共熔混合物的药物配伍时，可发生液化现象，从而影响制剂的配制。

1. 吸湿潮解常发生在下列药物中：中草药干浸膏粉及冲剂、乳酶生、干酵母、胃蛋白酶、无机溴化物以及含结晶水的药物。这些药物本身易受潮，若与受潮易分解的药物配伍时，可促进后者加速分解，如乙酰水杨酸与易受潮的药物配伍时，可分解为乙酸和水杨酸。又如用金霉素、四环素制备眼膏时，倘用含有羊毛脂的凡士林作基质，由于羊毛脂吸潮可使抗生素的效价不断降低，故在制备这类药物的眼膏时，应避免使用羊毛脂。

2. 液化常发生在共熔性固体药物间的配伍。某些有机药物混合后，就会产生软化或液化，而影响散剂的配制。如樟脑与薄荷脑、氨基比林与乙酰水杨酸的混合。但在牙科临床上常用的消毒、止痛剂，却利用苯酚与樟脑二者或苯酚、麝香草酚与薄荷脑三者的共熔作用而配制液体滴牙剂。

（三）分散状态与粒径的变化

乳剂、混悬剂与其他药物配伍出现粒径变大，或久贮后产生粒径变大，分散相聚结而分层。某些胶体溶液可因电解质或脱水剂的加入，而使其产生絮凝、凝聚甚至沉淀。

二、化学的配伍变化

化学的配伍变化是指药物之间发生化学反应而引起的药物成分的改变，以致影响使用和疗效。产生化学配伍变化的原因很复杂，可由氧化、还原、分解、水解、复分解、结合、聚合等反应所产生。反应的结果有产生沉淀、变色、产生气体、发生爆炸等现象，或疗效减低，甚至产生毒性物质等情况，必须注意防止。

（一）产生沉淀

中药液体制剂若配伍不当，在配制和贮藏过程中可能产生浑浊或沉淀，例如有机酸与生物碱等。

1. 由难溶性碱制成的可溶性盐或由难溶性酸制成的可溶性盐，它们的水溶液常因 pH 的改变而析出沉淀。如水杨酸钠或苯巴比妥钠的水溶液遇酸或酸性药物溶液后，则会析出水杨酸或巴比妥的沉淀。又如多种生物碱及一些合成的含氮的有机药物如苯海拉明、丁卡因、抗生素碱等是难溶性的，它们的可溶性盐的水溶液遇碱或碱性药物溶液后，则会析出难溶性碱的沉淀。

2. 有些药物可由水解反应产生沉淀。如苯巴比妥钠溶液久置后，能因水解反应而产生无药效的苯乙基乙酰脲的白色沉淀。又如硫酸锌在中性或弱碱性溶液中，易水解生成氢氧化锌的沉淀。故硫酸锌滴眼液中，常加少量硼酸使溶液呈弱酸性，以防止硫酸锌水解。

3. 大多数生物碱盐的溶液与鞣酸、碘、碘化钾、溴化钾或乌洛托品等相遇，能产生沉淀。通过实验发现黄芩苷和黄连素在溶液中能产生难溶性沉淀。此外，含有绿原酸的银花提取液与含有生物碱的多种中草药如黄连、黄柏、延胡索、苦参等的提取液相遇，则产生浑浊或沉淀。这是由于属于酚酸性物质的绿原酸与生物碱生成了难溶性盐。上述配伍变化在中草药的复方制剂（注射剂或其他剂型）的提取和制备过程中，都应引起重视，以防有效成分损失而影响疗效。

4. 由复分解产生沉淀，在无机药物之间是值得注意的。如硫酸镁溶液遇可溶性钙盐、碳酸氢钠或氢氧化钠，均能产生沉淀。但利用硫酸镁和氢氧化钠反应制备镁乳，则是有目的的配合。又如氯化钠、氯化钾的水溶液遇硝酸银即产生沉淀，故在配制 0.5% 硝酸银滴眼液时，常用硝酸钾或硝酸钠调整渗透压。

（二）变色

易氧化药物的水溶液与其他 pH 较高的药物配伍时，容易发生氧化变色现象，这在分子结构中含有酚羟基的药物中较为常见。

此外，变色现象也可发生在散剂的配伍。如碳酸氢钠（或氧化镁）能使大黄变为粉红色；氨茶碱或异烟肼与乳糖混合，均能变为黄色。又如氨基比林与安钠咖或安乃近混合，经一周以上可发生变色现象。

（三）产生气体

药物配伍时，偶尔有产生气体的现象。如溴化铵、氯化铵或乌洛托品与强碱性药物配伍时，可被分解产生氨，而乌洛托品与酸类或酸性药物配伍，能分解产生甲醛。又如次硝酸铋与碳酸氢钠溶液配伍时，次硝酸铋水解生成的硝酸，与碳酸氢钠发生中和反应产生二氧化碳。

$$Bi(OH)_2NO_3 + H_2O \longrightarrow Bi(OH)_2 + HNO_2$$

$$HNO_3 + NaHCO \longrightarrow NaNO_2 + H_2O + CO_2 \uparrow$$

此外，有些药物配伍后产生气体，属于正常现象。如含漱用的复方硼酸钠溶液、碱性芳香溶液，在配制时产生二氧化碳是正常的。又如泡腾散剂、盐汽水等在服用时，是利用产生的二氧化碳发挥作用。

（四）发生爆炸

发生爆炸的情况，大多由强氧化剂与强还原剂配伍而引起的。以下药物混合研磨时，可能发生爆炸：氯酸钾与硫、高锰酸钾与甘油、氧化剂与蔗糖或葡萄糖等。又如碘与白降汞混合研磨能产生碘化氮，如有乙醇存在，可引起爆炸。

（五）分解破坏、疗效下降

一些药物制剂配伍后，由于改变了 pH、离子强度、溶剂等条件，发生变化影响制剂的稳定性。如 VB_{12} 与 VC 混合制成溶液时，VB_{12} 的效价显著降低；红霉素乳糖酸盐与氯化钠注射液配合（pH 为 4.5）使用 6 小时效价降低约 12%。

三、注射液的配伍变化

注射剂较其他剂型如丸、散、片剂、胶囊剂等具有作用迅速、疗效确切等优点，已广泛用于防病治病和危重患者的抢救。在临床上，通常将几种注射液配伍使用，特别在输液中添加药物静脉滴注的情况很普遍。因注射用药的特殊性，为确保安全合理用药，掌握注射剂的配伍变化和配伍禁忌更为重要。

（一）注射剂配伍变化的分类

注射剂的配伍变化，可分为可见的和不可见的两种变化现象。可见的配伍变化，即指一种注射剂与另一种注射剂混合或加入输液中后出现了浑浊、沉淀、结晶、变色或产气等变化现象，如15%的硫喷妥钠水性注射液与非水溶剂制成的西地兰注射液混合时可析出沉淀，枸橼酸小檗碱注射液与等渗氯化钠混合时则析出结晶等。不可见的配伍变化，则指肉眼观察不到的配伍变化，如某些药物的水解、抗生素的分解和效价下降等，一般为肉眼观察不到的配伍变化，可能影响疗效或出现毒副作用，带来潜在的危害性。

（二）注射剂产生配伍变化的因素

1. 溶剂组成的改变 掌握药物制剂的组成及其溶剂的性质，对于防止配伍变化的产生具有十分重要的意义。当某些含非水溶剂的注射剂加入到输液中时，由于溶剂组成的改变会使药物析出。如安定注射液含40%丙二醇、10%乙醇，当与5%葡萄糖或0.9%氯化钠注射液配伍时容易析出沉淀。由于注射液和输液剂多以水为溶剂，其中输液的容量较大，对pH、离子强度和种类、浓度、澄明度等各种要求都很严格。对于不同溶剂注射液的相互配伍，尤其应该注意。

（1）常用的如单糖、盐、高分子化合物的输液，如5%葡萄糖注射液、等渗氯化钠注射液、复方氯化钠注射液、葡萄糖氯化钠注射液、右旋糖酐注射液、各种代血浆、各种氨基酸输液、多种维生素输液，以及各种含乳酸钠或碳酸钠输液制品，一般为水溶液，比较稳定，常与其他药物的注射液配伍。

（2）血液成分极为复杂，与含药物注射液混合容易引起溶血、血细胞凝聚等现象，故不宜与其他注射液配合使用。

（3）甘露醇注射液一般含20%甘露醇，为过饱和溶液。当加入氯化钠、氯化钾溶液时，则容易析出甘露醇结晶。

（4）静脉乳剂因乳剂的稳定性受许多因素影响，加入药物往往会破坏乳剂的稳定性，产生乳剂破裂、油相合并或聚集等现象，故这类制品与其他注射液配伍应慎重。

2. pH 的改变 注射液的pH是其重要的稳定因素。由于pH的改变，有些药物会产生沉淀或加速分解。例如生物碱、有机酸、酚类等，在一定pH的溶液中比较稳定，当pH改变时，其溶解度也发生变化。含碱性有效成分的制剂不宜与酸性注射剂配伍，含酸性有效成分的制剂不宜与碱性注射剂配伍。例如硫酸长春新碱注射液与碳酸氢钠、磺胺嘧啶钠等碱性注射液混合时，由于pH升高，生物碱游离而析出沉淀。黄芩注射液（pH 7.5~8.0）、何首乌注射液（pH 7.0~8.0）若与葡萄糖注射液（pH 3.2~5.5）或葡萄糖盐水（pH 3.5~5.5）等酸性注射液混合时，可因黄芩苷、蒽醌苷溶解度降低而析出沉淀。

输液本身的pH是直接影响混合后pH的主要因素之一。各种输液有不同的pH范围，一般所规定的pH范围比较大。凡混合后超出该输液特定pH范围的药剂，则不能配伍使用。如青霉素 G 在混合后 pH 达4.5 的溶液中 4 小时内损失10%的效价；而在 pH 3.6 时，4 小时内损失40%的效价。因此，不但要注意制剂的 pH，而且要注意配伍药液的 pH 范围。

3. 缓冲容量 许多注射液的 pH 由所含成分或加入的缓冲剂的缓冲能力所决定,具有缓冲能力的溶液其 pH 可稳定在一定范围,从而使制剂稳定。缓冲剂抵抗 pH 变化能力的大小称缓冲容量。混合后的药液 pH 若超出其缓冲容量,仍可能出现沉淀。例如有些药虽然含有一定缓冲容量的有机阴离子乳酸根、醋酸根,但仍可使某些在酸性溶液中沉淀的药剂出现沉淀,如 5% 硫喷妥钠注射液与氯化钠注射液配伍不发生变化,但加入含乳酸盐的葡萄糖注射液则会析出沉淀。

4. 原辅料的纯度和盐析作用 注射液之间发生的配伍变化也可能由于原辅料的纯度不符合要求引起。例如氯化钠原料若含有微量的钙盐,当与 2.5% 枸橼酸注射液配合时,往往产生枸橼酸钙的悬浮微粒而出现浑浊。甘草酸、绿原酸、黄芩苷等与钙离子也能生成难溶于水的钙盐,中药注射液中未除尽的高分子杂质在贮藏过程中,或与输液配伍时会出现浑浊或沉淀。

某些呈胶体分散体的注射液,如两性霉素 B 在含大量电解质的输液中会被盐析,使胶体粒子凝聚而产生沉淀。

5. 成分之间的沉淀反应 某些药物可直接与输液或另一注射液中的某种成分反应。例如黄酮类化合物的注射液遇 Ca^{2+} 能产生沉淀,含黄芩苷的注射液遇小檗碱也会发生反应而产生沉淀。有些药物在溶液中可能形成聚合物。

6. 混合浓度、顺序及其稳定性的影响 两种以上药物配伍后出现沉淀,与其浓度和放置时间有关,如红霉素乳糖酸盐与等渗氯化钠或复方氯化钠注射液各为 1% 浓度混合时,能保持澄明,但当后者浓度为 5% 时,则出现不同程度的浑浊。

改变混合顺序可避免有些药物混合后产生沉淀,如氨茶碱与烟酸配伍,先将茶碱用输液稀释,再慢慢加入烟酸可得澄明溶液,如先将两种溶液混合则析出沉淀,因此在配伍时应采取先稀释后混合,逐步提高浓度的方法。

混合后还应注意放置时间的影响。许多药物在溶液中的反应有时很慢,个别注射液混合几小时后才出现沉淀,所以可以在短时间内使用。注射液与输液配伍应先做试验,若在数小时内无沉淀发生或分解量不超过规定范围,并不影响疗效,可在规定时间内输完。如输入量较大时,应分次输入,或临用前新配。

7. 附加剂的影响 注射液中加入缓冲剂、助溶剂、抗氧剂、稳定剂等附加剂,与药物之间可能出现配伍变化。如用聚山梨酯 80 作增溶剂时,若遇药液中含有少量鞣质,鞣质可与聚山梨酯 80 的聚氧乙烯基发生络合反应,若该络合物的溶解度较小或量较大时,药液就会出现浑浊或沉淀。

答案解析

一、单选题

1. 属于配伍禁忌的是( )

    A. 细辛与芍药   B. 贝母与白及   C. 细辛与丹参   D. 甘草与甘遂

2. 人参与黄芪的配伍关系是( )

    A. 相须   B. 相使   C. 相畏   D. 相恶

3. 人参与莱菔子的配伍关系是( )

    A. 相须   B. 相使   C. 相畏   D. 相恶

4. 在用药时应避免的是( )

    A. 药物配伍时能产生协同作用而增进疗效

B. 药物配伍时能互相拮抗而抵消、消弱原有功效

C. 药物配伍时能减轻或消除原有毒副作用

D. 药物配伍时能产生或增强毒副作用

5. 相须、相使配伍的共同点是什么（　　）

A. 协同作用，使疗效增强

B. 拮抗作用，使疗效降低

C. 减轻或消除毒副作用

D. 产生毒副作用

二、思考题

1. 何谓中药的七情？

2. 相畏与相恶有何不同？

3. 临床用药时，应当怎样正确对待中药的配伍关系？

4. 疗效学的配伍变化有哪些？

5. 影响注射剂产生配伍变化的因素有哪些？

书网融合……

思政导航　　　　　　本章小结　　　　　　微课　　　　　　题库

第二篇 中药制备单元操作部分

第六章 中药前处理工艺

PPT

学习目标

知识目标

1. **掌握** 中药材的净制、软化、切制及干燥工艺；中药的炮制工艺。
2. **熟悉** 天然药物的来源，明确中药处理的必要性以及中药炮制的目的。
3. **了解** 中药材、中药饮片质量标准的内容，中药饮片的质量控制管理。

能力目标 通过本章的学习，使学生初步掌握中药前处理的目的以及中药的炮制技术和方法。

中药是在中医药理论指导下应用于临床预防和治疗疾病的药物。中药的商品形式分为中药材、中药饮片和中成药三种。中药材是来源于植物、动物和矿物的药用部位经过初步产地加工后形成的原药材。中药饮片是将中药材采用炮制前处理工艺制备形成的临床处方用药。中成药是按照制剂的要求采用中药饮片作为原料通过制剂技术制成的成方制剂。中药材不可直接应用于临床，必须在中医药理论指导下，经过炮制工艺制备成中药饮片后才能在临床上组方配伍使用。

第一节 中药前处理的原则 💬微课

中药在我国医药中占有举足轻重的地位，中药产业是我国的传统民族产业，又是当今快速发展的新兴产业，随着国内外对中药认识的提高，中药的需求量逐年增加，而中药材前处理又是中药企业的基础加工环节。为保证中药新药的科学性、有效性、安全性和可控性，应对中药原料进行必要的前处理。运用中药的药性相制理论和七情和合的配伍理论，选择适合的炮制方法和辅料，用来制约药物偏颇之性，增强药物疗效，达到临床用药的需求。

清代徐灵胎在《医学源流论》的"制药论"中专门论述了中药前处理的制药原则："凡物气厚力大者，无有不偏，偏则有利必有害，欲取其利，而去其害，则用法以制之，则药性之偏颇醇矣。其制之意各有不同，或以相反为制，或以相资为制，或以相恶为制，或以相畏为制，或以相喜为制。而制法又复不同，或制其形，或制其性，或制其味，或制其质，此皆巧于用药之法也"。

相反为制是指用药性相反的辅料或药物来制约被炮制药物的偏颇之性或改变其药性。如以辛热之性的吴茱萸制约苦寒之性的黄连，以缓和黄连苦寒败胃的偏颇之性；用咸寒润燥的盐水炮制益智仁，可缓和益智仁的温燥之性；胆汁制天南星可以将天南星的温燥之性转为寒凉等。

相资为制是指药性相似的辅料或药物来增强被炮制药物的疗效。如温润之蜜炙甘温之百合，增强百合的润肺止咳作用；咸寒之盐水炙寒凉之知母，引药入肾，增强知母滋阴降火的作用；辛热之酒炙辛温之仙灵脾，增强仙灵脾温肾壮阳的功效。

相恶为制是利用中药药性的相畏相杀之理论，通过采用药性互相制约的药物或辅料进行炮制，降低被炮制药物的毒副作用。如半夏性畏生姜，用以制其毒，因此采用生姜炮制半夏，可以减缓半夏的毒性；白矾性寒味酸涩，天南星性温味辛辣，用白矾炮制天南星，可以降低天南星的毒性。

相恶为制是中药配伍中药性"相恶"理论在炮制中的延伸应用。药性"相恶"本指在配伍中两种药物合用，一种药物会导致另一种药物的功效降低甚至会产生毒副作用，属于配伍禁忌的范畴。但在炮制中应用，可以利用某种辅料或药物进行炮制，减弱被炮制药物的峻烈之性，使之趋于平缓，减缓毒副作用。如麸炒苍术，可以减缓苍术的辛燥之性；醋制甘遂、狼毒、大戟，可以降低这些药物的峻下逐水作用，免伤机体之正气。

相喜为制是指利用某种辅料或药物，改善被炮制药物的形、色、气、味，提高患者的接受度，便于患者服用。如僵蚕色灰白，味腥臭，采用麸炒，可起到赋色、矫臭矫味的作用，利于患者服用。

基于以上原则采用不同的制法，将中药加工成具有一定质量规格的中药材中间品或半成品，为中药有效成分的提取、中药浸膏的生产、中药新药的研发提供可靠的保证。

一、天然药物的来源

天然药物是指动物、植物和矿物等自然界中存在的有药理活性的天然产物，主要来源于植物、动物、海洋动植物和矿物。植物药和动物药为生物全体或部分器官、分泌物等，通常掺杂各种杂质；而矿物药多为天然矿石或动物的化石，常夹有泥沙等。它们形态各异、大小不一，不利于临床配方调剂以及煎煮，通过净制、切制，将药物炮制成饮片，才能供临床配方调剂，煎煮时"药力共出"。根及根茎类药物须根据质地的不同切制成薄片或厚片，方可配伍煎煮；种子类药物一般炒黄后入药。不同的药用部位，其药效不尽相同，须分开使用。

因此天然药物在应用之前必须采用适当的方法进行一定的处理，以达到便于应用、贮存及发挥药效、改变药性、降低毒性、方便制剂等作用。

二、中药处理的必要性

中药、天然药物制剂的原料包括中药材、中药饮片、提取物和有效成分。为保证中药新药的科学性、有效性、安全性和可控性，应对中药原料进行必要的前处理。

中药来源广泛、种类繁多，它们或质地坚硬、个体粗大；或含有杂质，如泥沙、灰屑、非药用部位等，有时还会混有霉烂品、虫蛀品；或具有较强毒性或副作用，一般不能直接应用于临床。同时中药材成分复杂，常常是一味药材具有多种功效，应根据适应证选择不同的炮制方法。通过对药材的炮制，使某些作用增强，某些作用减弱甚至消失，使药性发生改变，以满足处方的要求。炮制和制剂的关系极为密切。大部分药材需经过炮制才能用于成药的生产。因此，在完成了药材的鉴定之后，应根据方剂对药材的要求以及药材质地、特性的不同和提取方法的需要，对药材进行必要的炮制与加工，即净制、切制、炮炙、干燥等。

三、中药炮制的目的

中药炮制是我国唯一具有自主知识产权的一项传统制药技术，其不仅是一项技术、一门学科，更是一种文化。中药炮制既是中药与临床的纽带，也是自然科学和社会科学的融合。中医药是中国文化的"活化石"，其文化精髓、核心价值应该得到传承。中药炮制是根据中医药理论，依照临床辨证施治用药的需要和药物自身的性质，以及调剂、制剂的不同要求，将中药材制备成中药饮片所采取的一项制药技术。中药炮制技术使中药的效应物质基础产生不同程度的变化，其性味、归经、升降浮沉及毒性等有所调整或改变，从而达到降低毒性、提高疗效等目的；还能保证临床用药准确、利于贮藏和保存药效等。中药材发挥临床疗效与其物质基础和药理活性、毒性直接相关，合理合法的炮制可以保证临床疗效安全性、有效性和质量的稳定性，是关系到人类健康和生命的大事。中药材经不同的炮制工艺加工后其作用各不相同，中药炮制的目的主要由以下几个方面。

（一）保证临床用药安全有效

许多中药虽有较好的疗效，但毒性较大，临床应用安全性低。有毒中药通过炮制，可以降低其毒性或副作用，如川乌、草乌、附子、天南星、半夏、大戟、甘遂、巴豆、马钱子、斑蝥等。炮制解毒的方法很多，如浸渍、漂洗、水飞、砂炒、蒸、煮、复制、制霜等。

有些药物具有过偏之性，临床应用易产生副作用，经炮制后，可以调整药性，去除或降低药物的副作用，更好地发挥疗效，保证临床用药安全。如种子类中药富含脂肪油，往往具有滑肠制泻的副作用，可通过炒制和制霜去除部分脂肪油，减缓患者的腹泻。何首乌生品可解毒、消肿、润肠通便，如用于体虚患者，则易损伤正气，经黑豆蒸制后，致泻的结合型蒽醌成分减少，补益肝肾作用得以更好地发挥。

（二）增强药物疗效

中药经炮制后，其动物细胞、组织、所含成分，矿物类的组成成分、杂质含量、晶格结构等会发生一系列物理、化学变化，这些变化可从不同方面增强药物的疗效。

如中药材在切制成饮片的过程中细胞破损、表面积增大等，可使其药效成分易于溶出；辅料的助溶、脱吸附等作用也可使难溶于水的成分水溶性增加；炒、蒸、煮、煅等热处理可增加某些药效成分的溶出率。又如种子类中药，传统理论认为"凡药用子者俱要炒过，入药方得味出"，概括成为"逢子必炒"理论，因种子类药物外有硬壳，其药效成分不易被煎出，经加热炒制后种皮爆裂，质地疏松，便于成分煎出。款冬花、紫菀等化痰止咳药经蜜炙后，增强了润肺止咳的作用，皆因炼蜜有甘缓益脾、润肺止咳之功，作为辅料可起到协同作用，从而增强疗效。现代实验证明，胆汁制南星能增强南星的镇痉作用，甘草制黄连可使黄连的抑菌效力提高数倍。可见，药物经炮制后，可以从多方面增强其疗效。

（三）改变或增强药效

中药的药性包括四气五味、升降浮沉、归经而言。中药的药性包括四气五味、升降浮沉、归经、毒性等。其中中药的毒性因涉及临床用药的安全性，在炮制中，降低或消除药物的毒副作用，以保证临床安全有效，是炮制的首要目的。炮制能改变或增强药性主要是针对中药的四气五味、升降浮沉、归经而言。

1. 改变药物的性能　炮制可以改变中药的"寒、热、温、凉"四气、"辛、甘、酸、苦、咸"五味，以缓和或改变药物偏盛的性能。如生甘草，性味甘凉，具有清热解毒、清肺化痰的功效，常用于咽喉肿痛，痰热咳嗽，疮痈肿毒。《金匮要略》中的"桔梗汤"所用为生甘草，即取其泻火解毒之功。炙甘草性味甘温，善于补脾益气，缓急止痛，常入温补剂中使用。《伤寒论》中的"炙甘草汤"所用则为炙甘草，取其甘温益气之功，以达到补脾益气之功效。甘草经炮制后，其药性由凉转温，功能由清泻转为温补，改变了原有的药性，扩大了中药的应用范围。

2. 增强药物的功效　如当归辛、甘、温，甘以补血，辛以活血行气，温以祛寒，故有补血、活血、行气止痛、温经散寒的功效，可用于血虚、血滞、血瘀所引起的多种疾病。但临床实际应用时，需通过炮制调整药性使其符合具体病情的需要。酒炙当归增其辛温，提高活血通经、祛瘀止痛的功效；土炒缓和辛味，增强入脾补血作用，又能缓和油润而不滑肠，用于血虚便溏、腹中时痛；炒炭减其辛散，增其收敛，以止血补血为主，用于崩中漏下、月经过多等症。

3. 改变药物的作用趋向 炮制可以改变药物性味、质地，因而可改变药物作用趋向。一般酒制则升，姜炒则散，醋炒收敛，盐炒下行。例如大黄苦寒沉降，峻下热结，泻热通便，经酒炒后，可清上交火热，治目赤头痛。龙胆性寒、味苦，具有清热、泻火、燥湿的功能，用于湿热黄疸、阴肿阴痒、白带、湿疹。酒制后，升提药力，引药上行，用于肝胆实火所致的头胀头痛、耳鸣耳聋以及风热目赤肿痛等。同时还可以使药物原有作用趋向增强。如续断具有补肝肾、强筋骨的功能，盐炙后引药下行，增强补肝肾、强腰膝的作用，用于腰背酸痛、足膝软弱。

4. 改变中药的归经 中药归经和"五味"密切相关，《素问·宣明五气篇》曰："五味所入，酸入肝，辛入肺，苦入心，咸入肾，甘入脾"。可充分利用辅料的不同性味，达到引药归经的作用。许多单味中药作用于多个经络，故通过炮制调整，可使其作用专一。如小茴香生品归肝、肾、脾、胃经，温中散寒，回阳通脉，砂烫成炮姜长于温中散寒，温经止血，主归脾、胃经；炒制成姜炭可入血分，固涩止血。

（四）利于制备制剂

中药材经炮制制成中药饮片后，既可以直接用于临床配方调剂，又可作为中成药制剂的原料。通过净制，中药切制成一定规格的片、丝、段、块等，更加便于临床分剂量、配成药方，保证了调剂和制剂的计量准确，也利于调配煎煮。

矿物类、甲壳类及动物化石药材，质地坚硬，很难粉碎，不易煎出。通过加热处理，使药材质地松脆、易于粉碎，如砂烫醋淬穿山甲、龟甲、鳖甲，砂烫马钱子，蛤粉烫阿胶，油炸狗骨，明煅赭石、寒水石，煅淬自然铜等。药材经炮制后性状的改变，既方便调剂、制剂，又易于药效成分的溶出和吸收，提高了药物的生物利用度。

（五）确保用药质量和剂量

中药材来源于自然界，在采收、仓储、运输过程中混有泥沙杂质及残留的非药用部位。经过净制如挑选、筛选、清洗、分离等制备工艺，使其达到所规定的洁净度。如皮类药材的粗皮（栓皮）有效成分含量少，占药物的分量却很大，如不除去，很难保证投药剂量的准确。有的中药虽是一种植物，但不同入药部位的药效作用亦不同。如麻黄，其茎能发汗，须分离药用部位。又如莲子、莲肉补脾益肾，莲心清心降火，故均须分开入药。另外，动物、昆虫类药物的头足也需除净，以保证配方剂量的准确和药物的洁净。

（六）矫正不良气味

中药中的某些昆虫类、动物类药材和树脂类药材，如僵蚕、蜈蚣、地鳖虫、乌贼骨、九香虫、乳香、没药等，制成汤剂或其他制剂后，有特殊不良气味，往往为患者所厌恶，服用后出现恶心呕吐、心烦等不良反应。通过水漂、炒黄、麸炒、酒炙、蜜炙等方法进行炮制，能起到矫臭矫味的作用，利于患者服用。

（七）便于贮藏

有些药材，由于其自身因素，质量不稳定。如桑螵蛸，为螳螂的卵鞘，往往含有未孵化的虫卵。一旦虫卵孵化，会影响药效。故桑螵蛸通过蒸制，可杀死虫卵，更有利于贮藏保管。还有某些富含苷类成分的药物，如黄芩、苦杏仁等，易被与苷共存的酶酶解，使药效降低。经过加热处理后，能使其中与苷共存的酶失去活性，从而避免贮存过程中苷类成分分解而使疗效降低。因此，炮制技术对保证中药饮片的质量也起了重要作用。

（八）开拓新疗效

炮制技术使一味药材制备成多种饮片规格，扩大了药物的应用范围，更适应中医临床辨证施治的需要。如地黄、熟地黄、何首乌、制首乌在药典上均已单列。

通过发酵、制霜、蒸煮等方法，使原有的性味功效改变，产生新的疗效，例如西瓜和芒硝通过炮制，制备成西瓜霜，即产生新的疗效，可制备成新饮片。

通过发芽、扣锅煅、干馏等炮制方式，可以将某些原来不能入药的物品制备成为新的饮片，增加临床应用品种。如大麦发芽制备成的麦芽，具有健脾胃、助消导的作用；不能入药的头发经扣锅煅制备成血余炭，具有化瘀止血、通淋利小便的功效；鸡蛋黄经干馏法制备成蛋黄油，产生新疗效，用于溃疡、烧伤等的治疗。

◎ 第二节 中药处理方法

中药材前处理是根据原药材或饮片的具体性质，在选用优质药材基础上将其经适当的清洗、浸润、切制、选制、炒制、干燥等，加工成具有一定质量规格的中药材中间品或半成品。中药处理方法主要包括净制、软化、切制、炮制、干燥等过程。其目的是生产各种规格和要求的中药材或饮片，同时也为中药有效成分的提取与中药浸膏的生产提供可靠的保证。

一、中药材的净制

净选加工是中药在切制、炮炙或调配、制剂前，除去非药用部位、杂质及霉变品、虫蛀品等，将原药材加工成净药材的处理过程。净制是个费时费力的工作，须持有"炮制虽繁必不敢省人工，品味虽贵必不敢减物力"的职业道德，才能保证药材的净度和纯度，便于进一步切制和炮制。

由于中药材来源广泛，品种繁多，同种药材的个体大小、粗细、长短不一，同时中药材常含有泥沙、杂质、霉变或残留的非药用部位等，在切制和炮制前，均需在净制过程中，按其粗细、大小等加以分类，以利在浸润软化时，便于控制湿润的程度及切制加工，以保证饮片质量。净制可除去药材表面的附着物、泥沙、杂质、灰屑等非药用部分和霉变部分甚至有毒成分等，同时可以分离药用部位，如麻黄去根，草果去皮，莲子去心，扁豆去皮，以区分作用不同的部位，使之更好地发挥疗效。

中药材常用的净制设施及设备有洗药池、洗药机、干式表皮清洗机、变频式风选机、带式磁选机、筛选机、机械化净选机组等。

1. 洗药池 多采用优质瓷砖砌面或以不锈钢板材衬里的洗药池。池底制成向排水口倾斜状，以利排尽污水，便于清理。还可做成侧开门结构，便于料车进出洗药池。

2. 洗药机 是广泛使用的药材清洗设备之一，用于除去附着在药材表面的泥沙等杂质。将待洗药材从滚筒口送入后，启动机器，打开开关放水，在滚筒转动时，高压水流喷淋冲洗药材，污水进入水箱经沉淀、过滤后清水可重复使用，药材被筒体内螺旋板推进，经洗净的药材在筒体的另一端自动出料，打开滚筒尾部，取出药材，停机。其特点是利用导轮作用，噪音及振动很小；应用水泵使水反复冲洗，可以节水。

3. 干式表皮清洗机 利用机身带动药物旋转，由于药材自重产生的药材与药材和药材与机体间的摩擦力、撞击力，以"不用水"的方式除去附着在药材表面的泥沙、毛刺、皮壳等杂质的设备，机型有方形和六角形两种，物料由人工或输送机装载，自动出料，有集尘装置，物料与杂质自动分离。适用于块根类、果实种子类等药材的净选，避免了经水洗时药效成分的流失，具有良好的净制效果。

4. 变频式风选机 采用变频技术，根据需要调节和控制风机的风速与压力。变频式风选机有立式及卧式两种机型。立式风选机主要用于成品饮片的杂质去除，可有两种工作模式，一是以较小的风速去除药物中的毛发、棉纱、塑料绳、药屑等杂质；二是用较大风速除去饮片中的石块、泥沙等非药用杂质。卧式风选机可用于原药材或半成品的风选。

5. 带式磁选机 是指利用高强磁性材料，自动除去药材中的铁性杂质的设备。适用于中药材、中药饮片的净选，对铁性杂质除净率可达 99.9%，可实现自动化流水作业。

6. 筛选机 主要有柔性支撑斜面筛选机和振动筛选机两种。柔性支撑斜面筛选机，床身采用柔性支撑材料，可有效防止物料卡入网孔，床身作水平匀速圆周运动，床身斜度可调，物料沿倾斜的筛网面向低处移动，在自身重力和离心力的作用下，达到分筛物料的工艺要求。该机的运动幅度大、频率低，适合筛选 20 目以上的物料。振动筛选机的振幅小、频率高，适合筛选 20 目以下物料。

7. 机械化净选机组 将风选、筛选、挑选、磁选等单机设备，配备若干输送装置、除尘器等，设计组合成以风选、筛选、磁选等机械化净选为主、人工辅助挑选相结合的自动化成套净选机组，对中药材进行多方位的净制处理。该机组将传统的净制要求与现代加工技术有机结合，使中药材的净制加工朝着机械化、自动化、高效率方向迈进。

二、药材的软化工艺

药材净制后，只有少数可以进行鲜切或干切，其余必须进行适当的软化处理后才能切片。由于药材的质地、种类、所含成分及切制季节不同，要严格控制水量、温度、处理时间，采取适当的软化技术，才能达到预期目的。

（一）常用的药材软化方法

药材软化处理主要以水软化为主。常用软化方法有：淋洗、淘洗、浸泡、漂洗、润制等。

1. 淋洗 将药材整齐堆放，用清水均匀喷淋，喷淋的次数根据药材质地而异，一般为 2~3 次，稍润片刻，以适合切制的要求。适用于气味芳香、质地疏松的全草类、叶类、果皮类药材和有效成分易随水流失的药材。淋法处理时应注意防止药材返热烂叶，每次软化药材量以当日切完为度，切后及时干燥。

2. 淘洗 将药材投入清水中，经淘洗或快速洗涤后，及时取出，稍润，即可切制。由于药材与水接触时间短，又称"抢水洗"。适用于质地松软、水分容易渗入及有效成分易溶于水的药材。大多数药材洗一次即可，但对含泥沙或其他杂质较多的药材，则需要水洗数遍。在保证药材洁净和易于切制的前提下，应快速淘洗，尽量缩短药材与水接触的时间，以防止药材有效成分溶解流失和"伤水"。目前，大生产中有采用洗药机洗涤药材，提高了洗涤能力。

3. 浸泡 先将药材洗净，再注入清水至淹没药材，放置一定时间，视药材的质地、大小和季节、水温等灵活掌握，中间不换水，一般浸泡至一定程度后，捞起，润软，再切制。适用于质地坚硬、水分较难渗入的药材。一般体积粗大、质地坚实者，泡的时间宜长些；体积细小、质轻者，泡的时间宜短些。春、冬季节浸泡的时间宜长些，夏、秋季节浸泡的时间则宜短。总之，本着"少泡多润"的原则，以软硬适度便于切制为准。另外，动物类药物也可采取浸泡法，用水长时间浸泡，利用微生物繁殖，造成筋膜腐烂，可除去其筋、膜、皮、肉，而留下需要的骨质或壳类，洗净，干燥。

4. 漂洗 将药材放入大量的清水中，每日换水 2~3 次，漂去有毒成分、盐分及腥臭异味。漂的时间和次数依药材的质地、季节、水温等灵活掌握，以除去其刺激性、咸味及腥臭气味为度。适用于含毒性成分、盐分多、具腥臭异味的药材。

5. 润制 将泡、洗、淋过的药材，用适当的器具盛装，或堆积于润药台上，以湿物遮盖，或继续喷洒适量清水，保持湿润状态，使药材外部的水分徐徐渗透到药物组织内部，达到内外湿度一致，利于切制。适用于质地较坚硬，用泡、洗、淋处理后，其软化程度仍达不到切制要求的药材。润药得当，既便于切制，又能保证饮片的外观质量，还能防止有效成分的流失。润制的具体方法有浸润、伏润、露润等。润药时的注意事项：①润药时间应视药物质地和季节而定，如质地坚硬的浸润 3~4 天或 10 天以上；质地较软的 1~2 天即可。润药时间又因季节气温高低而异，夏、秋季宜短，冬、春季宜长。②有些药物，如大黄、何首乌、泽泻、槟榔等质地特别坚硬，一次不易润透，需反复闷润。③夏季润药，由于环境温度高，要防止药物霉变。对含淀粉多的药材如山药、天花粉等，要防止发黏、变红、发霉、变味等现象。一经发现，要立即以清水快速洗涤，晾晒后再适当闷润。

（二）特殊的药材软化方法

有些药材采用冷水处理方法达不到软化的目的，需用湿热或酒处理等特殊的软化方法处理。

1. 湿热软化法 将药材经沸水煮或蒸汽蒸等处理，使热水或热蒸汽渗透到药材组织内部，加快软化药材速度，再行切片的方法。一般适用于经热处理对其所含有效成分影响不大的药材，如黄芩要蒸润后切片，使其断面呈现黄色以保证疗效；木瓜蒸后呈棕红色，趁热切片；三棱、莪术等，采用热汽软化，可克服水处理软化时出现的发霉现象。

2. 酒处理软化法 某些需切制的动物类药材要用酒软化。若用水处理或容易变质或达不到软化的目的，如黄连、木香，用液体辅料浸润药材，以"汁尽药透"为准；又如鹿茸、蕲蛇、乌梢蛇等药材，需要黄酒浸软后切片。鹿茸则需用热黄酒或白酒，由底部徐徐灌入，润透后切片，这样既能保证质量又利于切片。

（三）药材软化新技术

有些不适宜采用常规水处理软化的药材，还可以采用真空加温软化技术、加压或减压以及气相置换等新技术。这些技术有利于缩短软化工艺生产周期，提高饮片质量。

1. 真空加温软化技术 药材经洗药机洗净后，自动投入圆柱形筒内，待水沥干后，密封上下两端筒盖，先减压抽真空，使药材组织内的空气尽量被抽出，在负压的情况下，导入饱和蒸汽，利用蒸汽的热度、湿度和穿透力，迅速渗透到药物组织内部，以达到快速软化的目的，故又称"减压加蒸汽快速润药法"。从洗药到蒸润到切片整个工序一般只需 40 分钟即可完成。此技术能显著缩短软化时间，且药材含水量低，便于干燥，适用于遇热成分稳定的药材。

2. 减压冷浸软化技术 此技术是采取抽气机械将药材间隙中的气体抽出，借负压的作用让水分迅速进入药材组织，加速药材的软化。此技术能在常温下用水软化药材，且能缩短浸润时间，减少有效成分的流失和药材的霉变。

3. 加压冷浸软化技术 把净药材和水装入耐压容器内，应用加压机械将水压入药材组织中，以加速药材的软化。

4. 气相置换技术 该技术主要是水蓄冷真空气相置换式润药。润药箱负压达到 -0.095MPa 以上，随后注入水蒸气，适当时间取出药材，完成气相置换法软化药材的过程。该技术的主要特点：一是水蒸气完全占据了药材内部的空隙，药材组织完全暴露在"水分"环境中，水分无需借助于药材组织的渗透；二是通过药材内部空隙的扩散、漂移达到药材组织，因此具有快速与均匀性。由于水蒸气的密度远小于液态水，故通过控制润药时间很容易控制药材含水率。该项技术的优点在于避免了药材在浸润时水溶性有效成分的流失，大幅度缩短药材的软化时间，并降低药材软化后的含水量，使后续干燥的时间缩短，同时避免了液态水浸润药材后的废水排放，利于环保和节能，提高生产效率。

（四）药材软化程度的检查方法

药材在水处理过程中，要检查其软化程度是否符合切制要求，习惯称"看水性""看水头"。常用检查法如下。

1. 弯曲法　适用于长条状药材。药材软化后握于手中，大拇指向外推，其余四指向内缩，以药材略弯曲、不易折断为合格，如白芍、桔梗、山药、木通、木香等。

2. 指掐法　适用于团块状药材。以手指甲能刺穿药材而无硬心感为宜，如白术、白芷、天花粉、泽泻等。

3. 穿刺法（针刺法）　适用于粗大块状药材。以铁扦能刺穿药材而无硬心感为宜，如大黄、虎杖等。

4. 手捏法　适用于不规则的根与根茎类药材。软化后以手捏粗的一端，以感觉其较柔软为宜，如当归、独活等；有些块根、果实、菌类药材，需润至手握无响声及无坚硬感，如黄芩、槟榔、延胡索、枳实、雷丸等。

5. 刀劈法　质地特别坚硬的药材，如桂枝木、金果榄等，可以从药材中间劈开，检查其水浸润程度，如水浸润达到三分之二至四分之三即可供切制。

6. 其他法　有些药材以润到牙咬之，可以见到痕迹时为宜，说明已经润透，如槟榔等；还有口尝断面有无异味；鼻闻应有该药材特有气味，无异味等法。以上方法适用于手工切制，采用机器切制时，软化程度较手工切制要低，且要求药材表面有一定的硬度。水处理后的药材在机切前，一般要进行晾晒，才能切片。

三、饮片切制工艺

饮片切制是将净选后的药材进行软化，用刀具切成一定规格的片、丝、段、块的工艺。饮片有广义和狭义之分。狭义的饮片是指具有一定规格、供临床调配的药材切制品，形态以片形为主，故称饮片；广义的饮片是指具一定规格、供配方使用的药材炮制品。

药材切制成一定规格的饮片，利于煎出有效成分，利于进一步炮制，利于调配与制剂，便于鉴别真伪，方便药材贮运。

在中药工业生产化以前，中医临床使用汤剂所用的饮片，全部由手工切制而成。但随着科技的进步和中药生产现代化的发展，饮片的手工切制已被机械切制所替代，并逐步向自动化生产过渡。目前，由于机械切制还不可能满足某些饮片类型的切制，故手工切制在某些环节和基层单位仍起着重要作用。

（一）机器切制

机器切制饮片具有节省劳动力、减轻劳动强度、生产速度快、产量大、效率高、适用于机械化的工业生产等特点。目前，各地生产的切药机种类较多，主要有往复式切药机、旋转式切药机、多功能切药机等。

1. 往复式切药机（又称剁刀式切药机）　这种切药机通过电机转动金属履带或无毒橡胶材料制成柔性带，把药材输送至切口处；同时通过电机使刀片在切口处做上下往复摆动，对药材进行截切。往复式切药机适用于长条形的根、根茎类、全草类、茎类、叶类皮、藤和大部分果实及种子类药材的切制加工，可切制一定规格的片、段、条等饮片。一般不适宜颗粒状药材的切制。目前有斜片高速裁断往复式切药机、高速裁断往复式切药机、变频往复式直线切药机、数控直线往复式切药机等类型。

2. 旋转式切药机　由动力、推进、切片和调节四部分组成，适用于切制颗粒状药材。操作时将待切的颗粒状药材如半夏、槟榔、元胡等装入固定器内，铺平、压紧，以保持推进速度一致、切片均匀，装置完毕，启动机器切片。

3. 多功能切药机　适用于切制根茎、块茎及果实类中药材，能切制圆片、直片及多种规格斜形饮片。特点：①体积小、重量轻、效率高、噪音低、操作维修方便；②药物切制过程无机械输送；③根据药物形状、直径选择不同的进药口，以保证饮片质量。

（二）手工切制

由于机器切制不能满足某些饮片类型的切制需要，故对某些中药材的切制仍使用手工操作。手工切药使用的工具是用手工切药（铡）刀。手工切制主要用于切制一些太软、太黏及粉质和一些特殊药材。手工切制能切出整齐、美观的特殊片型和规格齐全的饮片，能很好地弥补机器切片的不足。但操作中的经验性很强，且生产效率低，劳动强度大，只宜于小批量饮片的生产。

（三）其他切制

木质类及动物骨、角类药材，用上述工具很难切制，可根据所切制的药材种类选择镑刀、锉、刨和斧类等其他切制工具。

1. 镑刀　适用于切制羚羊角、水牛角等动物角类药材。操作时，将软化的药材用钳子夹住，另一只手持镑刀一端，来回镑成极薄的薄片。近年来，开始用镑片机替代镑刀。

2. 锉　一些动物角类药材，由于用量小，临床习惯上用其粉末，可依处方要求用钢锉将其锉成末，再继续研细后使用，如马宝、狗宝、羚羊角等。

3. 刨刀　如檀香、松节、苏木、水牛角等木质类或质地坚硬的角质类药材，可以用刨刀刨成薄片。

4. 斧类　利用斧类工具将动物骨骼类或木质类药材劈成块状或厚片，如降香、松节等。

除上述方法外，还可采用擂、研、捣、打、磨等方法粉碎坚硬的矿物及果实种子类药物，如擂朱砂、捣碎栀子等。常用的工具有铁或铜制的"冲钵"、碾槽和石制的"臼"、瓷制的研钵等。

四、饮片干燥工艺

药材经过水处理，切制成饮片（又称潮片）后含水量较高，给微生物的生长繁殖提供了良好条件，如果不及时干燥，则饮片易于变色，甚至霉烂变质。干燥的目的是及时除去新鲜药材中的大量水分，避免发霉、虫蛀及有效成分的分解和破坏，保证药材质量，利于贮存。由于各种药物性质不同，干燥方法不尽相同，主要分为自然干燥和人工干燥。干燥方式的不同很大程度上决定了药材的质量，干燥是否得当是保证药物质量的关键。

（一）自然干燥

自然干燥分晒干法和阴干法。晒干法适用于大多数药材饮片，是将湿饮片摊放在晒场或席子、竹匾等上面，置日光下，不时翻动，晒至干燥。阴干法适用于芳香类药物以及受日光照射变色而不宜暴晒的药材，即将饮片置空气流通的阴凉场所，使水分缓缓蒸发，直至干燥。两法干燥时都不需特殊设备，经济而方便；但占地面积较大，且受气候变化的影响，掌握不好饮片易生霉变质。

有些药材采用"发汗"法干燥。即将药材摊晒一天，晚上堆积、覆盖，使药堆内部形成较高温度，促使药材中水分向外蒸发。次日揭开覆盖物，常可见药材表面附有水珠，习称"发汗"。将发汗药材再摊开晾晒，水分很快蒸发，药材迅速干燥。必要时反复发汗数次，致干透为止。有些药材饮片晒干后色泽发生改变，特别是色彩鲜艳的花类、叶类药材饮片暴晒后颜色发黄，香味变淡，品质降低，故需在通风处自然风吹至干。

（二）其他干燥技术

其他干燥技术是利用一定的干燥设备，对饮片进行干燥。其优点是不受气候影响，卫生，并能缩短干燥时间，降低劳动强度，提高生产率。常用干燥技术有：蒸汽干燥、热风干燥、远红外辐射干燥、微波干燥、太阳能集热干燥、减压干燥等。

干燥的温度应视药物性质而灵活掌握。一般药物以不超过80℃为宜。含芳香挥发性成分的饮片，干燥温度以不超过50℃为宜。已干燥的饮片需放凉后再贮存，否则，余热会使饮片回潮，易于发生霉变。干燥后的饮片含水量应控制在7%～13%为宜。

1. 蒸汽干燥 蒸汽用管道输入烘箱内或烘干机，通过散热装置，由鼓风机带动热量在烘箱或烘干机内流动而使温度均匀，从而使烘箱内中药饮片干燥，同时，多余蒸汽和热量从出口排出。蒸汽干燥设备简单，成本低，适合大量生产。

2. 热风干燥 热风干燥采用液化气、柴油、天然气、煤、电等能源，经过燃烧或电热丝等产生热量，热风从热风管输入室内。鼓风机将热风输入烘箱或烘干机内，使热风对流，达到温度均匀。余热和湿气从热风管出口排出。操作时，待干燥的药物以筛、匾盛装，分层置于铁架中，由轨道送入。饮片干燥后，停止鼓风，敞开铁门，将铁架拉出，收集干燥饮片。温度一般在80～100℃，干燥饮片控制在80℃左右，可根据药物质地和性质而定。此类干燥设备结构简单，易于安装，适宜大量生产。

3. 远红外线辐射干燥技术 利用电能转变为远红外线辐射能，引起分子、原子的振动和转动，使分子运动加剧而内部发热，温度升高；饮片内部水分的热扩散和湿扩散梯度方向一致，都是由内向外，与表面水蒸气共同处在向外扩散的最佳状态，加速了干燥过程，缩短了干燥时间。其特点是干燥速度快，比普通干燥方法要快2～3倍，饮片质量好，同时远红外线具有较强的杀菌、杀虫及灭卵能力，性能优良，温度、风量、输料自动控制，连续操作，翻料均匀，易于更换品种。适应范围广，可用于颗粒、片、块、丝、球状中药材的干燥。该项干燥技术节省能源，造价低，便于自动化生产，减轻劳动强度。近年来远红外干燥在中药原料、饮片等脱水干燥及消毒中都有广泛应用。还可用于中药粉末及芳香性药物的干燥灭菌，并能较好地保留中药挥发油。

4. 微波干燥技术 指由微波能转变为热能而使物料干燥的方法，是近年来迅速发展起来的一项干燥技术。物料中的水分子是一种极性很大的小分子物质，属于典型的偶极子，介电常数很大。中药及炮制品中的极性水分子和脂肪能不同程度地吸收微波能量，因电场方向和大小随时间做周期性变化，使极性分子发生旋转振动，致使分子间互相摩擦而生热，辐射能转化为热能，温度升高，水分气化，从而达到干燥灭菌的目的。制药生产中常使用的微波频率为2450MHz。与普通干燥相比，该项技术具有以下特点：微波干燥加热温度低（最高100℃），整个干燥环境的温度也不高，操作过程属于低温干燥；加热、干燥速度要快数十倍至上百倍；由于微波能迅速透入物料的内部，干燥中传质动力是压差，时间大大缩短，干燥时间是常规热空气加热的1/100至1/10，所以对中药中所含的挥发性物质及芳香性成分损失较少，从而提高了生产效率。如对中药材甘草、穿心莲及活血丸的干燥灭菌，其干燥速度是烘箱的5～12倍；产品质量好，由于是内外同时加热，热源是分散在物料的内部，和外部加热相比，容易达到均匀加热的目的，避免常规干燥过程中的表面硬化和内外干燥不均匀现象，保留被干燥饮片原有的色、香、味，营养成分和维生素等损失较小，适于干燥过程中容易结壳以及内部的水分难以去尽的物料；操控简单，能量的输入可以通过开关电源实现，操作简便，且加热速度和强度可通过功率输入的大小调节实现；生产效率高，能量利用率高，加热系统体积小；设备体积小，占地面积少。

除了干燥速度快、时间短、加热均匀、产品质量好、热效率高等上述优点外，微波干燥不受燃料废气污染的影响，能杀灭微生物及霉菌，具有消毒作用，可以防止发霉和生虫，适用于中药原药材、炮制品及中成药之水丸、浓缩丸、散剂、小颗粒等的干燥灭菌。微波灭菌与被灭菌物质的性质及含水量有密切关系，因水能强烈地吸收微波，所以含水量越多，灭菌效果越好。不足之处就是设备投入费用高，微波发射器容易损坏，技术含量高，使得传质传热控制要求比较苛刻，并且微波对人体有一定的伤害作用，应用受到一定的限制。

5. 太阳能集热干燥技术 太阳能是一种清洁无污染、可再生能源。太阳能集热干燥是利用太阳能集热器，聚集太阳辐射的热能，将湿物料中的水分蒸发除去的干燥方法。适用于低温烘干。该项技术的特点是节省能源，减少环境污染，烘干质量好，避免了尘土和昆虫传菌污染及自然干燥后药物出现的杂色和阴面发黑的现象，提高了外观质量。但设备成本较高，易受天气的影响。

6. 减压干燥技术 是一种采用真空加热进行干燥的方法，即将饮片置于真空罐内，在减压加热条件下，使药材组织非结合水排出。其工作原理为：在低压条件下，水分蒸发快，且药物中有效成分稳定。因此，采用减压干燥，既能加快中药饮片干燥速度，又利于保护药物成分稳定。减压干燥适合于特殊物料的干燥，如热敏性、易氧化药材的干燥。

⊚ 第三节　中药炮制工艺

作为一项传统的制药技术，中药炮制的依据是中医药理论，辨证施治用药的需要和药物自身性质，以及调剂、制剂的不同要求。中药必须经过炮制，才能适应中医辨证施治、灵活用药的要求。炮制可调整药性，降低毒性，增强疗效。清代张仲岩《修事指南》曰："炮制不明，药性不确，而汤方无准，病症不验也"，说明炮制与药性、临床疗效密切相关，临床用药必须注意炮制品药性的改变以及炮制品的选择应用，对症下药，方能取得疗效。中药炮制工艺常包括中药的炒法、炙法、煅法等。

一、炒法

将净制或切制过的药物，筛去灰屑，大小分档，置预热适度的炒制容器内，加辅料或不加辅料，用不同火力连续加热，并不断翻动或转动使之达到规定程度的炮制方法，称为炒法。

根据炒法的操作及加辅料与否，可分为清炒法和加辅料炒法。清炒法中依加热程度不同，分为炒黄、炒焦和炒炭。加辅料炒法根据所加辅料的不同，分为麸炒、米炒、土炒、砂炒、蛤粉炒和滑石粉炒等。

炒法的主要目的是：增强疗效，缓和或改变药物性能，降低毒性，减少刺激性，矫臭矫味，利于贮存及便于制剂。

"凡药制造，贵在适中，不及则功效难求，太过则气味反失"，中药炮制要达到"适中"，炒法的关键是火力的控制和火候的掌握。由于各类炒法要求的程度不同和药物性质的差异，所用的火候也不同。一般说来，炒黄多用"文火"；炒焦多用"中火"；"炒炭"多用武火。

炒法的操作顺序一般为：预热、投药、翻炒、出锅、摊晾等步骤。

在中药饮片炒制过程中，注意控制温度。炒制过程中，火力要均匀，不断翻动。根据药材的特性和炮制的要求，掌握投料前锅的预热度及投料后的炒制火力、时间和程序。

（一）根据生产形式分类

炒法在生产应用中主要有手工炒制和机器炒制两种。

1. 手工炒制 适用于小量加工，主要用具有铁锅、铁铲、刷子、簸箕等。炒制时铁锅置于火源上一般倾斜30°~45°，以利于搅拌和翻动。一般是先将锅预热至所需程度，然后投入大小分档的药物，迅速均匀拌炒至所需程度，取出，放凉，筛除灰屑后贮存。

2. 机器炒制 适用于中药饮片的规模化生产。炒制机械主要有平锅式炒药机和滚筒式炒药机。平锅式炒药机适用于种子类药材的炒制，目前较少使用；滚筒式炒药机则适用于大多数药物的炒制，是目前炒药机的主流机型，既减轻了劳动强度，又保证了药物炒制质量。滚筒式炒药机为一个圆柱形金属筒体，一端封闭，另一端敞开，滚筒外则是炉膛。燃烧器燃烧的热能通过空气对流传导传递给滚筒，再由滚筒通过接触传导传递给药物。药物炒制是动态过程，滚筒内温度较高，并含有大量烟尘、灰尘等。滚筒内壁安装有螺旋板，进料与炒制时滚筒做正向旋转，出料时滚筒做反向旋转。药物在滚筒内翻动状态及搅拌效果的好差取决于转筒的转速。因此在炒制过程中要控制好滚筒的转速，一般情况下，在炒制初期，滚筒转速宜低，物料呈泻落状态，随着温度的升高逐渐提高滚筒转速，使物料在抛落状态下炒制，物料受热均匀。炒制完毕，滚筒迅速反转进行快速出料。无论是滚筒正转炒制还是反转出料，都应避免药物在离心状态下旋转。

近年新研制的电脑程控式炒药机，使炒药由机械化转向了自动化。该机器可以自动和手动，可定量自动投药，按程序设计自动控温、控时，自动出料。能保证炒制程度均一，质量稳定。特别是采用烘烤与锅底"双给热"方式炒制，良好的温场更保证了饮片上下受热均匀，并可缩短炒制时间，尤其适用于大量生产。

（二）根据是否有辅料分类

1. 清炒法 不加任何辅料的炒法，称为清炒法，又称单炒法。根据炒制程度的不同分为炒黄、炒焦、炒炭。

（1）炒黄 将净选或切制后的药物，置预热适度的炒制容器内，用文火或中火加热，并不断翻动或转动，炒至药物表面呈黄色或颜色加深，或鼓起、爆裂并透出香气的炮制方法，称为炒黄。炒黄是炒法中最基本的操作，是炒法中加热程度最轻的一种操作工艺，适用于果实种子类药物的炮制，故古代有"逢子必炒"之说。

炒黄可增强药物的疗效，缓和或改变药性，降低毒性或消除不良反应，矫嗅矫味。炒黄品一般要求外表呈黄色或颜色加深，形体鼓起或爆裂，质地松脆或手捻易碎，内部基本不变色或略深，具特有香气或药物固有的气味。成品含生片、糊片不得超过2%，含药屑、杂质不得超过1%。炒制要掌握好适宜的火力和加热时间，控制好火候，翻动要均匀，出锅要及时。

（2）炒焦 将净选或切制后的药材，置预热适度的炒制容器内，用中火或武火加热，炒至药物表面呈焦黄色或焦褐色，内部色泽加深，并透出焦香气味的方法，称为炒焦。炒焦多适用于健脾消食药或生品苦寒、易伤脾胃的药物，传统中有"焦香健脾"的用药经验。

炒焦后可增强药物消食健脾的功效，如山楂等；减少药物的刺激性或毒性。炒焦品一般要求药物外部呈焦黄色或焦褐色，有焦斑，内部色泽加深，具焦香气味。成品中含生片、糊片不得超过3%，含药屑、杂质不得超过2%。药物炒制至一定程度，如出现火星，可喷淋少许清水去火星，但炒六神曲、建曲等不能喷水，以免药物松散。

（3）炒炭 将净选或切制后的药物，置预热适度的炒制容器内，用武火或中火加热，炒至药物表面焦黑色或焦褐色，内部焦黄色、棕黄色或棕褐色的方法，称为炒炭。是清炒法中受热程度最深、性状改变最大的一种方法。炒炭法多适用于止血类药物，传统有"血见黑则止"之说。

炒炭要求存性，即"炒炭存性"，是指药物在炒炭时只能使其部分炭化，不能灰化，未炭化部分仍应保留药物的固有气味。在实际操作中，一般根与根茎类药物要求表面和内部颜色如上所述。花、叶、草类药材炒炭后仍可清晰辨别药物原形，如槐花、侧柏叶、荆芥之类。

炒炭可增强或产生止血作用；增强止泻、止痢作用；改变或缓和药性。炒炭前药物要大小分档，分开炮制，以免小的药物灰化。在炒炭操作时要适当掌握好火力，一般质地坚实、片厚的药物宜用武火；质地疏松的花、叶、全草类及片薄的药物宜用中火。操作时要视具体药物灵活掌握。在炒炭过程中，因温度很高，易出现火星，特别是质地疏松的药物如蒲黄、荆芥等，须喷淋适量清水熄灭，以免引起燃烧。出锅后要及时摊开晾凉，待散尽余热和湿气，检查无复燃可能后再收贮。炒炭品应显黑色或黑褐色，存性成品含药屑、杂质不得过3%，含生片和完全炭化者不得过5%。

2. 加辅料炒 净制或切制后的药物与固体辅料同炒的方法称为加辅料炒法。依据所加辅料的不同，分为麸炒、米炒、土炒、砂炒、蛤粉炒、滑石粉炒等。

加辅料炒的主要目的是降低毒性及不良反应、缓和药性。增强疗效，矫嗅矫味，便于粉碎等。同时，所用的辅料具有中间传热作用，能使药物受热均匀、饮片色泽一致。

（1）麸炒 将净制或切制后的药物用麦麸熏炒的方法，称为麸炒法。麸炒又称"麦麸炒"或"麸皮炒"。用净麦麸及用蜂蜜或红糖制过的麦麸炒制药物，前者称净麸炒或清麸炒，后者称蜜麸炒或糖麸炒。麦麸为小麦的种皮，味甘性平，能和中健脾。因此麸炒可缓和药物的辛燥之性，增强其健脾和胃作用。故常用麦麸炒制补脾胃或作用燥烈及有腥味的药物。麦麸还能吸附油质，亦可作为煨制的辅料，一般每100kg药物，麦麸用量为10~15kg。

麸炒可增强疗效；缓和药性；矫嗅矫味。麸炒的用量多控制在10%~15%之间，过少烟气不足，达不到熏炒要求；过多不利于翻动和熏炒，也浪费辅料。麸炒一般用中火加热后，将麦麸均匀撒入锅中，待起浓烟后投药。锅温过低则不易起烟，可用少量麦麸试投。麸炒药物要求干燥，以免药物黏附焦化麦麸。麸炒的药物达到标准时要求迅速出锅，以免造成炮制品发黑、火斑过重等现象。出锅后应筛去残留的麦麸。

（2）米炒 将净制或切制后的药物与米共同拌炒或将湿米平铺于锅底加热至结成锅巴，将药物在锅巴上翻炒的方法，称为米炒。所用的米以糯米为佳，有些地方用陈仓米，通常多用大米。稻米甘温，能补中益气、健脾和胃。米既有药性协同作用，又有中间传热体作用。米炒时能使昆虫类药物的毒性成分因受热而升华散失，故多用于炮制某些补益脾胃药和某些昆虫类有毒性的药物。一般每100kg药物，米的用量为20kg

米炒可降低药材的毒性、矫嗅矫味；增强药物的健脾止泻的作用。米炒药材时，由于某些昆虫类药物的外表颜色较深，不容易通过外观色泽的变化来判断炒制的程度，可以借米的颜色变化进行判断。炮制昆虫类药物时，炒至米变焦黄色为度；炮制植物药时，炒至黄色为度。米炒制有毒性的药材时，需注意劳动防护，以防在炒制过程中吸入毒性气体而引起中毒。

（3）土炒 将净制或切制后的药物与适量灶心土（伏龙肝）拌炒的方法，称为土炒。土炒所用的辅料为灶心土（伏龙肝）的细粉。灶心土经过多次高温烧炼，所含的杂质较少，其中的矿物质、无机盐类受热分解生成多种碱性氧化物。灶心土能温中和胃，健脾止泻，止呕，止血，故用来炮制补脾止泻的药物。灶心土既有药性协同作用，又有中间传热体作用。一般每100kg药物，灶心土用量为25~30kg。

土炒可增强补脾止泻作用；减弱或消除致泻作用。灶心土在使用前需充分干燥，碾细或粉碎，过筛后使用，土块过大则传热不均匀。灶心土预先加热至灵活状态，保证土温均匀一致，再投入药材。土炒时灶心土的温度要适当，土温过高，药物易焦糊。过低药物内部水分及汁液渗出较少，粘不住灶心土。土粉可用于反复炒制同一种药材，若土色变深时，应及时更换新土。

（4）砂炒 将净制或切制后的药物与热砂共同拌炒的方法，称为砂炒，又称砂烫。砂炒法选用中粗颗粒的纯净河砂或加工过的油砂。砂炒时砂不与药物发生作用，仅仅为中间传热体。砂质地坚硬，传热较快，与药材的接触面积较大，所以砂炒药物可使其受热均匀。砂炒一般用武火，温度高，故适于炒制质地坚硬的药材。

砂炒可增强疗效，便于调剂和制剂；降低毒性；除去非药用部位；矫嗅矫味。河砂可以反复使用，但需将其中残留的杂质除去。炒过毒药的砂不可再炒制其他药物。油砂在反复使用时每次均需先行添加食用油拌炒后再用。砂炒温度要适中。砂温过高药物易焦糊，温度过低药物不易发泡酥脆，容易僵化。砂量也要适宜，量过大易产生积热使砂温过高；反之，砂量过少，药物受热不均匀，也会影响炮制品质量。砂炒的温度高，需勤加翻动，及时出锅并立即筛去热砂；需要醋浸淬的药物应趁热投入醋液、干燥。药物要大小分档，以使药物炒制的程度一致。

（5）蛤粉炒　将净制或切制后的药物与适量热蛤粉共同拌炒的方法，称为蛤粉炒，又称蛤粉烫。蛤粉是软体动物文蛤的贝壳洗净粉碎的细粉，性寒味苦、咸，能清热化痰，软坚散结。蛤粉炒一般用中火，由于火力较弱，且蛤粉颗粒细小，传热作用缓慢，故适用于炒制动物胶类药物。一般每100kg药物，蛤粉用量为30~50kg。

蛤粉炒可使药物质地酥脆，便于粉碎和制剂；降低药物滋腻之性，矫正不良臭味；增强某些药物清热化痰作用。胶块切成丁状，风干，大小分档，分别炒制。一般用烘烤法进行软化，温度控制在80℃以下，否则太软而无法切制。切制时要趁热进行，否则温度降低后返硬，无法切制。炒制时，火力要严格控制，温度过高，药物粘结、焦糊或"烫僵"；温度过低，则易炒成"僵子"。胶丁下锅后应快速均匀翻动，防止粘连，造成不圆整而影响外观。炒制同种药物，蛤粉可反复使用，但颜色加深后应及时更换新鲜蛤粉。贵重、细料药物如阿胶，在大批炒制之前采用试投的方法，以便更好地掌握投药时间和火力。

（6）滑石粉炒　将净制或切制后的药物与适量滑石粉共同拌炒的方法，称为滑石粉炒，又称滑石粉烫。滑石粉为单斜晶系鳞片状或斜方柱状的硅酸盐类矿物滑石，经精选净化干燥而制得的细粉。味甘性寒，清热利尿。质地细腻，传热较缓慢。炒制药物时，与药物接触面积大，能使药物均匀受热，适用于炮制韧性大、不含骨质的动物类药材。一般每100kg药物，滑石粉用量为40~50kg。

滑石粉炒可使药物质地酥脆，利于粉碎制剂，便于煎出有效成分；矫正不良气味，利于服用；降低药材毒性，提高用药的安全性。滑石粉炒一般用中火。炒制同一药物时，滑石粉可以反复使用，但当出现明显的颜色变化时，则应换用新鲜滑石粉。

>>> **知识链接** o- -

阿胶的制备

我们所讲的蛤粉炒阿胶，原料为阿胶块，大家通过学习知道了阿胶的固体辅料炒法，那么是否知道阿胶是如何制备的？也就是驴皮是如何变成阿胶块的？

阿胶为马科动物驴的皮，经煎煮、浓缩熬制制成的固体胶，产地是山东省阿胶县，至今有3000多年历史了。阿胶是传统的滋补上品，补血圣药，具有补血止血、滋阴润燥等功效，适用人群广泛。最早的阿胶记载是在《神农本草经》上，"阿胶列为上品"；后来李时珍的《本草纲目》上也明确写到"阿胶本经上品，出东阿故名阿胶"。

制作阿胶，首先要将驴皮放置大容器中，用水浸泡软化，除去驴毛，剁成小块，再用水浸泡使之白净，然后放入沸水中，皮卷缩时捞起，再放入胶锅内进行熬制，熬好后放入容器内，待胶凝固后，切成小块，晾干制成阿胶块。

古法熬制阿胶最大的问题就是出胶率低，通常三斤驴皮才能熬制一斤阿胶。而在现代工业如此发达的今天，阿胶技艺传承人运用"九提九炙"独特生产工艺，依然坚持手工熬胶。一张新鲜驴皮要变成一盒成品阿胶，需要99道大工序，300多道小工序，历时80多天，整个过程全部手工制作，一个环节出错就可能导致整锅阿胶报废，对技工的经验和技术要求很高。

- •

二、炙法

将净选或切制后的药物，加入一定量的液体辅料拌炒，使辅料逐渐渗入药物组织内部的炮制方法称为炙法。药物经炙法加工后在性味、归经、功效、作用趋向和理化性质方面均能发生某些变化，有减毒，抑制偏性，增强疗效，矫嗅矫味等作用，从而在临床上达到安全及最好的疗效。

炙法与加辅料炒法在操作方法上基本相似，但两者又有区别。加辅料炒法使用固体辅料；而炙法用的是液体辅料，要求辅料渗入药物内部。加辅料炒的温度较高，一般用中火或武火，在锅内翻炒时间较短，药物表面颜色变黄或加深；炙法所用温度较低，一般用文火，在锅内翻炒时间稍长，以药物炒干为宜。炙法根据所用液体辅料的不同，可分为酒炙、醋炙、盐炙、姜炙、蜜炙、油炙等法。

（一）酒炙

将净选或切制后的药物，加入一定量的酒拌炒至规定程度的方法称为酒炙法。酒性热味甘辛，能升能散，宣行药势，能活血通络、散寒去腥。酒炙多用于活血散瘀、祛风通络的药物。酒炙法所用的酒多为黄酒，一般100kg药物，黄酒用量为10~20kg。

酒炙可缓和药性，引药上行；增强药物的活血通络作用；矫味去腥。操作方法分为润炒（先拌酒后炒药）、喷炒（先炒药后加酒）。注意事项：①用酒拌润药物的过程，容器上面应加盖，以免酒迅速挥发。②若酒用量较小，不易与药物拌匀时，可先将酒加适量水稀释后，再与药物拌润。③药物酒炙时，多用文火，勤翻动，炒干，颜色加深即可取出。

（二）醋炙

将净选或切制后的药物，加入一定量的米醋拌炒至规定程度的方法称为醋炙法。醋性温味酸、苦，能收敛解毒、散瘀止痛。故醋炙多用于疏肝解郁、散瘀止痛、攻下逐水的药物。炮制用醋，以米醋为佳，且陈久者良。一般100kg药材，米醋用量为20~30kg。

醋炙可引药入肝，增加疗效；降低毒性，缓和药性；矫嗅矫味。操作方法分为润炒（先拌醋后炒药）、喷炒（先炒药后加醋）。注意事项：①醋炙前药材要大小分档。②若醋用量较少，不易与药物拌匀时，可先将醋加适量水稀释后，再与药物拌润。③醋炙多用文火，过程中应勤翻动，一般炒至微干，即可取出摊凉。④喷炒时，宜边喷醋边翻动药物，使之均匀，且出锅要快，防止熔化粘锅。

（三）盐炙

将净选或切制后的药物，加入一定量的食盐水溶液拌炒至规定程度的方法称为盐炙法。食盐性寒味咸，能清热凉血、软坚散结、润燥。故盐炙多用于补肾固精、利尿、泻相火、疗疝的药物。一般100kg药材，食盐用量为2kg。

盐炙可引药下行，增强疗效；协同药物，增强滋阴降火作用；缓和药性。操作方法分为润炒（先拌盐水后炒药）、喷炒（先炒药后加盐水）。注意事项：①溶解食盐时，注意加水量。一般为食盐的4~5倍量为宜。②盐炙多用文火，否则水分会迅速蒸发，使食盐析出黏附在容器上，达不到盐炙的目的。

（四）姜炙

将净选或切制后的药物，加入一定量的姜汁拌炒至规定程度的方法称为姜炙法。生姜性温味辛，能温中止呕、化痰止咳。故姜炙多用于祛痰止咳、降逆止呕的药物。一般100kg药材，生姜用量为10kg。

姜炙可缓其寒性，增强和胃止呕作用；协同药物，增强滋阴降火作用；缓和副作用，增强疗效。操作方法分为润炒（先拌姜汁后炒药）、姜汤煮。制备姜汁时，可用捣或煮，注意加水量，不宜过多，一般以最后所得姜汁与生姜比例为1：1为宜。药物与姜汁拌匀后，需充分闷润，待姜汁完全被吸收后，再用文火炒干，否则达不到姜炙的目的。

（五）蜜炙

将净选或切制后的药物，加入一定量的炼蜜拌炒至规定程度的方法称为蜜炙法。蜂蜜性平味甘，能补中、润燥、润肺止咳、矫味、解毒。故蜜炙多用于止咳平喘、补脾益气的药物。蜜炙法中所用蜂蜜需要加热炼制后使用。炼制方法：将蜂蜜置锅内，加热沸腾后，改用文火，保持微沸，并除去泡沫及上浮蜡质，然后滤去死蜂、杂质，再入锅内，加热至116~118℃，满锅起鱼眼泡，用手捻之有黏性，两指间尚无长丝出现，迅速出锅。炼蜜的含水量控制在10%~13%。炼蜜的用量视药物的性质而定。一般质地疏松、纤维多的药物用蜜量大；质地坚硬、黏性较强、油分较多的药物用蜜量宜小。一般100kg药材，炼蜜用量为25kg。

蜜炙可增强润肺止咳作用；增强补脾益气作用；缓和药性；矫味和消除副作用。有润炒、喷炒之分。注意事项：①蜜炙时多用文火，以免焦化。炙的时间可稍长，尽量除去水分，避免发霉。②蜜炙前炼蜜可加适量开水稀释，加水量（炼蜜量的1/3~1/2）以蜜汁能与药物拌匀而又无剩余的蜜液为宜。③蜜炙的药物凉后需密闭贮存，以免吸潮发黏或发酵变质。一般贮存于阴凉通风干燥处，避免日光直射。④生产量较大时，药物拌蜜后宜闷润4~5小时，使蜜汁逐步渗入药内，其成品质量佳。

（六）油炙

将净选或切制后的药物，加入一定量的油脂共同加热处理的方法称为油炙法，又称酥法。油炙法中所用的辅料多为芝麻油、羊脂油，也可以用菜油、酥油。

油炙可增强疗效；利于粉碎。分为油炒、油炸、油脂涂酥烘烤。注意事项：①油炙时要控制好温度和时间，以免药物焦化。②油脂涂酥药物时，需反复操作至酥脆为度。③油炙后的药物，要及时粉碎和使用，并注意贮存，以免质地返软或发霉、变味。

三、煅法

将药物直接放于无烟炉火中或适当的耐火容器内煅烧的一种方法，称为煅法。有些药物煅红后，还要趁炽热投入规定的液体辅料中浸渍，称为"淬"法。煅制的目的是药物经高温煅烧改变原有的性状，使质地疏松，利于粉碎和煎出药性；同时减少或消除副作用，从而提高疗效或产生新的药效。

煅法主要适用于矿物类中药以及质地坚硬的药物，如贝壳类药物、化石类药物，或某些中成药在制备过程需要综合制炭（如砒枣散）的各类药物。此外，闷煅法多用于制备某些植物类和动物类药物的炭药。

煅法的操作要掌握药物粒度的大小与煅制温度、煅制时间的关系。注意药物受热要均匀，掌握煅至"存性"的质量要求。植物类药要特别注意防止灰化。矿物类及其他类药物，均需煅至体松质脆的标准。

根据药物性质，对主含云母类（如云母）、石棉类、石英类（如紫石英）矿物药，煅时温度应高，时间应长。对这类矿物药来说，短时间煅烧即使达到"红透"，其理化性质也很难改变。含铁量高而又裹挟黏土、砷的药物，如从除去砷的角度考虑，粒度要小，温度不一定太高，但时间应稍长。而对主含硫化物类和硫酸盐类的药物（如白矾），煅时温度不一定太高，后者时间需稍长，以使结晶水挥发彻底和达到理化性质应有的变化。依据操作方法和要求的不同，煅法分为明煅法、煅淬法、闷煅法（扣锅煅）。

（一）明煅法

药物煅制时，不隔绝空气的方法称明煅法，又称直火煅法。该法适用于除闷煅以外的一切药物。可使药物质地酥脆，便于粉碎和煎出有效成分；增强药物收敛作用；缓和药性，减少不良反应。有直接煅（直火煅）、间接煅（锅煅）之分。注意事项：①明煅时，将药物大小分档。以免煅制时生熟不均。②煅制过程中宜一次煅透，中途不得停火，以免出现夹生现象或生熟不均。③根据药材的性质确定煅制温度、时间。过高，药材易灰化；过低，煅制不透。④有些药物在煅烧时产生爆溅，可在容器上加盖（但不密闭）以防爆溅。⑤有些含结晶水的矿物类药材，不要求煅红，但须使结晶水完全蒸发或全部呈蜂窝状固体。

（二）煅淬法

将药材按明煅法煅烧至红透后，立即投入规定的液体辅料中骤然冷却，并反复多次直至药物酥脆的方法称煅淬法。煅后的操作程序称为淬，所用的液体辅料称为淬液。常用的淬液有醋、酒、药汁等，按临床需要选用。煅淬法适用于质地坚硬，经过高温仍不能疏松的矿物药，以及临床上因特殊需要而必须煅淬的药物。

煅淬可使药物质地酥脆，易于粉碎，利于有效成分煎出；改变药物的理化性质，减少副作用，增强疗效；清除药物夹杂的杂质，洁净药物。煅淬要反复进行几次，使液体辅料吸尽、药物全部酥脆为度，避免生熟不均。所用的淬液种类和用量由各药物的性质和煅淬目的要求而定。

（三）扣锅煅法

药物在高温缺氧条件下煅烧成炭的方法称扣锅煅法，又称密闭煅、闷煅、暗煅。适用于煅制质地疏松、炒炭易灰化及某些中成药在制备过程中需要综合制炭的药物。

煅炭可改变药物性能，产生新的疗效，增强止血作用；降低毒性。注意事项：①煅烧过程中，由于药物受热炭化，有大量气体及浓烟从锅缝中喷出，应随时用湿泥堵封，以防空气进入，使药物灰化。②药材煅透后应放置冷却再开锅，以免药材遇空气后燃烧灰化。③煅锅内药物装量占锅容积的1/3～1/2为宜，不宜放得过多、过紧，以免煅制不透，影响煅炭质量。④判断药物是否煅透的方法，除观察米和纸的颜色外，还可用滴水于盖锅底部即沸的方法来判断。

（四）水火共制法

蒸、煮、𤆡法属于"水火共制"法。这里的"水"包括清水、酒、醋或药汁（如甘草汁、黑豆汁）。个别药物虽用固体辅料（如豆腐炮制珍珠、藤黄、硫黄），但操作时仍用水来蒸煮。水火共制法的主要目的是降低毒性、改变药性、减少不良反应、增强疗效、保存药效、软化药材和便于分离药用部位等。

1. 蒸法　将净选或切制后的药物加辅料（酒、醋、药汁等）或不加辅料装入蒸制容器内，用水蒸气加热或隔水加热至一定程度的方法称为蒸法。根据辅料的加入与否分为清蒸和加辅料蒸。直接利用流通蒸汽蒸者称为"直接蒸法"；药物在密闭条件下隔水蒸者称"间接蒸法"，又称为"炖法"。蒸制可改变药物性能，扩大用药范围；减少副作用；降低毒性；保存药效，利于贮存；软化药材；便于干燥。用液体辅料拌蒸的药物，应待辅料被吸尽后再蒸制；蒸制时一般先用武火，待"圆气"后改为文火，保持锅内有足够的蒸汽即可；药物蒸制的时间长短不一，应视药物的性质、炮制目的而定；蒸制时要注意蒸制容器中的水量，太少容易干锅，太多容易使水溶性成分流失；加辅料蒸制完毕后，若容器内有剩余的液体辅料，应拌入药物后再进行干燥。

2. 煮法　将净选后的药物加辅料或不加辅料放入锅内（固体辅料需先捣碎或切制），加适量清水同煮的方法称为煮法。煮制可消除或降低药物的毒副作用；改变药性，增强疗效；清洁药物，增强疗效。注意大小分档，分别炮制，以免生熟不匀；适当掌握加水量，加水量多少根据要求而定；适当掌握火力，常先武火后文火，保持微沸，避免水分蒸发过快而药未透心，并可使辅料缓缓渗入药材组织内部，发挥其煮制作用；煮好后出锅，及时晒干或烘干。如需切片，则趁湿润时先切片后再进行干燥。

3. 𤆡法　将药物置沸水中浸煮，短时间内煮至种皮与种仁分离，取出，这种分离种皮的方法称为𤆡法。𤆡制可提高疗效，除去非药用部分；分离不同药用部位；利于保存有效成分。注意事项：水量要大，以保证水温，一般为药量的10倍以上。待水沸后投药，保证高温短时。加热时间以5～10分钟为宜，以免水烫时间过长，成分损失。

4. 复制法　将净选后的药物加入一种或数种辅料，按规定操作程序，反复炮制的方法，称为复制法。复制法的特点是用多种辅料或多种工序共同处理药材。目前，复制法主要用于天南星、半夏、白附子等有毒中药的炮制。复制可降低或消除药物的毒性；改变药性；增强疗效；矫嗅矫味。一般将净选后的药物置一定容器内，加入一种或数种辅料，按工艺程序，或浸、泡、漂，或蒸、煮，或数法共用，反复炮制达到规定的质量要求为度。具体方法和辅料的选择可视药物而定。

5. 发酵法 经净制或处理后的药物，在一定的温度和湿度条件下，借助微生物和酶的催化分解作用，使药物发泡、生衣产生新疗效的方法称为发酵法。发酵可改变原有性能，产生新的治疗作用，扩大用药品种。常用的方法有药料与面粉混合发酵，如六神曲、建神曲、半夏曲、沉香曲等。另一类方法是直接用药料进行发酵，如淡豆豉、百药煎等。注意事项：原料、设备等在发酵前应进行杀菌、杀虫处理，以免杂菌感染，影响发酵质量。发酵过程须一次完成，不中断，不停顿。发酵过程中对温度、湿度、pH 等随时进行检查监控，以保证发酵正常进行。

6. 发芽法 将净选后的新鲜成熟的果实或种子，在一定的温度或湿度条件下，促使萌发幼芽产生新疗效的方法为发芽法。通过发芽改变其原有性能，产生新的功效，扩大用药范围。注意事项：选用新鲜成熟的种子，发芽前应先测定发芽率，发芽率应在85%以上。发芽温度一般以18～25℃为宜，浸渍后含水量控制在42%～45%为宜。在发芽过程中，要勤加检查、淋水，以保持所需湿度，并防止发热霉烂。适当避光并选择有充足氧气、通风良好的场地或容器进行发芽。以芽长至 0.2～1.0cm 为标准，发芽过长则影响药效。

7. 制霜法 药物经过去油制成松散粉末或析出细小结晶或升华、煎熬成粉渣的方法称为制霜法。制霜法根据操作方法不同分为去油制霜（如巴豆）、渗析制霜（如西瓜霜）、升华制霜（信石）、煎煮制霜（鹿角霜）等。

8. 其他制法 对某些药物采用烘、焙、煨、提净、水飞及干馏等加工炮制方法，统列为其他制法。其目的是，增强药物的疗效，改变或缓和原有的性能，降低或消除药物的毒性或副作用，使药物达到一定的纯净度，便于粉碎或贮存等。

⊚ 第四节 中药材预处理与炮制过程的质量控制

在中药制药领域中，药材的预处理与炮制是中药制药生产中必须先进行的过程，是中药企业的基础加工环节，中药工业化生产的重要组成部分。为了给后续提取等制药环节提供可靠的保证，中药材炮制加工处理就要生产出各种规格和要求的中药材或饮片。炮制工艺合理，但操作不当，饮片达不到质量要求；饮片质量合格但贮藏保管失当，也会使饮片质量下降，失去应有的疗效。因此，经过炮制工艺生产出的饮片必须具有相应的质量标准和贮藏保管的要求。中药饮片的炮制生产是一个系统工程，必须进行全过程科学监控。

一、中药材、中药饮片的质量要求

中药饮片质量要求是指经过炮制加工生产的饮片应达到一定的标准。中药饮片质量标准的主要项目包括名称、来源、形状、鉴别、检查、浸出物、含量测定、性味与归经、功能与主治、用法与用量、贮藏等。

（一）性状

性状是指饮片的形状、大小、表面（色泽、特征）、质地、断面、气味等特征。性状的观察方法主要是运用感官来鉴别，如用眼看（较细小的可借助于放大镜或解剖镜）、手摸、鼻闻、口尝等方法。主要从片型及粉碎粒度两方面考察。

1. 片型及粉碎粒度　片型是饮片的外观形状，根据需要可将药材切成薄片、厚片、横片、顺片，或为了美观而切成瓜子片、柳叶片或马蹄片等。中药饮片片型应符合《中国药典》一部及《全国中药炮制规范》等的有关规定。切制后的饮片应均匀、整齐、色泽鲜明、表面光洁，片面无机油污染，饮片中无原形整体、长梗，无连刀片、掉刀片、边缘卷曲等不和规格要求的饮片。

《中药饮片质量标准通则（试行）》规定：饮片中的异形片不得超过 10%；切制成的极薄片不得超过该片标准厚度 0.5mm；薄片、厚片、丝、块不得超过该片标准厚度 1mm；段不得超过该标准厚度 2mm。切制或经其他加工炮制后的饮片，其中破碎的药屑或残留的固体辅料均有一定的限量标准。

一些药物或不宜切制成饮片，或因临床有特殊需要，或为了更好地保留有效成分经净选加工或水处理干燥后，用手工或机器粉碎成颗粒或粉末。粉碎后的药物应粉粒均匀，无杂质，粉末粒度的分等应符合《中国药典》的相关要求。

2. 色泽　中药饮片都具有固有的色泽，若加工或贮存不当可引起色泽的变化，影响药品的质量。饮片本身应有其固有色泽，如花类药材红花、款冬花、菊花；叶类药材侧柏叶、荷叶、大青叶等，一旦颜色褪去，说明是日晒或暴露过久，或贮存过久，其药效自然也会降低。

生饮片经过炮制加工成熟饮片后，两者之间会存在色泽差异。一些炮制后的熟片比原来颜色加深，有的则是改变了原来的颜色，如熟地黄，以乌黑油亮者为佳；甘草生品黄色，蜜炙以后则变为老黄色；炭药则成为炭黑色或黑褐色，如血余炭、棕榈炭要求表面乌黑而富有光泽等。上述都是以色泽变化作为熟饮片的评价要求。

中药材软化切制的过程也会影响饮片色泽。如黄芩在切制前的水处理过程中，如若采用冷浸法软化药材，则药材颜色变绿，若蒸制后切制则能保持其原色。

中药饮片色泽的不正常变化说明其内在质量的变异。如白芍变红、红花变黄等，均说明药物内在成分已发生变化。故色泽的变异，不仅影响其外观，而且是内在质量变化的标志之一。

对于中药饮片的色泽要求，《中药饮片质量标准通则（试行）》规定：各中药饮片的色泽除应符合该品种的标准外，色泽应均匀；炒黄品、麸炒品、土产品、蜜炙品、酒炙品、醋炙品、盐炙品、油炙品、姜汁炙品、米泔水炙品、烫制品等含生片、糊片不得超过 2%；炒焦品含生片、糊片不得超过 3%；炒炭品含生片和完全炭化者不得超过 5%；蒸制品应色泽黑润，内无生心，含未蒸透者不得超过 3%；煮制品含未煮透者不得超过 2%，有毒药材应煮透；煨制品含未煨透者及糊片不得超过 5%；煅制品含未煅透及灰化者不得超过 3%。

3. 气味　中药饮片具有其固有的气味，气和味与其内在质量有着密切的关系。一些芳香类中药具有浓郁的香气，如含挥发油类中药砂仁、当归、薄荷、独活等。一般含挥发油类的芳香中药多生用，在干燥或贮存过程中应密切注意挥发油的存逸。有异味的中药则须用炮制的方法除去异味，如马兜铃的异味可致呕，经蜜炙后可以缓和。动物类药材多数有腥臭味，需炮制后加以矫正，如僵蚕、蕲蛇、龟甲等。有些药物需加辅料炙，炙后除了具有原有药物的气味外，还具有辅料的气味，如酒炙大黄有酒香味，醋炙柴胡有醋香味等。

（二）鉴别

中药材品种繁多，来源复杂，即使同一品种，由于产地、生态环境、栽培技术、加工方法等不同，其质量也有明显的差别；同时中药提取物、有效成分等原料也存在着一定的质量问题。为了保证投料准确，制剂质量均一，应对制剂的原料进行鉴定和检验。检验合格后方可投料。鉴别是指鉴定识别中药饮片真伪的方法，包括经验鉴别、显微鉴别和理化鉴别等。

1. 经验鉴别　经验鉴别是指以传统的实践经验，对中药饮片的某些特征，采用直观方法观察饮片的色泽、纹路、气味、性状等，来进行饮片真伪优劣的鉴别方法。

2. 显微鉴别　显微鉴别是指利用显微镜对中药饮片的切片、粉末、解离组织或表面制片的显微特征进行真伪鉴别的一种方法。显微鉴别的方法主要分组织鉴别及粉末鉴别两个方面。

（1）组织鉴别　通过鉴别中药饮片特有的组织特征对其质量进行控制。如巴戟天、地骨皮等根类药材，入药用其根皮，制成中药饮片后已去除木质心，进行组织鉴别时，镜检中不应有木质部位的组织细胞存在。

（2）粉末鉴别　将要鉴别的药物粉碎成细末，取少许，放置在涂有水合氯醛的载玻片面上，在显微镜下或者放在显微成像仪器中，仔细观察其组织结构。由于加水、加热炮制，存在于植物组织的淀粉粒、糊粉粒、菊糖、黏液质等均已受到不同程度的影响，与生药粉末差异较大，因此，显微鉴别不仅可以鉴别中药饮片的真伪、优劣，也可鉴别饮片的生熟及炮制的程度等。

3. 理化鉴别　理化鉴别是利用化学和物理的方法对中药饮片中所含有某些化学成分进行的定性鉴别试验。理化鉴别主要包括物理、化学、光谱、色谱等方法。根据中药饮片中所含化学成分而定，鉴别时应注重方法的专属性及重现性。

（1）一般理化鉴别　一般理化鉴别主要有显色反应、沉淀反应、荧光现象等。①显色、沉淀反应：试验时常可用生品药物作阳性对照，鉴别时应考虑辅料成分对反应的影响，如醋制品的pH、胆汁制品的胆酸、蜜炙品中的糖类、氨基酸类成分都可能对显色反应、沉淀反应产生影响。②荧光鉴别：荧光特征鉴别时，可将中药饮片的切面（或粉末）直接置紫外光灯下观察，或经过提取处理后直接观察，或将溶液滴在滤纸上观察。应考察饮片放置不同时间引起的荧光变化情况。如秦皮的水溶液显淡蓝色荧光，黄连及酒黄连、姜黄连、萸黄连在紫外灯下呈金黄色荧光等。③升华物鉴别：取中药饮片的粉末，按升华法试验，视其有无升华物凝集，并用扩大镜或显微镜观察升华物的晶形、色泽。如酒大黄、醋大黄粉末少量，进行微量升华，可见浅黄色菱状针晶或羽状结晶；牡丹皮粉末，进行微量升华，可见长柱形结晶或针状及羽状簇晶，但在牡丹皮炭粉末中，此现象已不复存在。

（2）光谱鉴别　矿物类饮片的某些光谱特征，可作为鉴别的依据。一些饮片当无法建立专属性鉴别时，如含有的化学成分在紫外或可见光区有特征吸收光谱，也可作为鉴别的依据。

（3）色谱鉴别　色谱鉴别是利用薄层色谱、气相色谱或液相色谱等对中药饮片进行鉴别的方法。①薄层色谱：薄层色谱法鉴别中药饮片的质量，具有较高的专属性和准确性。在进行中药饮片薄层色谱鉴别时，不能盲目搬用药材方法和条件，尽可能选择饮片专属性对照品，并可以标准品、对照品和标准饮片同时作阳性对照。②液相色谱：液相色谱法可用于中药饮片的特征或指纹图谱鉴别。当饮片存在易混淆品、伪品而显微特征或薄层色谱又难以鉴别时，可考虑建立饮片的特征或指纹图谱鉴别。③气相色谱：适用于含有挥发性成分药材、饮片的鉴别。

4. 指纹图谱技术　某些中药饮片经适当处理后，采用一定的分析手段，得到能够标示其化学特征的色谱图或光谱图，即为中药饮片指纹图谱。中药饮片指纹图谱是一种综合的、可量化的鉴定手段，它是建立在中药化学成分系统研究的基础上，主要用于评价饮片质量的真实性、优良性和稳定性。"整体性"和"模糊性"为其显著特点。建立中药指纹图谱的目的是通过体现中药整体特征的图谱识别，能够比较全面地控制中药或饮片质量。中药饮片指纹图谱按照测试样品来源可以分为生、制不同炮制品指纹图谱，通过指纹图谱可对炮制前后的饮片进行鉴别和质量考察。

（三）检查

检查是指对中药饮片的纯净程度、可溶性物质、有害或有毒的物质进行限量或含量检查。包括净度（杂质）、水分、灰分、毒性成分、重金属及有害元素、二氧化硫残留、农药残留、黄曲霉素等。

1. 净度　净度是指中药饮片的纯净程度，可以用中药饮片含杂质及非要用部位的限度来表示。中药饮片应有一定的净度标准，以保证调配剂量的准确。

中药饮片总的净度要求是：不应该含有泥沙、灰屑、霉烂品、虫蛀品、杂物及非药用部位等。非药用部位主要是果实种子类药材的皮壳及核，根茎类药材的芦头，皮类药材的栓皮，动物类药材的头、足、翅，矿物类药材的夹杂物等。

净度的检查方法：取定量样品，拣出杂质，草类、细小种子类过三号筛，其他类过二号筛。药屑、杂质合并称量计算。

2. 水分 水分是控制中药饮片质量的一个基本指标。中药材加工成饮片，有的须经水处理，有的要加入一定的液体辅料。如操作不当，可使药材"伤水"，如未能充分干燥，则中药饮片极易霉烂变质。部分经过蒸煮的药物，如熟地黄、制黄精、制肉苁蓉等，其质地柔润，含糖量及黏性成分较多，饮片内部不易于干燥，更应防止其含水量过高；少数胶类药物，如阿胶、鹿角胶等，含水量直接影响其品质和硬度，同样还会影响其炮制操作和饮片的质量。因此，切制后的饮片，或与液体辅料共同加工的制品，以及蒸、煮等法炮制的饮片均必须干燥充分，满足规定的水分限度。

3. 灰分 灰分是将中药饮片在高温下灼烧、灰化，所剩残留物的重量。将干净而又无任何杂质的合格中药饮片高温灼烧，所得之灰分称为"生理灰分"。如果在生理灰分中加入稀盐酸滤过，将残渣再灼烧，所得之灰分称为"酸不溶性灰分"。两者都是控制中药饮片的基本指标。

一般情况下中药饮片的灰分是合格的，而灰分不合格时多数是混入泥沙等杂质。如炮制时处理不当，砂烫、滑石粉烫、蛤粉烫和土炒等制法中辅料去不净时，灰分也会超标。另外在运输和贮存过程中由于泥沙等混入，也会造成灰分超标。因此，灰分的测定是控制中药饮片纯净度的有效方法。

4. 毒性成分 毒性成分的含量限度对有毒药物的炮制质量和保证临床安全有效十分重要。对于中药的毒性成分而言，一方面通过炮制降低其含量，另一方面可通过炮制将其转化为小毒或无毒的有效成分，从而达到安全有效应用于临床。

5. 重金属及有害元素 中药饮片中的有害物质主要是指铅（Pb）、汞（Hg）、镉（Cd）、铜（Cu）等重金属及砷（As）、SO_2等有害元素。这些有害物质可影响中药材、中药饮片及中成药的用药安全，直接影响中药的出口及临床应用。

6. 农药残留量 系指饮片中含有的农药原体、农药的有毒代谢物、降解物等的量。为了确保用药安全，对用药时间较长、药食两用、儿童用药及进出口的中药饮片品种，应建立合适农药残留量的检测项目。

7. 卫生学检查 中药饮片在生产、加工、炮炙、贮运等过程中往往会受到微生物的污染。应该对饮片中可能含有的致病菌、大肠埃希菌、细菌总数、霉菌总数、活螨及真菌毒素（主要是黄曲霉素）等做必要的检查，并作限量要求。

8. 酸败度 酸败是指油脂或含油脂的种子类饮片，在贮藏过程中，与空气、光线接触，发生复杂的化学变化，产生低分子化合物醛类、酮类以及游离脂肪酸等，具有特异的刺激臭味（俗称哈喇味）。通过酸值、羰基值或过氧化值的测定，以控制含油脂的种子类的酸败程度。

9. 其他检查 系指除《中国药典》四部通则规定的各项检查以外，其他还应视情况进行有针对性的检查，如伪品、混淆品、色度、吸水性、发芽率等和某些含毒性成分的中药饮片的限量检查。

（四）浸出物

浸出物是指中药饮片用水、乙醇或其他适宜溶剂进行浸提，测定浸提所得的干浸膏重量。根据使用溶剂不同分为水溶性浸出物、醇溶性浸出物及挥发性醚浸出物等。一般最常用的溶剂是水和乙醇。对有效成分、有效部位或主成分群尚无可靠测定方法或所测成分含量低于万分之一的中药饮片，可根据饮片的实际情况采用水溶性浸出物或有机溶媒浸出物作为饮片质量控制指标。

（五）含量测定

含量测定是指药物中所含主成分的量，是评价药物质量的重要指标。中药饮片含量测定成分的选定，一般应首选有效成分，如饮片含有多种有效成分，应尽可能选择与中医用药功能与主治相关成分。为了全面控制质量，可采用同一方法测定 2 个以上多成分含量，一般以总量计制订含量限度。

中药饮片能发挥较好的临床疗效，有效成分是其物质基础。测定中药饮片中有效成分的含量，是评价中药饮片质量较为可靠、准确的方法。对有效成分基本清楚的中药饮片应建立含量测定方法，并规定含量限度。

中药有效成分有生物碱、苷类、挥发油、有机酸、鞣质、蛋白质、氨基酸、糖及无机类等。如黄芩所含黄芩苷、黄连所含小檗碱、人参所含人参皂苷等均具显著的生理活性。因此测定其有效成分含量，是控制中药质量的首选方法，对于中药饮片尤为重要。

二、中药饮片的质量控制

中药饮片的炮制生产工序包括中药材的采购、净制、饮片的切制、干燥、炮炙、包装、贮藏等。控制和提高中药饮片的质量，应严格监控中药饮片生产操作过程，加强中药饮片质量的检验，实施全过程的质量管理。

（一）中药饮片的质量检验

1. 质量检验人员的配备　按照中药饮片 GMP 的规定，中药饮片生产企业必须配备一定数量的质量检验人员。从事质量检验的人员应熟悉无机化学、有机化学、分析化学、中药化学等理论知识；掌握与中药饮片生产有关的质量标准，主要有《中国药典》、各省、自治区、直辖市药品监督管理部门编写的《中药炮制规范》和《中药材质量标准》、国家食品药品监督管理部门制定的《进口药材质量标准》。会操作相关质量标准中规定的各种检验方法和检验仪器，并具有一定的经验和鉴别能力。

2. 主要检验仪器和设施的配置　中药饮片质量检验所需仪器及设施主要由高效液相色谱仪、气相色谱仪、原子吸收分光光度计、紫外可见分光光度计、薄层扫描色谱仪、分析天平、马弗炉、烘箱等，并建立有生物测定室。

3. 制定企业质量标准和检验操作规程　中药饮片生产企业应根据《中国药典》、各省、自治区、直辖市药品监督管理部门编写的《中药炮制规范》等质量标准，制定本企业的质量标准。企业质量标准中各项质量指标必须等于或高于国家和省级中药质量标准。质量标准一般有中药（包括中药材、中间产品、中药饮片）质量标准、辅料质量标准、包装材料等。

检验操作规程是在质量标准的基础上，用于规定检验操作的通用性文件或管理办法。具体内容有：检验所需的仪器和设备、对照物质、试剂和试药、各检验项目的操作程序和操作要求等。

4. 质量检查与留样观察　按照《中国药典》要求进行中药饮片的抽样和检验，并留样观察。通过留样观察，确定中药饮片的储存期限。留样室应该设置常温留样室（温度在 0～30℃）和阴凉留样室（温度不超过 25℃），需阴凉储存的中药在阴凉室留样，在常温库储存的中药应在常温室留样。留样室的温湿度尽量按照仓库的温湿度条件设定。留样后需定期观察，观察的时间根据样品变异情况确定，观察后做好记录。

5. 建立标本室　中药标本室需收集中药饮片的正品、伪品、地区习用品，以便在检验时作对照。

（二）中药饮片的质量管理

中药饮片生产企业除配备一定数量的质量检验人员外，还应配备有专职的质量管理人员。质量管理人员监督、管理本企业从物料的购进、生产、贮存、销售等环节的质量管理，使各环节符合国家有关法规和企业文件的规定。

1. 审核与评估　对供应商具体审核的资料包括药品生产企业的《药品生产许可证》、药品经营企业的《药品经营许可证》、食品生产或经营企业的《卫生许可证》、包装、票签印刷企业的《印刷经营许可证》、营业执照的经营范围及有效期，法人委托书、身份证的有效期。

对物料的采购、入库签收、储存、发放、使用过程进行质量监控。对每个工序操作、检验进行管理，以保证按照工艺规程、标准操作顺序进行生产，进行物料平衡检查。对人员、设备、场地、容器的清洁管理，确保生产过程符合卫生管理规程要求。

质量管理部门对中药饮片出厂前必须进行审核。审核内容包括：配置、称重过程中复核情况；各生产工序检查记录；清场记录；中间产品质量检验结果；偏差处理；成品检验结果等。经审核合格后，中药饮片才能出厂。

2. 不合格品的处理　不合格品是指经省市药品检验所及本企业检查后判定为不合格的物料、中间产品和成品。对不合格品进行监控，做到不合格的物料不准投入生产，不合格的中间产品不得流入下道工序，不合格的饮片不得出厂。出现不合格品应督促生产、保管人员，将不合格品放置不合格库（区），挂上红色不合格标志，做好记录。不合格品在质量管理人员的监督下作销毁处理，并做好销毁记录。对不合格品不得进行销售、不得进行内部处理。

3. 毒性中药的监控与管理　质量管理人应对毒性中药的出入库、生产、储存、运输等过程实行全程监控，确保毒性中药的安全。毒性中药的管理应严格按照"毒剧药品管理办法"进行。

答案解析

目标检测

一、选择题

1. 我国第一部中药炮制专著《雷公炮炙论》的作者是（　　）

    A. 张景岳　　　　　　　B. 雷敩　　　　　　　　C. 张仲岩　　　　　　　D. 缪希雍

2. 对含生物碱的药物，常选择（　　）为辅料炮制以提高其溶出率

    A. 食醋　　　　　　　　B. 盐水　　　　　　　　C. 米泔水　　　　　　　D. 姜汁

3. 麸炒白术的炮制作用是（　　）

    A. 缓和辛燥之性，以免伤中

    B. 缓和辛散走窜之性，以免耗气伤阴

    C. 缓和辛燥性，增强健脾和胃作用

    D. 缓和辛燥性，增强健脾止泻作用

4. 一般药物的干燥温度是（　　）

    A. 40～50℃　　　　　　　　　　　　B. 50～60℃

    C. 60～70℃　　　　　　　　　　　　D. 70～80℃

5. 石膏煅制的主要目的是（　　）

    A. 增强疗效　　　　　　　　　　　　B. 产生新疗效

    C. 减少副作用　　　　　　　　　　　D. 便于制剂和调剂

二、思考题

1. 中药饮片的质量要求主要有哪些内容？

2. 什么是煅淬法？其法适用于哪类药物？

3. 试述净制的目的和清除杂质常用的方法。

4. 简述中药炮制的目的。

5. 试述炙法与加固体辅料炒的异同点。

书网融合……

　　思政导航　　　　　本章小结　　　　　微课　　　　　题库

第七章 粉碎、筛分与混合工艺

PPT

◎ 学习目标

知识目标

1. **掌握** 粉碎、筛分、混合的基本概念、工作原理和适用范围。
2. **熟悉** 粉碎、筛分、混合操作过程的物料、设备和操作参数之间的对应关系。
3. **了解** 粉碎、筛分、混合工艺在食品、材料等行业的应用。

能力目标 通过本章的学习，熟悉和掌握粉体工程学在中药制药中的应用，熟悉中药的粉碎方法选择，熟悉制剂中不同剂型对筛分的要求，熟悉固定型混合机和回转型混合机对物料的不同要求及混合效果。

口服固体制剂是已上市中成药和中药新药开发的主体。对于固体制剂来讲，对其性能与质量影响较大的因素在于其生产制备和研究。《中国药典》（2020 年版）1308 例中药口服固体制剂中，有颗粒剂226 例，胶囊剂305 例，片剂395 例，散剂55 例，茶剂6 例、锭剂3 例，系统整理其质量标准中的处方、制法和规格发现，其制备工艺都涉及到中药饮片的粉碎、筛分和混合。中药饮片不管是提取挥发油，还是水提、醇提后浓缩制备稠浸膏或浸膏粉，亦或直接粉碎制饮片细粉，都会涉及到粉碎、筛分与混合，归结为中药粉体学研究。作为固体制剂生产的关键技术，粉体学研究对于中药固体制剂的处方设计、制备工艺、质量控制具有重要意义，对最终产品的质量与应用有重要影响。

通过对粉碎、筛分与混合工艺的学习，熟悉粉体的形态、粒度分布、振实密度、比表面积、孔隙率、润湿性、团聚性等数据，建立中药粉体的流动性、溶出性、稳定性、填充性、可压性等性质的多指标粉体学概念和测量方法，研究中药粉体特性和评价体系，总结原辅料粉体物性的区别及互补性。如根据活性药物成分或制剂处方的物料性质，来指导制剂工艺路线的选择；从颗粒和粉体尺度考虑活性物质的性质，借助颗粒工程和材料科学的方法评估药物的可制造性或可加工性；对比研究中药浸膏颗粒（粉末）的水分、流动性、性状等，来研究固体制剂的吸湿行为和防潮工艺，对保证产品质量的均一性和稳定性均有一定作用。

◈ 第一节 粉碎工艺

在中药的研制过程中，中药粉碎工艺是粉体工程的第一个步骤，也是固体制剂的关键工序。通过对中药原料进行截切、冲击、碰撞、挤压、研磨、摩擦等加工手段把原料加工成微米级甚至纳米级微粉，将传统中药粉碎到极细粉，尤其是中药超微粉碎技术的研究和应用，可大幅度提高细胞破壁率、比表面积、有效成分溶出度、生物利用度，从而使中药具有良好的溶解性、分散性、吸附性和化学反应活性，使药效提高而副作用减少，有利于机体对药物的吸收利用。中药粉碎技术改善了中药传统剂型，便于研制新剂型，在中药饮片、中药配方颗粒、中药外用制剂等中药加工中具有重要应用。随着现代工业技术和医药科学的迅速发展以及学科间的相互渗透，粉碎工序和其他制药工序逐步结合，形成了中药粉碎干燥、粉碎润药、粉碎分级、粉碎筛分、粉碎混合等相应技术。

一、粉碎过程

在药品生产中，不管是原料药制备还是制剂生产，常需要将物料适度粉碎，以便于后期加工或制剂。粉碎是一种纯机械过程的操作，是指借助机械力将体积过大不适宜使用的物料粉碎成适宜程度的碎块或粗粉、细粉的操作过程。粉碎后，要对粉碎后的物料进行筛分分级以获得均匀的粒子，筛分后或再经过混合达到物料配比或组合。这就构成了中药制药过程中固体制剂的粉体工程三部曲。粉碎的主要目的是减少药物的粒径，增加其比表面积，加速药物中有效成分的浸出或溶出，为制剂提供所要求粒度的物料。

粉碎操作对药物生产过程有一系列的意义：①加速药材中有效成分的浸出或溶出。中药有效成分主要集中于细胞液泡内，中药材的组织细胞一般较紧，细胞壁也很厚，溶剂和有效成分不易渗透、扩散，通过粉碎，细胞破碎，利于浸润，加速了有效成分的溶出，如中药提取中常使用粉碎工艺来提高提取效率。②减小粒径，增加药物的表面积，亦增加药物的溶出面积，降低药物的溶出阻力，促进药物的溶解与吸收，提高药物的生物利用度，有利于内服吸收或能较好地发挥其吸附及覆盖作用，外用则有可能降低局部的机械刺激性。③便于制剂，为制备多种剂型奠定基础。散剂、胶囊剂、丸剂、片剂等常用药剂的制备，都要用到粒度适宜的粉末状原料和辅料，通过粉碎可以获得需要的颗粒粒度，有利于均匀混合，有利于产品性能稳定，减少单一制剂单位的重量或含量差异。④便于新鲜药材的干燥和贮存。

粉碎过程也可能带来不良影响，如粉碎过程中由于外力作用会产生热量，会对物料进行切割、碰撞、挤压、剪切等，如物料遇到温度或压力变化会发生晶型转变、热分解、黏附等现象，需要避开粉碎操作；同时，粉碎后，颗粒粒径变小，表面自由能增加，粉末有重新聚结现象，亦会增加粉碎后物料的吸湿性。药物粉碎后粒子的大小直接或间接影响药物制剂的稳定性和有效性，若药物粉碎不匀，不但不能使药物彼此混匀，而且也会使制剂的剂量或含量不准确，进而影响疗效。

二、粉碎机制

物体的形成依赖于分子间的内聚力，物体因内聚力的不同会显示出不同的硬度和性质。为了克服其内聚力使之粉碎，需要外加能量干预，即粉碎能。粉碎能的大小与被碎物料性质及制粒粒度要求即粉碎程度有关。粉碎所需要的能耗，一部分用于固体的变形和新表面的产生，但大部分转变为热能，还包括一些机械损失，故粉碎效率不会很高。如何降低粉碎能耗、提高粉碎效率一直是粉碎工程和粉碎理论关注的问题，基于粉碎过程中粗碎、中碎和细碎对颗粒表面积、颗粒体积、孔隙及裂缝的影响，其粉碎机理主要集中于三个方面："表面积假说""体积假说"和"裂缝假说"。对于不同的粉碎粒度要求，会涉及到不同的粉碎机械、不同的粉碎作用力。

物料粉碎的难易程度，主要取决于物质的结构和性质，即与物料本身属性相关，但与外力的大小也密切相关。粉碎过程中常用的外加作用力主要有：冲击力、压缩力、剪切力、弯曲力、研磨力等。被粉碎物料的性质、粉碎程度不同，所需加的外力也有所不同，冲击、压缩和研磨作用对脆性物质有效，剪切作用对纤维状物料有效，粗碎以冲击力和压缩力为主，细碎以剪切力、研磨力为主，大多数粉碎过程是上述几种力综合作用的结果。

物料粉碎过程有粉碎度的要求。粉碎度是指粉碎前后物料粒径的比值，它是检查粉碎操作效果的一个重要指标。粉碎度与粉碎后物质颗粒的平均直径成反比，即药料粉碎后的颗粒越小，粉碎度越大。粉碎度的大小一般取决于生产要求、医疗用途及药物本身的性质，过度粉碎不一定有用。同时，应注意粉碎过程可能导致的不良现象与问题，如热分解、黏附、重新结聚及流动性差等。

三、粉碎原则

粉碎过程应遵循以下原则：①药物不宜过度粉碎，达到所需要的粉碎度即可，以节省能源和减少粉碎过程中的药物损失。②在粉碎过程中，应尽量保存药物的组分且药理作用不变。中药材的药用部分必须全部粉碎应用，对较难粉碎的部分，如叶脉或纤维等不应随意丢弃，以免损失有效成分或使药物的有效成分含量相对增高。③粉碎毒性药或刺激性较强的药物时，应注意劳动保护，以免中毒。粉碎易燃易爆药物时，要注意防火防爆。④植物性药材粉碎前应尽量干燥。⑤应根据药物性质、剂型、应用等选择适当的粉碎方法和设备，同时注意粉碎机械的正确使用与保养，避免粉尘飞扬。

在粉碎物料时，必须遵守一个重要原则，即"不作过粉碎"。在粉碎操作过程中，待粉碎物料的加入与碎成料的排出调节都十分重要。特别是在连续操作的场合下，加料速度与排料速度不仅应当相等，而且要与粉碎机的处理参数相适应，这样才能发挥其最大的生产能力。假使粉碎机滞留有碎成料，会影响粉碎效果，碎成料的滞留意味着它有继续被粉碎的可能性，从而超过了所要求的粒度，进行了过粉碎，浪费了粉碎功。而且，这些过粉碎的颗粒会将尚未粉碎的颗粒包围起来，由于细小颗粒所构成的弹性衬垫具有缓冲作用，妨碍粉碎的正常进行，进一步降低了粉碎效率，这种现象称为"闭塞粉碎"。相反，粉碎效率高的"自由粉碎"是依靠水流、气流将碎成料自由地从粉碎机中通畅带出，即碎成料粒子一旦达到要求，就能马上离开粉碎作业区。

为防止"过粉碎"可采用下列措施：①尽量做到"自由粉碎"。碎成料不作滞留，尽快离开粉碎机。②物料在进行粉碎前，须先筛分处理。如在粉碎机进料口上安装筛网，利用机器工作产生的振动将进料筛分，只让筛上料进入机内破碎，筛下料直接从机器排料处排出。③使粉碎功真正地只用在物料的粉碎上，粉碎机金属部件的磨损会降低粉碎效率。

四、粉碎方法

粉碎是中药制剂的基础，中药材在制剂前大都要经过粉碎。适宜的粉碎方法是保证制剂质量的前提之一。生产中常根据粉碎目的、被粉碎物料的性质、产品粒度的要求、物料多少等选择不同的粉碎方法。

（一）干法粉碎

干法粉碎，也称常规粉碎，系将干燥药材直接粉碎的方法。药材应先采用晒干、阴干、烘干等方法充分干燥（一般应控制水分在5%以下）再进行粉碎。例如用铁研船、球磨机、万能粉碎机等进行粉碎。此法优点是操作简单，一次成粉；缺点是连续作业易产生热量而致有效成分散失甚至自燃。在实际操作中根据药物质地不同又分为以下几种不同方法。

1. 单独粉碎　系指将一味药单独进行粉碎。此法适用于贵重、毒剧、树脂树胶及体积小的种子类药的粉碎。贵重细料药如冰片、麝香、牛黄、羚羊角等；毒性药如马钱子、红粉等；刺激性药如蟾酥；氧化性或还原性强的药物，如火硝、硫黄、雄黄等；树脂树胶类药，如乳香、没药等。此外，在某些情况下也需要单独粉碎，如制剂中需要单独提取的药物；因质坚硬在粉性药为主的处方中不便与余药一同粉碎，而需研磨粉碎的药如三七、代赭石等。一些重要的细料药均有传统经验的单独粉碎方法，如人参、鹿茸、牛黄、琥珀、沉香及檀香等。

2. 混合粉碎　系指将处方中全部或部分药物掺合在一起进行粉碎。适用于处方中质地相似的多种药物粉碎，复方制剂中的多数药材均采用此法粉碎。粉碎与混合操作一并进行，效率高。但当处方中含有大量的黏性和油性成分或动物的皮、肉、筋骨等药料时，需经特殊处理后才能粉碎。常用方法有：

"串料""串油""蒸罐"等。

（1）串料 又称串碾法，即将处方中"黏性"大的药料留下，先将其他药物混合粉碎成粗粉，然后用此混合药料陆续掺入含"黏性"药物，再行粉碎一次；或将"黏性"药与其他药料掺合在一起作粗粉碎，粗粉碎物料再摊开制成大颗粒或小碎块，充分干燥后，再次进行混合粉碎。其"黏性"物质在粉碎过程中，及时被其他药粉分散、吸收、黏附、吸附，使粉碎和过筛得以顺利进行。此法适用于含有大量黏液质、糖分或树脂胶等黏性药料，如熟地、生地、枸杞、大枣、桂圆肉、山萸肉、黄精、玉竹、天冬、麦冬等。

（2）串油 又称掺碾法，即将处方中量小、"油性"大的药料先留下，将其他药物先粉碎成粉，然后用此混合药粉陆续掺入含"油性"药物再粉碎一次；或将油脂性药物捣成黏糊状，掺入其他细粉后再粉碎。这样其他药粉可及时将油性吸收，不粘着粉碎机与筛孔。此法适用于含有大量油脂性药料，如桃仁、杏仁、柏子仁、酸枣仁、苏子、胡桃仁等，都是在粉碎时先将处方中易粉碎的药物共研成细粉，掺入油脂性药料再粉碎。

（3）蒸罐 将处方中的动物皮、肉、筋骨等洗净，与处方中需要并适宜蒸制的药物共置蒸罐中，加入适量黄酒等，密闭，隔水或夹层蒸汽加热蒸透，待液体辅料基本蒸尽后取出。将其余药物共研成粗末，再与已蒸制的药物掺合均匀，干燥，共研成细粉。

（二）湿法粉碎

某些药物粉碎研磨时会粘结器具或再次聚结成块（如冰片），如在药物中加入适量水或其他液体进行粉碎则更易成细粉。加入的液体对物料有一定的渗透力作用，有利于提高粉碎度且能降低物料的黏附性。液体的选用以不与药物起变化、不影响药效为原则，用量以能湿润药物成糊状为宜。此法特点：粉碎度高，又避免了粉尘飞扬，可减轻毒性或刺激性药物对人体的危害，减少贵重药物的损耗。常用的液体有水、乙醇等，常用的有研磨水飞法、湿法研磨法和共溶研磨法三种。

1. 研磨水飞法 具有粉碎、分离分级作用。将药物与水共置研钵或球磨机中研磨，使细粉混悬于水中，然后将此混悬液倾出，余下的粗料再加水反复操作，至全部药物研磨完毕。所得混悬液合并，沉降，倾去上层清液，将湿粉干燥，即得极细粉。此法主要适用于某些不溶于水的矿物药及毒剧药，如雄黄、朱砂、滑石、珍珠等药物。

2. 湿法研磨法 又称加液研磨法，即将药物置于被湿润的粉碎容器中，或在药物上洒少许清水、乙醇或香油等再进行研磨粉碎。此法主要适用于一些干法粉碎易粘结成块的药物，如冰片、樟脑等。

3. 共溶研磨法 当两种或更多种药物在混合研磨成细粉的过程中出现湿润或液化现象时，称这种研磨成细粉的方法为共溶研磨法。常见的有薄荷脑、樟脑、冰片等的研磨。

（三）低温粉碎

中药材在粉碎过程中，会产生大量的热而使物料升温，物料中的热敏性物质与生物活性物质会因粉碎过程中的升温过高失活或损失，令热敏性物料的性能指标降低或大部分失效。粉碎过程中也会引起物料的变性或变质，此时可以采用低温粉碎的方法。

低温粉碎是将药材冷却后或在低温条件下粉碎的方法，是利用物料在低温时脆性增加、韧性与延伸性降低的性质以提高粉碎效果的方法。此法适用于在常温下粉碎困难的物料，软化点低的物料，如树脂、树胶、干浸膏等。

低温粉碎有以下优点：①粉碎设备能连续生产，产热小；②可使升温后软化或发黏的药物易于粉碎；③可明显提高制剂的有效活性；④对含芳香性、挥发性成分的药材进行低温粉碎，可避免有效成分的损失；⑤有利于保留粉体生物活性成分，使其有效成分提高若干倍，保证了物料的色泽、品质、成分，以利于制成所需的高质量产品；⑥低温条件下粉碎有利于改善中药材的流动性；⑦中药材在低温环境下粉碎，可以有效抑制中药材细菌的繁殖，避免药材污染。低温粉碎的缺点是投资大，成本高。

（四）开路粉碎与循环粉碎

开路粉碎又称开路破碎，被碎物料只通过粉碎机一次即达到所要求的粒度，又称无分级粉碎，粗碎机多采用这种操作法。粉碎物料只通过设备一次，即物料→粉碎机→产品。显然，开路粉碎操作比较简单。

如粉碎的产品中，含有尚未被充分粉碎或不符合粒度要求的物料时，经筛选分级后，将粉碎后符合粒度要求的物料取出，尚未符合粒度要求的部分物料重新返回到粉碎机中进行粉碎，称为循环粉碎，即物料→粉碎机→筛析→分流→产品。

五、中药超微粉碎 🔲微课

超微粉碎是一项新的技术，在食品中应用很多，被国际食品业公认为 21 世纪十大食品科学技术之一，也是目前中药应用技术的研究趋势和热点。超微粉碎是指利用机械或流体力学的途径，利用粉碎设备对物料进行冲击、摩擦、碰撞和剪切等，将物料粉碎至粒径小于 $10\mu m$ 的微小固相颗粒的过程。超微粉碎的最终产品是超微细粉末，和一般的粉碎技术相比，超微粉碎可极大程度降低原料粒径，改变原料吸水性、比表面积、孔隙率等特性，有利于其中有效成分的释放和吸收，也具有一般粉体所不具有的一些特殊的理化性质，如良好的流动性、溶解性、分散性、吸附性、化学反应活性等。

中药超微粉碎是指将先进的超微粉碎技术与传统中医药理论相结合，将中药材、中药提取物、中药制剂等微粉化处理，在实际应用层面上改善了中药的品质，提高了中药的利用率，亦推动了中药的标准化，是中药现代化的重要途径之一。中药物料经超微粉碎处理后，其粒度更加细微、均匀，粉碎后颗粒外表面积增加，吸附性和溶解性增强，使得药物能较好地分散、溶解于胃液中，增大与胃黏膜的接触面积，从而更易被胃肠道吸收，大大提高了生物利用度。有相当一部分矿物类药材是水不溶性物质，经超微粉碎处理后，因粒度大大减少而可加快其体内的溶解、吸收速度，提高其吸收量，从而提高效果。

（一）中药超微粉碎工艺与过程

中药超微粉碎主要是指中药材的细胞级微粉碎，即直接将中药材的细胞打碎。由于植物药、动物药的药效成分主要分布于细胞内与细胞间质，以细胞内为主，因此将打破中药材细胞为目的粉碎作业称为中药的"细胞级微粉碎"；采用细胞级微粉碎方法所获得的中药微粉称为"细胞级中药微粉"；以细胞级中药微粉为基础制出的中药称为"细胞级微粉中药"，简称"微粉中药"。

细胞级中药超微粉碎是指以生物细胞破壁为目的的粉碎作业，它不以粉碎细度为目的，而是追求细胞的破壁率。细胞的破壁率越高，药材的细度越细。通过超微粉碎，能将原生材料的中心粒径从传统工艺的 150～200 目提高到 300 目以上，对于一般药材，在该细度条件下的细胞破壁率大于 95%，细胞经破壁后细胞内的有效成分充分暴露出来，药物的释放速度及释放量会大幅提高。

研究表明，超微粒子（或纳米粒子）具有显著的体积效应、表面效应、量子尺寸效应和宏观量子隧道效应，而且粒子尺寸越小，材料的物性变化就越显著。现在，大多数资料及企业所认可的中药超微粉碎是指中药经超微粉碎机粉碎后的细胞级微粉碎（即细胞破壁）。

（二）中药超微粉碎的优势

超微粉碎技术应用于中药领域，主要优势是能显著提高中药的溶出度；提高药物的生物利用率，减少剂量；增强中药的药效；起到"固体乳化"作用，颗粒越细，便于分散，使中药材各有效成分均匀化；提高中药的制剂性能，工艺可行性提高，便于剂型改进。

1. 提高有效成分的溶出速率　在一定温度下，固体药物的的溶出速率与固体的比表面积成正比，颗粒微粉化，比表面积增大，溶出路径变短，阻力小，溶出速率增加。中药饮片的超细化能够显著地提高有效成分的溶出速率，对于中药散剂、胶囊剂、片剂等固体制剂影响亦很大。

2. 提高有效成分的溶出量　由于超微粉碎能使中药植物的细胞及组织被粉碎，有效成分可以充分溶出，同时中药微粉化，溶出阻力减小，同等量药材有效成分的溶出量明显增加，对于中药提取有利，因而中药超微粉碎可以较大幅度减少用药量，这对节省贵重及稀少中药有着重要的意义和价值。

3. 提高产品的均匀度　中药的超微粉化，由于粉粒很小，其比表面积增大，其流动性、可填充性、可压缩性发生改变，便于后续制剂使用，在中药复方制剂中，可更好地达到混合均匀，且均一性、稳定性更好。若用于制备外用制剂，由于粉粒很小，更利于分布均匀，有助于黏膜或皮肤的吸收利用。

（三）中药超微粉碎的主要方法

1. 普通超微粉碎方法　目前超微粉碎技术主要是机械粉碎法，成本低、产量大，是制备超微粉体的主要手段，现已大规模应用于工业生产。机械超微粉碎法可分为干法粉碎和湿法粉碎，根据粉碎过程中产生粉碎力的原理不同，干法粉碎有气流式、高频振动式、旋转球磨式等几种形式；湿法粉碎主要是胶体磨和均质机。

2. 低温超微粉碎方法　在微粉制备过程中，对于具有韧性、黏性、热敏性和纤维类物料的超微粉碎，一直是粉碎研究的重点和难点。近年来，研究中将低温粉碎技术和超微粉碎技术结合起来，这就是低温超微粉碎方法。该方法不同于普通的超微粉碎法，它是利用物料在不同温度下具有不同性质的特性，将物料冷冻至脆化点或玻璃态温度之下，使其成为脆性状态，然后再用机械粉碎或气流粉碎，获得超细化微粉。

低温超微粉碎方法有三种方法：①先将物料在液氮环境中快速降温至低温状态，迅速将其投入常温粉碎机中粉碎；②将常温的物料，投入粉碎机中粉碎，粉碎机内部是低温状态；③粉碎物料和粉碎机内部均为低温进行粉碎操作。

该方法的优点：可粉碎在常温下难以粉碎的物料，如纤维类、热敏性和受热易变质的物质（血液制品、蛋白质及酶等）；对含芳香性、挥发性成分的天然植物进行低温超微粉碎，可避免有效成分的损失；在低温环境下细菌的繁殖受到抑制，避免产品污染；可提高对易燃、易爆物品粉碎的安全性。缺点：生产成本极高，对于低附加值的产品难以承受，故多用于附加值较高的物料超微粉碎。

（四）中药超微粉碎的应用前景

中药超微粉碎技术对于拓展中药应用具有重要意义，其不仅可以通过粉碎细胞壁来提高药物浸出量从而提高其生物利用度，还可以通过粉碎来改变粉体粒径和比表面积从而改善粉体特性增加其临床应用，目前研究热点集中于微米级超微粉碎向纳米级超微粉碎转变。

1. 改进中药固体制剂工艺　可提高剂型品质。中药丸、散剂在固体类制剂中占有相当大的比例，传统的加工技术使药物粒度较大，不利于有效成分的充分吸收，一些外用制剂甚至会产生局部刺激作用。采用中药超微粉碎，可使中药细度达到 300 目以上，甚至更小，可明显增加内服制剂在体内的溶解吸收程度，增加外用散剂的分散性，有利于涂布、附着，使有效成分更易于透皮吸收，并可减少对皮肤的刺激性。同时，超微粉碎技术的引入，也会在溶解度、崩解度、吸收率、附着力及生物利用度方面提高其品质。

2. 丰富和完善中药炮制技术　中药炮制目的之一，是使药材质地酥碎，便于有效成分的溶出和吸收，提高药效。超微粉碎技术使中药材和中药制剂达到适宜粒度，可更好地发挥药效而节省药材。

3. 扩大中药临床使用　对于灵芝、鹿茸、珍珠、羚羊角、冬虫夏草等珍贵中药材，可通过超微粉碎直接粉碎至目标粒度，制成中药口服散剂、胶囊剂、微囊等，还可以将某些中药材超微粉碎后直接与基质等混合制备外用透皮吸收制剂或混悬药剂。

【应用实例】中药三七的粉碎

三七俗名田七，是五加科植物三七的干燥根和根茎，始载于《本草纲目》，其含有皂苷、黄酮、多糖、氨基酸等多种成分。三七属块状中药，传统研末入药，《中国药典》（2020年版）收载方法为洗净，干燥，碾成细粉。三七常加工成粉末服用，为了增加药物生物利用度和服用后易于被人体吸收，现在常用超微粉碎技术。粉碎过程：①称取适量三七药材，烘干晾至常温，破碎机破碎成小块；②用万能粉碎机粉碎得三七粗粉；③选用气流粉碎（干法球磨或湿法球磨粉碎机）对三七粗粉进行冲击、剪切、撞击和研磨等超微粉碎，制备三七超微粉；④将三七粗粉或细粉与蒸馏水配成一定浓度（质量体积比为5.0%左右），采用高速离心剪切式超细粉碎机对三七进行细胞级湿式超微粉碎，制备出纳米三七液，分离可得三七极细粉。

>>> **知识链接** ○--

行星式球磨机

超微粉碎设备中，主流技术还是以研磨为主，主要有旋转式研磨仪系列、盘式研磨仪系列、球磨仪系列，其中球磨仪系列粉碎颗粒更细。行星式球磨机是混合、细磨、小样制备、纳米材料分散、新产品研制和小批量生产高新技术材料的必备装置，它可以将硬的、软的、脆的、湿的以及胶质样品研磨至胶状细度（最小可达到0.1μm）。它是在同一转盘上装有几个球磨罐，当转盘转动时，球磨罐绕转盘轴转动，作行星式运动，球磨罐中的磨球在高速运动中研磨和混合样品。该设备可干、湿两种方法研磨和混合粒度不同、材料各异的产品，设备体积小，广泛应用于医药、美容、冶金、电子、材料、环保、核研究等科研和产业部门。

--●

◈ 第二节　筛分工艺

在中药制药工艺过程中，常常用到筛分操作，如中药前处理工段的筛分净选、除杂、分级等，在中药粉体工程中的筛分分级、分离，在液-固混悬体系中的筛分分离、除杂，在制剂过程中的筛分分离、分级、分类等。从狭义上来讲，筛分主要指将粒子群按粒子的大小、比重、带电性以及磁性等粉体学性质进行分离的方法，在中药制药上主要指固-固分离，指用带孔的筛面把粒度大小不同的混合物料分成各种粒度级别的物料。

固体药物被粉碎后，粉末中的颗粒有粗有细，如后续工艺为直接制剂，就必须对其进行分级、分类，即用筛将粉末按规定的粒度要求分离开的操作过程，是制药生产中的基本单元操作之一，其目的是获得粒度比较均匀的药料。由于制药过程可能是复方制药，不同中药固体密度、含水量、颗粒大小、粉体几何外形、粉体表面亲/疏水、粉体孔隙组成、粉体可压缩性和流动性等参数不同，会直接影响到制备颗粒的可压缩性、溶解与溶出性能、空隙度等，影响到药品的崩解性能、药物溶出速率等，从而影响药物的实际使用过程，药料的筛分分级对复方制剂有加成效果。

中药材有花、叶、根、茎、草、矿物、龟甲等种类，也有丝、片、段、条、块等形态，既有密度、形态、含水量、弹性、脆性等物理属性不同，还有糖类、油质、挥发油、鞣质等化学成分不同，这些都会影响到粉体间碰撞、挤压、剪切、沉降等产生的团聚、架桥、形变等，从而影响筛分过程与筛分效率。因此，研究中可以将筛分过程细分为筛分物料、筛分设备、筛分过程参数等三参数来研究，来熟悉筛分工艺与过程。

一、筛分过程与机制

筛分是借助具有一定孔眼或缝隙的筛面，使药料颗粒在筛面上运动，不同大小颗粒的药料在不同筛孔（缝隙）处落下，完成药料颗粒的分级。从筛面孔眼掉下的药料称为筛下料，停留在筛面上的药料称为筛上物。理想状态下，用孔径为 D 的筛网来分离，可将药料分成大于 D 和小于 D 两部分。但实际上由于固体粒子结构、密度、含水量、表面黏结、筛网结构、筛分动力等情况不同，实际筛分过程会和理论有一定差异，会使粒径大的药料中残留有小粒子，小粒径的药料中混有大粒子。

将颗粒大小不同的混合物料，通过单层或多层筛子而分成若干个不同粒度级别的过程即为筛分工艺。混合物料的筛分过程，可以看作由两个阶段组成：①易于穿过筛孔的下层颗粒透过筛孔；②易于穿过筛孔的上层颗粒通过不能穿过筛孔的下层颗粒所组成的物料层到达筛面，透过筛孔。要使这两个阶段能够实现，物料在筛面上应具有适当的运动，一方面使筛面上的物料层处于松散状态，物料层将会产生析离（按粒度分层），大颗粒位于上层，小颗粒位于下层，容易到达筛面，并透过筛孔。另一方面，物料和筛子的运动都促使堵在筛孔上的颗粒脱离筛面，有利于颗粒透过筛孔。可见，保持物料的松散状态和粒子产生相对运动是影响筛分效率的影响因素。

综上所述，实现筛分的三个基本条件：①被筛物料必须与筛面接触；②合适的筛孔形状与大小；③被筛物料与筛面之间有适宜的相对运动，即外力的方向与大小；④物料的松散状态，便于上层颗粒的下移行动。

实践表明，物料粒度小于筛孔 3/4 的颗粒，容易通过粗粒物料形成的间隙，到达筛面，到筛面后很快透过筛孔。这种颗粒称为"易筛粒"。物料粒度大于筛孔 3/4 的颗粒，通过粗粒物料组成的间隙比较困难，这种颗粒的直径愈接近筛孔尺寸，它透过筛孔的困难程度就愈大，因此这种颗粒称为"难筛粒"。

颗粒通过筛孔的可能性称为筛分概率，主要受到下列因素影响：①筛孔大小；②颗粒与筛孔的相对大小；③颗粒与筛孔的相对性状；④颗粒运动方向与筛面所成的角度；⑤颗粒的含水量。

由于筛分过程是许多复杂现象和因素的综合，在讨论筛分机制方面往往从颗粒尺寸与筛孔尺寸的关系进行讨论，并假定了某些理想条件，如颗粒是垂直地投入筛孔，来研究颗粒透过筛孔的概率。在实际生产中，颗粒在筛面上有垂直跳动、水平面滑动、不同角度跳动等，其受力大小不同，也会影响着颗粒的筛分过程。

二、筛分目的

筛分是中药制药过程中应用广泛的分级操作，其目的有：①筛除粗粒或异物等；②筛除细粉或杂质；③整粒，筛除粗粒及细粉以得到粒度较均一的产品；④粉末分级，满足丸剂、散剂等制剂要求。可以看出，筛分就是为了获得较均匀的粒子群，即或筛除粗粉取细粉，或筛除细粉取粗粉，或筛除粗、细粉取中粉等。这对药品质量以及制剂生产的顺利进行都有重要的意义。如颗粒剂、散剂等制剂都有药典规定的粒度要求；在混合、制粒、压片等单元操作中对混合度、粒子的流动性、充填性、片重差异、片剂的硬度、裂片等具有显著影响。

三、药筛种类

筛分用的药筛分为两种：冲眼筛和编织筛。冲眼筛是在金属板上冲出圆形的筛孔而成。其筛孔不易变形，多用于高速旋转粉碎机的筛板及药丸等粗颗粒的筛分。编织筛是具有一定机械强度的金属丝（如不锈钢、铜丝等）或其他非金属丝（人造丝、尼龙丝、绢丝等）编织而成。由于编织筛线易发生移位致使筛孔变形，故常将金属筛线交叉处压扁固定，适用于粗、细粉的筛分；用非金属制成的筛网具有一定弹性，耐用，对一般药物较稳定，在制剂生产中应用较多。

根据国家标准 R40/3 系列，《中国药典》（2020 年版）按筛孔内径规定了 9 种筛号，一号筛的筛孔内径最大，九号筛的筛孔内径最小，药筛种类见表 7 - 1。在制药工业中，长期以来习惯用目数来表示筛号和粉体粒度，每英寸（等于 25.4mm）筛网长度内的筛孔数目称为目数，孔径大小常用微米表示。如每英寸筛网长度内有 100 个孔的筛称为 100 目筛，能够通过此筛的粉末称为 100 目粉，其筛孔内径约为 150μm。目数越大，对应的粉末粒径越小。如果筛网的材质不同或丝径不同，目数虽相同，筛孔内径也会有差异，筛分效果也会不同。为了区别固体粒子的大小，《中国药典》（2020 年版）把固体粉末分为六级，见表 7 - 2。

表 7 - 1 《中国药典》（2020 年版）所用药筛

筛号	筛孔内径（平均值）	目号（数）
一号筛	2000μm ± 70μm	10 目
二号筛	850μm ± 29μm	24 目
三号筛	355μm ± 13μm	50 目
四号筛	250μm ± 9.9μm	65 目
五号筛	180μm ± 7.6μm	80 目
六号筛	150μm ± 6.6μm	100 目
七号筛	125μm ± 5.8μm	120 目
八号筛	90μm ± 4.6μm	150 目
九号筛	75μm ± 4.1μm	200 目

表 7 - 2 《中国药典》（2020 年版）粉末分等

粉体类别	具体要求
最粗粉	指能全部通过一号筛，但混有能通过三号筛不超过 20% 的粉末
粗 粉	指能全部通过二号筛，但混有能通过四号筛不超过 40% 的粉末
中 粉	指能全部通过四号筛，但混有能通过五号筛不超过 60% 的粉末
细 粉	指能全部通过五号筛，并含能通过六号筛不少于 95% 的粉末
最细粉	指能全部通过六号筛，并含能通过七号筛不少于 95% 的粉末
极细粉	指能全部通过八号筛，并含能通过九号筛不少于 95% 的粉末

由固体粉末的分类可知，分级不同的粉末均为粒度上的混合物，在具体使用过程中需要考虑粒度分布。如粗粉，粉末最大粒径可为 850μm，其最小粒径不确定，粗粉中混有能通过四号筛（粒径小于 250μm）的粉末占比没有确定。在混合、制剂工艺中需要具体问题具体分析，依据粒度分布数据来选择合适目数的药筛来使用。

四、筛分方法

中药筛分工艺常用于粉末、小块物、松散物料、悬浮物的筛选、除杂、分离和分级，对于固液混合物可进行粗滤。中药种类多、成分复杂，有些中药粉有一定的油性及湿性、比重较轻，也容易抱团堵网，有些还有热敏性和毒性等，还有密度、黏结性、流动性、颗粒形态等不同，在筛分过程中需要考虑到物料特性、筛分设备结构参数和工艺操作参数三者之间的关系。

由于物料和筛面之间的相对运动方式不尽相同，从而出现了不同的筛分方法。为达到粗、细物料经筛面实现分离，筛面和物料之间必须有相对运动，才能使物料呈现出具有"活性"的松散状态。分离过程可以认为是由物料分层和细粒透筛两个阶段所构成，但是分层和透筛不是先后的关系，而是相互交错同时进行的。

（1）推动式筛分法　由于组成筛面的筛条转动，物料通过筛面运动构件的推送，沿筛面向前运动，如滚轴筛。

（2）滑动筛分法　物料在斜置固定不动的筛面上靠本身自重下滑。这是早期使用的筛分方法，其筛分效率低、处理量小。

（3）摇动式筛分　筛面可以水平安置，也可倾斜安置，工作时筛面在平面内做往复运动。

（4）滚动式筛分法　筛面是个倾斜安置的圆筒，工作时匀速转动，物料在倾斜的转筒内滚动，如早期使用的圆筒筛。

（5）抛射式筛分法　筛面在垂直的纵平面内做谐振动或准谐振动。筛面运动轨迹呈直线，也可呈圆形或椭圆形。物料在垂直的纵平面上被抛射前进，如振动筛。

现代筛分过程主要是采用抛射式筛分法，尤其是在原料中"难筛粒""阻碍粒"较多时。与其他筛分法相比，抛射式筛分法具有明显的优越性。

从上可知，虽然筛分的物料与筛面的相对运动方式不同，但是其目的都是为使物料处于一定的松散状态，从而达到每个颗粒都能获得相对位移所需的能量和空间，同时能够使细粒顺利透筛。

五、筛分设备

筛分设备种类很多，生产中会根据筛分物料特性、分离分级要求和处理量等来选取设备。其基本原理是将不锈钢丝、铜丝、尼龙丝等筛网，固定在圆形或长方形的金属圈或竹圈上，筛分时加入筛分物料，通过外力使筛面滑动、转动或振动，使物料与筛面产生相对运动，从而增加透筛概率，完成分离过程。小批量生产时，可以按照筛号大小依次叠成套（亦称套筛），最粗号在顶上，其上面加盖，最细号在底下，套在接受器上，应用时将所需号数药筛套在接受器上，上面用盖子盖好，用手摇动过筛，此法也适于筛剧毒性、刺激性或质轻的药粉，避免细粉飞扬。大批量生产时，则需采用机械筛具来完成筛分作业。

依据物料与筛网之间的相对运动方式，制药工业上常用的筛分设备主要为摇动筛、滚筒筛和振动筛。三种筛分设备工作原理和特点不同，摇动筛筛分时，物料的运动方向基本平行于筛网；滚筒筛筛分时，倾斜放置的滚筒筛面匀速转动，物料在筒内滚动，物料运动方向与筛网成直角剪切，接触面积小，转速不高，效率低；振动筛由于振动锤的作用，物料运动方向与筛面成一定角度，且振动锤频率高，振幅小，振力大，因此振动筛筛面上的物料运动特性有助于筛面上的物料分层，减少筛孔堵塞，强化筛分过程。通过原理比较可以发现，振动筛具有较高的筛分效率和处理能力，现在已成为最主要的筛分设备，被广泛应用于中药生产的净选、粉碎、制剂过程中。

（1）滚筒筛　又称回转筛，筛网覆在圆筒形、圆锥形或六角柱形的滚筒筛框上，由电机经减速器等带动使其转动。物料由上端加入筒内，物料在滚筒内的运动轨迹呈螺旋形。在不断的下滑翻滚转动过程中，细料通过筛孔由底部收集。滚筒筛的转速不宜过高，以防物料随筛一起旋转。滚筒筛由于没有振动源和快速旋转的部件，结构简单、坚固耐用，维修方便，多用于生产量大的场合。主要缺点是筛面利用率低，工作面仅为整个筛面的 1/6 ~ 1/8。体形较大，筛孔易堵塞，筛分效率低。

（2）摇动筛　是由将筛网制成的筛面装在机架上，并利用曲柄连杆机构使筛面作往复摇晃运动而进行筛分的。工作时，筛面上的物料由于筛的摇动而获得惯性力，克服与筛面间的摩擦力，产生与筛面的相对运动并分离，且逐渐向卸料端移动。主要结构由筛、摇杆、连杆、偏心轮等。摇动筛的优点是筛箱的振幅和运动轨迹由传动机构确定，不受偏心轴转速和筛上物料的影响，可以避免由于给料过多（或给料不均匀）而堵塞筛孔和降低振幅等现象。其缺点是筛分速度慢，处理量和筛分效率低，亦可以适用于毒性、刺激性和质轻粉末，避免细粉飞扬。

（3）振动筛 是利用振子激振所产生的往复旋型振动而工作，振子的上旋重锤和下旋重锤联合作用，使筛面产生复旋型振动。其振动轨迹是一复杂的空间曲线。主要结构由筛网、电动机、重锤、弹簧等组成。工作时，筛框与筛面产生圆周方向的振动，同时因弹簧的作用引起上、下振动。当约料加到筛网中心部位后，将以一定的曲线轨迹向器壁运动。药料在筛面上产生的是从中心向圆周方向的漩涡运动，并作向上抛射运动，这样可有效地防止筛孔堵塞。振动筛粉机的特点是：由于筛箱振动强烈，减少了物料堵塞筛孔的现象，使筛子具有较高的筛分效率和生产率；可筛分 80~400 目粉体产品，对于干物料筛分可以满足需求；构造简单、拆换筛面方便；耗能相对较高，尤其在大出力工况条件下，工作噪音和粉尘较重。

六、提高筛分效率的有效措施

筛分效率是筛分设备工作质量的一个指标，通常用筛分时所得到的筛下产物的质量与原物料中所含小于筛孔尺寸的粒子的质量之比，可用百分数来表示。理想的筛分效率是比筛孔小的颗粒都能透过筛孔进入筛下，成为筛下物；而大于筛孔的颗粒则都留在筛上，成为筛上物。

实际生产中，总会有一些小于筛孔的细粒留在筛上随粗粒一起排出成为筛上产品，筛分效果变差。目前，提高筛分效率的应用研究很多，其原理主要集中于增加物料与筛网接触面积和接触时间、改善物料进料方式和进料量、减少筛孔堵塞等，操作中可从物料特性、筛分设备结构参数以及操作参数等方面来总体考虑和分析。

1. 合理选择筛分设备 不同类型的筛分设备对于入筛物料的适应性有所不同，物料在不同类型设备上进行的筛分运动形式也不尽相同，可以依据被筛物料性质和筛分要求合理选择筛分设备。物料的比重大小、黏性大小、含水量、是否有静电、易碎与否、易爆风险、是否有毒等都是设备选取过程中不能忽视的因素，它不仅是涉及筛分过程的效率和精度问题，更是关乎到生产安全的大问题。因此，在选择筛分设备时，应对现场物料特性、目的产物等多种因素进行综合分析。

2. 增加筛分面积 筛分实践证明，减少单位筛面上物料量可改善筛分效率。当筛面上实际物料量为筛子能力的约 80% 时，筛子筛分效率最高。当用筛子做分级设备时，由于细粒级多，应保证有足够筛分面积和适当加长筛面，长宽比在 2：1 以上有利于提高筛分效率。

3. 采用合理的倾角 筛网安置时，采用合理的倾角可控制物料在筛面上的流动速度，有利于减少物料厚度，实现薄料筛分。一般讲，倾角大筛面上物料运动速度快、生产能力大，但效率低。要获得较高筛分效率，物料在筛面上运动速度一般控制在每秒 0.6m 以下，故筛面要保持 15°左右的倾角。

4. 调整进料模式 如果在筛分过程中给料不足，会造成物料在筛面上分布不均匀，筛面得不到充分利用；如果进料太多，筛料会太厚，导致生产量大，堵塞筛网，降低产量。对于进料不均匀的问题，可以在进料口安装布料装置，使物料均匀分布在筛网表面。当然，也可以和筛网倾角结合起来综合考虑，以保证筛面上的物料顺利筛分。

5. 采用扩大筛孔的多层筛 普通单层筛，给料中"难筛粒子"和"阻碍粒子"（大于筛孔粒子）几乎全部从给料端运动到排料端，从而影响了中、细粒物料的分层与透筛。可以采用多层筛来改善，采用从下层到上层筛孔逐渐加大、筛面倾角逐渐减小的多层筛，即对不同粒度的物料用不同倾角和筛孔的筛面，在上层、中层、下层筛面上分别完成物料松散、分层以及预筛分和细粒筛分作用，克服筛孔的堵塞，提高筛分效率。

6. 安装清筛装置进行调试，降低筛孔堵塞率　通过安装自动清筛装置（弹跳球）可以降低筛面堵塞孔洞的概率，提高物料的筛分效率。弹跳球不断在筛网和冲孔板之间上下弹跳，撞击筛网，使卡在筛网孔之间的物料被撞击反弹落下，从而实现有效清理筛网的效果。通过清洗，物料快速通过筛网，从而达到筛分，有效提高物料的筛分率。

7. 采用非金属材质筛网　采用薄形弹性筛网作为筛基，对提高振动筛的工作效率有利。这种筛网一般用橡胶或聚氨酯材料加工而成，它能降低筛面和被筛物料之间的附着力，使物料产生二次高频振动，避免筛孔堵塞，增强了物料的通透性，并且其开孔率较大，能缓解被筛物料对筛面的机械作用，较之钢丝筛网能经受更大的振幅振动。

当然，提升筛分效率的方法还有很多，如物料和条件允许的情况下，可以采用湿法筛分，即借助水的冲洗作用进行筛分；干法筛分物料水分偏高时，可考虑配料筛分；选用高开孔率的筛面，考虑物料形状与筛孔形状的通过概率等。通过合理、科学地选取、安装、调试和操作筛分设备，可以有效提高筛分效率，延长设备使用寿命。

第三节　混合工艺

物料混合的均匀度是保证中药固体制剂质量均一性和稳定性的关键工序，混合结果的好坏直接关系到制剂的质量控制及外观，如在散剂、片剂等的生产中，混合不好会出现含量不均匀、剂量不准确、色斑、崩解时限不合格等问题。因此，理解中药混合过程变化特点和规律，理解中药混合过程小试、中试等放大规律，并在此基础上实现混合过程均匀度控制，对于保证并提高中药固体制剂质量具有重要意义和价值。

>>> **知识链接** o- -

混合过程放大

制药工艺的规模是由设备决定的，设备的体积放大是制药工艺规模放大的核心和关键，一般分为实验室研发、小试、中试和工业化生产阶段。混合过程就是将不同的组分混合均匀的一个工艺，生产中主要为液体混合和固体混合，需要考虑混合工艺对传热、传质的影响，也需要考虑混合中搅拌、剪切、碰撞、对流等对物料的二次影响，主要评价指标为混合均匀度。混合设备放大，主要采用的方法有：逐级经验放大法、相似模拟放大法（几何相似、运动相似等）和数学模拟放大法。

- -

一、混合过程

混合是一种趋向于混合物均匀性的操作，通常指用机械方法使两种或多种物料相互分散而达到细化、均匀状态的单元操作，参与混合的各物料没有本质变化，并能保持各自原有的化学性质。混合过程可以是固－固、固－液、液－液等组分的混合，通常将固－固粒子的混合简称混合，将大量固体和少量液体的混合叫捏合，还有叫"混炼"，将大量液体和少量不溶性固体或液体的混合称为匀化。混合是制备丸剂、片剂、胶囊剂、散剂等多种固体制剂生产中重要的单元操作，中药制药工艺中的混合多指粉体间的固－固混合。在制药过程中，混合目的是为了改善药品原、辅料体系的可加工性，改进药品的使用性能、安全性能或降低成本，常与其他工艺组合生产，如混合粉碎、混合筛分、混合干燥、混合制粒等。

混合过程是一个十分复杂的过程，固体散状物料的混合过程决定了许多因素：混合速度及混合设备的结构、各成分的比例、混合机的装载程度、各组分的堆比重和密度、颗粒间的摩擦系数、颗粒形状、各组分的粉碎程度及混合物的水分等。理想的完全混合状态如图7-1所示，物料分布完全均匀，即不同物料的互相接触面积达到最大值。但是，这种绝对均匀化的完全混合状态在工业生产中是不太可能出现的。一般工业上的混合最佳状态总是无序的不规则排列，如图7-2。混合过程是一种"随机事件"，所以工业混合也被称为概率混合，它所能达到的最佳程度称为随机完全混合，即统计的完全均匀混合状态，其混合程度受多因素影响。

图7-1 理想的完全均匀混合状态

图7-2 统计的完全均匀混合状态

混合工艺是将两种以上的组分混合均匀的操作，是固体制剂中的一个重要工艺环节，有的工艺甚至需要进行多次混合来实现，如在制粒前的预混、在压片前的总混等。其中混合的工艺细化后，还会有混合的顺序、混合的时间、混合的次数等不同因素。混合工序在固体剂型工艺中的应用，几乎贯穿整个固体剂型类别（图7-3）。

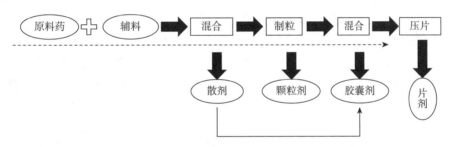
图7-3 混合工序在固体剂型工艺中的应用

对于固体药物而言，除去活性物质之外，还包括一些药物辅料，如淀粉、蔗糖、糊精等。这些辅料可以帮助药物成型，便于上市流通，方便患者使用，或让药物的生产成为可能，或者能够减小副作用、提高药效。总之，药用辅料对药物的生产具有重要作用。

在药物生产中，第一步往往是将活性物质与特定的辅料混合均匀，这样才能保证每一颗药物都具有同等的效果。目前常用于固体制剂生产的辅料一般是采用特殊工艺制备的颗粒，由于这些颗粒具有较大的比表面积，同时很多类型辅料在表面或内部拥有细小孔洞，能够进一步吸附水分，或吸附更为微小的粒子。这些颗粒与颗粒之间的气体一同组成了粉体，除非在较大的压力下，粉体颗粒间很难形成永久连接，这使得粉体具有类似液体一样的流动性，但其颗粒本身没有液体分子那样的热运动能力，只能在外力作用下移动。

粉体的组成和性质较为多样，粉体性质也随组成不同而变化，而粉末的均匀混合是保证最终制剂产品质量均一的关键因素。为了更好地选择辅料，设计工艺，准确而全面地理解粉末混合过程对制剂而言十分必要。

二、混合机制

在固体制剂的生产中，混合是最为常见的操作。粉末虽然在宏观上具有流动性，但在微观上却无法自发移动。混合过程的本质，是粉体在重力和外力作用下，粉体中各种组分根据自身性质和处于的环境情况再分布的过程。如果忽略颗粒间的作用力，粉体中各个组分在外力作用下呈现随机分布。混合物料不同，混合的方法和设备不同，混合的效果肯定不一样，但是混合机制是基本相同的。

1. 扩散混合 混合物料中的粒子在紊乱运动中导致相邻粒子间相互交换位置，即为局部混合作用。当粒子的形状、充填状态或流动速度不同时，即可发生扩散混合。与对流混合相比，混合速度显著降低。

2. 对流混合 待混物料中的粒子在混合设备内翻转，或靠混合机内搅拌器的作用进行着粒子群的较大位置移动，产生类似流体的运动，形成环形流动，使粒子从一处转移到另一处，经过多次转移，使粉体在大范围内对流实现均匀分布。对流混合的效果取决于所用混合机的种类。

3. 剪切混合 对粉体物料团进行剪切，在外力作用下粉体间出现相互滑移现象，形成滑移面，使局部的粉体不断被剪切实现均匀分布，同时该剪切过程伴随有粉碎作用。对于普通混合，剪切不是决定因素，而是捏和操作中重要的因素。

以上三种混合原理虽各有不同，但是共同的本质则是施加适当形式的外力使混合物中各种组分粉体产生相互间的相对位移，这是发生混合的必要的条件。一般来说，上述三种混合机制在实际混合操作中都会存在，但所表现的程度随混合机的类型而异。回转类型的混合机以对流混合为主，搅拌类型的混合机以强制对流混合和剪切混合为主。

依据粉体混合过程中混合机制不同，其大致可分为三个阶段。粉体混合的第一阶段物料之间分离度高，故宏观整体混合很快，对流混合占据主体；第二阶段物料之间大颗粒或大团聚物层面上分散好，但团聚物和大颗粒需要继续分散，混合速度有所减慢，是对流和剪切的共同作用阶段；第三阶段物料分散基本处于良好分布时，物料的混合均匀度在某一值上下波动，表明物料的混合与分离相平衡，粉体处于微观阶段，为扩散混合阶段。由于粉体本身的理化性质不同、设备结构与操作条件的不同，实际生产中粉体的混合过程是一个很复杂的过程。

三、混合影响因素

在中药制药生产过程中，混合料质量的好坏直接影响到剂型的成型与功效，进而对药品的最终质量产生影响，混合质量好的混合料应该是：各个成分应该是均匀分布的（包括不同原料的颗粒，同一原料的不同大小的颗粒等），具有最紧密堆积，含水量适当，透气性好，再粉碎程度小。

从上述混合过程可以看出，影响混合均匀的主要因素源可以从三个方面来考虑：物料因素、工艺（操作参数）因素及混合设备因素。

1. 物料因素 粉体的混合由于外力作用而产生混合，粒子群大幅度或局部移动时不断分离、混合，粉体的物理性能对混合度和混合速度影响极大。物料粉体所具有的形状、粒径及粒度分布、装填密度、表面性质、流动性、含水量、黏结性等都会影响混合过程，其中最具有影响力的是装填密度、粒径和流动性等。

（1）粉体装填密度 指单位体积内粉体的质量。在实际应用中，可分为松装密度和振实密度。松装密度是指在小剂量体积单位内自然堆积的粉体质量和容积之比，粉体之间是松散结合。振实密度是指单位体积内被反复振动紧密后的粉体质量与容积之比，其粉体之间处于相对紧密结合状态。通常振实密度是松装密度的 1.2 ~ 1.3 倍。在实际应用中混合设备料桶中的粉体综合密度是介于松装密度与振实密度之间的。因此，在计算混合设备的装载量时要考虑这两种密度的影响。

粉体密度越大粉体在混合中其流动性就会越好。这是因为重量加大了对粉体运动的影响力。通常来讲流动性越好，粉体的均匀化混合越容易，但粉体流动性"过"好也会给均匀化混合带来困难。当粉体间密度差异较大时，就会出现轻、重粉不易混合均匀的难题。粉体在运动的混合容器中，其中部分轻粉一直悬浮在重粉上方，甚至会飘浮在空中，如果没有强制混合手段，即使延长混合时间，也难以达到好的混合效果。

（2）粉体形状和粒径　粉料颗粒形状不同，混合的时间和效果都不一样，如近似球形颗粒的内摩擦小，在混合过程中的相对运动速度大，故容易混合均匀；而棱角状颗粒料的内摩擦力大，不易均匀混合，与前者相比混合时间相对要长些。粒度分布影响粒子的运动，大小粒子会在其几何位置上相互错动，大粒子向下，小粒子向上。混合物料的平均粒径小、粒径均匀，混合速度慢，混合所能达到的均匀程度高。当两种粒径不同的物料混合时，两者粒径的差别越大，混合所能达到的精度越差。粉体越细，越不容易混合均匀。

（3）粉体的流动性　一般情况下，粉体流动性越好，混合进程进行得就越快。粉体实际流动时，通常用休止角标示。

2. 工艺因素　指物料的填充容积比、装料方式、混合机的转动速度与转动时间等。在原材料、配合比、混合设备都不变时，适宜的工艺条件可提高混合质量和缩短混合时间。在一般情况下，混合时间长，混合料就越均匀。混合初期，均匀性增加很快，当混合到一定程度后，再延长混合时间对均匀性影响就不明显了。加料顺序对物料混合均匀性影响很大，若粗、细粉同时加入，易出现细粉集中成小泥团。

（1）设备转速　在混合设备中，混合机的转速影响粒子的运动和混合速度。转速低时，粒子在粒子层的表面向下滑动，剪切力较弱，物料总体流动弱，会造成明显的分离现象，且会降低生产效率。转速过高时，粒子随离心力的作用随转筒一起旋转，形成物料之间的相对静止状态，剪切作用弱，混合效果差，甚至不起混合作用。因此，混合机存在一个适宜的工作转速。

（2）装料方式　装料方式一直是混合工艺中的研究热点和重点，需要考虑物料的先加、后加还是分批次加入，是等量加入还是按比例加入，分层加料还是上层加料、左右加料等。对于物料比例大的混合，常使用"等量递加法"混合。

（3）充填量　设备充填量小，混合效果好，但产量不够；充填量大时，回转设备中物料流动空间小，混合效果不佳。一般情况下，充填量需要与设备类型和工作原理相符合，回转圆筒型混合机的充填量小于固定容器型混合机的充填量，如 V 型混合机是物料经历分散—混合—分散的往复循环过程，充填量不易过大，在30%（体积百分数）左右时，混合效果最好。

3. 设备因素　包括混合工作原理、搅拌部件的尺寸与几何形状、清洗性能、进料部位和结构材料表面加工质量等，这些均能影响粒子在混合机内的流动方式和速度，从而影响混合效果。混合机的结构和制造质量对混合质量有很大影响，如混合容器结构不合理，会使物料分布不均匀或向一端集积，影响混合时间和混合均匀度，也可能造成物料死角不能混合；撑杆、环带、轴等焊接质量差，出现凹凸不平、容易挂料等。另外，有些物料易产生静电效应而使之被吸着于机壁上，影响混合均匀度，需要将机体妥善接地。

（1）搅拌型混合机　由于具有强力搅拌装置，搅拌、剪切作用明显，装料量较大，一般为60% ~ 85%，适用于附着性、凝聚性强的粉体，如低密度粉体、湿润粉体和纤维状、膏状物料的混合，对于物性差别较大的物料也很实用，但是此类混合机较难清洗，搅拌时间长会造成物料二次粉碎。

（2）回转型混合机　一般没有安装强力搅拌装置，主要靠物料的对流来混合，混合均匀度高，但设备装料量较低，一般为 30%～50%，机器容易清洗，一般适用于物性差异小、流动性好的物料混合，不适用于含湿量高、吸湿性强或具有黏性的物料，其混合时间越长可能出现离析现象。

总之，物料混合是个受多种因素影响的复杂过程，各种混合方法和设备的适用范围并不绝对，在实际研发和生产过程中，应根据物料特性、混合设备、操作条件（工艺因素）等考察比较后，选择合适的混合方法和设备。

四、混合过程中的离析

在混合过程中，由于混合物料性质和运动方式等不同，有时候混合过程不能达到最佳混合状态，尤其是较细粒子的存在。由于细小粉体的自聚性及体积小，会产生逆混合均化的现象，称为反混合，也叫离析。一般情况下，小粒径、大密度、球形颗粒在混合过程中易于在大颗粒的缝隙中往下流动而发生离析。可见，离析会阻碍完全混合，通常可以通过改变物料的粒径范围，利用不同物料的形状黏附、适宜含水量等思路，来有效地防止离析。

混合过程一般在前期进行迅速的混合，达到较高混合状态以后，会产生离析现象，混合与离析一反一正，反复进行，混合结束时，混合与离析可以认为达到动态平衡。离析是与混合相反的过程，妨碍良好混合，也可使已混合好的混合物重新分层，降低混合物的混合程度，故在混合操作中应充分注意。

对于混合过程中的离析现象，可以从以下几个方面来弱化处理。

（1）从混合的机制来看，对流混合离析最小，扩散混合最有利于离析的产生，对于具有离析倾向较大的物料，选择以对流混合为主的混合机。

（2）混合料从混合机卸出后，运输中应尽量减少振动和落差，在工厂设计中应力求缩短混合机和成型设备之间距离。

（3）改进配料方法，使物性相差不大。

（4）在干物料中加入少量液体，如用水（也可以用表面活性剂）润湿粉体，适当降低其流动性，有利于混合。

（5）改进加料方法，在混合机内混合时，下层粒子向上层移动，上层粒子向下移动，降低离析程度。

（6）降低混合机中的真空度或破碎程度，降低二次粉碎，减少粉尘量。

五、混合方法

粉体混合的实施方法一般分为两大类型：重力对流扩散型混合方法和强制剪切搅拌型混合方法。

1. 重力对流扩散型混合方法　是指通过不断抬高粉体重心，利用重力使粉体反复进行流动、扩散、对冲、折叠等运动的混合方法。其作用是宏观上使粉体之间相互掺和、渗透，从而达到混合均匀的目的。优缺点：重力对流扩散型混合方法的优点是在宏观上粉体在容器内流动速度快，并且能做到在容器内上下、左右空间基本均匀一致；缺点是微观上相邻颗粒之间、局部空间变化慢，无法达到精细化混合要求。代表机型有三维混合机、V 型混合机、双锥混合机等，其特点是驱动装有粉体物料的容器运动，使容器内的粉体在重力作用下进行重力对流扩散混合。

2. 强制剪切搅拌型混合方法　利用容器内的运动桨叶（或高压气流）强制对粉体进行反复地搅拌、剪切等运动的混合方法。其作用是微观上不断打散粉体颗粒之间的相邻关系，让粉体颗粒充分地移动、互换来达到粉体混合均匀。优缺点：强制搅拌剪切型混合方法的优点是微观上能够达到精细化混合均匀的目的，并因粉体内部流动效率高，而使混合效率比较高；缺点是没有有效措施实现容器内上下、左右宏观上整体均匀。代表机型槽式螺带混合机、单锥螺杆混合机、气流式混合机等，其特点是容器内加有运动桨叶装置，对其中粉体进行强制搅拌剪切混合。

在实际生产中，对于小批量、贵重药品、结晶性药物混合等，还存在有研磨混合与过筛混合，以确保混合均匀。对于不同组分，剂量相差悬殊的配方，可将量小的组分与等体积量大的组分混匀，再加入与混合物等体积量大的组分再混匀，如此倍量增加直至量大的组分加完并混合均匀。对于不同组分，色泽或质地相差悬殊的配方，当药物的堆密度相差较大时，应将"轻"者先置研钵中作为底料（打底），再加等量"重"者研匀。以免轻者上浮飞扬，重者沉于底部不能被混匀。当药物色泽相差较大时，应将色深者先置于研钵中，再加等量的色浅者研匀，习称"套色"。

六、混合设备

混合机械种类很多，按混合容器转动与否可分成不能转动的固定型混合机和可以转动的回转型混合机两类。在实际制药生产中，还有复合型混合机，例如在回转式容器中设置机械搅拌以及折流挡板；在气流搅拌中加机械搅拌。对于粉碎机而言，如果同时粉碎两种以上的物料，实际上也是一种混合。

1. 固定型混合机　固定型混合机是物料在容器中依靠刀片/桨叶的搅拌或气流上升流动或喷射作用进行混合的设备。有槽形、锥形、气流搅拌式等类型。该类设备一般适合大批量生产。优点：①对凝结性、附着性强的混合物料有良好的适应性；②当混合物料之间差异大时，对混合状态影响小；③能进行添加液体的混合和潮湿易结团物料的混合；④装载系数大，能耗相对小。缺点（气流型混合机除外）：①混合容器一般难以彻底清洗，难以满足换批清洗要求；②卧式混合机型出料一般不干净；③装有高速转子的机型，对脆性物料有再粉碎倾向，易使物料升温。

2. 回转型混合机　回转型混合机则依靠容器本身的回转作用带动物料运动而达到均匀混合。容器形状有 V 形、双圆锥形、三维混合机、料斗等。优点：①当混合具有摩擦性混合物料时，混合效果好；②当混合流动性好、物性相近似的物料时，可以得到较好的混合效果；③对易产生凝结和附着的物料混合时，需在混合设备内安装强制搅拌叶片或扩散板等装置。缺点：①大容量混合机占地面积相对大，需要有坚固的基础；②由于物料与容器同时转动进行整体混合，回转型比固定型所需能耗大；③需要制作特殊装置进行定位或停车；④当混合物料物性差距较大时，一般不能得到理想的混合物；⑤与固定型相比，回转型的噪音相对较大。

七、常见混合工艺问题

混合过程实际上有对流、扩散、剪切等混合作用和离析作用同时并存的一个过程，为克服有些物料混合后自身团聚、离析、难以均匀分散、难以制剂等现象，需要考虑混合物料种类、含量、粉体密度、黏结性等理化特性。在实际生产中需要依据混合物料特性，合理选择混合设备和操作参数。

1. 流动性差的粉体　在实际工作中，常会遇到流动性很差的粉体，如休止角≥40°的粉体，要混合均匀就很困难。单纯依靠料桶转动的混合设备达到均匀混合几乎是不可能的，延长混合时间也难以做到。改善方法：由于流动性不好，粉体不易分开，因此在混合时需要强制搅拌手段，使用带有搅拌叶片的混合机，克服由于流动不好带来的混合难度。

2. 轻重粉不易混合　混合中，比重轻的粉末一直漂浮在容器的上方，难以混合均匀。改善方法：选用圆盘形混合机。由于圆盘形混合机 2 个加料盘同方向进行，但是转速不一致，从而使轻粉得以均匀混合。

3. 超细粉不易混合　超细粉通常指 1000 目以上的粉体。当一种粉体细小到一定程度时，其外部的物理特征就会发生巨大的变化，如易飘浮、团聚等现象，极难混合均匀。目前超细粉技术在中药制药中应用较少。

　　混合过程是固体制剂中的常见操作，混合设备的选用可基于粉体物料的性质来考虑，可以采取类比法、小试法和中试法来选取。混合过程中还常常涉及粉尘逸出污染环境问题，将粉料全部封闭在密闭的混合容器中具有明显优越性，从健康安全及经济角度考虑，应尽可能采取措施减少污染和损失。

目标检测

答案解析

一、选择题

1. 一般不选择单独粉碎的是（　　）

　　A. 树脂树胶类　　　　　　　　　　　B. 贵重细料药

　　C. 氧化性或还原性强的药　　　　　　D. 含大量油脂性药料

2. 下列不能采用飞水法粉碎的是（　　）

　　A. 珍珠　　　　　B. 硼砂　　　　　C. 滑石粉　　　　　D. 炉甘石

3. 能全部通过五号筛，并含有能通过六号筛不少于95%的粉末是（　　）

　　A. 细粉　　　　　B. 中粉　　　　　C. 粗粉　　　　　D. 最细粉

4. 可以对原料药材进行细胞粉碎的方法为（　　）

　　A. 低温粉碎　　　B. 加液研磨粉碎　　C. 串料粉碎　　　D. 超微粉碎

5. 适合低温粉碎的是（　　）

　　A. 冰片　　　　　B. 干浸膏　　　　C. 滑石　　　　　D. 珍珠

6. 下列说法中属于滚动式筛分法是（　　）

　　A. 由于组成筛面的筛条转动，物料通过筛面运动构件的推送，沿筛面向前运动

　　B. 物料在斜置固定不动的筛面上靠本身自重下滑

　　C. 筛面可以水平安置，也可倾斜安置，工作时筛面在平面内做往复运动

　　D. 筛面是个倾斜安置的圆筒，工作时匀速转动，物料在倾斜的转筒内滚动

7. 下列筛号与筛孔内径（平均值）和目号相对应的是（　　）

　　A. 一号筛：$800\mu m \pm 70\mu m$，10 目

　　B. 三号筛：$250\mu m \pm 9.9\mu m$，65 目

　　C. 五号筛：$180\mu m \pm 7.6\mu m$，80 目

　　D. 七号筛：$150\mu m \pm 6.6\mu m$，100 目

8. 对于混合过程中的离析现象，可以采取的弱化处理方法有（　　）

　　A. 从混合的机制来看，对流混合离析最大，扩散混合最有利于离析的产生，对于具有离析倾向较小的物料，选择以对流混合为主的混合机

　　B. 混合料从混合机卸出后，运输中应尽量减少振动和落差，在工厂设计中应力求缩短混合机和成型设备之间距离

　　C. 改进配料方法，使物性相差较大

　　D. 在干物料中加入大量液体，如用水（也可以用表面活性剂）润湿粉体，适当降低其流动性，有利于混合

9. 关于低温粉碎的优点，以下说法错误的是（　　）

　　A. 粉碎设备不能连续生产，产热大

　　B. 可使升温后软化或发黏的药物易于粉碎

C. 可明显提高制剂的有效活性

D. 对含芳香性、挥发性成分的药材进行低温粉碎，可避免有效成分的损失

10. 在筛分过程中，物料颗粒通过筛孔的可能性称为（　　）

A. 筛分概率　　　　　B. 旋转筛分　　　　　C. 动态筛分　　　　　D. 直线筛分

二、思考题

1. 在粉碎过程中应该注意的原则有哪些？

2. 简述提高筛分效率的有效措施有哪些？

3. 影响混合的因素有哪些？试具体分析。

4. 混合机械按混合容器转动与否可分成哪几种？并比较其优缺点。

5. 简述筛分的目的。

书网融合……

思政导航　　　　　　本章小结　　　　　　微课　　　　　　题库

第八章 中药提取工艺

PPT

学习目标

知识目标
1. **掌握** 中药提取操作的原理、特点、方法与步骤以及该操作过程的影响因素。
2. **熟悉** 中药提取操作的常用设备类型和设备使用方法。
3. **了解** 提取技术研究进展。
能力目标 通过本章的学习，掌握中药及其复方提取工艺设计方法。

中药不同于化学药品和生物药品，主要区别在于药物原料不同，中药多来源于天然的植物、动物或矿物，以中药材（中药汤剂）和中成药（中药制剂）形式应用。传统中药往往被认为有效成分含量低、杂质多、质量不稳定，因此用药多建立在经验的基础上，为解决与现代医学接轨的问题，制成适宜的药物制剂或减少服用药量等，中药制剂除散剂、丸剂等较少剂型外，大多需要经过提取操作过程，以改变物料性状、富集有效成分、降低或去除毒性成分及杂质、减少服用量，满足中药制剂安全有效、稳定可控的质量要求，为成型工艺提供高效、安全、稳定、可控的半成品。

广义的中药提取也称分离，是指从中药材原料开始，经过一道或多道操作工序，最终得到所需的药物或其半成品的全过程，包括从原料前处理、溶质分离、浓缩得到某一物质的整个生产流程，可分成多个工序或单元操作，包括前处理、溶质分离、澄清、滤过、蒸发和干燥等。狭义的中药提取仅指溶质分离操作，即从固体药材中分离出有效成分的操作过程。中药提取工序中涉及的方法和操作条件，对中药化学成分、浸出物的质量、制剂稳定性及最终临床疗效都有非常大的影响。

第一节 提取过程

中药提取过程中所浸出的药材成分（或性质）与中药制剂的疗效具有密切的关系。无论用哪一种制剂方法，无论加工成何种中药剂型，最基本的要求是要保持原方的疗效，最大限度地提取出药物的有效部位或活性成分，使成品在临床应用上安全、有效，这是中药制剂工艺研究的关键内容。

一、中药提取成分分类

中药具有比较复杂的综合作用，难以用单一有效成分说明复方的多功能和多靶点效应。中药提取得到的往往是有效部位，如总生物碱、总苷、总挥发油等，应用有效部位在药理和临床上能代表原药材或复方的整体疗效，有利于发挥其综合效应，正如《韩非子》中言"用众之力，无不胜也"。按生物活性，中药成分可分为如下几类。

1. 有效成分 指有药理活性，能产生药效的物质，如生物碱、苷类及挥发油等。有效成分一般有明确的分子式或结构和物理化学常数，如灯盏花素、穿心莲内酯、青蒿素等。一种药材中，有效成分可能是一个或多个。

2. 辅助成分　指本身没有特殊疗效，但能增强或缓和有效成分的作用，或促进有效成分的浸出或增强药剂的稳定性的物质，如皂苷、有机酸、某些蛋白质等。洋地黄中的皂苷有助于洋地黄苷溶解并促进其吸收。黄连流浸膏中的小檗碱含量远远超过小檗碱的溶解限度，也有辅助成分存在的缘故。

3. 无效成分　指本身无效甚至有害的物质。无效成分的存在往往会影响提取效果、药剂的稳定性、外观及药效等，如脂肪、糖类、淀粉、酶、树脂、黏液质、果胶或某些蛋白质等。需要注意的是，"有效"与"无效"只是相对的，随着对中药认识的深入以及制药技术的进步，过去认为是中药的无效成分，现在发现有了新的生物活性。如中药多糖成分，常被作为杂质除去，而灵芝多糖对某些肿瘤有一定的抑制作用，可增强人体免疫力。因此，对中药成分有效和无效不应绝对地划分。

4. 组织物质　指构成药材细胞或其他不溶性物质，如纤维素、石细胞、栓皮等。

中药提取操作的目的，是尽可能提取出有效成分或有效部位，最低限度地提取出无效甚至有害的物质，减少服用量。

二、提取工艺研究的评价指标

单味中药往往含生物碱、氨基酸、有机酸、萜类、甾体、糖类等多种化合物。复方中多味中药配伍发挥功效，并不是简单的化学成分叠加，化学成分之间会相互发生反应，这是中药配伍应用的特色所在，也是中药配方颗粒不能完全代替中药复方合煎的原因。因此，寻找有效且适宜的提取方法是辨识中药活性部位的关键，也是明确中药药效活性组分的关键。

目前，中药提取工艺研究所选择的评价指标，主要是以处方君药或臣药等重要组成的一个或多个化学成分或有效部位的提取转移率，其成分有可能是有效成分，也可能仅是指标性成分。如银翘解毒片以连翘苷和绿原酸的含量为控制指标，同时进行成品中金银花、连翘、荆芥、牛蒡子的定性鉴别。提取方法为薄荷、荆芥提取挥发油，药渣与连翘、牛蒡子（炒）、淡竹叶、甘草共煎煮。金银花、桔梗以细粉（不提取）入药。提取工艺是银翘解毒片制备的关键技术点，包括出膏率的控制、稠膏相对密度的控制、薄荷与荆芥挥发油提取时间等。

中医治病的特点是复方用药，发挥多成分、多靶点、多途径、多环节的综合作用和整体效应，在拟定提取工艺时，应根据临床疗效的需要、处方中各组成药物的性质、拟制备的剂型，并结合生产设备条件、经济技术的合理性等，确定的最佳工艺。

三、提取过程基本原理

药材经粉碎后，破碎细胞所含成分可被溶出、胶溶或洗脱下来。对于具完整细胞结构的动植物来源药材来说，细胞内的成分提取，需经过一个提取过程。药材的提取过程一般可分为三个阶段：浸润与渗透、解吸与溶解、扩散，这三个阶段是相互联系的。

（一）浸润与渗透阶段

溶剂与药材接触后，首先润湿药材表面，然后通过毛细管和细胞间隙渗透到药材细胞内。溶剂润湿、渗透药材是有效成分浸出的首要条件。溶剂能否使药材表面润湿，取决于附着层（溶剂与药材接触的那一层）的特性。如果药材与溶剂之间的附着力大于溶剂分子间的内聚力，易被润湿；反之，如果溶剂的内聚力大于药材与溶剂之间的附着力，则不易被润湿。

大多数药材含有蛋白质、果胶、糖类、纤维素等极性成分，易被水或乙醇等极性溶剂润湿。如润湿困难，溶剂很难向细胞内渗透。要从含脂肪油较多的中药材中浸出水溶性成分，应先进行脱脂处理；用乙醚、石油醚、三氯甲烷等非极性溶剂提取脂溶性成分时，需要将中药材进行干燥处理。

溶剂渗入的速度，除与中药材所含各种成分的性质有关外，还受中药材质地、粒度及浸提压力等因素的影响。质地疏松、粒度小或加压提取时，溶剂可较快地渗入中药材内部。表面活性剂具有降低界面张力的作用，有时可于溶剂中加入适量表面活性剂，加速溶剂润湿中药材，有利于浸润与渗透。

（二）解吸与溶解阶段

溶剂进入细胞后，可溶性成分逐渐溶解，胶性物质由于胶溶作用，转入溶液中或膨胀生成凝胶。随着成分的溶解和胶溶，浸出液的浓度逐渐增大，渗透压提高，溶剂继续向细胞内透入，部分细胞壁膨胀破裂，为已溶解的成分向外扩散创造了有利条件。

中药成分相互之间或与细胞壁之间，存在一定的亲和性而有相互吸附的作用。当溶剂渗入时，必须首先解除这种吸附作用（这一过程即为解吸阶段），才可使一些有效成分以分子、离子或胶体粒子等形式或状态分散于溶剂中（这一过程即为溶解阶段）。例如，叶绿素本身可溶于苯或石油醚中，但单纯用苯或石油醚并不能很好地自药材组织中提取出叶绿素，因为叶绿素的周围被蛋白质等亲水性物质包围，非极性溶剂不能到达叶绿素内，不能使其溶解。若在苯或石油醚中加入少量乙醇或甲醇，可促使苯或石油醚渗透组织的亲水层，将叶绿素溶解浸出。成分能否被溶解，取决于成分的结构和溶剂的性质，遵循"相似相溶"的规律。

解吸与溶解密切相关，其快慢主要取决于溶剂对有效成分的亲和力大小。因此，选择适当的溶剂对于加快这一过程十分重要。此外，加热提取或于溶剂中加入酸、碱、甘油及表面活性剂，由于可加速分子的运动，或者可增加某些有效成分的溶解性，有助于有效成分的解吸和溶解。

（三）扩散阶段

溶剂在细胞内溶解可溶性成分后，细胞内形成高浓度溶液，细胞内外出现渗透压差和浓度差。由于渗透压的作用，细胞外的溶剂向细胞内渗透；由于浓度差的存在，细胞内高浓度的药物溶液不断地向周围低浓度方向扩散，从而发生药物的扩散，直到内外浓度相等，扩散终止，浓度梯度是渗透和扩散的推动力。

浸出成分的扩散速率可遵循 Fick 第一扩散公式（Fick's First Law of Diffusion）：

$$dM = -DF\frac{dc}{dx}dt \tag{8-1}$$

式中，dM 为扩散的物质量；dt 为扩散时间；D 为扩散系数（随中药材变化，与溶剂性质有关）；F 为扩散面积；$\frac{dc}{dx}$ 为浓度梯度；负号表示药物扩散方向与浓度梯度方向相反。扩散速率 $\left(\frac{dM}{dt}\right)$ 与扩散面 (F)、浓度梯度 $\left(\frac{dc}{dx}\right)$ 和扩散系数 (D) 成正比，其中保持最大的浓度梯度 $\left(\frac{dc}{dx}\right)$ 是关键。

四、影响提取的因素

在设计中药提取工艺时，一般应先了解影响提取效果的因素，在单因素考察的基础上，通过正交设计、星点设计等工艺优化的方法，优选提取工艺，确定提取工艺参数。

1. 药材成分 药材成分中小分子物质较易浸出，多存在于最初部分的提取液中；药材中的大分子物质（多属无效成分）扩散较慢，主要存在于继续收集的提取液中。中药成分的浸出速度还与其溶解性（或与溶剂的亲和性）有关，易溶性物质的大分子能先浸提出来，比如用稀乙醇浸出马钱子时，较大分子的马钱子碱比士的宁（少两个—OCH_3基）先进入最初部分的提取液中。

2. 药材粒度 药材粉碎度高（粒度越小），溶剂越易渗透进入中药材内部，同时，由于扩散面大、扩散距离短，利于有效成分扩散。但粉碎度过高（过细）的中药粉末，不适于浸出。原因是过细的粉末吸附作用增强，使扩散速度受到影响。粉碎过细，药材中大量细胞破裂，致使细胞内大量高分子物质（如树脂、黏液质等）易胶溶进入浸出液中，浸出杂质增加，黏度增大，扩散作用缓慢。另外，过细的粉末，也给提取操作带来不便。

药材的粒度视所采用的溶剂和中药材的性质而有所区别。如以水为溶剂时，中药材易膨胀，浸出时粉碎中药材可粗一些，也可切成薄片或小段；若用乙醇为溶剂时，乙醇膨胀系数小，中药材可粉碎细些。药材性质不同，要求的粒度也不同，通常叶、花、草等疏松中药，宜粉碎得粗一些，甚至可以不粉碎；坚硬的根、茎、皮类中药材，宜用薄片。用渗漉法提取时，由于粉末之间的空隙太小，溶剂流动阻力增大，易造成堵塞，发生渗漉不完全或渗漉困难等情况。

3. 提取溶剂　溶剂的性质与被浸出成分的浸提效率密切相关，应根据被浸出成分的理化性质选择适宜的溶剂（表8-1）。此外，还应考虑溶剂的用量和pH。

表8-1　溶剂与提取成分的关系

溶剂	提取成分
水	生物碱盐类、苷、有机酸盐、鞣质、蛋白质、糖、树胶、色素、多糖类等
>90%以上乙醇	挥发油、有机酸、树脂、叶绿素
50%~70%乙醇	生物碱、苷类等
<50%乙醇	苦味质、蒽醌、苷类化合物等
乙醚	树脂、游离生物碱、脂肪、挥发油、某些苷类
三氯甲烷	树脂、生物碱、挥发油、苷类
石油醚	脂肪油、蜡、少数生物碱

4. 浸提温度　温度升高，分子运动加剧，溶解和扩散加速，促进中药有效成分浸出。但同时无效成分的浸出量也增多，给后续操作带来困难，温度过高还可能使热敏性成分或挥发性成分分解、变质或挥发，故提取时应控制适宜的温度。

5. 浓度梯度　浓度梯度是扩散作用的主要动力，浓度梯度越大，浸出速率越快。设计中药提取工艺，应选择能创造或保持最大浓度梯度的提取方法和设备，可采用更换新鲜溶剂、采用渗漉法、循环式或罐组式动态提取法等方法，增大浓度梯度，提高提取效率。

6. 提取时间　提取过程的每一阶段都需要一定的时间，时间过短，有效成分浸提不完全；但当扩散达到平衡后，时间不起作用。时间过长，无效成分浸出量增加，一些有效成分分解，水性浸出液易霉变，如《本草害利》指出钩藤久煎则无力。因此，提取时间应适宜。

7. 提取压力　提高提取压力可加速溶剂的浸润与渗透过程，使开始发生溶质扩散过程所需的时间缩短。同时，在加压下的渗透，可能使部分细胞壁破裂，亦有利于浸出成分的扩散。但当中药材组织内已充满溶剂之后，加大压力对扩散速度则没有影响。对组织松软的中药、容易浸润的中药，加压对浸出影响也不很显著。

一些中药提取新技术，如超声波提取技术、超临界流体、微波提取技术等，也有利于提高浸提效率。如超声波浸提颠茄叶中的生物碱，使提取时间（渗漉法）从48小时缩短至3小时。

五、常用的提取溶剂

用于药材提取的液体称为提取溶剂。提取溶剂的选择与应用，和有效成分的充分浸出关系密切，进而影响制剂的有效性、安全性、稳定性及经济效益的合理性。提取溶剂选择的原则为：溶剂对有效成分目标溶解度大，对杂质溶解度小。若有效成分不清楚，要选择对目标成分亲和性高的溶剂；溶剂一般应为化学惰性，不能与中药的活性成分起化学反应，尤其是不能破坏化学成分的结构，引起成分降解、活性降低等；溶剂要经济、易得、使用安全、易于回收、环保，易于生产清洁。

（一）水

水是一种极性溶剂。中药中的亲水性成分，如无机盐、糖类、鞣质、氨基酸、蛋白质、有机酸盐、生物碱盐及苷类等，都能被水溶出。如葡萄糖、蔗糖等小分子多羟基化合物，具有强亲水性，极易溶于水。淀粉虽然羟基数目多，但分子量太大，所以难溶于水；蛋白质和氨基酸都是两性化合物，有一定程度的极性，所以能溶于水，不溶或难溶于有机溶剂；苷类比苷元的亲水性强，特别是皂苷分子中连接多个糖分子，羟基数目多，表现出较强的亲水性，皂苷元则属于亲脂性强的化合物；鞣质是多羟基化合物，为亲水性物质。

以水为提取溶剂提取，存在一些问题。苷类成分易酶解。对于含果胶、黏液质类成分较多的中药，其水提取液常常呈胶状，很难滤过。含淀粉量多的中药，沸水煎煮时，淀粉易糊化，滤过困难，不宜磨成细粉水煎。含皂苷较多的中药，水提液在减压浓缩时，常产生大量泡沫，浓缩困难。

大部分中药是在传统用药经验基础上开发的，因此重视传统用药经验尤为重要。大部分传统方剂以汤剂入药，因此选择水为提取溶剂比较普遍。

（二）亲水性有机溶剂

亲水性有机溶剂是指与水能混溶的有机溶剂，如乙醇（酒精）、丙酮等，以乙醇最为常用。乙醇的溶解性能比较好，对中药细胞的穿透能力较强。中药中的亲水性成分除蛋白质、黏液质、果胶、淀粉及部分多糖、油脂和蜡等外，其余成分在乙醇中都有比较好的溶解性能。一些难溶于水的亲脂性成分，在乙醇中的溶解度也比较大。此外，还可以根据被提取物质的性质采用不同浓度的乙醇进行提取。用乙醇提取时，乙醇的用量、提取时间皆比用水提取节省，溶解出来的水溶性杂质也少。乙醇为有机溶剂，虽易燃，但毒性小，价格便宜，来源方便，有一定设备即可回收反复使用，而且乙醇提取液不易发霉变质。因此，乙醇是实验室和中药制药工业生产中应用范围最广的一种溶剂，是常用的中药提取溶剂。

（三）亲脂性有机溶剂

亲脂性有机溶剂是指与水不互溶的有机溶剂，如石油醚、苯、三氯甲烷、乙醚、乙酸乙酯等。这些溶剂的选择性强，不能或不易提取亲水性物质，易提取亲脂性物质，如油脂、挥发油、蜡、脂溶性色素等亲脂性强的成分。这类溶剂易挥发，多易燃，一般有毒，价格较贵，对设备要求也比较高，操作时需要通风设备。另外，这类试剂透入植物组织的能力较弱，往往需要长时间反复提取才能提取完全。中药中水分的存在，会降低这类溶剂的穿透力，很难浸出其有效成分，影响提取率，因此对原料的干燥度要求较高。基于以上原因，在大量提取中药原料或中药制药工业生产时，直接应用这类溶剂有一定局限性。

六、常用的提取辅助剂

提取辅助剂能增加提取成分的溶解度，增加制剂的稳定性，提高浸提效能，以及除去或减少某些杂质。在生产中浸提辅助剂一般只用于单味中药的浸提，很少用于复方中药制剂的浸提。常用的浸提辅助剂有酸、碱、表面活性剂和稳定剂。

（一）酸

在浸提溶剂中加入酸的目的是促进生物碱的浸出；提高部分生物碱的稳定性；使有机酸游离，便于用有机溶剂浸提；除去酸不溶性杂质等。常用的酸有硫酸、盐酸、醋酸、酒石酸、枸橼酸等。为了发挥所加酸的最好效能，较好地控制其用量，常常将酸一次性加于最初的少量浸提溶剂中。

多数游离的生物碱是亲脂性化合物，不溶或难溶于水，但与酸结合成盐后，离子化加强了极性，就形成了亲水性物质，不溶或难溶于有机溶剂，因此通常用酸水提取生物碱。酸的用量不宜过多，以能维持一定的 pH 即可，过量的酸可能会引起水解或其他不良反应。

（二）碱

碱能增加酸性成分的溶解度和稳定性。常用的氨水，是一种挥发性弱碱，对有效成分的破坏作用小，用量易控制。此外还有碳酸钙、氢氧化钙、碳酸钠等。其中碳酸钙为一种不溶性碱化剂，能除去树脂、鞣质、有机酸、色素等许多杂质。氢氧化钠因其碱性过强一般不用。例如，浸提远志时，在水中加入少量氨水，可防止远志酸性皂苷水解。另外，碱性水溶液可溶解内酯、蒽醌及其苷类、香豆素、有机酸及某些酚性成分，但也能溶解树脂酸和某些蛋白质，使杂质增加。

（三）表面活性剂

表面活性剂能增加药材的浸润性，提高溶剂的浸出效果。应根据被浸出成分的种类及浸出方法进行选择。如阳离子型表面活性剂盐酸盐有助于生物碱的浸出；阴离子型表面活性剂对生物碱有沉淀作用；非离子型表面活性剂毒性较小，与有效成分不起化学反应。表面活性剂具有一定的毒性，其毒性大小顺序为：阳离子型表面活性剂 > 阴离子型表面活性剂 > 非离子型表面活性剂。如用水提醇沉法提取黄芩中的黄芩苷时，加入适量的聚山梨酯 80 可以提高其收率。

（四）稳定剂

某些有效成分或有效部位可因加入稳定剂而延缓分解或不出现沉淀。稳定剂包括抗氧剂和抗氧增效剂、抗水解剂等。如浸出银杏叶有效成分时，可加入蛋氨酸、依地酸二钠、抗坏血酸、枸橼酸，以防止黄酮氧化和萜类内酯水解，提高转移率。

中药提取溶剂的选择是一个复杂的问题，因为它牵涉到生产设备和生产条件等许多因素。加上如今中药提取的规模较大，需考虑到连续生产，即使在实验室小试中取得成果，在实际情况下还要经过长时间的检验。前面提到过的经典亲水性有机溶剂或者亲脂性有机溶剂，要么溶剂有一定毒性无法实际选用，或者基因毒性研究结果呈阴性，但尚无这些溶剂的长期毒性或致癌性的数据，残留溶剂的量应控制严格，否则须证明其合理性。尚无足够毒性资料的溶剂在药物的生产过程中需进行残留量研究，如需在生产中使用这些溶剂，必须证明其合理性。在实际生产中，真正符合上述要求的溶剂很少，除水、乙醇外，还常采用混合溶剂，或在浸提溶剂中加入适宜的浸提辅助剂。

▷ 第二节　传统提取方法

中药的提取方法应根据活性成分的理化性质、溶剂性质、剂型要求和生产实际等进行选择。汤剂是最广泛的重要应用形式，也是中药最常见的剂型，使用的提取方法就是煎煮法。传统的中药提取方法不需要特殊仪器，应用方便，常用煎煮法、浸渍法、渗漉法、水蒸气蒸馏法、升华法等。

一、煎煮法

煎煮法是我国最早使用的传统中药提取方法，简便易行，能提取大部分有效成分，但提取液中杂质较多，且容易发生霉变，一些不耐热的挥发性成分易损失。一般中药材宜煎 2 次，所用容器一般为陶器、砂罐或铜制、搪瓷器皿，不宜用铁锅，以免药液变色。加热时应时常搅拌，以免局部中药材受热太高，容易焦糊。有蒸汽加热设备的药厂，多采用大反应锅、大木桶或水泥砌的池子通入蒸汽加热，还可将数个煎煮器通过管道互相连接，进行连续煎煮。

操作时取中药饮片，置适宜容器中，加适量水浸没饮片，浸泡适宜时间后，加热至沸，保持微沸提

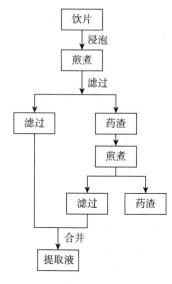

图8-1 煎煮法的工艺流程图

取一定时间，分离煎出液，药渣依法煎出2~3次。收集各次煎出液，分离，低温浓缩至规定浓度。根据煎煮法操作压力的不同，煎煮法的操作工艺可分为常压煎煮法、加压煎煮法和减压煎煮法。常压煎煮法适用于一般中药饮片的煎煮，加压煎煮适用于药物成分在高温下不易被破坏，或在常压下不易煎透的中药饮片，减压煎煮法则可在相对较低的温度下实现煮沸进程，以适应某些热敏性物料的煎煮提取。煎煮法适用于有效成分能溶于水，且对湿、热稳定的中药饮片。该法提取的中药成分较复杂，除有效成分外，部分脂溶性物质与杂质也在其中，给精制纯化带来困难。煎煮法的工艺流程如图8-1所示。

煎煮法操作应注意：①水的用量应视中药饮片的性质而定，每次用水量一般为中药量的6~8倍；②加热煎煮前，药材应在冷水中浸泡一定时间；③注意控制火候，先大火加热，沸腾后改为文火，每次煎煮1~2小时，煎煮2~3次；④应选择化学稳定性及保温性好的材料制成的器具，小量生产可用陶制器具或砂锅，大量生产多采用不锈钢夹层锅或多功能提取罐（图8-2）。

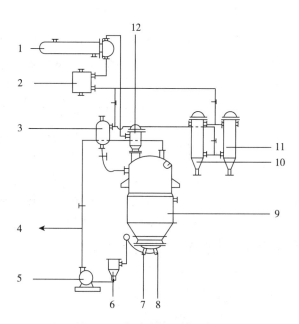

图8-2 多功能提取罐设备图

1. 热交换器；2. 冷却器；3. 气液分离器；4. 至浓缩阶段；5. 水泵；6. 管道滤过器；7. 加热蒸汽进口；8. 排液口；9. 罐体；10. 油水分离器；11. 油水分离器；12. 泡沫捕集器

>>> 知识链接

中药特殊煎煮方法

处方中有的饮片不宜与方中群药同时煎煮，特殊的煎煮方法包括先煎、后下、包煎、另煎、烊化等。

先煎 先煎药应当煮沸10~15分钟后，再投入其他药料同煎。先煎适用于质地坚硬、有效成分不易煎出的矿物类、贝壳甲骨类中药，如寒水石、牡蛎、珍珠母、水牛角等；先煎、久煎能去毒或减毒的有毒中药，如乌头、附子、雪上一枝蒿、商陆等；水解后才奏效的中药，如石斛、天竺黄等。

后下 后下药应当在第一煎药料即将煎至预定量时，投入同煎5~10分钟。后下适用于含挥发油较多的气味芳香的中药，如薄荷、细辛、青蒿等以及含热敏性成分、久煎疗效降低的中药，如钩藤、杏仁、大黄、番泻叶等。

　　包煎　包煎药应当装入包煎袋闭合后，再与其他药物同煎。包煎适用于易浮于水面的花粉类、细小种子类中药和易沉于锅底的药物细粉；煎煮过程中易糊化、黏锅焦化的含淀粉、黏液质较多的中药以及有较多绒毛的中药。

　　另煎　贵重中药，如鹿茸、西洋参等宜另煎。另煎药应当切成小薄片。

　　烊化　适用于胶类或糖类中药，如阿胶、饴糖等，可加适量开水溶化后冲入提取液中，或在其他药煎至预定量并去渣后，将其置于药液中，较低温度煎煮，同时不断搅拌，待溶解即可。

二、浸渍法

　　浸渍法适用于有效成分遇热易挥发和易破坏的中药饮片提取，按溶剂的温度分为热浸、温浸和冷浸等。浸渍法先将饮片粉末或碎片装入适当容器中，然后加入适宜溶剂（如稀醇或水等）浸渍中药材，以溶出其有效成分的一种方法。本法简单易行，但提取率较低，需要特别注意的是当水为溶剂时，其提取液易发霉变质，须加入适量防腐剂。此外，最好采用 2 次或 3 次浸渍，以减少由于药渣吸附导致的损失，提高中药有效成分转移率。

　　浸渍操作时取饮片粗粉或碎块置于有盖的容器中，加入适量的水，盖严，在常温下浸渍。放置 24 小时或更长时间，滤过，药渣再加入水，如此反复 2 ~ 4 次，最后压榨药渣，滤过即可。适用于黏性药物、无纤维组织结构的中药饮片、新鲜及易于膨胀的中药饮片、价格低廉的中药饮片的提取，尤其适用于热敏性中药物料。浸渍法操作时间长，水用量较大，提取效率不高，中药成分转移率较低，故不适于贵重药材、毒性中药及制备高浓度的制剂。

　　浸渍法的工艺流程如图 8-3 所示。

图 8-3　浸渍法的工艺流程图

　　浸渍法操作应注意：浸渍时间较长，不宜用水为溶剂，多用不同浓度的乙醇，浸渍过程中应密闭；溶剂用量按处方规定，若无规定，则一般为饮片量的 10 倍左右；应加强搅拌，提高浸出效率；压榨药渣时，易导致药渣细胞破裂，使不溶性成分进入浸出液中，因此应静置一段时间再过滤。

　　浸渍法常用设备有：①浸渍器。煎煮的设备（如多功能提取罐等）均可使用，大型浸渍器应安装搅拌装置。②压榨器。用于挤压药渣中残留的浸出液，以减少损失，可用螺旋挤压器（少量制备）或水压机（大量制备）。

三、渗漉法

　　渗漉法是将饮片粉末先加少量溶剂润湿使其膨胀，然后装在渗漉器中加溶剂使中药材浸渍 24 ~ 28 小时后，再通过不断添加新溶剂，使其自上而下渗透过中药饮片粉末，从渗漉器下部流出，从而收集浸出液的一种浸出方法。当溶剂渗透进药粉细胞内溶出成分后，由于密度增大而向下移动时，上层新加入的溶液便置换其位置，造成良好的浓度差，使扩散能较好地进行。渗漉过程是一种动态提取，故浸出的效果优于浸渍法，但流速应加以控制。在渗漉过程中应随时从药面上补充加入新的溶剂使中药饮片中有效成分充分浸出为止。当渗漉流出液的颜色极浅或渗漉液体积相当于中药饮片质量的 10 倍时，一般认为已基本提取完全。渗漉法适用于贵重中药材、毒性中药、高浓度制剂、有效成分含量较低中药饮片的提取。

（一）单渗漉法

单渗漉法的工艺流程为：经前处理的饮片湿润→装筒→排气→浸渍→渗漉液收集。

1. 湿润药材　中药饮片粉末（一般以最粗粉或粗粉为宜）在装填渗漉筒之前，用渗漉溶剂水，将其药粉完全湿润。一般加药粉1倍量的水，搅匀后视药材质地，密闭0.5~6小时，使药粉完全均匀润湿和膨胀，以防止药粉在渗漉筒中因加水而膨胀，造成阻塞，甚至胀裂渗漉筒。

2. 装筒　装填药粉前，在渗漉器底部铺一层棉花或塑料泡沫或放一多孔隔板，将湿润药粉分多次小量装入，摆放一层压紧一层，每层的紧实度一致。图8-4是渗漉装筒优劣对照示意图，2是装得不均匀的渗漉筒，由于压力不均匀，溶剂沿较松的一侧流下，大部分药材得不到充分提取。药粉装填到渗漉筒的2/3~3/4处即可，轻轻将最上一层压平，铺上一层纱布或滤纸，再用一重物压住，防止添加溶剂时药粉被冲起或漂浮。

3. 排气　药粉填装完毕，加入溶剂时应最大限度地排除药粉间隙中的空气，防止水冲动粉柱，使原有的松紧度改变，影响渗漉效果。加入的水始终浸没药粉表面，否则药粉易于干涸开裂，再续加的水从裂隙间流过而影响浸出。

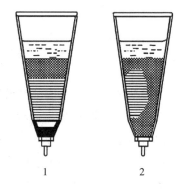

1. 装筒均匀　　2. 装筒不均匀

图8-4　渗漉装筒优劣对照示意图

4. 浸渍　一般浸渍放置24~48小时，使溶剂充分渗透扩散，特别是制备高浓度制剂时更显得重要。

5. 渗漉液收集　浸渍完毕，打开渗漉筒下口，使渗漉液缓缓流出。一般慢漉为1kg饮片每分钟流出1~3ml漉液，适用于根、根茎、果实等质地坚硬的原料；一般快漉为1kg饮片每分钟流出3~5ml漉液，适用于花、叶、全草等质地松脆的原料；大生产时，渗漉液量很大，每小时流出液应相当于渗漉筒被利用容积的1/48~1/24。渗漉时要边收集渗漉液边添加溶剂水保持盖过药面12cm。一般情况下应收集渗漉液的总体为药粉量的4~8倍。有效成分是否渗漉完全，虽可由渗漉液的颜色、气味等判断，如有条件时还应做已知成分的定性反应来加以判定。若用渗漉法制备流浸膏时，先收集药物量85%的初漉液另器保存，续漉液经低温浓缩后与初漉液合并，调整至规定标准。

在进行单渗漉法操作时，药材的粉碎度不宜太大，单渗漉法是在常压下进行的，中药饮片的粉碎度过大，则其颗粒就过细，在渗漉过程中，溶剂渗过的难度大，流动速度慢，不利于渗漉过程的进行。控制适宜的漉液流出速度：渗漉筒底端漉液的流出速度过快，消耗的提取溶剂量大，得到的漉液量也大，浓缩工作量大，耗能也多，生产成本高；反之，流出速度过慢，药材成分提取完全需要的时间就过长，影响工作效率。保持渗漉筒中药粉上端溶液的存量：在渗漉过程中，渗漉筒中的溶液要始终浸过药粉，不能低于药粉的上端面。否则，药粉易干裂，空气进入药粉层，影响溶剂与药粉的接触，从而影响药材细胞组织中成分的渗出与扩散，影响提取效果。渗漉溶剂可以为水、不同浓度的乙醇或甲醇或者其他有机溶剂，其中最常用的是不同浓度的乙醇或白酒。当使用不同浓度的乙醇或甲醇或其他有机溶剂时，应注意渗滤筒上端端口的密封性，防止乙醇、甲醇或其他有机溶剂挥散。低浓度的渗漉液可重复使用，单渗漉法消耗的溶剂量大，收集的漉液量也大，尤其续漉液中成分的含量低，可以作为下一次单渗漉法中新的药粉渗漉提取用溶剂。

（二）重渗漉法

将中药原料粗粉分别装于多个渗漉筒中，并将多个渗漉筒串联排列，渗漉液重复用作新药粉的溶剂，进行多次渗漉以提高渗漉液浓度。重渗漉法溶剂水用量少，利用率高，同时大部分的浓渗漉液无需加热蒸发或浓缩，适用于有效成分遇热不稳定的中药饮片。但所占容器多，流程长，操作麻烦。渗漉法所用的设备为不同规格的渗漉筒（罐），通常为圆柱形或倒锥形不锈钢桶，筒的长度为直径的 2~4 倍，渗漉筒一般配备有密封盖，防止溶剂的挥发，桶内上下均配置相应规格的筛网，上筛网防止中药材漂浮逸出，下筛网起初滤过作用。如图 8-5 所示。

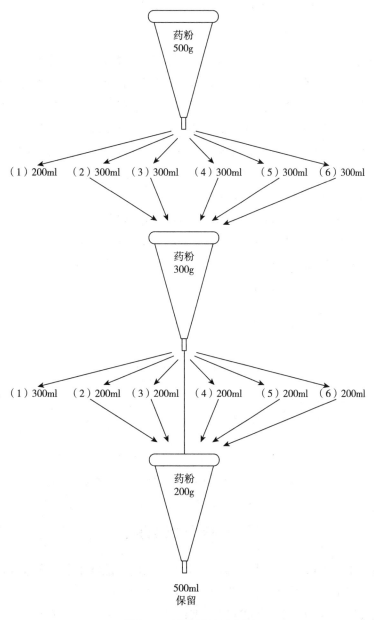

图 8-5　重渗漉法示意图

（三）加压渗漉法

在普通渗漉的基础上，溶剂借机械压力流入渗漉筒内，连续渗漉，直到最后收集浓度较高的渗漉液。本法适合较长时间制备同一种原料的生产。

由于加压渗漉法是溶剂在一定的压力下快速地渗过药材层，因此，加压渗漉法不同于单渗漉法和重渗漉法，其应用具有以下特点：药粉粒度小，由于压力的存在并不影响溶剂渗过药材层的速度；提取效率高，溶剂在较大压力的作用下容易渗透，向组织细胞外溶液中扩散的速度也比较快；提取时间短；溶剂消耗少，渗漉液浓度大，有利于后续渗漉液的浓缩和制剂工作的进行。

此外，加压渗漉法是在一个特制的设备中进行的，这种设备可以带有加热或制冷功能。当渗漉罐中的溶剂和药材受热而温度升高，渗漉在较高的温度下进行，药材组织内外之间的传质速度会大大提高，利于药材有效成分的溶出而提高提取效率。当然，提取温度也不宜过高，否则溶剂容易产生蒸气，形成气泡，不利于渗漉。对于热稳定性差的成分的提取，可以调低设备提取温度、使渗漉过程在常温或低于常温的条件下进行，有利于不稳定性成分提取。

（四）逆流渗漉法

药材与溶剂在浸提容器中，溶剂与中药材反方向运动，连续而完全地进行接触，使溶剂自渗漉筒底部向上流动，由上口流出渗漉液。其原理、操作与加压渗漉法近似，将贮液罐置于高处，溶剂借助药柱自压和毛细管力克服重力，由下向上逆流而动，因而渗透药粉较彻底，渗漉效果也较好。

图 8-6 是具有 6 个提取单元的罐组式逆流提取过程的工作原理。操作时，新鲜提取剂首先进入 A 单元，然后依次流过 B、C、D 和 E 单元，并由 E 单元排出提取液。在此过程中，F 单元进行出渣、投料等操作。由于 A 单元接触的是新鲜提取剂，因而该单元中的药材被提取得最为充分。经过一定时间的提取后，使新鲜提取剂首先进入 B 单元，然后依次流过 C、D、E 和 F 单元，并由 F 单元排出提取液。在此过程中，A 单元进行出渣、投料等操作。随后再使新鲜提取剂首先进入 C 单元，即开始下一个提取循环。由于提取剂要依次流过 5 个提取单元中的药粉层，因而最终提取液的浓度很高。显然，罐组式逆流提取过程实际上是一种半连续提取过程，又称为阶段连续逆流提取过程。

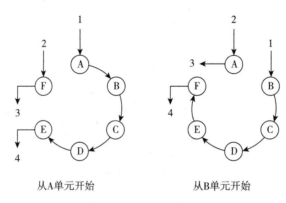

图 8-6　逆流渗漉法提取过程的工作原理

四、水蒸气蒸馏法

水蒸气蒸馏法适用于难溶或不溶于水、与水不会发生反应、能随水蒸气蒸馏而不被破坏的中药成分的提取。这类成分的沸点多在 100℃以上，当温度接近 100℃时存在一定的蒸气压，与水在一起加热时，当其蒸气压和水的蒸气压总和为 101.325kPa 时，液体就开始沸腾，水蒸气将挥发性物质一并带出。例如，中药挥发油有效部位多采用此法提取，白头翁素、丹皮酚、杜鹃酮、丁香酚、桂皮醛等单体成分也常用此法提取。

水蒸气蒸馏可分为：共水蒸馏法（即直接加热法）、通水蒸馏法和水上蒸馏法三种。其操作方法是将中药饮片的粗粉或碎片浸泡润湿后，直火加热蒸馏或通入水蒸气蒸馏，也可在多功能提取罐中对饮片边煎煮边蒸馏，中药挥发性成分随水蒸气蒸馏而带出，冷凝后分层，收集提取液（称为馏出液）。馏出液一般需再蒸馏一次，以提高馏出液的纯度或浓度，最后收集一定体积的蒸馏液，但蒸馏的次数不宜过多，以免挥发性成分中某些成分（大多为中药挥发油）氧化或分解。

五、回流提取法

回流提取法指用乙醇等易挥发性的有机溶剂提取中药材有效成分，提取液被加热，挥发性溶剂馏出后又被冷凝，流回浸提器中浸提药材，循环往复直至有效成分提取完全。溶剂可循环使用，一次性装料。生产中由于提取液浓度逐渐升高，受热时间长，不适于对热不稳定成分的提取。该方法在中药液体制剂的制备中较为常用，如归脾口服液、国公药酒等。

回流提取操作时将中药饮片或粗颗粒置提取器中，加规定浓度的乙醇，加热回流浸提至规定时间，滤取药液后，药渣再添加新溶剂回流，一般回流提取 2~3 次，合并各次药液，回收溶剂，即得浓缩液。

第三节　现代提取方法

传统的提取方法虽然简便，但存在着影响药效、步骤复杂、产品安全性低、耗时长、提取率低、能耗高、溶剂消耗量大等缺点。随着科学的发展，以现代仪器为基础的新型提取技术，以其高效、节能、环保等优点，得到了越来越广泛的应用。

一、超声波提取法

超声波是一种高频率的机械波，超声场主要通过超声空化向体系提供能量。频率范围为 15~60kHz 的超声波，常被用于过程强化和引发化学反应。超声波提取法利用超声空化作用对动植物来源的中药组织的细胞膜进行破坏，促进有效成分的溶出与释放，超声波使提取液不断震荡，有助于溶质扩散，同时超声波的热效应使水温升高，对原料有加热作用。在进行超声波提取工艺设计时，注意超声波的频率和时间是影响提取效率的主要因素。

超声波提取效率高，超声波独具的物理特性能促使植物细胞组织破壁或变形，使中药有效成分提取更充分，提取率显著优于传统工艺。提取时间短，超声波强化中药提取通常在 24~40 分钟即可获得最佳提取率，提取时间较传统方法大大缩短，药材原材料处理量大。提取温度低，超声提取中药材的最佳温度在 40~60℃，对遇热不稳定、易水解或氧化的药材中有效成分具有保护作用，同时大大节约能耗。适应性广，超声提取中药材不受成分极性、分子量大小的限制，适用于绝大多数种类药材和各类成分的提取，提取药液杂质少，有效成分易于分离、纯化。

二、超临界流体萃取法

超临界流体萃取（supercritical fluid extraction，SFE）技术是 20 世纪 60 年代兴起的一种新型分离技术。国外已广泛用于香料、食品、石油、化工等领域，如去除咖啡、茶叶中的咖啡碱，提取大蒜油、胚芽油、沙棘油、植物油等。20 世纪 80 年代中期以来，超临界流体萃取技术逐渐在中药有效成分的提取分离上广泛应用，并与气相色谱法（gas chromatography，GC）、红外光谱法（infrared spectrometry，IR）、气相色谱 – 质谱法（gas chromatography – mass spectrometry，GC – MS）、高效液相色谱法（high – performance liquid chromatography，HPLC）等联用，形成有效的分析技术。超临界流体萃取利用流体在超临界状态时具有密度大、黏度小、扩散系数大等传质特性而开发，具有提取率高、产品纯度好、流程简单、能耗低等优点，并且操作温度低，系统密闭，因此适于不稳定、易氧化的挥发性成分和脂溶性、分子量小的物质的提取分离。对于极性较强、分子量较大的物质，采用在超临界 CO_2 中加入适宜的夹带剂或改良剂（如甲醇、乙醇、丙酮、乙酸乙酯、水等），增加压力，改善流体溶解性质，使得超临界流体萃取技术在生物碱、黄酮、皂苷等非挥发性有效成分的提取中也日趋普遍。如以乙醇为夹带剂，高压下可从短叶红豆杉中提取出紫杉醇；以氨水为改良剂，可以提取出洋金花中的东莨菪碱。

（一）超临界流体定义

任何一种物质都存在气相、液相、固相三种相态，三相成平衡态共存的点叫作三相点。液相、气相成平衡状态的点叫作临界点，在临界点时的温度和压力称临界温度（T_C）和临界压力（P_C）。高于临界温度和临界压力而接近临界点的状态称超临界状态。不同的物质，其临界点所要求的压力和温度各不相同。超临界流体是指在临界温度和临界压力以上，以流体形式存在的物质，兼有气、液两者的特点，同时具有液体的高密度和气体的低黏度的双重特性。超临界流体具有很大的扩散系数，对许多化学成分有很强的溶解性，常用溶剂有二氧化碳、乙烷、乙烯、丙烷、丙烯、甲醇、乙醇、水等，以二氧化碳（CO_2）最为常用。

（二）超临界流体萃取的基本原理

超临界流体萃取分离过程的实现是利用超临界流体的溶解能力与其密度的关系，即利用压力和温度对超临界流体溶解能力的影响而进行的。当气体处于超临界状态时，成为性质介于液体和气体之间的一种特殊的单一相态的超临界流体。超临界流体具有与液体相近的密度，但黏度只是气体的几倍但远低于液体，扩散系数比液体大 100 倍左右，因此更有利于传质，对物料有较好的渗透性和较强的溶解能力，能够将物料中某些成分提取出来。超临界流体具有选择性溶解物质的能力，并且这种能力随超临界条件（温度、压力）的变化而变化。在超临界状态下，将超临界流体与待分离的物质接触，使其可选择性地溶解其中的某些组分。临界点附近，温度、压力的微小变化都会引起 CO_2 密度的显著变化，从而引起待萃取物的溶解度发生变化，因此可通过控制温度或压力的方法达到萃取目的。然后通过减压、升温或吸附的方法使超临界流体变成普通气体，让被萃取物质分离析出，从而达到分离提纯的目的。

（三）超临界流体萃取的影响因素

超临界流体萃取时的压力、温度、流体比、CO_2 流量、操作时间、物料粉碎的粒度、夹带剂等条件的变化，皆会影响中药提取效率。

1. 压力 压力是影响 SFE 的最重要的参数。温度不变，随着压力的增加，流体密度会显著增加，对溶质的溶解能力也就增大，从而使萃取效率提高。但是，压力也不可以无限制增加，过高的压力会使生产成本明显提高，而萃取效率增加却有限。

2. 温度 温度也是影响 SFE 的很重要的参数。随着温度的增加，流体的扩散能力加强，对溶质的溶解能力也相应增大，有利于萃取。但温度的增加，使杂质的溶解度也增加，进而增加精制过程的难度，从而会降低产品的收率。同时，温度增加，使得 CO_2 流体的密度降低，对溶质的溶解力会有所下降，从而降低产品收率。

3. 流体比 流体含量的增加，可以提高溶质在溶液中的溶解度，因此，萃取率随着流体比的增加而增加。

4. 粒度 产品的萃取得率随物料的粒度减小而上升。粒度越小，与流体接触的总表面积越大，溶质与流体接触的机会越多，萃取得率越高，萃取操作的时间缩短。但粒度太小，其他杂质成分也容易溶出，会影响产品的质量。

5. 操作时间 萃取时间的延长，有利于流体与溶质间的溶解平衡，使萃取得率提高。但当萃取时间达到一定后，随着溶质的减少，再增加萃取时间，萃取得率就增加缓慢，能耗显著增加，使成本增加。同时，时间过长，杂质溶出也增加，影响产品的质量。

6. 夹带剂 CO_2 的极性与正己烷相似，适宜萃取脂溶性成分。对于极性较大成分的萃取，一般需要加入少量极性溶剂，如甲酸、乙醇、氨水等作为夹带剂，可以改善萃取的效果。

（四）CO_2超临界流体萃取的优势

超临界流体萃取特点集萃取、分离为一体，不需要高温加热，不存在物料的相变过程，无须回收溶剂。操作方便，大大缩短了工艺流程，降低成本，节约能耗。

1. 适用于热敏性成分　操作温度低，并在密闭系统内进行，可以有效地防止热敏性成分的分解和易氧化物质的氧化，完整保留生物活性，而且能把高沸点、低挥发度、易热解的物质在其沸点温度以下萃取出来。此方法可以解决用一般的蒸馏方法分离热敏性成分时遇到的分解、结焦、聚合等难题。

2. 耗能低　传统的溶剂法提取工艺必须回收溶剂，为此需大量热能，可只有5%能量得到有效利用。与此相反，CO_2与萃取物分离后，只要重新压缩就可循环利用，因此耗能大大降低，节约成本。

3. 工艺流程简单　压力和温度是调节萃取过程的重要参数。压力固定，改变温度可将物质分离；反之，温度固定，降低压力可使萃取物分离。因此，其工艺流程短，耗时少，几乎不产生新的"三废"，对环境无污染，真正实现生产过程绿色化。

4. 无溶剂残留　超临界CO_2流体常态下是气体，无毒，与萃取成分分离后，完全没有溶剂的残留，有效地避免了传统提取条件下溶剂毒性的残留。同时也防止了提取过程对人体的毒害和对环境的污染。

5. 极性选择范围较广　流体的极性可以改变，一定温度条件下，只要改变压力或加入适宜的夹带剂即可提取不同极性的物质，可选择范围广。

三、微波辅助提取法

微波是一种非电离的电磁辐射。微波辅助提取是利用微波来提高萃取率的新技术。被提取的极性分子在微波电磁场中快速转向及定向排列，从而产生撕裂和相互摩擦，引起发热，可以保证能量的快速传递和充分利用，易于溶出和释放。研究表明，微波辅助提取法具有选择性高、操作时间短、溶剂耗量少、有效成分收率高的特点，已被成功应用在中药材的浸出、中药活性成分的提取方面。其原理是利用磁控管所产生的每秒24.5亿次超高频率的快速振动，使中药材内分子间相互碰撞、挤压，以利于有效成分的浸出。提取过程中，中药材不凝聚、不糊化，克服了热水提取易凝聚、易糊化的缺点。

四、仿生提取法

仿生提取法源于仿生学原理，模拟口服药经胃肠道环境转运原理而设计，目的是尽可能地保留原药中的有效成分（包括在体内有效成分的代谢物、水解物、螯合物或新的化合物）。

仿生提取法综合运用了化学仿生（人工胃液、人工肠液）与医学仿生（酶的应用）的原理，结合了整体药物研究（仿生提取法所得提取物更接近药物在体内达到平衡后的有效成分群）与分子药物研究法（以某一单体为指标）。

仿生提取法以人工胃液、人工肠液为理论基础，依据正交试验法或均匀设计法、比例分割法，优选最佳条件（如pH、温度、时间、酶/底物浓度等），并加以搅拌设备（模拟胃肠道蠕动）。用于中药提取，可以用纤维素酶代替胃蛋白酶，利于水解中药中的纤维成分。

五、生物提取法

生物技术提取中药材有效成分的主要方法是中药酶法提取。本法是在传统的溶剂提取方法的基础上，根据植物中药材细胞壁的构成，利用酶反应所具有的高度专一性等特点，选择相应的酶，将细胞壁的组成成分水解或降解，破坏细胞壁结构，使有效成分充分暴露出来，溶解、混悬或胶溶于溶剂中，从而达到提取细胞内有效成分目的的一种新型提取方法。由于植物提取过程中的屏障——细胞壁被破坏，因而酶法提取有利于提高有效成分的提取率。本法常用的酶有纤维素酶、半纤维素酶、果胶酶以及多酶复合体等。

此外，许多中药含有蛋白质，若采用常规提取法，在煎煮过程中，中药材中的蛋白质遇热凝固，则影响有效成分的煎出。应用能够分解蛋白质的酶，如食用木瓜蛋白酶等，将中药材中的蛋白质分解，可提高有效物质的提取率。

在植物中药材提取过程中，酶作为浸提辅助剂，破坏植物细胞壁结构，提高中药材有效成分提取率；在动物药的提取过程中，酶作为动物药提取过程中的激活剂及脱毛剂；在药渣再利用中，酶作为药材提取后药渣处理再利用的催化剂。

◈ 第四节　中药提取实例

科学设计中药提取工艺，加强中医药理论与现代科学技术的结合，确保中药制剂质量可控。为帮助理解中药制药提取工艺设计思路，特举几例。

一、煎煮法提取旋覆代赭汤工艺

【背景】旋覆代赭汤是传统汤剂中较为典型的处方，由旋覆花、代赭石、生姜、半夏、人参、甘草、大枣组成，药材分别来自于植物的花、根、块根及矿物。复方中药汤剂的制备一般依据传统经验及医嘱确定浸泡时间、加水量、煎煮时间、煎煮次数等。在实际新药研发及生产中，需要经过单因素考察试验或正交试验等优选各个参数。

【处方】旋覆花、人参、代赭石、炙甘草、制半夏、生姜、大枣

【制法】人参另煎。将代赭石打碎，置于煎器内，先煎。将旋覆花用纱布包好与其余四味药材共置于代赭石煎器内，共煎一定时间，滤除药液；再加水煎煮，共煎，滤除药液。将该煎液与人参煎液合并，即得。

【工艺流程】如图8-7所示。

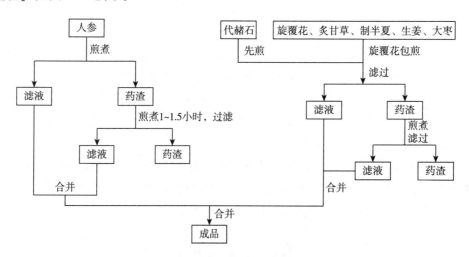

图8-7　旋覆代赭汤提取工艺流程图

【注释】

1. 代赭石是赤铁矿的矿石，为矿物类药材，质地较为坚硬，故先煎。

2. 人参为细料药，为避免成分被其他药材吸附，将其适度粉碎，置于煎器中，单煎一定时间，如每次 1~1.5 小时，2~3 次，煎液另存，待与其他药液合并。

3. 旋覆花为花类药材，质地较松泡，吸水量较大，且花被上有绒毛，绒毛易脱落进入煎液，会刺激咽喉。采用纱布包煎可避免绒毛混入煎液中，同时也能防止其漂浮于水面影响有效成分的溶出。

4. 可采用正交试验法优化提取工艺参数。以药液中人参皂苷 Re、人参皂苷 Rg$_1$、人参皂苷 Rb$_1$、甘草酸铵、绿原酸等有效成分含量作为考察指标，选取其在煎煮过程中的煎煮时间、加水量、煎煮次数等为主要考察因素，通过正交试验法优选煎煮旋覆代赭汤最佳煎煮条件，采用 L$_9$(3^4) 正交表进行试验，通过试验结果及方差分析，考察各个因素对试验的影响程度大小，最终确定各参数水平。

二、小青龙合剂提取工艺

【背景】小青龙合剂由小青龙汤剂型改革而来。本品为棕褐色至棕黑色的液体；气微香，味甜、微辛。

【处方】麻黄、桂枝、白芍、干姜、细辛、炙甘草、法半夏、五味子

【制法】以上八味，细辛、桂枝蒸馏提取挥发油，蒸馏后的水溶液另器收集；药渣与白芍、麻黄、五味子、炙甘草加水煎煮二次，第一次 2 小时，第二次 1.5 小时，合并煎液，滤过，滤液和蒸馏后的水溶液合并，浓缩至约定体积。法半夏、干姜用 70% 乙醇作溶剂，浸渍 24 小时后进行渗漉，收集渗漉液回收乙醇并浓缩至适量，与上述药液合并，静置，滤过，滤液浓缩至约定体积，加入苯甲酸钠适量与细辛和桂枝的挥发油，搅匀，即得。

【注释】

1. 本制剂组方为仲景名方，出自《伤寒论》，为治疗外有表寒、内有寒饮之常用方。方中麻黄味甘辛温，为发散之君药；桂枝味辛热，甘草味甘平，辛甘化阳，助麻黄以发表散寒，所以为臣；芍药味酸性微寒，五味子味酸性温，共为佐，寒饮伤脾，咳逆而喘，则肺气逆，故用芍药、五味子为佐，以敛肺止咳平喘；干姜、细辛味辛性热，半夏味辛性温，三者共为使者。水饮内停，津液不行，用此以散寒饮逆气收，寒水散，津液通行，汗出而诸证均解，用于风寒水饮，恶寒发热，无汗，喘咳痰稀。

2. 根据处方中饮片所含有效成分的性质，细辛、桂枝采用双提法，先用水蒸气蒸馏提取挥发油，药渣再和其他中药合并煎煮，使挥发油和水溶性有效成分同时提出。法半夏、干姜采用 70% 乙醇渗漉提取其脂溶性成分。

3. 采用薄层色谱法可鉴别方中麻黄、芍药、甘草、干姜、五味子。采用高效液相色谱法测定成品中芍药苷和麻黄碱的含量，每 1ml 含白芍以芍药苷计，不得少于 0.30mg；每 1ml 含麻黄以盐酸麻黄碱和盐酸伪麻黄碱的总量计，不得少于 0.26mg。

三、橙皮酊的制备工艺

【背景】橙皮又称黄果皮，是芸香科植物香橙的果皮，剥下的果皮经过晒干或烘干而成。具有理气、化痰、健脾、导滞之功效。临床上用于脾胃气滞之脘腹胀满，恶心呕吐，食欲不振、痰壅气逆之咳嗽痰多，胸膈满闷，梅核气。果皮含挥发油 1.5%~2%，主要成分为正癸醛、柠檬醛、柠檬烯和辛醇等。另含枸橘苷、橙皮苷、柚皮苷。本品为芳香、苦味健胃药，亦有祛痰作用。

【处方】橙皮、70% 乙醇适量

【制法】称取干燥橙皮粗粉，置于广口瓶中，加 70% 乙醇适量，密盖，浸渍 3 日。倾取上层清液，将其用纱布过滤，残渣挤出液与滤液合并，加 70% 乙醇至全量，静置 24 小时，滤过，即得。

【注释】

1. 由于橙皮中含有挥发油，故采用冷浸渍法，防止挥发油损失。

2. 新鲜橙皮与干燥橙皮中的挥发油含量相差较大，故规定用干橙皮投料。

3. 橙皮中含有挥发油及黄酮类成分，用70%乙醇能使橙皮中的挥发油全部提出，且防止苦味树脂等杂质的溶入。

四、桂枝茯苓胶囊提取工艺

【背景】桂枝茯苓胶囊是经典方剂桂枝茯苓丸的方剂加减应用，可活血、化瘀、消癥，用于妇人瘀血阻络所致癥块、经闭、痛经、产后恶露不尽；子宫肌瘤，慢性盆腔炎包块，子宫内膜异位症，卵巢囊肿见上述证候者。

【处方】桂枝、茯苓、牡丹皮、桃仁、白芍

【制法】以上五味，取半量茯苓粉碎成细粉；牡丹皮用水蒸气蒸馏，收集蒸馏液，分取挥发性成分，备用；药渣与桂枝、白芍、桃仁及剩余的茯苓用90%乙醇提取二次，合并提取液，回收乙醇至无醇味，减压浓缩至适量；药渣再加水提取二次，滤过，合并滤液，减压浓缩至适量，上述二种浓缩液，与茯苓细粉混匀，干燥，粉碎，加入适量的糊精，制颗粒，干燥，加入牡丹皮挥发性成分，混匀，装入胶囊即得。

【注释】

1. 本制剂组方源于仲景名方（出自《伤寒论》）演化，为妇科常用理血剂。方中桂枝性温味辛，能通血脉消瘀血，又能利小便、助气化而行津液。瘀血内停伴有痰湿阻滞，用茯苓消痰浊，利水湿，益脾气，安心神。二者合用可以加强化痰利水之功。牡丹皮、桃仁，能活血化瘀消结。芍药，能滋阴养血、缓急止痛。诸药相合，化瘀结，消痰浊，通血脉，痰瘀并治，以缓消体内症瘕积聚。

2. 根据处方中饮片所含有效成分的性质，牡丹皮采用双提法，因含丹皮酚等挥发性成分，先以水蒸气蒸馏法提取挥发性成分，药渣再和桂枝、白芍、桃仁及茯苓用90%乙醇回流提取，然后以90%乙醇和水依次提取，以充分提取脂溶性和水溶性成分。牡丹皮挥发性成分可溶于乙醇喷入干颗粒中，并密闭放置一定时间，以使其充分渗入至颗粒内。也可将其用β-环糊精制成包合物，与其他药物混合制成颗粒，以增加其稳定性。茯苓粉性较强，取部分茯苓粉碎成细粉作为粉料，既可充分保留有效物质，又可节省辅料，降低成本。

3. 采用显微鉴别法可鉴别方中茯苓。采用薄层色谱法可鉴别方中牡丹皮、白芍，采用气相色谱法可鉴别方中桂枝，为进一步控制产品质量建立液相特征指纹图谱。采用高效液相色谱法测定成品中丹皮酚、芍药苷和苦杏仁苷的含量，每粒含牡丹皮以丹皮酚计，不得少于1.8mg；每粒含白芍和牡丹皮以芍药苷计，不得少于3.0mg；每粒含桃仁以苦杏仁苷计，不得少于0.90mg。

五、牛黄解毒片制备工艺

【背景】牛黄解毒片为清热解毒良药，用于治疗火热内盛、咽喉肿痛、牙龈肿痛、口舌生疮、目赤肿痛。本品有素片、糖衣片及薄膜衣片，素片或包衣片除去包衣后显棕黄色；有冰片香气，味微苦、辛。

【处方】人工牛黄、雄黄、石膏、大黄、黄芩、桔梗、冰片、甘草

【制法】以上八味，雄黄水飞成极细粉；大黄粉碎成细粉；人工牛黄、冰片研细；其余黄芩等四味加水煎煮二次，每次2小时，滤过，合并滤液，滤液浓缩成稠膏或干燥成干浸膏，加入大黄、雄黄粉末，制粒，干燥，再加入人工牛黄、冰片粉末，混匀，压制成片即得。

【注释】

1. 该方最早载于元代《咽喉脉证通论》。《中国药典》（2005年版）开始收载，其药物组成精简为8味药。方中牛黄味苦气凉，入肝、心经，功善清热、凉血、解毒，以之为主药。生石膏味辛能散，性寒可清热，清热泻火，除烦止渴；黄芩味苦气寒，清热燥湿，泻火解毒；大黄苦寒沉降，清热泻火，泻下通便，共为辅药。雄黄、冰片清热解毒，消肿止痛；桔梗味苦辛，入肺经，宣肺利咽，共为佐药。甘草味甘性平，调和诸药，为使药。诸药合用，共奏清热解毒泻火之效。

2. 方中黄芩、石膏、桔梗、甘草采用共同水煎煮，药液浓缩成膏，其有效成分黄芩苷、桔梗皂苷、甘草皂苷皆能被提出。石膏药理研究证明，其水煎液具有解热作用。四药合煎，既保证清热解毒功效，又缩小了体积。

3. 大黄以原细粉于制粒前加入，不经提取，可保留其泻下成分（结合状态的蒽醌），保证其泄热通便的作用。

4. 牛黄为贵重药，用量少；冰片具有挥发性，故以细粉加于干颗粒中，混匀压片，这样可以保证此二味药在片剂中的含量，有利于发挥药效。此外，文献报道，应用 β - 环糊精包合冰片后压片，可以有效地防止冰片的逸散，保证该片中冰片含量。

答案解析

一、选择题

1. 下列关于中药提取溶剂的叙述，错误的是（　　）
    A. 浸提溶剂应最大限度地浸出有效成分
    B. 用水煎煮中药，亦会煎出脂溶性成分
    C. 高浓度乙醇能够浸出较多的强极性成分
    D. 溶剂中加入表面活性剂能提高浸出效率

2. 影响中药浸出效果的最关键因素是（　　）
    A. 中药粒度　　　　B. 浸提温度　　　　C. 浸提时间　　　　D. 浓度梯度

3. 下列关于浸渍法特点的叙述，错误的是（　　）
    A. 浸渍时溶剂是相对静止的
    B. 浸渍法的浸提效率较渗漉法低
    C. 当溶剂的量一定时，浸提效果与浸提次数无关
    D. 适用于黏性药材及无组织结构的药材的提取

4. 50%~70%乙醇适用于提取（　　）
    A. 挥发油　　　　B. 叶绿素　　　　C. 生物碱　　　　D. 树脂

5. 下列关于浸提辅助剂的叙述，错误的是（　　）
    A. 加酸可使生物碱类成盐，促进浸出
    B. 加甘油可增加鞣质稳定性与浸出
    C. 加表面活性剂可促进中药的润湿
    D. 浸提辅助剂多用于中药复方制剂的浸提

6. 下列关于渗漉法的叙述，正确的是（　　）
    A. 为了提高浸提效率，中药宜粉碎成细粉

B. 中药粉碎后即可装入渗漉筒中

C. 中药装筒后，加入浸提溶剂即可收集渗漉液

D. 加入的溶剂必须始终保持浸没药粉表面

7. 制备毒性、贵重药材或高浓度浸出制剂，常选用的浸提方法是（　）

　　A. 煎煮法　　　　　　　B. 浸渍法　　　　　　C. 溶解法　　　　　　D. 渗漉法

8. 黏性及无组织结构的药材，若制成酊剂，宜选用的浸提方法是（　）

　　A. 渗漉法　　　　　　　B. 回流法　　　　　　C. 水醇法　　　　　　D. 浸渍法

9. 提取挥发油宜选用（　）

　　A. 常压蒸馏　　　　　　B. 水蒸气蒸馏　　　　C. 分馏　　　　　　　D. 精馏

二、思考题

1. 对具有完整细胞结构的中药来说，其成分提取需经过几个阶段？

2. 影响药效成分浸提效果的因素有哪些？

3. 单渗漉法的工艺流程是什么？

4. 用多功能中药提取罐提取有何特点？

书网融合……

思政导航　　　　　　本章小结　　　　　　微课　　　　　　题库

第九章　中药半成品制备工艺

PPT

学习目标

知识目标

1. **掌握**　中药精制与分离的目的及常用分离精制手段；中药浓缩干燥的目的。
2. **熟悉**　中药浓缩干燥常用方法。
3. **了解**　中药精制与分离常用设备、中药浓缩干燥常用设备。

能力目标　通过本章的学习，学习问题分析方法，掌握中药半成品制备的相关工程能力。

中药半成品是指根据《中国药典》和其他规定的处方，以中药饮片为原料制备中药制剂过程中，药材提取后至制剂成型前的物料。中药半成品的制备步骤主要涉及分离精制和浓缩干燥操作，工艺复杂多样，其工艺流程的选择和设备配置都直接关系到被提取有效成分的数量和质量，从而进一步影响到最终产品的质量、经济效益等，是中药生产中重要的工艺过程；其制备受原药材性质、提取条件等诸多因素的影响，合理设计和选择整个工艺，需要根据生产目的，综合专业知识，考虑高效、环保和经济性，选择合适的实施方案。

第一节　中药分离与精制

中药的分离与精制，是指以中药材浸提物为原料，经过一道或多道操作工序，最终得到所需要的中间体的过程。对药材进行提取分离和精制，主要目的是为了提高制剂中有效成分的含量和降低用药量。

一、分离精制工艺技术路线的选择 🄴 微课

目前多种药效物质共同起治疗作用是传统中药用药的特点。从治疗的角度出发，中药材原料可以视为有效成分、辅助成分、无效成分、组织物的集合体，提取所得中药浸出物通常伴随有大量的无效成分或杂质，若直接用于中药制剂的生产，不但影响中药制剂的生产过程与产品质量，也不利于新剂型在中药制剂中的应用。可采用适当的分离纯化方法选择性地除去无效组分或者有害组分，这样才能达到提高药效，保证安全的目的。高效、易控、标准的分离纯化技术是中药产品质量稳定可控的技术基础，是中药制剂现代化发展的关键。

目前应用于中药的分离纯化手段主要有过滤、离心、沉淀、大孔树脂吸附、膜分离等多种方法及其联用，各种分离方法在中药有效成分的分离纯化中得到不同程度的应用。分离精制工艺技术路线的选择应当考量以下几个方面。

（一）以中医药理论为指导

在中医药理论的指导下，一般根据药材所含成分的理化性质、所要制备的剂型及成型工艺的要求等综合考虑。也可以将两种以上技术联合应用，发挥各种方法的优势，以取得良好的分离纯化效果。

复方用药是中药传统应用的特色之一。无论是单味药还是复方，都具有成分复杂的特点，其药效物质化学组成多成分且具有多靶点作用机制，是一个具有大量的非线性和多变量数据特征的复杂体系。中药中的药效物质的复杂性既体现了中医辨证施治，依时、依地、依人而定的个性化给药方案特色，又反映了其药效物质基础的复杂性及作用机制的综合性，因此以现代科学技术手段研究中药分离问题时必须遵循中药药效物质整体性的原则。随着现代天然产物化学研究进展，中药中化学成分的分离鉴定已经成为成熟技术。但是有效成分的筛选、有效分离以及被分离产物能否代表中药的功用、能否在临床上取得原有方剂应有的疗效还有待提高，这实质上是中药分离所面临的科学问题。现行有效策略是可引进既能体现分离产物的多元性，又便于产业化操作的分离技术如膜分离、大孔吸附树脂分离等技术。采用树脂分离纯化是中药分离发展趋势，但应当以多角度、多层次的理化、药效指标证明上柱前与洗脱后药物的等效性。

>>> 知识链接 •--

"组分配伍"的思维方法是研制现代中药的有效手段

中药作用机制实际上是两个复杂系统的相互作用，即药物有效成分组成的复杂物质体系和病理条件下药物作用靶点组成的复杂生物体系。正是由于这两个复杂体系的相互作用才达到了药物治疗疾病的目的。例如研究表明玉屏风散合煎液与单煎合并液化学组分有差异，而且合煎要比各药单独煎煮的煎液合并更有利于药效成分的溶出。说明玉屏风散各不同组合的总浸膏和总多糖含量不是单味药的简单加和，而是方内诸药物综合作用的体现。此外，中药用于人体之后也会产生复杂的效应。

复方用药是中医药的特色，如上所述，对中药复方的现代物质基础研究不能仅着眼于分离出单个药味中的单体成分，还要遵循中医药理论指导，通过"组分配伍"等思维方法，探索中药复方用药一加一大于二的系统优势。

--•

（二）分离的纯度和回收率

选择分离技术首先应该考虑的因素是分离终产品的纯度和回收率。在中药制剂领域分离的目标可分为单体成分、有效部位（群）及复方精提物，以上三类不同的分离目标分别对应于研制开发不同的中药新药类别和所选制剂剂型。目标确定后，应充分了解浸提液中各组分在理化性质及生物学性质方面的差异，选择可以利用到这些差异且经济、环保的分离方法。选定分离方法后，再优化工艺参数。

（三）制药整体过程

中药制药过程中，分离往往还有上下游工艺。由于中药材的药性、有效成分的不同，所适用的浸取方法显然不同，选择合适的浸取方法与工艺对浸出生产是否保持中药有效成分的生物活性非常重要，不同的提取方法及后续浓缩、制剂等工艺可能会影响到分离工艺的选择，故分离纯化方法选择需结合全部制药要求进行设计。

中药制药生产过程中遇到的分离对象通常为混合物，大致可分为均相体系和非均相体系。在均相体系内部，各处物料性质均匀一致，无相界面存在，如溶液、气体混合物等，不同成分的分离操作可采用沉淀、蒸馏、吸收、萃取等方法；而在非均相体系内部存在相界面，且界面两侧性质不同，如混悬液、乳浊液等，通常采用沉降、过滤等方法分离。

二、过滤分离

过滤分离是将固-液或固-气混合物通过多孔介质，使固体粒子被介质截留，液体或气体经介质孔道流出，从而实现分离的方法。过滤的推动力是过滤介质两侧的压力差，根据过滤推动力的产生方式，过滤可分为自然过滤、加压过滤和减压过滤。在自然过滤中，借助滤浆的自身重力形成过滤介质，两侧压力差推动过滤；在加压过滤中，通过对滤浆一侧施加压力，增大过滤压力差，实现过滤，如板框式压滤、离心过滤等；而在减压过滤中，则是在滤液一侧抽真空，减小压力，从而增大过滤压力差所进行的过滤，如抽滤等。

按滤材截留粒子的方式不同，过滤可分为表面过滤和深层过滤。表面过滤是料液中大于滤材孔隙的微粒全部被截留在滤过介质的表面，如薄膜过滤等。表面过滤一般适用于固体粒子粒径较大的滤浆，随着固体粒子在滤过介质表面的沉积，会形成滤饼。一旦形成滤饼可更加有效地截留滤浆中的固体粒子。为确保过滤效果，滤饼形成前的滤液通常需要"回滤"。深层过滤是将微粒截留在滤器的深层，如凝胶过滤、砂滤棒、垂熔玻璃漏斗等。深层过滤一般适用于固体粒子粒径较小的滤浆，多为精滤。深层过滤截留的微粒往往小于滤过介质的平均孔径，由于深层滤器各部分的孔径不可能完全一致，有时部分小固体会通过较大的滤孔，因此，初滤液也常需"回滤"。

影响过滤操作的因素包括过滤方式、过滤介质的种类及性质、料液性质（黏度、温度、固液比及固体漂浮物性质等）、过滤介质两侧压力差、过滤面积、助滤剂等，应根据上述因素综合考虑过滤工艺设计及选择过滤设备，如中药材提取之后欲快速有效地分离药液与药渣就常用金属滤网加板框过滤的工艺。

三、沉降分离

沉降分离是利用待分离体系所含组分的密度不同将其分离的操作。根据作用动力不同，沉降操作可分为重力沉降和离心分离。

（一）重力沉降

重力沉降是依靠料液中固体物自身重量自然下沉，通过吸取上层清液，分离固体与液体的一种方法。此种方法分离不够完全，但可除去大部分杂质，有利于进一步的分离操作。重力沉降设备主要有降尘室和沉降槽，降尘室用于气 – 固分离，沉降槽用于固 – 液分离。

（二）离心分离

离心分离是将待分离的料液置于离心机中，借助离心机高速旋转产生的离心力，分离料液中的固 – 液体系或密度不同不相混溶的两种液体等。离心分离的设备主要有沉降式离心机和旋风式分离器，前者用于固 – 液分离，后者用于气 – 固分离。

离心分离法是目前使用较普遍的一种分离方法。物体在高速旋转中受到离心力的作用而沿旋转切线脱离，其本身的重力、旋转速度、旋转半径不同，从而所受的离心力也不同。在旋转条件相同的情况下，离心力与重力成正比。中药制剂生产采用离心分离法进行分离是利用混合液中各成分的密度差异，借助于离心机的高速旋转产生的不同离心力来达到目的。一般在制剂生产中，遇到含水率较高、含不溶性微粒的粒径很小或黏度很大的滤液，或需将两种密度不同且不相混溶的液体混合物分开，而用其他方法难以实现时，可考虑选用适宜的离心机进行分离。离心分离技术是诸多分离除杂手段中的一种有效而可行的方法。

1. 离心设备及分类 离心分离设备指的是利用离心力实现非均相分离的分离设备。离心机的种类很多，外形、结构、适应性各异，根据不同的特性可做如下分类。

（1）**按分离因数的大小分类** 分离因数 a 是物料在离心场中所受离心力和重力之比。当 $a < 3000$ 为常速离心机，适用于易分离的混悬滤浆的分离及物料的脱水。当 $a = 3000 \sim 50000$ 为高速离心机，主要用于含细粒子、黏度大的滤浆及乳浊液的分离。当 $a > 50000$ 为超高速离心机，主要用于微生物学、抗生素发酵液、动物生化制品等的固液两相分离。超高速离心机常伴有冷冻装置，可使离心操作在低温下进行。

（2）按离心操作性质分类　按分离方式不同可分为：滤过式离心机（如三足式离心机）、沉降式离心机（如实验室用沉降式离心机）、分离式离心机（如管式高速离心机）。按操作方法不同可分为：间歇式离心机、连续式离心机。按离心机转鼓轴线在空间的位置不同可分为：立式离心机、卧式离心机。

2. 影响药液离心分离效果的因素　主要是离心力和分离因数。在用沉降法分离时，微小颗粒沉降速度较慢，如果用离心力代替重力，则沉降速度可以加倍提高。在离心机中离心力的大小与物料的质量有关，且随离心机半径和旋转速度的大小而变化：颗粒的质量越大、转鼓半径越大、转速越高，则离心力也越大。通常离心力可比重力大几百倍到几万倍。其他因素如下。

（1）药液密度　药液密度大小是影响离心分离除杂效果的因素之一，在20℃时控制药液密度在1.08~1.10之间比较适宜。若密度太大，药液比较黏稠，则容易堵塞管道，且分离效果不甚理想，若药液密度过小，虽分离后的成品澄清度符合要求，但药液量过多，分离时间过长。

（2）离心温度　由于高速离心机在快速旋转时会产生一定的热量，因而对药液中某些物质会有不同程度的影响。特别是对于含有机溶剂的药液，如酒剂、酊剂等提取液，离心机产生的热量能使温度升高，引起乙醇挥发，含醇量随之降低，药液中某些醇溶性成分便随之析出。同时，热量增加，温度升高，加之含有机溶剂，对于在密闭条件下操作的离心机，危险性也随之增大。

（3）离心时间　在离心过程中离心时间并非越长越好，因为随着离心时间的增长，沉淀结合会更加紧密，从而使沉淀所包裹和吸附的有效成分增多，损失增大；如果离心时间太短，杂质沉降不充分，同样也达不到分离除杂的效果。

四、沉淀分离

沉淀分离法又称沉淀法，是在样品溶液中加入某些溶剂或沉淀剂，通过化学反应或是改变溶液的pH、温度、溶解度等，使形成固体物形式沉淀析出，所含物质得以分离的一种方法。通过沉淀法，可使有效成分成为沉淀析出或使杂质成为沉淀除去。物质能否从溶液中析出，取决于分离物质的溶解度或溶度积，并需要选择适当的沉淀剂和沉淀条件。应用沉淀法分离时，需要考虑所选用的沉淀方法要有一定的选择性，这样才能使目标成分与杂质成分有较好的分离，而对于一些诸如酶或蛋白质等活性物质分离时，需要考虑所选用沉淀方法对目标成分的活性和化学结构有无破坏，此外还需考虑沉淀的残留物是否对人体有害。

（一）水提醇沉法

先以水为溶剂提取药材中的有效成分，再用不同浓度的乙醇沉淀去除提取液中的杂质。水提醇沉法广泛用于中药水提液的精制，以降低制剂的服用量，或增加制剂的稳定性和澄清度。该法也可用于制备具有生理活性的多糖和糖蛋白。

水提醇沉法是根据药材成分在水和乙醇中的溶解性不同，通过交替使用水和不同浓度的乙醇，可保留生物碱盐类、苷类、氨基酸、有机酸等有效成分，去除蛋白质、糊化淀粉、黏液质、油脂、脂溶性色素、树脂、树胶、部分糖类等杂质。通常认为，当料液中含乙醇量达到50%~60%时，可去除淀粉等杂质；当含醇量达到75%以上时，除鞣质、水溶性色素等少数无效成分外，其余大部分杂质均可沉淀而去除。

常用水提醇沉工艺一般将中药（饮片）加水煎煮2~3次后滤过，合并滤液，滤液浓缩至1:1~1:2，加入适量乙醇使含醇量达60%~85%，吸取上清液并回收乙醇，适度浓缩后冷藏一段时间，滤过，即得。

大生产操作过程中，一般以相对密度控制浓缩程度。加醇方式有分次醇沉和梯度递增两种。应在浓缩液冷却后缓慢加醇，边加边搅拌，因加醇量不可用酒精计直接测定，须将计算量的乙醇加入浓缩液中。批准的生产工艺中，醇沉浓度多为体积百分数，实际生产中由于量取不方便，多用称重法，工艺规程中最好使用质量百分数。冷藏时，含醇药液降至室温方可进入冷库，应注意密闭，冷藏温度一般为5～10℃，时间一般为12～24小时。回收乙醇时应注意浓缩浓度、温度及乙醇损失等。

水提醇沉法存在不少问题，如沉淀中吸附有不少有效成分，导致有效成分损失较多；内酯、黄酮、蒽醌和芳香酸等水不易溶性有效成分在加醇时易溶，但乙醇回收后，随着乙醇浓度的降低，逐渐从浓缩液中析出，过滤时易损失；醇沉后液体制剂（如口服液）易产生沉淀；乙醇消耗量大、生产成本高、生产周期长等。

（二）醇提水沉法

醇提水沉法原理及操作流程与水提醇沉法基本相同，一般先以适宜浓度的乙醇对药材成分进行提取，再往醇提液中加水除去杂质，在中药制药工业中应用也较为普遍，适于提取药效物质为醇溶性或在醇和水中均有较好溶解性的药材，既可避免先用水提取时药材中大量蛋白质、淀粉、黏液质等大分子杂质的浸出，通过水沉处理又可将醇提液中的树脂、油脂、色素等低极性杂质沉淀除去。但应特别注意，如果药效成分在水中难溶或不溶，则需谨慎采用水沉处理，否则会造成有效成分的大量丢失。

【应用实例1】地黄多糖的提取分离

熟地黄系玄参科植物地黄的新鲜或干燥块根的炮制加工品。多糖类成分从前多被当作无效组分除去，然而地黄多糖具有增强机体造血、增强机体的免疫力、抗氧化、抗突变、中枢抑制等药理作用，提取地黄多糖意义显著。可利用"醇提水沉"工艺进行提取分离：先以高浓度乙醇将大部分醇溶性杂质去除，再用沸水从含多糖药渣中进行提取，提取液加入乙醇使含醇量达80%以上令多糖沉淀出来以进一步除去非多糖物质，多次精制得到多糖产品。可如图9-1所示，制备地黄多糖：熟地黄切碎，加80%乙醇80℃回流提取1小时，趁热过滤，回收乙醇，药渣用沸水提取3次，每次1小时，趁热过滤，合并滤液，减压浓缩至适量后，加乙醇使其含醇量为80%，放置过夜，沉淀物离心过滤，挥干溶剂，再溶于水，加0.1%活性炭脱色，滤过，溶液再加乙醇至含醇量为80%，静置12小时，离心过滤，沉淀物用无水乙醇洗涤多次，挥干后置60℃烘干得地黄总多糖干粉。值得注意的是，此过程中对"醇提水沉"的运用与许多经典工艺有别：利用多糖和杂质在水和乙醇中具有溶解度差异的原理，反复以水、醇分离精制，获得较纯产品。

（三）盐析法

盐析法是在含高分子溶液中加入大量的无机盐，降低其溶解度，使其沉淀析出，从而与其他成分分离。本法主要适用于蛋白质的分离纯化，并且不影响其生物活性。高浓度的盐能使蛋白质沉淀的机制，通常认为是影响了高分子溶液稳定性，即破坏了蛋白质胶体的水化层以及中和了蛋白质分子表面的电荷，使之凝聚沉淀。

（四）酸碱法

利用中药成分的溶解性与酸碱度的关系，在溶液中加入适量酸或碱降低这些成分的溶解度，使其沉淀析出，以实现分离和精制。适用于本身有一定酸性或碱性的成分如生物碱、有机酸及蒽醌等化合物的分离与精制。

（五）絮凝澄清法

絮凝澄清法是往中药提取液中加入絮凝沉淀剂，通过与蛋白质、果胶等发生吸附架桥、电中和等分子间作用，使之沉降，以达到精制和提高成品质量的目的。本法专属性较强，无毒性，成品稳定性好，

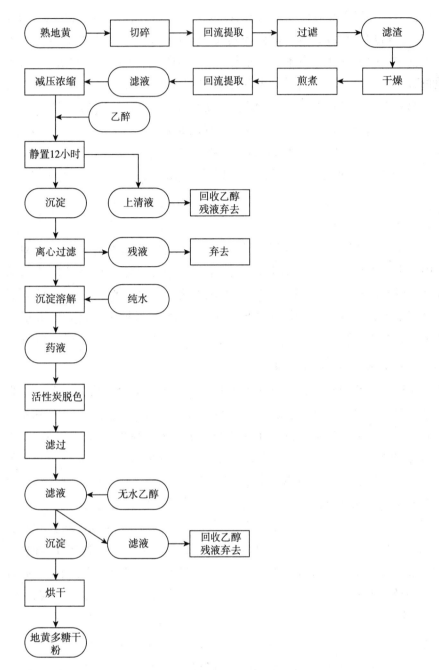

图 9-1 地黄多糖制备流程图

工艺简单，操作方便，成本低，生产效益高，是水提醇沉工艺的一种替代方法。常用的絮凝剂有鞣酸、明胶、蛋清等。絮凝澄清的基本操作流程与水提醇沉法相同，但具体操作条件如水提液浓缩程度、絮凝剂加入方法、保温和静置条件等不同。

【应用实例2】加味玉屏风口服液的精制

中药口服液由于疗效好、见效快、饮用方便，是近年来我国医疗保健行业大力开发的新剂型。加味玉屏风口服液由传统名方玉屏风散加味改剂型而得，由黄芪、防风、白术等多味中药组成，功能为益气固表、祛邪止汗。传统生产采用经典的"水提醇沉"工艺进行提取和纯化，再通过蒸馏浓缩同时回收乙醇，需耗用大量酒精，成本较高，且成品中仍残存少量胶体、微粒等，久置会出现絮状沉淀物，影响药液的外观性状。可利用壳聚糖优异的絮凝作用除去药液中杂质。由于壳聚糖密度小、易漂浮，故以高温改性膨润土负载壳聚糖作为复合絮凝材料进行药液的精制。

改良工艺如图 9 - 2 所示：按处方称取药材，防风先提取挥发油，另器保存。药渣与黄芪、白术、大枣三味加水煎煮两次（第一次 1.5 小时，第二次 1.0 小时），合并煎液，过滤，滤液浓缩至适量，放冷后加入挥发油，搅匀，静置，过滤，滤液加入一定量膨润土负载壳聚糖复合絮凝剂，摇匀，静置一定时间，离心（2000r/min）10 分钟，过滤，以去离子水补充至规定体积（每毫升药液相当于生药 1g）供后续制剂阶段灌装使用。

采用改良工艺制备的加味玉屏风口服液与传统的乙醇沉淀法相比，不仅有效地保留了原配方的成分，而且口服液色泽好，在储藏期内澄清透明、无絮状物生成。

五、大孔吸附树脂技术

大孔吸附树脂分离技术是指以大孔吸附树脂为吸附剂，利用其对不同成分的选择性吸附和筛选作用，通过选用适宜的吸附和解吸条件借以分离、提纯某一种或某一类有机化合物的技术。大孔吸附树脂技术应用十分广泛，不仅可用于废水处理、化学工业、临床检验、抗生素分离，还可应用于中药、天然药物的分离、纯化、中成药的制备和质量控制等方面。大孔吸附树脂对水溶性化合物具有特殊吸附作用，主要用于分离中药中的苷类、糖类、生物碱、黄酮类、木脂素类、香豆素类、萜类等有效成分。目前大孔吸附树脂已可用于工业实际生产，成为中药现代化生产的关键技术之一，为解决中药有效成分和有效部位的提取分离及纯化等难题提供了可能。

（一）大孔吸附树脂的吸附原理

大孔吸附树脂是一种具有较大孔状结构的非离子型有机高分子聚合体，一般为白色或乳白色球状颗粒，由聚合单体和交联剂以及致孔剂、分散剂等添加剂经聚合反应制备而成的多孔骨架结构，粒度多介于 20~60 目之间，并非完全实心，每个颗粒都是由许多彼此间存在孔穴的微观

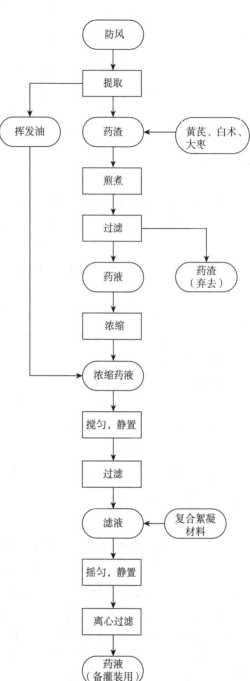

图 9 - 2 加味玉屏风口服液中间体制备流程图

小球组成。大孔吸附树脂理化性质稳定，一般不溶于酸、碱、水及有机溶剂，在水和有机溶剂中可以吸收溶剂而膨胀。有一定耐热性，可在 150℃ 以下使用。具有机械强度高、吸附容量大、吸附速度快、解吸率高、对有机物选择交联的三维空间结构。

一般认为大孔吸附树脂具有吸附性和分子筛选性，其吸附性是由范德华引力或氢键产生的，分子筛选性是由其本身多孔性结构所决定。通过吸附和分子筛原理，有机化合物根据吸附力的不同及分子量的大小，在大孔吸附树脂上经一定的溶剂洗脱而达到分离、纯化、除杂等不同目的。对于分子量相似的化合物，极性越小，吸附能力越强，越难洗脱下来；极性越大，吸附能力越弱，越易洗脱下来。对于极性相似的化合物，分子量越大，越易洗脱下来。其中有效成分在大孔吸附树脂上的吸附和解吸是大孔吸附

树脂吸附和溶液溶解相互作用、相互竞争的结果。当分子间作用力产生的吸附作用占优时，有效成分吸附在树脂上，当溶液的溶解作用占优时，有效成分从树脂上被洗脱。树脂与被分离成分之间的吸附为物理吸附，使得被吸附的物质较易洗脱下来。

（二）大孔吸附树脂的分类与规格

大孔吸附树脂根据其骨架材料及带有的功能基团可分为非极性、中等极性、极性、强极性树脂。

1. 非极性大孔吸附树脂　是由偶极矩很小的单体聚合而得的不带任何功能基的吸附树脂，典型的是以苯乙烯为聚合单体，二乙烯苯为交联剂，甲苯、二甲苯为致孔剂制得的吸附树脂。因其具有疏水性表面结构，适合从极性溶剂中吸附非极性物质，亦称为芳香族吸附剂。在中药领域主要用于黄酮类、木脂素类、香豆素类、萜类、甾体类化合物的分离。

2. 中等极性大孔吸附树脂　系含酯基的吸附树脂，典型的有聚丙烯酸酯型聚合物，主要以丙烯酸系单体与多功能基交联剂在致孔剂、分散剂的存在下，引发交联，不经功能基化而制成的吸附树脂，其表面疏水部分和亲水部分共存。丙烯酸系吸附树脂具有亲水性强易湿润等优点，可用于从极性溶剂中吸附较低极性溶质，也可用于从非极性溶剂中吸附一定极性的溶质。

3. 极性大孔吸附树脂　在苯乙烯型大孔吸附树脂基础上进行交联反应，在聚苯乙烯骨架上分别修饰了二甲胺基、邻羧基苯甲酰基和苯甲酰基等含氮、氧、硫的极性功能基，改变吸附剂的表面性质，使其极性增强，通过静电相互作用和氢键等进行吸附，适合用于从非极性溶液中吸附极性物质。在中药领域中主要用于黄酮苷、蒽醌苷、木脂素苷、香豆素苷的分离。

4. 强极性大孔吸附树脂　可用极性单体进行聚合或者在非极性大孔吸附树脂基础上进行改性及导入极性功能基团，如季胺基、吡啶基，具有强极性，用于吸附极性较大成分。事实上，强极性大孔吸附树脂与离子交换树脂的界限很难区别。

大孔吸附树脂物理结构参数常用孔径、孔度和比表面积描述。孔径是指微观小球之间的平均距离。孔度是指组成大孔吸附树脂的微观小球之间的孔穴的总体积与宏观小球体积之比。比表面积是指树脂的表面积与质量之比。不同厂家所生产的大孔树脂品种和型号不同，目前，大孔吸附树脂缺乏统一的型号和标准。

（三）大孔吸附树脂技术工艺流程设计

由于大孔吸附树脂工作过程是通过选择性吸附药液中目标成分，再以合适溶剂将这些成分分别洗脱并收集，达到成分分离并除去无关杂质的目的，故考察和选择大孔吸附树脂时通常先查阅文献，确定药物成分性质，确定所用树脂类型，然后筛选不同厂家树脂，最后确定所用大孔树脂。以大孔吸附树脂进行药液成分分离时需要对树脂进行预处理，然后以中药提取液吸附上样，以合适的洗脱溶剂进行洗脱，收集洗脱液，回收溶剂，药液干燥后制得半成品。

1. 大孔吸附树脂的选择　通过查阅文献，确定所要分离的药物成分性质，按照类似物吸附类似物的原则，根据被吸附物质的极性大小选择不同类型的大孔吸附树脂。极性较大的化合物一般适合在中极性的大孔吸附树脂上分离，极性小的化合物适合在非极性的大孔吸附树脂上分离。在实际应用中，还要根据分子中极性基团（如羟基、羧基和糖基）与非极性基团（如烷基、苯基、环烷母核）数量的多少来确定。此外，含有氮、氧的物质也要考虑氢键的形成对吸附和洗脱的影响。大孔吸附树脂的吸附量除受树脂本身极性和骨架结构的影响外，还受到树脂空间结构的影响。其吸附能力与孔径等物理结构参数有关。在树脂吸附过程中，树脂内部孔径是被吸附物质扩散的路径，在比表面积一定的情况下，适当增加树脂孔径，亦会增大被吸附物质的扩散速度，有利于达到吸附和解吸平衡。在选择树脂类别时，应针对以上几个方面综合考虑。

2. 筛选树脂　大孔吸附树脂吸附能力主要取决于吸附剂的表面性质，表面性质主要由树脂的极性以及孔径、孔度、比表面积等结构因素决定。此外，还与大孔吸附树脂能否与被吸附物形成氢键有关。不同厂家、不同型号的大孔吸附树脂吸附洗脱特性都有所差别，应根据实际情况进行筛选。筛选大孔吸附树脂的性能评价指标主要是沉降密度、比上柱量、比吸附量、比洗脱量。

（1）沉降密度　主要用于体积与重量的换算。为准确评价上柱吸附、洗脱效果，需测定树脂的沉降密度。即干树脂的重量与水中沉降后的体积的比值。

（2）比上柱量　主要用于评价树脂吸附、承载的能力，是确定大孔吸附树脂用量的参数。上柱液中待分离的化学成分含量与流出液中含量的差（即树脂的饱和吸附量）与十树脂重量的比值。

（3）比吸附量　用于评价树脂的真实吸附能力，是选择树脂种类、评价树脂再生效果的参数。

（4）比洗脱量　指待吸附的样品水洗后，用洗脱液洗脱，洗脱液中指标成分与树脂的比值，是评价树脂的解吸能力与洗脱溶剂的洗脱能力、选择树脂种类及洗脱溶剂的参数。

3. 树脂前处理　大孔吸附树脂中含有未聚合的单体、致孔剂等物质，既影响其使用性能又具有毒性，因此使用前必须对其进行预处理，除去大孔吸树脂中的有机残留物。大孔吸附树脂的预处理方法有回流提取法、渗漉法和水蒸气蒸馏法等。所用溶媒有乙醇、甲醇、异丙醇、2%~5%盐酸、2%~5%氢氧化钠、丙酮等。稀酸、稀碱的作用主要是破坏有机物与大孔吸附树脂间的的作用力，并溶解部分物质。

检查预处理效果，可取干树脂加乙醇振摇，合格者滤液蒸干后不得有残留物；加数倍蒸馏水过柱后，乙醇溶液不显浑浊；在200~400nm处无紫外吸收峰；用气相色谱法检测甲苯、二乙烯苯等残留物的含量，应符合要求。

目前对预处理以后的苯乙烯骨架树脂要求苯的残留量小于2mg/kg、二乙烯苯小于20mg/kg。对其他类型的大孔吸附树脂，根据具体情况确定限量标准。在新药申报过程中，如使用大孔吸附树脂，应符合国家对大孔吸附树脂预处理的技术要求：使用前进行预处理，应提供预处理的具体方法与目的，并建立预处理合格与否的检测方法与评价指标。

4. 大孔吸附树脂的再生处理　大孔吸附树脂使用一定周期后会受到污染导致吸附能力下降，需再生处理以恢复其吸附性能。对大孔吸附树脂再生的效果进行评价，有利于提高连续多批次生产的合理性和稳定性，有利于大孔吸附树脂分离法生产工艺流程的优化设计。大孔吸附树脂再生可分为简单再生和强化再生。大孔吸附树脂再生所用的溶剂有乙醇、甲醇、丙酮、异丙醇及盐酸溶液、氢氧化钠溶液等。

（1）简单再生　用不同浓度的溶剂按极性从大到小梯度洗脱，再用稀酸、稀碱溶液浸泡洗脱，水洗至pH呈中性即可使用。大孔吸附树脂经过几次简单再生处理后，如果吸附性能下降，需强化再生。

（2）强化再生　先用不同浓度的有机溶剂洗脱，至流出液为无色后，再反复用大体积酸、稀碱溶液交替强化洗脱，水洗至pH呈中性即可使用。如果柱上方沉积有悬浮物，影响流速，可用水或甲醇从柱下方进行反洗，以便把悬浮物顶出。不同的中药提取物对大孔吸附树脂污染的物质和程度不同，树脂再生时，应根据提取物的活性成分和大孔吸附树脂的理化性质，制定大孔吸附树脂的再生处理方法和检验标准。

【应用实例3】银杏总黄酮的制备

银杏叶提取物主要含有银杏黄酮及银杏内酯两大类活性成分，银杏黄酮类化合物具有抗氧化、抗肿瘤、抗病毒、防治心血管疾病及增强人体免疫能力等多种生物功能，但是银杏粗提物中黄酮类物质含量较低且有提取批次间差异，需要进一步分离纯化。近年来应用大孔吸附树脂对银杏黄酮的吸附解吸性能较好且有一定富集作用，逐渐成为分离纯化银杏黄酮的重要方式。如图9-3所示，可将银杏叶阴干粉碎，用90%乙醇在80℃回流提取3次，每次1.5小时，提取液合并后在60℃减压浓缩成浸膏。浸膏加水沉淀除杂，前两次加水量分别为银杏浸膏体积的3倍和2倍，以后每次加水量均为1倍。合并水沉

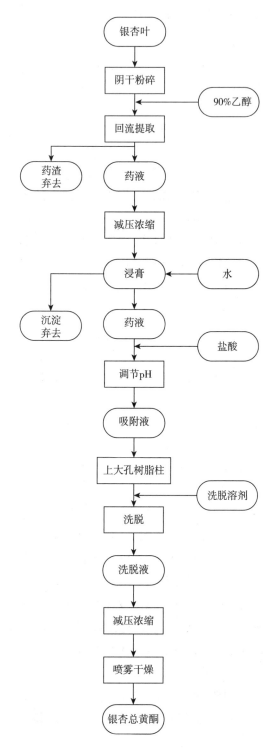

图 9-3 银杏总黄酮制备流程图

液，加盐酸调为 pH 3~4 的吸附液，上预处理过的 S-8 大孔树脂柱，待吸附液流完后，先加水洗柱，然后以 80% 的乙醇洗脱干净后再用 70% 的乙醇溶液洗脱，洗脱液经减压浓缩，喷雾干燥制成银杏总黄酮。

六、膜分离技术

膜分离技术是一项新兴的分离技术，近年来得到世界各国的普遍重视，被公认为是当今国际上最有发展前景的技术产业之一，是当前各国研究的热点，从中草药、生物制药到临床医学，膜材料及膜设备被大量使用。

膜为流体两相之间的选择性凝聚相屏障。它能分割两相界面，并以特定形式限制与传递各种化学物质。膜可以是均相的也可以是非均相的；对称型的或非对称型的；固体的或液体的，甚至是气体的；中性的或荷电性的；其厚度从单分子层到几毫米乃至几微米，而长度则可用米来计算。

（一）膜分离技术的特点

膜分离技术的应用原理可视为兼具机械筛和分子筛的作用，是以压力或化学单位差为推动力，实现溶质与溶剂的分离。膜分离传递过程复杂，通常认为当溶液体系进入滤器时，在滤器内的滤膜表面发生分离，溶剂和其他小分子质量溶质透过具有不对称微孔结构的滤膜，大分子溶质和微粒（如蛋白质、病毒、细菌、胶体等）被滤膜阻留，从而达到分离、提纯和浓缩产品的目的，分离过程无需加热，具有一定优势。其具有以下特点。

1. 选择范围广、适用性强 膜技术种类多，包括反渗透、纳滤、超滤、微滤、电渗析等，为满足各种中药生产的需求，提供了广阔的选择空间。

2. 富集产物效率高 根据活性物质或杂质分子质量的情况，有目的地选择一定孔径范围的滤膜，一次或两次即可完成药效成分的富集，同时完成杂质的去除，其过程简单，操作方便，分离效率高。

3. 常温操作，不破坏活性成分 根据分子质量大小选择不同孔径的滤膜，如先用超滤膜截留大分子物质，分出溶液和中小分子物质，再通过纳滤膜除盐，达到富集有效物质的目的。该技术不需要加热，能耗低，药效成分被破坏的可能性小，尤其适用于热不稳定性活性物质的分离。

4. 可分级分离 可分离不同分子质量范围的溶质，在中草药制剂特别是注射液的制备中备受青睐。

5. 除菌、除热原效果好 热原的分子质量大小决定了它能比较容易地通过超滤去除而达到药典的要求。超滤除菌避免了加热灭菌药液易产生沉淀的问题。

6. 经济效益明显 可简化工艺，缩短生产周期，节约资源，从而降低成本，提高经济效益。

（二）膜分离过程的类型

膜分离传递过程极为复杂，不同的膜分离过程使用的膜不同，推动力不同，其传递机制也不同。故功能膜因用途不同而要求不同：如海水淡化需要反渗透膜、药液滤过常用纳滤膜、细菌滤过需要微滤膜、热原及蛋白截留需要超滤膜、去离子水需要电渗析与离子交换膜、分离氧气和氢气需要气体交换膜等。中药制剂的膜分离过程常用的有：反渗透、纳滤、超滤、微滤、透析、电渗析等。

1. 反渗透 反渗透过程是渗透过程的逆过程，即溶剂从浓溶液通过膜向稀溶液中流动。反渗透膜可分为非对称膜与复合膜两类。前者主要以醋酸纤维素和芳香聚酰胺为膜材料；后者多以聚砜多孔滤膜和有机含氮芳香族聚合物为膜材料。反渗透过程以压力为推动力。反渗透过程主要用于海水淡化、纯水和超纯水制备以及低分子量水溶性组分的浓缩和回收。

2. 纳滤 在滤谱上，纳滤位于反渗透和超滤之间。纳滤特别适用于分离分子量为几百的成分，其操作压力一般不到1MPa，目前被广泛用于制药、食品工业以及水的软化等领域。纳滤膜对二价离子有相当高的去除率。

3. 超滤 目前超滤膜的分子量截留范围大致为1000～300000。其主要分离对象是蛋白质。超滤也是一个以压力为推动力的膜分离过程，其操作压力多用0.1～0.5MPa。

4. 微滤 微滤膜的孔径一般在0.02～10μm。在滤谱上，微滤与超滤有一段是重叠的。微滤膜的主要特征是孔隙率高，滤膜薄，孔径比较均匀，有较高的滤过精度。

5. 透析 当把一张半透膜置于两种溶液之间时，会出现双方溶液中的小分子溶质（包括溶剂）透过膜互相交换而大分子不交换的现象，称为透析。透析分离两种溶质的过程是借助于两种溶质扩散速度之差。浓度差是透析过程推动力。

6. 电渗析 电渗析可利用离子交换膜的选择透过性，从溶液中除杂。电渗析的选择性取决于所用的离子交换膜。离子交换膜以聚合物为基体，上有可电离的活性基团。阴离子交换膜简称阴膜，它的活性基团常用铵基；阳离子交换膜简称阳膜，它的活性基团通常是磺酸盐。离子交换膜的选择透过性，是由于膜上的固定离子基团吸引膜外溶液中的异电荷离子，使其在电位差或浓度差的推动下透过膜体，同时排斥同种电荷的离子，阻拦其进入膜内，因此阳离子能通过阳膜，阴离子能通过阴膜。

中药中的化学成分十分复杂，而传统的中药提取分离方法存在着工艺复杂、分离效率低等不足，应用膜分离技术可以去除中药提取物中的杂质，并富集有效部位或有效成分。微滤膜、超滤膜、纳滤膜在中药有效成分分离中都有较多的应用。膜技术提供了常规的离心、沉降、滤过、萃取等分离方法之外的分离浓缩选择，是剂型改造、提高疗效、降低能耗与成本的有效方法之一，对于我国中药制剂产业的技术改造和现代化发展具有重要意义。

【应用实例4】清热消痔片中间体制备

清热消痔片由火麻仁、槐花、金银花、地榆、白芍、白茅根等多味药材制备而成，药材加水煎煮提取后，传统的分离方法是将水提液醇沉，回收乙醇，浓缩成清膏。工艺中分离纯化的水提醇沉法，是药材水提取液为了去除部分大分子物质（如淀粉、树脂、糖类和油脂等杂质），将其浓缩到一定浓度后加入大量乙醇，达到一定的乙醇浓度，使杂质沉淀下来。但是，该方法存在的缺点是：需耗用大量的乙醇，生产成本高；醇沉时间长、生产周期长；乙醇是易燃的有机溶剂，大量使用安全风险大。引入膜分离技术，替代传统的醇沉法，不但减少了药物有效成分损失、提高产品质量，而且缩短了生产周期、降低生产成本，可工业化放大。

传统工艺：按处方称取药材，加10倍水煎煮2次，每次2小时，煎液趁热经板框滤过，合并，即得水提液，浓缩至相对密度为1.10（90℃）的清膏，加入乙醇使含醇量达70%，搅匀，静置，滤过，回收乙醇。再继续浓缩至相对密度为1.25（30℃）的浸膏，真空减压浓缩干燥，得到干膏，以备后续制剂所用。

膜分离工艺：如图9-4所示，称取火麻仁等药材，加10倍水煎煮2次，每次2小时，煎液趁热经板框滤过，合并，即得水提液，药材提取液用为孔径0.2μm的无机陶瓷膜，温度40~50℃，操作压力0.10~0.12MPa条件下过滤，收集滤液，浓缩至相对密度为1.25（30℃）的浸膏，真空减压干燥，得到干膏，备用。

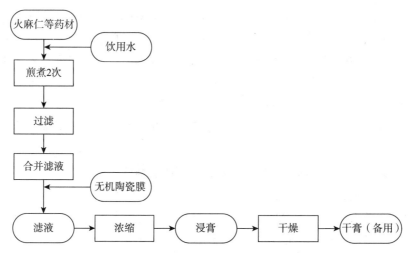

图9-4 膜分离法制备清热消痔片中间体流程图

此膜分离工艺直接采用陶瓷微滤膜处理中药复方水提液，能除去大量亚微粒、微粒及絮状沉淀。所用的陶瓷微滤膜具有化学稳定、热稳定及机械强度高的特点，是醇沉法的良好替代。

第二节 浓缩干燥工艺

中药生产的浓缩操作是将药液中溶剂部分移除以提高其浓度的过程；干燥是利用固体或半固体物料中的湿分在加热或者降温过程中产生相变的物理原理以将其除去的单元操作，是一种常用的去除湿分（水或有机溶剂）的方法。中药材经提取分离所得的药液，通常含有大量的水分或溶剂，需要进行浓缩和干燥以减小药液体积甚至使其转变为固态，使有效成分浓度大幅度增加并有利于后续制剂操作。浓缩和干燥是中药制剂原料的生产过程中重要的操作技术单元。浓缩能提高制品浓度，增加制剂有效性；能减少水分含量，增加制品的微生物学安全性；浓缩经常用作干燥、更完全的脱水或用作某些结晶的预处理过程；除去浸提物中大量水分以及回收溶剂套用，减少包装、贮藏和运输费用。干燥直接影响到产品的性能、形态、质量并为后续制剂操作做好准备。

一、浓缩的分类

根据浓缩过程中两相是否直接接触，浓缩可分为平衡浓缩和非平衡浓缩两种物理方法。平衡浓缩是利用溶质和溶剂在两相分配上的差异而使之得以分离的方法，主要有蒸发浓缩和冷冻浓缩两种方法。蒸发浓缩是利用加热使部分溶剂气化并将此气化水分分离出去使溶质增浓。这种方法目前是中药制剂工业最广泛应用的一种浓缩方法。冷冻浓缩时，部分水分因放热而结冰，而后用机械方法将浓缩液与冰晶分离。故冷冻浓缩是利用稀溶液与固态冰在凝固点下的平衡关系，即利用有利的液固平衡条件达到目的。冷冻浓缩两相是直接接触的，属于平衡浓缩。非平衡浓缩是利用半透膜来分离溶质与溶剂的过程，两相用膜隔开，分离中两相非直接接触，故称非平衡浓缩。利用半透膜的方法不仅可以分离溶质和溶剂，也可用以分离各种不同大小的溶质，统称为膜分离。

中药提取液经浓缩制成一定规格的半成品，可进一步制成成品，或浓缩成过饱和溶液使析出结晶。

二、蒸发浓缩

中药制剂中浓缩的物料大多数为水溶液。一般蒸发就指含不挥发性物质的药液中水的蒸发。影响蒸发浓缩效率的因素主要包括总传热系数（K）、传热温度差（Δt_m）等。K 值是影响浓缩效率的主要因素，提高 K 值可有利于提高蒸发效率，一般可通过定期除垢、改进蒸发器结构、建立良好的溶液循环流动、排除加热管内不凝性气体等措施提高 K 值。传热温度差是传热过程的推动力，一般可通过提高加热蒸气的压力、降低冷凝器中二次蒸气的压力、控制适宜的液层深度来增加。

（一）蒸发原理

按照分子运动学观点，溶液受热时，溶剂分子获得了动能，当一些溶剂分子的能量足以克服分子间的吸引力时，溶剂分子就会逸出液面进入上部空间，成为蒸气分子，这就是气化。如果不设法除去这些蒸气分子，则气相与液相之间，水分的化学势能将渐趋平衡，气化过程也相应逐渐减弱以至停止进行。故进行蒸发的必要条件就是热能的不断供给和生成的蒸气的不断排除。

一般说来水溶液在任何温度下都会有水分的气化，但这种气化速度很慢，效率不高，所以工程上多采用在沸腾状态下的气化过程，通常说的蒸发就是指的这种过程。为了维持溶液在沸腾条件下气化，需要不断地供给热量，一般采用饱和水蒸气为加热源。饱和水蒸气在冷凝过程中放出的气化潜热提供蒸发所需的热量。

（二）蒸发浓缩工艺选择

料液的性质对蒸发有很大影响，尤其是浸提物属于生物类的物料，性质更为复杂多变，在选择和设计蒸发浓缩工艺时，要充分认识这种影响。故中药物料的蒸发浓缩要注意如下几方面特点。

1. 热敏性 生物系统的物料多由蛋白质、淀粉以及其他许多成分组成。这些物质在高温下或长期受热时容易产生变性、氧化等破坏作用。所以许多浸提物的蒸发要严格考查加热温度和加热时间。加热温度和加热时间都会影响加热强度，从蒸发对药液所含成分的安全性看，往往需要"低温短时"，同时还要考虑工艺上的经济性。在保证质量的前提下，由于料液的沸点与受压有关，低沸点相对应的是低压，为提高生产能力，常采用真空蒸发。为了缩短蒸发操作时的加热时间，一方面必须减小料液在蒸发器内的平均停留时间，另一方面还要解决局部停留时间过长的问题。目前普遍认为长管膜式蒸发器和搅拌膜式蒸发器在解决物料的停留时间问题上具有很大的优点，从而获得广泛的应用。

2. 黏稠性 许多药液含有较多的糖分、果胶等成分，其黏稠性较高。高黏性物料的蒸发，从流体动力学观点看，有一个层流倾向问题。即使物料受到强烈搅拌，在传热壁附近总存在不能忽视的层流内层，这就会严重影响传热的速率。同时，由于上述原因，还会产生诸如结垢、局部停留时间长等一系列问题。并且料液的黏稠度随浓度而增加，随着蒸发的进行，料液黏度也必然逐渐增加，所以蒸发过程中的传热速率也会逐渐降低。对于黏稠性物料的蒸发，一般采由外力强制的循环或搅拌措施。

3. 结垢性 含糖和果胶等的物料受热太过便会产生变性、结块、焦化等现象。通常在传热面附近，物料温度最高，容易在传热壁上形成结垢，严重影响传热速率且产生的焦屑且其中致癌物苯并芘含量大幅度增高，对产品品质造成较大影响。解决结垢问题的积极措施是提高液速。经验认为，在其他条件相同时，提高药液流速，可显著减轻结垢的形成，这是由于高液速的洗刷作用所致。在可能发生严重结垢现象的情况下采用强制循环法是有效的。另外，对不可避免的结垢问题，必须有定期的严格清理措施。

4. 泡沫性 某些料液含有皂苷类成分等，沸腾时会形成较多泡沫，特别是在真空蒸发和液层静压高的情况下更是如此。泡沫的形成与界面张力有关，可使用表面活性剂以控制泡沫的形成。也可用各种机械装置以消灭泡沫。

5. 易挥发成分 不少药液含有芳香成分，其挥发性比水大。料液蒸发时，这些成分将随同蒸气一起逸出散失，影响浓缩制品的质量。通常是采取先提取挥发性成分，制剂时再掺入制品中。

三、蒸发浓缩设备

蒸发按操作压力可分为常压蒸发与减压蒸发，按效数可分为单效蒸发与多效蒸发，按提取液经过蒸发器次数可分为循环式蒸发与单程式蒸发。

（一）常压与减压蒸发

常压蒸发操作是指在大气压下进行，设备不密封，所产生的二次蒸气自然排空。所获浓缩液直接收集即可。减压蒸发操作则是指在真空中进行，溶液上方是负压，导致溶液沸点降低，传热速率提高，适用于热敏性中药提取液的浓缩。

（二）单效蒸发

从外界引入的加热蒸气称为一次蒸气或生蒸气，蒸发器中提取液经加热后产生的蒸气称二次蒸气。通常单效蒸发是指蒸发器只采用饱和蒸气作为加热源，典型过程如下：料液进入蒸发室，经饱和蒸气加热开始沸腾，产生的二次蒸气经蒸发室上方的除沫器与所夹带的雾沫分离，然后进入冷凝器凝结成液体，未冷凝的气体则经真空泵排出。目前，单效蒸发多采用外循环型蒸发器和真空球形蒸发器。外循环型蒸发器的特点是不易结垢，易清洗，浓缩比较大，可常压操作，亦可减压操作。真空球形蒸发器设备紧凑，蒸发效果较好，但提取液受热时间较长，蒸气消耗量较大。采用密闭蒸发器进行浓缩时，浓缩液相对密度不宜太大，否则浓缩液易黏附于蒸发器内壁，不易放尽，甚至引起结垢，不便清洗。如果需要将提取液浓缩至相对密度1.35以上时一般需要利用可倾式敞口锅进行二次收膏。

（三）多效蒸发

多效蒸发是指前一个蒸发器中料液蒸发产生的二次蒸气通入后一个蒸发器，作为加热蒸气使用，虽然蒸气的压强和温度均低于原加热蒸气，但只要第二个蒸发器内提取液的压强和沸点比第一个蒸发器低，二次蒸气就可用来加热，此时第二个蒸发器的加热室相当于第一个蒸发器产生二次蒸气的冷凝器。第一个蒸发器称为一效，第二个蒸发器称为二效，以此类推。通常效数越多对节能越有利，但多效蒸发设备投资费用大，耗电多，生产量太小反而不经济，因此还需综合考虑设备费用与操作费用的经济合理性。

按蒸气走向与原料液走向的相对关系，多效蒸发可分为并流操作、逆流操作和平流操作。

1. 并流操作 需浓缩的中药提取液与二次蒸气的流向相同，都是从第一效至第二效再至第三效。由于后一效蒸发器的压强低于前一效，故前一效的溶液可在此压强差下自动流入后一效蒸发器中，不必采用效间溶液加压泵装置。缺点是后效的溶液浓度大，黏度也大，传热系数较小，而此时加热蒸气的温度却较低。

2. 逆流操作 需浓缩的料液与二次蒸气的流向相反。这种流程由于后一效蒸发器的压强低于前一效，故料液不能自动从后效进入前一效，因此必须由效间加压将料液泵入各效蒸发器。这种方法的优点是随料液浓度增大，沸点虽增高，但加热蒸气温度也高；缺点是在最后一效料液所含水分最多时，倒数第二效的二次蒸气作最后一效的加热蒸气温度也最低，故溶剂的蒸发量不如并流的大。

3. 平流操作 进入每效蒸发器的料液都是新鲜原料液，只是加热蒸气除第一效外，皆是前一效的二次蒸气。完成液也是从每效蒸发器中取出的，此流程只适用于在蒸发过程中有结晶析出的过程，因为料液中一旦有固体析出，则不宜在多效间输送。

（四）循环式蒸发

循环式蒸发的蒸发方式在中药提取液的浓缩中较为常用，被浓缩的液体在蒸发器内循环流动，长时间受热，使溶剂挥发。循环式蒸发器有中央循环管式、外加热式、强制循环式等多种。

中央循环管式蒸发器加热室内有若干个较细的列管和一个很粗的中央循环管，需浓缩的提取液流经各管，与管外的饱和蒸气进行热交换。由于中央循环管的管径大管内横截面积大，单位体积溶液的传热面积小，接受的热量少，温度相对较低，因此其中的液体密度要比各列管中的液体密度大，这样在加热室内就形成了液体从列管上升、从中央管下降的自然循环。此种蒸发器的优点是构造简单、设备紧凑、便于清理检修，适用于黏度较大的料液。由于应用广泛，中央循环管式蒸发器又称为标准式蒸发器。

外加热式蒸发器与中央循环管式蒸发器的主要区别是加热室与蒸发室分离。中药提取液在加热室受热后沸腾，上升至蒸发室，产生的二次蒸气排出，剩下的液体经循环管返回加热室。由于循环管内液体不受热，因此此处料液的密度有别于加热室中的料液，故而加快了循环速率，流速可高达 1.5m/s，传热系数也相应提高至 1400 ~ 3500W/($m^2 \cdot K$)。外加热式蒸发器的设备高度普遍低于中央循环管式蒸发器，且传热速率快，适应能力强，但结构不紧凑，热效率较低。

自然循环蒸发器依靠温差造成二次蒸气的密度差促使液体循环，而在强制循环蒸发器中液体依靠泵的外加动力流动，即在加热室下方设循环泵，料液通过泵打入列管，受热后产生二次蒸气，经除沫后向上排出，所余料液经循环管进入循环泵，反复操作。强制循环蒸发器中流动速率一般可达 1.5 ~ 3.5m/s，传热系数也相应提高至 900 ~ 6000W/($m^2 \cdot K$)。强制循环蒸发器的蒸发速率较高、料液能很好地循环，故适用于黏度大易析出结晶、泡沫和污垢的料液。缺点是增加了动力设备和动力消耗。

（五）单程式蒸发

在循环式蒸发中，料液受热时间长。不适用于热敏性物料的浓缩，因此需要一种短时间就能达到浓缩要求的蒸发设备，单程式蒸发器可以满足这一要求。采用单程式蒸发，料液只经过蒸发器一次，明显缩短受热时间。单程式蒸发器有升膜式蒸发器、降膜式蒸发器、刮板式薄膜蒸发器等形式。

刮板式薄膜蒸发器是由一长筒状壳体构成蒸发室，加热蒸气通入壳体外，对壳内料液进行加热。壳体上端装有电机带动的转动轴。通过联轴器，立轴一直通过壳体中心，轴上装有刮板状的搅拌浆，刮板可以摆动的称转子式刮板蒸发器，刮板固定的称刮板蒸发器。料液从壳壁上方切向进入，在转动刮板、重力和离心力作用下，料液在壳壁形成旋转下降的液膜，并接受壁面传入的热量而蒸发，所形成的二次蒸气从壳体上方排出。刮板式薄膜蒸发器利用机械作用成膜，操作弹性大，特别适用于易结晶、结垢和高黏度的热敏性物料。缺点是设备加工精度高，刮板至壳壁的间隙仅为 0.8 ~ 2.5mm；消耗动力比较大；传热面积小，一般只有 3 ~ 4m^2，最大一般也不超过 40m^2，故蒸发量比较小。

升膜式蒸发器管内的料液与蒸气进行热交换，贴近管壁处的料液受热沸腾产生气泡，小气泡汇集成大气泡，进而气泡破裂形成二次蒸气柱，管内的液体被迅速上升的气体拉升，在管壁形成液膜，并随蒸气上升，此时的状态称为爬膜。继续加热时产生的二次蒸气越来越多，上升的气流速度进一步加大，管壁上的料液变得更薄，随蒸气离开液膜变成喷雾流。在升膜式蒸发器中，最好的操作状态就是爬膜和喷雾流，若气流速度继续加大，加热管上的液膜被干燥，会形成结疤、结焦等干壁现象，料液因被固化而达不到浓缩的要求。形成爬膜的条件为：料液应预热到接近沸点温度；常压蒸发时二次蒸气在管内的流速为 20 ~ 50m/s，减压蒸发则在 100 ~ 160m/s；加热蒸气与料液的温差在 20 ~ 35℃。升膜式蒸发器适用于蒸发量较大、有热敏性、黏度不大于 0.05P 及易产生泡沫的料液，不适于高黏度、有结晶析出或易结垢的料液，一般用于中药提取液的预蒸发。

降膜式蒸发器中其料液与二次蒸气的运行方向与升膜蒸发器正好相反。料液自上方进入，通过液体均布器，平均流入各列管，在重力和二次蒸气的共同作用下，呈膜状由上至下流动。二次蒸气夹带着完成液从蒸发器下部进入分离器，完成液从分离器底部放出。降膜蒸发器的传热系数为 1100～3000W/（m²·K），小于升膜蒸发器。但由于液流方向与重力一致，故流速更快，在蒸发器中停留时间更短，因此更适用于热敏性物料的蒸发操作，同时也适用于黏度较高料液的浓缩操作。

【应用实例5】赤黄片中间体制备

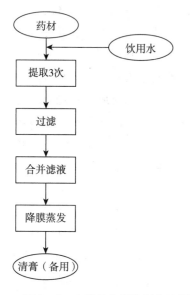

图9-5　赤黄片中间体制备流程图

赤黄片由赤芍、黄柏等多味中药组成，具有活血化瘀、清热解毒、消炎止痛的功效，适用于妇科慢性炎症。很多中成药实际生产浓缩过程中使用蒸汽作为加热源，温度高至140℃，方中药材所含芍药苷、丹酚酸 B、盐酸小檗碱等成分如果受热时间过长容易发生降解，因此制备工艺设计时需考虑特别是浓缩加热应当尽量缩短时间。加快物料传热是一个解决办法。薄膜浓缩工艺是一种短停留时间的浓缩方式，虽加热温度较高（≥100℃），但是浓缩液处于此温度下的时间很短，所以对浸膏质量的影响很小。尤其选用降膜蒸发器的停留时间短，蒸发料液在蒸发器内的保持时间远小于外循环升膜蒸发器。赤黄片中间体制备工艺如图 9-5 所示：按处方比例称取赤芍等药材，加水提取 3 次，第 1 次 2 小时，第 2、3 次各 1 小时，提取液滤过，合并滤液，备用。取提取液，蒸汽压力 0.3MPa，真空度 -0.08MPa，降膜蒸发浓缩至清膏，加入适量淀粉，制粒，压制成片，即得。

如中药提取液浓缩需较高的浓缩比，可采用二效或三效薄膜浓缩设备，一效采用升膜或降膜浓缩，浓缩液较稠时利用较低温度的二次蒸汽，采用强制成膜浓缩，从而大大降低稠浓缩液的加热温度、缩短物料受热时间，并且提高热源利用率，降低能耗。中药提取液经常采用蒸发方式进行浓缩。由于中药提取液性质各异，因此必须根据其性质与蒸发浓缩的要求，选择适宜的浓缩设备。为了符合 GMP 的要求，一般蒸发器接触药液部分多采用不锈钢结构。选择蒸发浓缩设备时要考虑以下因素：生产能力、浓缩度、制品热敏性、制品的黏度、挥发性物质的回收、卫生结构及清洗的要求、装置大小、投资费用及操作费用。

四、膜浓缩

中药制药过程中通过加热浓缩制剂的中间体是常用技术手段，蒸发浓缩往往耗能较大且伴随升温常带来成分的不稳定问题。随着能源价格不断的上涨，探索和寻找节能减排、清洁生产的新型技术和方法也是亟待解决的重要问题。另外药液在加热过程中出现的氧化反应、聚合反应和美拉德反应等是难以避免的，成分存在状态、浓度以及成分间相互作用的差异性，均与其稳定性相关，生产能耗增加的同时直接导致中药资源浪费。仅选择加热温度、指标性成分浓度等作为浓缩控制参数难以保障制剂中间体的质量的均一性。因此在中药制药过程中寻找可以替代或者部分替代热浓缩技术已迫在眉睫。膜浓缩技术主要是利用半透膜将药液中溶剂通过膜的选择性透过分离出去的技术（通常需要加压操作）。膜浓缩技术应用于料液的浓缩能很好解决上述问题，但也存在针对中药中某一类成分富集的选择性较差，需要和树脂等分离技术联用才能达到预期精制目的的情况，须加以注意。

【应用实例6】穿心莲中间体制备

穿心莲药材是穿心莲片、消炎利胆片、复方穿心莲片等多种中成药的原料药材。这些制剂中穿心莲提取物传统制备工艺通常是取定量穿心莲药材，分别以药材质量 10 倍量 85% 乙醇冷浸提取 2 次，每次

24 小时，提取结束后，过滤，合并滤液，得到穿心莲提取液，85℃下回收乙醇，浓缩至原药液十分之一，以备制剂之用。此传统工艺中穿心莲活性成分穿心莲内酯等受热不稳定，容易脱水形成脱水穿心莲内酯，长时间加热会导致内酯环的结构破坏，故穿心莲提取液经过加热浓缩和干燥后，穿心莲内酯的损失率可达 35% 左右。优化工艺、减少提取浓缩过程中穿心莲内酯类成分的受热损失一直是以穿心莲为原料的中成药生产厂家急需解决的重要课题。业界探索实施了膜分离浓缩工艺，具体如下：取定量穿心莲药材，分别以药材质量 10 倍量 85% 乙醇冷浸提取 2 次，每次 24 小时，提取结束后，过滤，合并滤液，得到穿心莲提取液，经过 PP 棉超滤除杂，收集膜后的超滤液并进行纳滤膜浓缩。超滤和纳滤中保持高压泵的工作压力在 0.6 ~ 0.7MPa 之间，得浓缩液以备后续制剂所用，如图 9 - 6 所示。

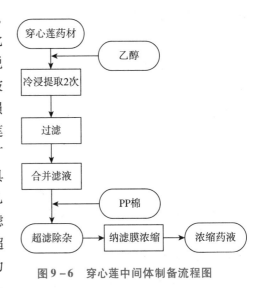

图 9 - 6　穿心莲中间体制备流程图

　　在膜分离浓缩工艺中，穿心莲内酯的损失率可控制在 10% 以下。且采用膜技术处理后，可有效地克服中药提取液无效成分量大而有效成分量低等共性缺点，是提高中药制药水平和产品质量、进行剂型改造、提高疗效、降低能耗与成本的有效方法之一。

五、干燥工艺

　　中药提取液浓缩之后所得浸膏常需进一步干燥才能进行后续制剂操作。中药浸膏的干燥是中药制药过程中的关键环节，直接影响着药品的质量。干燥过程中物料的黏性、热敏性和干燥温度等是影响中药浸膏干燥的因素。

　　在中药生产中使用频率较高的是真空干燥、气流干燥、喷雾干燥、流化干燥、冷冻干燥、微波干燥和红外干燥，中药浸膏干燥常用技术有厢式干燥、冷冻干燥、喷雾干燥、真空带式干燥及组合干燥等。干燥设备可按不同准则进行分类。第一种分类法是以传热方法为基础的，即分为传导加热、对流加热、辐射加热、微波和介电加热。冷冻干燥可认为是传导加热的一种特殊情况。第二种分类法是根据干燥容器的类型，如托盘、转鼓、流化床、气流或喷雾进行分类。也可按原料的物理形状来分类。用于连续操作的干燥设备主要有喷雾、流化床、连续带式循环、气流、连续回转圆筒干燥器等。

　　目前，喷雾干燥、真空冷冻干燥和真空带式干燥等新型干燥技术在中药浸膏的干燥过程中已有一定的推广应用。国内开发应用了多种类型的中药浸膏干燥设备，包括厢式干燥器、喷雾干燥机、带式干燥机、微波真空干燥机等。除了上述几种常用干燥设备之外，还有其他多种干燥设备适用于膏状物料的干燥，如气流干燥机、流态化干燥机、旋转闪蒸干燥机、双锥回转干燥机、多功能干燥机等。

（一）厢式干燥

　　厢式干燥是较早采用且简单的干燥方法，目前依然普遍采用。箱体两侧有加热排管，料盘放在箱内搁架上，或直接放在由蒸汽排管做成的搁架上，顶部有通风孔或装排气扇排出湿分。真空干燥箱内被加热板分成若干层。加热板中通入热水或低压蒸汽作为加热介质，将铺有待干燥药液的料盘放在加热板上，箱内用真空泵抽成真空。加热板在加热介质的循环流动中将物料加热到指定温度，使物料的水分蒸发并随抽真空抽走。厢式干燥的特点是简单易行，适用性强，对黏性、易氧化、小批量的物料一般都可使用。真空干燥箱对所含湿分为有毒、有机溶剂等时，可以冷凝回收，干燥过程中无扬尘，浸膏不易被污染。但是厢式干燥劳动强度大，热量消耗大，热效率较低，而且干燥时间长，造成一些热敏性成分的降解。干燥过程中物料也容易结成块，影响后续制剂操作。

（二）喷雾干燥

喷雾干燥可以将中药提取液的浓缩、干燥、粉碎等操作一步完成，大大简化了从中药提取液到成品或半成品的生产工艺，缩短了干燥时间，提高了中药的生产效率和产品质量。喷雾干燥广泛用于中药提取物的干燥，对不同中药提取物的喷雾干燥工艺研究较多。

（三）冷冻干燥

将中药浸膏在低于浸膏共晶点温度下的低温环境中进行冻结，然后将其置于高真空环境中，使物料中的水分以冰晶状态直接升华为气体从而将物料中的水分除去。采用真空冷冻干燥的方法对中药提取物进行干燥，制备得到的冻干粉具有重量轻、携带方便、配药灵活、使用快捷、同时不受药材的季节性限制等特点。冻干得到的多糖类物质质地疏松、色泽美观、便于制剂，解决了多糖在高温干燥过程中易降解而失去药性的问题。

（四）真空带式干燥

真空带式干燥是在干燥温度和效率方面介于冷冻干燥和喷雾干燥之间的比较适中的干燥方式。真空带式干燥加热板温度低，适合干燥热敏性的、易氧化的以及高浓度、高黏性的中药浸膏；产品溶解性能好，通过浸膏均匀分布于输送带上被加热干燥后形成多孔性结构的物料层，产品的溶解性能得到显著地改善；操作环境密闭，对产品质量友好；自动化程度高，可连续运行，适用于大规模的生产。

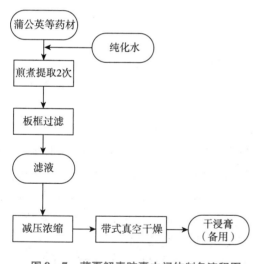

图 9 - 7　蒲夏解毒胶囊中间体制备流程图

【应用实例 7】蒲夏解毒胶囊中间体制备

蒲夏解毒胶囊由蒲公英、夏枯草、野菊花等药材制备而得。其工艺为：取蒲公英等药材加水煎煮二次，滤过，合并滤液，滤液减压浓缩至密度 1.2 左右，真空度 - 0.08MPa，带式真空干燥，粉碎，过筛，填充胶囊，即得，如图 9 - 7 所示。

此工艺中，浸膏密度会影响带式真空干燥效果。通常浸膏密度和黏度过大，不利于水分的蒸发；但是密度太小在干燥过程中浸膏又会逐渐溢流至履带边缘，导致产品的损失，并且不容易清洁，故浸膏密度浓缩至 1.2 左右为宜。真空带式干燥技术的使用对蒲夏解毒胶囊所用夏枯草药材中迷迭香酸等成分有一定保护效果。

（五）组合干燥

在工业生产中，由于物料的多样性及其性质的复杂性，有时用单一形式的干燥设备来干燥物料，往往达不到最终产品的质量要求。如果把两种或两种以上形式的干燥设备组合起来就可以达到单一干燥设备所不能达到的目的，这种干燥方式称为组合干燥。组合干燥可以干燥某些一种干燥方法难以干燥的物料。组合干燥的应用不仅可以节约能源，而且可以较好地控制整个干燥过程，有助于获得高质量的产品。常用的组合干燥器有喷雾 - 流化床组合干燥、喷雾 - 带式组合干燥、微波 - 真空干燥、喷雾 - 冷冻干燥等。这些组合干燥技术现在大多是应用于食品蔬菜等的干燥，在中药浸膏干燥中的应用还有待于推广。组合干燥是中药浸膏干燥技术未来的发展方向之一。

1. 中药浸膏干燥设备的选择。中药浸膏除含有效成分外，还含有一定量的鞣质、蛋白、胶类、糖类和树脂等杂质，需对干燥设备各自的特点、适应性、工艺和技术成熟度加以了解。

2. 对于小批量、多品种的中药浸膏的干燥，可选用常用的厢式干燥器。如果中药浸膏中含热敏性成分，对干燥物的物料要求流动性好、松散度好的，可选用喷雾干燥设备。对于产能大、高浓度、高黏性、容易结团、热敏性、易氧化的中药浸膏，可选用真空带式干燥机。在中药浸膏生产中，由于物料的多样性及成分的复杂，有时用单一形式的干燥设备来干燥物料可能达不到质量要求，可以考虑采用两种干燥设备组合对浸膏进行干燥。

目标检测

答案解析

一、选择题

1. 下列与丁香有关的属于中药半成品的是（　　）

   A. 丁香油　　　　　　　B. 丁香酚　　　　　　　C. 丁香浸膏　　　　　　D. 苏合香丸

2. 如欲除去中药材提取后所得药液中较细药渣，通常可采用的方法是（　　）

   A. 过滤法　　　　　　　B. 水提醇沉法　　　　　C. 醇提水沉法　　　　　D. 盐析法

3. 下列设备的浓缩原理不属于蒸发浓缩的是（　　）

   A. 升膜式浓缩设备　　　　　　　　　　　B. 降膜式浓缩设备

   C. 刮板式薄膜浓缩设备　　　　　　　　　D. 纳滤膜浓缩设备

4. 遇到含水率较高、含不溶性微粒的粒径很小或黏度很大的滤液，或需将两种密度不同且不相混溶的液体混合物分开时，可考虑选用（　　）进行分离

   A. 板框过滤器　　　　　B. 离心机　　　　　　　C. 胶体磨　　　　　　　D. 流化床

5. 如果中药浸膏中含热敏性成分，对干燥物的物料要求流动性好、松散度好的，可选用（　　）设备

   A. 厢式干燥　　　　　　B. 远红外干燥　　　　　C. 喷雾干燥　　　　　　D. 微波干燥

二、思考题

1. 分离精制工艺技术路线的选择应当考量哪些几个方面？

2. 膜分离技术有什么优点？

3. 蒸发浓缩工艺需要考虑料液的哪些性质特点？

书网融合……

思政导航　　　　　　本章小结　　　　　　微课　　　　　　题库

第三篇　中药制剂工艺部分

第十章　颗粒剂制备工艺

PPT

◎ 学习目标

知识目标

1. 掌握　颗粒剂的制备工艺过程。

2. 熟悉　颗粒剂的特点、中药颗粒剂的基本要求、中药颗粒剂的分类、颗粒剂常用的制粒方法、处方设计及制备工艺。

3. 了解　颗粒剂制粒机的使用及参数调节。

能力目标　通过本章的学习，能够掌握各种中药颗粒剂的处方及工艺流程；学会区分不同颗粒剂类型并选择合适的制粒方法与制备工艺；为颗粒剂的发展、制粒机改良和制剂参数优化提供帮助。

　　颗粒剂是指药物与适宜的辅料混合制成的具有一定粒度的干燥颗粒状制剂。颗粒剂是常用的固体剂型，载药量大，服用方便，可冲入水中饮服或直接吞服，故也被称作冲剂或冲服剂。颗粒剂由传统汤剂和糖浆剂演变而来，随着科学技术和现在生活习惯的演变，汤剂剂型一直改进和发展以便于患者使用快速便捷，颗粒剂有效解决了汤剂存在的各种缺点。中药颗粒剂型最早于20世纪40年代出现在日本，首载于1960年药局方，在允许生产的二百多种汉方制剂中，颗粒剂占70%以上。我国中药颗粒剂剂型始于20世纪70年代，称之为冲剂，在《中国药典》（2000年版）后更名为颗粒剂。《中国药典》（2015年版）中已收载了中药颗粒剂208个品种，《中国药典》（2020年版）一部中收载中成药颗粒剂型共235种，已发展成为主要的中药固体制剂剂型之一。

>>> 知识链接 ⊙--

中药颗粒剂的演变

　　中药颗粒剂是在传统中药汤剂、糖浆剂和散剂的基础上演变而来。随着中医药的进步和科学技术的发展，在日本、中国台湾等地优先上市大量中药颗粒，逐渐在日本形成成熟的市场。随着我国对中医药文化的重视程度和公众对中药的认可度逐年提升，中药制剂销量骤升，中药颗粒剂的研制和开发处在及其重要的地位，对中药颗粒剂发展的"产业化、科学化、现代化和国际化"至关重要。同时，中药制剂作为中国传统文化之一，具备良好的市场竞争力，能够大大增强我国的文化自信，促进中医药的复兴。

◎ 第一节　中药颗粒剂概述

中药颗粒剂系指由饮片提取物与适宜的辅料或饮片细粉混合制成的具有一定粒度的干燥颗粒状制剂。中药颗粒剂是在中药汤剂、糖浆剂和散剂的基础上转变而来，由中药饮片经提取、浓缩等方式制得。中药颗粒剂在保存中药特色的同时，保证了质量和疗效，性质稳定，易溶解、易吸收、生物利用度高，使用、携带、储存和运输方便，患者较易接受，临床反应良好。

一、中药颗粒剂的分类

中药颗粒剂按药物溶解性能可分为可溶颗粒、混悬颗粒、泡腾颗粒。按成品形状可分为颗粒状颗粒、块状颗粒。

（一）按药物溶解性能分类

1. 可溶颗粒　可溶颗粒通称为颗粒，系指加水或酒后能完全溶解呈澄明溶液，无焦屑等杂质的颗粒剂，如板蓝根颗粒。可溶颗粒大多为水溶性颗粒剂，也有酒溶性颗粒剂，酒溶性颗粒剂可溶于白酒，溶解后呈澄清的药酒，可代替药酒服用，可酌情加冰糖。水溶性颗粒剂在制备过程中可以采用水提醇沉法、超滤法、大孔吸附树脂法、高速离心法和絮凝沉淀法等方法；酒溶性颗粒剂一般采用浸渍法、渗漉法和回流法。

2. 混悬颗粒　混悬颗粒系指饮片提取物与部分饮片粉末及适宜辅料制成一定粒度的干燥颗粒剂，如复方丹参混悬型无糖颗粒。临用前加水或其他适宜的液体振摇，即可分散成混悬液供口服。除另有规定，混悬颗粒应进行溶出度检查。混悬颗粒药料处理时，一般以水为溶剂，煎煮提取，有些药材需要粉碎，含热敏性成分、挥发性成分的药物及淀粉较多的药物、贵重细料药宜粉碎成细粉。

3. 泡腾颗粒　泡腾颗粒系指含有碳酸氢钠（弱碱）和有机酸（枸橼酸或酒石酸等），遇水可放出大量气体而呈泡腾状的颗粒剂，如黄芪多糖泡腾颗粒。泡腾颗粒需溶解或分散于水中产生气泡后服用，一般不得直接吞服，具有速溶性，制备过程中应该注意控制干燥颗粒的水分，且应将有机酸与弱碱分别与干浸膏粉制粒再混合。有机酸与弱碱在水中发生中和反应，生成二氧化碳在水中呈一定酸性而刺激味蕾发挥矫味作用。

（二）按成品形状分类

1. 颗粒状颗粒　颗粒状颗粒系指药物形状呈干燥颗粒状的固体制剂，如板蓝根颗粒剂。

2. 块状颗粒　块状颗粒系指将干燥的颗粒加入润滑剂后，经压块机压制成具有一定重量的块状颗粒，如刺五加颗粒剂。

二、颗粒剂的基本要求

颗粒剂在生产与贮藏期间，药物与辅料应混合均匀，颗粒剂应干燥，色泽一致，无吸潮、结块、潮解等现象。《中国药典》（2020 年版）四部规定，颗粒剂的质量检查，除主药含量、外观外，还包括粒度、水分、干燥失重、溶化性以及重量差异等检查项目。

1. 粒度　除另有规定外，照粒度和粒度分布测定法（通则 0982 第二法双筛分法）测定，不能通过一号筛与能通过五号筛的总和不得超过 15%。

2. 水分　中药颗粒剂照水分测定法（通则 0832）测定，除另有规定外，水分不得超过 8.0%。

3. 干燥失重　除另有规定外，中药颗粒剂照干燥失重测定法（通则 0831）测定，于 105℃ 干燥

（含糖颗粒应在80℃减压干燥）至恒重，减失重量不得超过2.0%。

4. 溶化性 除另有规定外，颗粒剂照下述方法检查，溶化性应符合规定。含中药原粉的颗粒剂不进行溶化性检查。颗粒剂按此方法检查，均不得有异物，中药颗粒还不得有焦屑。混悬颗粒以及已规定检查溶出度或释放度的颗粒剂可不进行溶化性检查。

（1）可溶颗粒检查法 取供试品10g（中药单剂量包装取1袋），加热水200ml，搅拌5分钟，立即观察，可溶颗粒应全部溶化或轻微浑浊。

（2）泡腾颗粒检查法 取供试品3袋，将内容物分别转移至盛有200ml水的烧杯中，水温为15～25℃，应迅速产生气体而呈泡腾状，5分钟内颗粒均应完全分散或溶解在水中。

5. 装量差异 单剂量包装的颗粒剂按下述方法检查，应符合规定。凡规定检查含量均匀度的颗粒剂，一般不再进行装量差异检查。具体参见《中国药典》（2020年版）的有关规定。

检查法：取供试品10袋（瓶），除去包装，分别精密称定每袋（瓶）内容物的重量，求出每袋（瓶）内容物的装量与平均装量。每袋（瓶）装量与平均装量相比较［凡无含量测定的颗粒剂或有标示装量的颗粒剂，每袋（瓶）装量应与标示装量比较］，超出装量差异限度的颗粒剂不得多于2袋（瓶），并不得有1袋（瓶）超出装量差异限度1倍。

6. 装量 多剂量包装的颗粒剂，照最低装量检查法（通则0942）检查，应符合规定。

7. 微生物限度 以动物、植物、矿物质来源的非单体成分制成的颗粒剂，生物制品颗粒剂，照非无菌产品微生物限度检查：微生物计数法（通则1105）和控制菌检查法（通则1106）及非无菌药品微生物限度标准（通则1107）检查，应符合规定。规定检查杂菌的生物制品颗粒剂，可不进行微生物限度检查。

第二节 常用的制粒方法 🔲微课

中药颗粒剂的制备过程一般包括提取、浓缩、制粒、干燥、包装。中药颗粒剂由于是冲服，载药量较大，所以可根据服用量要求，选择提取液是否需要经过精制处理。

制粒是制备中药颗粒剂的重要步骤。制粒是指往粉体药料中加入适宜的润湿剂和黏合剂，经加工制成具有一定形状与大小的颗粒状物体的操作，制得的颗粒可能是中间产品也有可能是最终产品。制粒的目的主要包含以下几点：①改善物料的流动性，细粉流动性差，影响片重差异或胶囊装量；②便于剂量、配料和服用；③减少扬尘，便于运输和再加工；④提高物料的密度、控制孔隙度，细粉表面大，可吸大量空气，压片不能及时逸出，易产生裂片、松片等现象；⑤降低细粉黏附性，细粉表面大，易黏附在冲头上，造成黏冲；⑥防止各组分离析等。

根据制粒方法的要求可将提取液浓缩成稠膏制粒，或干燥后制成浸膏粉制粒。影响中药颗粒剂制备的因素众多，如辅料、制粒技术的选择、设备等。颗粒剂的制备方法根据制备时是否需要加润湿剂或者黏合剂，分为湿法制粒和干法制粒两大类；其中湿法制粒主要包括挤出制粒、高速搅拌制粒和流化床制粒等；干法制粒主要包括滚压法制粒和重压法制粒。中药提取物易吸湿、黏性大，为便于制粒成型，制粒时通常加入稀释剂，颗粒剂常用的稀释剂主要有蔗糖、糊精、麦芽糊精、淀粉、乳糖、甘露醇等。水溶性颗粒剂由于有溶化性的要求，宜选用水溶性好的辅料。

≫≫≫ 知识链接 ○--

中药颗粒剂的制粒方法和设备的发展与优化

制粒是颗粒剂成型的关键技术，颗粒剂的制粒方法一般有干法制粒、湿法制粒、流化床制粒和喷雾制粒等，常用的制粒设备包括摇摆式制粒机、高剪切制粒机、流化床制粒机、喷雾干燥制粒机等。制粒方法的选择对于颗粒剂成型至关重要，因此需要根据有效成分及相关辅料的物理化学性质选择合适的制粒设备。随着颗粒剂制粒方法的应用，中药颗粒剂出现了无糖型、泡腾型、包衣型等多种剂型，极大提升了中药颗粒剂的提取工艺与制剂成型工艺，提升了中药颗粒剂的质量和患者用药依从性。但中药颗粒剂的发展仍需继续努力，减少制粒过程中有效成分的丧失、优化辅料的选择和比例、优化和发明新型制粒方法和制粒设备具有重要意义。因此需要大力弘扬守正创新精神、不断提升中医药文化软实力、具备良好的中医药文化自信和爱国主义情怀。

一、湿法制粒

湿法制粒是指原、辅料中加入适量的润湿剂或黏合剂，靠黏合剂的桥架或黏结作用使粉末聚结在一起而制备颗粒的方法。湿法制粒的原理是黏合剂中的液体将药物粉粒表面润湿，使粉粒间产生黏着力，然后在液体架桥与外加机械力作用下制成一定形状和大小的颗粒的方法，经干燥后最终以固体桥的形式固结。湿法制成的颗粒经过表面润湿，具有外形美观、耐磨性较强等优点，在医药工业中应用最为广泛。湿法制粒在生产上常用的有挤出制粒、高速搅拌制粒、流化床制粒。

（一）挤出制粒

挤出制粒是指药粉加入润湿剂或黏合剂制成软材后，强制挤压通过一定孔径的筛网或孔板制粒。一般的生产工艺流程包括：原料的提取、提取液的浓缩与精制、与辅料混合制软材、制粒、干燥、整粒、定剂量包装等工序（图10-1）。

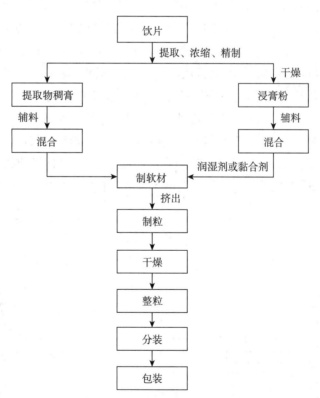

图10-1 挤出制粒一般生产工艺流程图

挤出制粒是传统的中药颗粒剂制粒的主要方法，一般是将赋形剂（混悬性颗粒剂则为部分饮片细粉或加赋形剂）置合适的容器中（一般是槽型混合机）混合均匀，加入饮片稠浸膏（或浸膏粉）搅拌均匀，必要时加入适量润湿剂（多为一定浓度的乙醇），制成"手捏成团，轻按即散"的软材，再将软材用挤压方式（一般用摇摆制粒机）通过筛网（10～16目）制成均匀的颗粒，最后通过烘箱或流化床等设备进一步干燥。挤出制粒中制备软材常用槽型混合槽，制粒常用摇摆式制粒机。在挤压制粒过程中，制软材是关键步骤。软材的黏性与颗粒得率有直接关系，只有当软材的黏性在某一特定范围内的时候，颗粒的得率才会达到较高的水平。黏合剂用量过多时软材被挤压成条状，并重新黏合在一起，可酌情增加药材细粉；黏合剂用量少时不能制成完整的颗粒，而成粉粒状，可加适量黏合剂；软材过黏时软材形成团块不易压过筛网，可适当用高浓度的乙醇以起到分散作用。在制软材过程中以稠浸膏制粒，所用辅料一般为浸膏重量的2～5倍，一般清膏、糖粉、糊精的比例为1∶3∶1。以浸膏粉制粒，辅料用量可大幅减少，一般不超过浸膏粉重量的2倍。中药浸膏粉润湿后黏性不断增大，湿法制粒后若不及时干燥易结块，严重影响颗粒收率。在干燥过程中若干燥温度过低，水分不能及时挥散，颗粒相互黏合变大，颗粒收率低、含水量高，同时还会产生外干内湿的"假干"现象，不利于后续生产；干燥温度过高则影响浸膏中的不耐热成分，产生焦糊现象，因此，干燥温度的选择也是影响产品质量的关键因素。其中水溶性颗粒的干燥温度一般以60～80℃为宜。

1. 槽型混合机　槽型混合机（图10-2）用于混合粉状或糊状的物料，采用卧式槽形单桨混合，槽内搅拌桨为通轴式。混合机机组通过机械转动，实现混合槽翻转倒料，同时使搅拌桨360°旋转，推动物料往复翻动，均匀混合，操作时采用电器控制，可设定混合时间，到时自动停机，从而提高每批物料的混合质量。

2. 摇摆式制粒机　摇摆式制粒机（图10-3）主要由加料斗、滚筒、筛网和机械传动等系统组成。它工作时，机械传动系统带动滚筒转动，滚筒上有七根截面形状为梯形的"刮刀"，滚筒下面紧贴着管夹夹紧的筛网。软材由加料斗加入，滚筒正反向旋转，刮刀对湿物料产生挤压和剪切作用，将物料挤过筛网成粒。摇摆式制粒机运行时，加料斗和筛网位置的松紧直接影响制得颗粒的质量。当加料斗中加料量多而筛网夹得比较松时，由于滚筒旋转能增加软材通过筛网的次数，使制得的颗粒坚硬，粒径分布均匀。

摇摆式制粒机的主要特点：①旋转滚筒的转速可调节，筛网装卸容易，还可适当调节其松紧；②颗粒的粒度由筛网的孔径大小调节，粒子形状为圆柱状，粒度分布较窄；③挤压压力不大，可制成松软颗粒，适合压片；③制粒过程工序多、时间长，不适合对湿热敏感的药物；④生产方式粗糙，劳动强度大，现场产尘量大，不适合大批量生产。摇摆式制粒机的机械传动系统全部密封在机体内，并附有调节系统，提高了机件的寿命。但由于成粒过程是由滚筒直接压迫筛网而成粒的，物料对筛网的挤压力的摩擦力均较大，使用金属筛网时易产生金属污染处方，而尼龙筛网由于容易破损需经常更换，在使用时应加以注意。

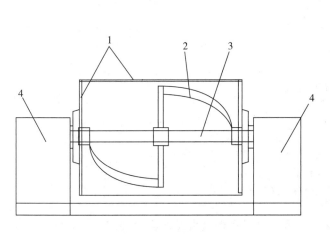

图10-2　槽型混合机简图
1. 混合槽；2. 搅拌桨；3. 固定轴；4. 驱动电机

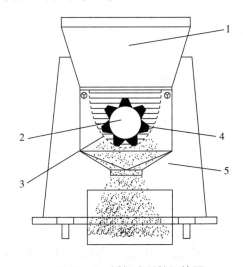

图10-3　摇摆式制粒机简图
1. 料斗；2. 滚筒；3. 筛网；4. 刮刀；5. 驱动电机

3. 举例

【处方名称】柴胡配方颗粒

【处方】柴胡饮片

【生产工艺与流程】柴胡饮片加6倍水回流提取3次，每次提取60分钟，合并提取液采用双效浓缩器，在55℃减压浓缩至相对密度1.25g/ml浓缩液，加入浓缩液重量2%的糊精，搅匀后真空干燥，粉碎，得到浸膏粉，加入适量糊精，混合均匀，加入90%乙醇为润湿剂，混匀得到软材，用摇摆式制粒机制粒，过16目筛，50℃条件下烘干5小时，整粒，得到柴胡配方颗粒。（图10-4）

【注释】

（1）选择黏合剂　为保证制软材时能达到"手捏成团，轻按即散"的状态，加入糊精稀释分散浸膏粉的黏性，浸膏粉黏性太强，制软材过程中易结块，故用高浓度的乙醇——90%乙醇为黏合剂（润湿剂）。

（2）调整合适的压力和时间　若摇摆制粒过程中颗粒出现浆状物，应优化物料混合和挤压过程的力度和时间；控制软材的松软程度；注意安装筛网或筛箩的密封程度。

（二）高速搅拌制粒

1. 概述　高速搅拌制粒自20世纪80年代早期发明以来，已是一种化学药常用的制粒方式。它是将黏合剂或者润湿剂加入到混合均匀的物料中，依靠快速搅拌的桨叶在物料间形成液体桥架，使原始物料逐渐增大，并最终经过制粒切刀剪切形成所需颗粒的一种制粒方式，由于其具有高速、高效、湿法、搅拌等特点，也有称为高效湿法制粒、高速剪切制粒、高效混合制粒。

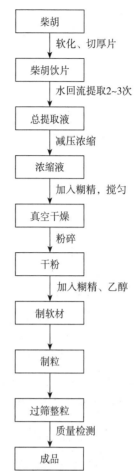

图10-4　柴胡配方颗粒生产工艺流程图

高速搅拌制粒与其他制粒方式相比，具有制粒时间短、黏合剂使用较少、适用于高黏性的物料、制备的颗粒致密不易破碎、颗粒粒径分布较均匀、重复性较高、产尘量较少、物料暴露时间少等优点，可制备致密、高强度的适用于胶囊剂的颗粒，也可制备松软的适合压片的颗粒。

高速搅拌制粒机（图10-5），是集混合与制粒于一体的设备。在高速搅拌制粒机上制备一批颗粒所需时间短，8~15分钟。该设备主要由制粒筒、搅拌桨、切割刀和动力系统组成。当原料、辅料和黏合剂（或润湿剂）进入制粒筒并盖封后，启动电源，搅拌桨主要使物料上下左右翻动进行均匀混合。切割刀则将物料切割成颗粒均匀的颗粒。由于高效混合制粒机制粒速度迅速，与传统的制粒工艺相比，黏合剂（或润湿剂）用量可节约15%~25%，且采用全封闭操作，在同一容器内混合制粒，工艺缩减，无粉尘飞扬。最后通过烘箱或流化床等设备进一步干燥。

影响高速搅拌制粒工艺的因素主要有以下几种：①固体物料的物理性质，如形状、尺寸、粒径分布以及黏合剂的类型和质量（随黏合剂质量分数的增加，大颗粒增加，小颗粒减少，颗粒度有所增加）；②制备工艺参数的变化，如容器的装载量、桨叶速度、黏合剂或润湿剂的加入方式及加入速率、切割刀速度等，其中混合时间对混合均匀度影响较明显，混合时间过长，将出现混合均匀度下降的现象；③设备的差异，设备的差异主要体现在内部几何形状、搅拌桨的位置和刀片或叶轮的设计等方面，当制备相同粒径的颗粒时，刀片位于仪器底部时需要的水或能量较少，故设备的固有功能可直接由刀片的位置决定，搅拌桨的位置则影响制备效率，侧边搅拌桨比垂直搅拌桨效率更高。

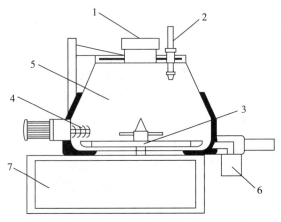

图 10 - 5　高速搅拌制粒机简图

1. 顶盖；2. 黏合剂喷头；3. 搅拌桨；4. 切割刀；5. 制粒筒；6. 出料口；7. 驱动电机

2. 举例

【处方名称】补脑颗粒

【处方】制黄精、制玉竹、决明子、川芎

【背景介绍】补脑颗粒源于经验方"补脑汤"——由制黄精、制玉竹、决明子、川芎这四味药材组成，具有养脑安神、调五脏、和气血的功能，临床上有广泛应用。原药方是将药材直接放入水中煎煮或浸泡后，将药渣弃去后剩余的汤汁部分，但其煎煮时间长、不便保存、不便携带、不可随用随饮。为了使中药制剂满足更多需求，衍生出了颗粒剂。

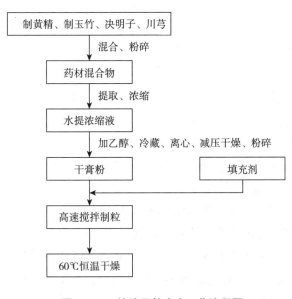

图 10 - 6　补脑颗粒生产工艺流程图

【生产工艺与流程】分别称取制黄精、制玉竹、决明子、川芎混合后粉碎，加入 10 倍水浸泡 1 小时，煎煮（武火煮沸、文火慢煎）1 小时，过滤，再加入 8 倍水浸泡 1 小时，煎煮（武火煮沸、文火慢煎）1 小时，合并滤液，浓缩至原生药量的 2/5，得水提浓缩液。向水提浓缩液中加入乙醇至乙醇浓度为 75%，在 4℃冰箱下放置 24 小时，混匀，离心，取上清液，浓缩至原生药量的 2/5，减压干燥，粉碎，即得干浸膏粉；向高速搅拌制粒机混合槽中加入干浸膏粉、填充剂（海藻酸钠∶甘露醇 = 3∶1），打开搅拌桨进行干混，搅拌速度为 400r/min、时间 5 分钟，然后均匀喷入 95% 乙醇，搅拌速度为 500r/min，时间 3 分钟，打开切割刀，制粒搅拌速度 1200r/min、切割速度 2500r/min，制粒时间 4 分钟。制粒完成后出料，60℃恒温干燥 20 分钟。生产工艺流程图如 10 - 6 所示。

【注释】

（1）注意搅拌速度　高速搅拌制粒混合搅拌转速达 400~500r/min，短时间几分钟就能混合均匀，效率高。

（2）控制润湿剂用量　观察颗粒的形状，如发现颗粒成粒性差、松散、细粉较多时，可降低润湿剂乙醇的浓度，也可适当增加搅拌时间，使粉末之间能形成固体桥，增加粉末之间的黏结性；如发现颗粒成团状，结块，黏糊，可少量多次添加适宜量的润湿剂；合理控制搅拌器的搅拌速度和时间；合理调整切割刀的切割速度和时间。

（3）调整机器相关参数　若发现物料制粒不均匀，有部分是湿颗粒，有部分是细粉，可能是制粒机的搅拌速度过低、切割刀的转速过低、黏合剂溶剂量过少或物料易溶于黏合剂溶剂的原因，可适当控制高速搅拌制粒的搅拌速率及搅拌时间，优化所用润湿剂或黏合剂。

（三）流化床制粒

1. 概述　流化床制粒是利用一定流量的热空气将中药浸膏粉和辅料维持在沸腾状态，与雾化的中药浸膏或者黏合剂接触，细小颗粒不断聚集，干燥，再聚集，长大，再干燥，不断循环，最后形成所需要的颗粒的制粒方法。因为混合、制粒、干燥均在一台设备内一步完成，所以流化喷雾制粒又称"一步制粒"或"沸腾制粒"，适用于湿法挤出制粒和高速搅拌制粒不易成型的物料以及对湿热敏感的物料。

流化床制粒过程主要是通过喷入黏合剂而使物料聚合形成适宜大小的颗粒。物料微粒借助黏合剂的作用而形成的聚合可以分成液体架桥聚合和固体架桥聚合两种情况。第一种情况是当黏合剂与粉状物料具有亲合性时，流化床中被润湿的粉体相互碰撞借助黏合剂溶液形成的液体架桥而相互聚合凝集形成颗粒。而另一部分在热的干燥介质作用下，熔融的液体在同质的粉粒流化床中进行喷雾，当温度下降后形成固体架桥现象在粉体上发生凝固干燥成为粒子，这种由于粉末相互通过熔融汇聚的颗粒是一种较为紧固的颗粒；第二种情况是当黏合剂与物料亲合性较低时，黏合剂溶液包围了各粉末粒子促使其黏结成较大的团粒，而在黏合剂溶媒挥发后这些粉末粒子间形成固体架桥产生较大的颗粒。

该方法常用设备为流化干燥造粒机（图10-7），粉状物料加入物料筒，在热风作用下，保持流化态，黏合剂或润湿剂从顶喷的喷枪雾化喷出，与流化的物料接触，逐渐黏结成颗粒。流化床制粒所制得的颗粒大小均匀、外观圆整、流动性好、不易破碎、可压性好。流化床制粒制得颗粒粒径偏小，一般在20～80目，可用于片剂的制备。若配方中浸膏量较少，可以无须将浸膏浓缩成稠膏或者干燥成浸膏粉，直接作为黏合剂喷入。

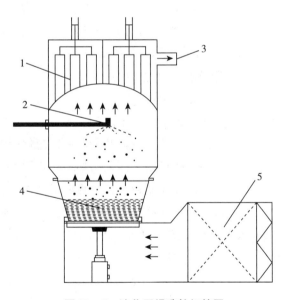

图 10 - 7　流化干燥造粒机简图
1. 袋滤器；2. 喷枪；3. 排风系统；4. 物料桶；5. 空气过滤加热装置

流化床制粒的特点：①流化床制粒整个生产在密闭系统内进行，设备的自动化程度较高，生产重现性较好，质量相对稳定，适用于对湿热敏感的药物制粒，必要时还可进行无菌生产；②简化工艺，节约时间，粉末凝集，制粒整个工序用30～60分钟；③产品的粒度分布较窄，颗粒均匀，流动性和可压性较好，颗粒密度和强度小。中药含糖型颗粒容易在流化床中由于温度升高软化塌锅，所以流化床制粒对于含糖型中药颗粒剂实际应用较少。设备出风过滤袋容易破裂造成跑料是实际大生产中一个亟待解决的问题，且存在设备费用较为昂贵，能耗比较高、投入比较大，设备的清洗、维护等困难。

影响流化制粒的主要因素有药物细粉的性质、制粒机内的物料量、黏合剂的种类、黏合剂的浓度、黏合剂的喷雾速度、喷雾空气的压力、进风风量大小、进风温度、干燥时间和温度等。在实验和大生产过程中应注意以下几种参数的改变对颗粒物性的影响：①喷雾液滴大小，当喷雾液滴较小时，蒸发进行很快，很难在粒子之间形成交联。当雾滴较大时，颗粒生长速度增快。当雾滴进一步加大时，颗粒生长速度更快，颗粒直径也变得更大，但颗粒大小会变得很不均匀，粒度分布相当宽。②进风温度，进风温度高，溶剂蒸发快，降低了黏合剂对粉末的润湿和渗透能力，所得颗粒粒径小、脆性大、松密度和流动性小，若温度过高，还会使颗粒表面的溶剂蒸发过快，得到大量外干内湿、色深的大颗粒。③进风湿度，进风湿度过大，则湿颗粒不能及时干燥，易黏结粉料。④喷雾空气的压力，压力过高会改变流化状态，使气流紊乱，粉粒在局部结块；压力较小则黏合剂雾滴大，颗粒粒径大。⑤进风风量，风量过大，物料沸腾高度过于接近喷枪，致使黏合剂雾化后还未分散就与物料接触，所得颗粒粒度不均匀，且捕集袋上也容易堆积大量粉尘，影响正常操作。风量小，物料沸腾状态差，湿颗粒干燥不及时，易造成塌床。

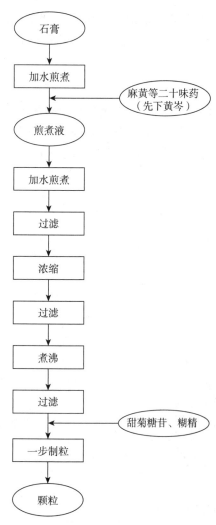

图 10 - 8 清肺排毒颗粒生产工艺流程图

2. 举例

【处方名称】 清肺排毒颗粒

【背景介绍】 清肺排毒汤，是由麻杏石甘汤、小柴胡汤、五苓散和射干麻黄汤 4 个经典名方组成，有宣肺透邪、清热化湿、健脾化饮等功效。颗粒剂既保留了汤剂吸收快、作用迅速的优点，又克服了汤剂存放使用不方便、服用量大、易霉变等缺点，故该工艺将其研制成颗粒剂。

【处方】 麻黄、炙甘草、燀苦杏仁、石膏、桂枝、泽泻、猪苓、白术、茯苓、柴胡、黄芩、姜半夏、生姜、紫菀、款冬花、射干、细辛、山药、枳实、陈皮、广藿香

【生产工艺与流程】 称取各味中药材，先取石膏，加全处方 2 倍量水，煎煮 30 分钟，先投入黄芩，再投入其余药味，再加入全处方量 3 倍水，煎煮 2 次，每次 30 分钟，合并得到煎煮液；将煎煮液浓缩至相对密度为 1.15 ~ 1.35g/ml 的浸膏（20℃），加入适量甜菊糖苷，以糊精为底料，流化床喷入浸膏液，进行一步制粒，即得。生产工艺流程图如 10 - 8 所示。

流化床制粒预热至物料温度达 70 ~ 80℃时，喷入药液，干燥温度 55 ~ 90℃；当药液喷完后，颗粒继续烘干至水分 ≤4.0%，放出，整粒，60 ~ 80 目筛分，即得。

【注释】

（1）对糊精用量进行优选 干浸膏量与糊精用量比为 1∶0.5 时颗粒疏松、不易成型；用量比为 1∶1 时，颗粒成型性良好，且辅料用量少。

（2）确定浸膏相对密度 本工艺以糊精为底料，浸膏为黏合剂进行流化床制粒，研究了浸膏相对密度对制粒的影响，浸膏相对密度在 1.05 ~ 1.15（20℃测）时颗粒疏松、不易成型，相对密度在 1.15 ~ 1.35（20℃测）时颗粒均可以成型。

（3）调整物料温度和时间 若颗粒外干内湿，适当降低物料温度；适当延长低温干燥颗粒的时间。

（4）调整设备的工作参数　若颗粒中有大颗粒，可增加风机频率，改善物料所处的流化状态，防止物料粘连结块；适当提高进风温度，控制进风量，使雾滴与颗粒接触后能及时干燥，防止颗粒继续长大；控制空气湿度，适当考虑增大雾化压力或降低供液速度，防止黏合剂与大量物料团聚。

二、干法制粒

干法制粒是指在不用润湿剂或液态黏合剂的条件下，将药物提取物与辅料混匀，依靠重压直接挤压成较大片剂或片状物后，经过磨碎和过筛制成所需大小颗粒的制粒方法。干法制粒的原理在于药物细粉之间的黏结，是靠压缩力作用使粒子间产生结合力，从而使药物细粉从小的粒子增大为大的颗粒，无需加热干燥步骤，尤适于热敏性成分的制粒及遇水易分解的药物，还适用于中药喷雾干燥提取物密度达不到要求又不能加入黏合剂和辅料的药物，药物和辅料本身需具有一定的黏合性。其优点主要是省去制软材、干燥的过程，缩短工时，减少生产设备，工艺简单，制粒均匀，操作过程可实现自动化，同时避免药物受湿、热的影响，有利于产品的稳定性。由于中药的复杂性质，在实际生产中干法制粒还存在一些问题，例如很多药物及辅料并无可压缩性，难以压制成薄片，此外，干法制粒制备的颗粒呈小片状，流动性受一定影响，同时，干法制粒设备成本高，维护工作量大，还需要注意由于压缩引起的药物晶型转变及活性降低等。

干法制粒一般工艺流程：粉状物料（经脱气送入、挤压压缩）→压制成致密薄片→粉碎整粒→合格颗粒。干法制粒机如图 10 - 9 所示。依据压制方法不同，分为滚压法和重压法。

（一）滚压法制粒

滚压法制粒是将物料粉末与辅料混匀后，利用两个转速相同的相向转动的压辊缝隙，将粉末挤压成合适硬度的条带片，再经破碎、过筛制成所需大小颗粒的制粒方法。与重压法相比，滚压法具有生产能力大、润滑剂用量小等优点，是干法制粒法中普遍采用的方法。根据送料方式不同，滚压法干法制粒根据压辊布局方式不同分为水平送料滚压法（图 10 - 10）和垂直送料滚压法（图 10 - 11）。与垂直送料干法制粒机相比，水平送料干法制粒机能够减少在重力作用下下漏的未经干压的细粉，提高颗粒收率。生产上常用水平送料干法制粒机。

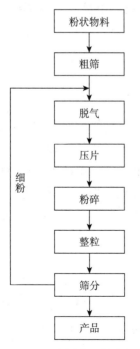

图 10 - 9　干法制粒工艺流程图

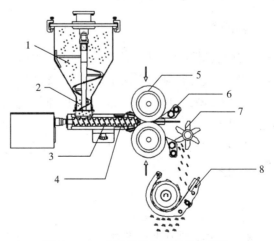

图 10 - 10　水平送料干法制粒机简图

1. 料斗；2. 进料搅拌装置；3. 水平送料装置；4. 水平脱气；
5. 压辊；6. 刮刀；7. 破碎装置；8. 整粒装置

滚压干法制粒机包括输料系统、挤压系统、破碎系统以及整粒系统四个部分，机器整体分为机体内部和操作面板外部两大块。进料系统对于流动性差的物料可通过真空上料等方式借助机械外力进料。挤压系统是使固体粉末受压形成片状物的模块，挤压系统中辊轮压力和辊轮转速是影响颗粒质量的主要因素。滚压法可通过调节投料速度、滚轮压力、滚轮转速等参数，有效控制颗粒质量。增加辊轮转速，物料受挤压的时间变短，制得片状物硬度下降，粉碎、筛析的细粉增加，颗粒得率减少，脆碎度增加。

滚压法干法制粒工艺的基本流程如图 10-12 所示，即将物料按混合工艺混合后，加入到干法制粒机料斗中，通过螺旋杆送料至两个压辊之间，设置压辊的转速实现连续的送料与出料，通过调节压辊的压力使薄片成形，最后成形的薄片进入整粒装置粉碎成颗粒，过筛网整粒得所需颗粒。

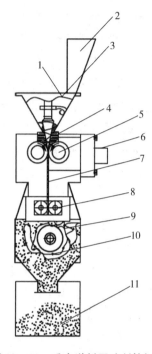

图 10-11 垂直送料干法制粒机简图

1. 螺旋送料；2. 加料口；3. 料筒；4. 料筒座；5. 压辊；
6. 挤压油缸；7. 压制成型片状物；8. 破碎齿轮；
9. 制粒辊筒；10. 筛网；11. 成品颗粒

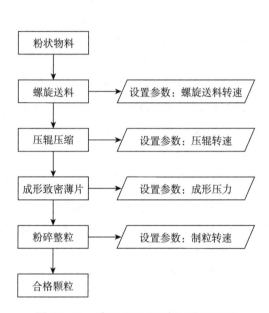

图 10-12 滚压法干法制粒工艺流程图

（二）重压法制粒

1. 概述　重压法制粒又称压片法制粒，是一种将原料和辅料混匀后经压片机压成大片（直径 20～25mm），再经粉碎、过筛得到所需大小颗粒的制粒方法。生产过程分为进料、重压和粉碎三个过程。重压法考察的因素主要为重压压力、破碎速度以及制粒速度。与滚压法制粒相比，本法可避免滚压法制粒中的压缩过紧、设备摩擦产热等问题，其颗粒的松紧可通过调节冲头高度进行控制，所使用的工艺设备简单，避免了滚压时漏粉的问题，但因重压法制粒存在物料用量小，难以进行工业化连续生产，能耗较大，并且需要使用润滑剂等缺点。

2. 举例

【处方名称】温清饮复方配方颗粒

【背景介绍】与传统的温清饮汤剂及其制备方法相比，颗粒剂解决了传统汤剂不方便的问题，更便于药物储存和患者携带使用；与单味配方颗粒相比，温清饮复方颗粒按传统方法合煎，充分发挥中药配伍的优势，克服了目前单味配方颗粒服用时各药味简单相加带来的不足。

【处方组成】当归、黄芩、熟地黄、川芎、黄连、黄柏、栀子、白芍

【生产工艺与流程】取当归、川芎，通过水蒸气蒸馏 3 小时，以提取挥发油，挥发油另器收集，取收集的挥发油，测量体积，加入 2 倍体积量乙醇稀释；再取挥发油 10 倍体积量的 β - 环糊精，加入 1.5 倍体积量水研磨 10 分钟，加入挥发油乙醇稀释液，共同研磨 30 分钟，放置，晾干后，包合物在 40℃ 条件下减压干燥 24 小时，取出，研成细粉，备用；将黄芩、熟地黄、黄连、黄柏、栀子、白芍六味药材，与提油后所余药渣浸泡 30 分钟，加水煎煮两次，第一次加 8 倍水，第二次加 6 倍水，每次 1 小时，滤过，合并滤液，70℃ 减压浓缩，滤液浓缩至相对密度 1.15g/ml（60℃）的清膏，喷雾干燥得干浸膏粉；将挥发油包合物与干浸膏粉混合均匀，投入干法制粒机中，制粒；制得的颗粒分装，每袋 5g，即得。生产工艺流程图如图 10 - 13 所示。

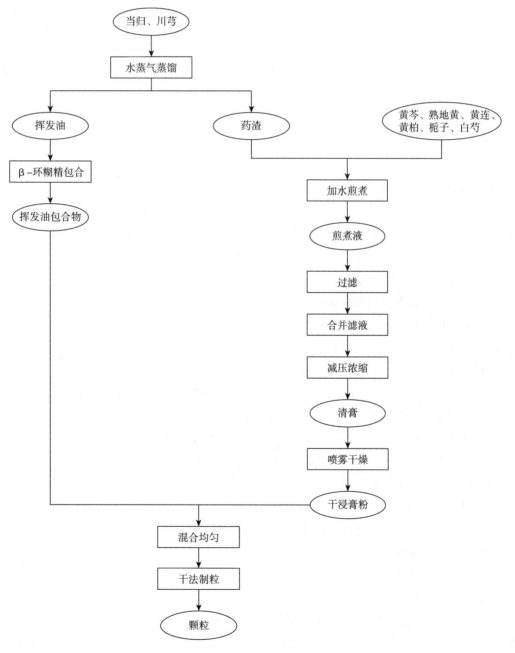

图 10 - 13　温清饮复方配方颗粒生产工艺流程图

【注释】

对干法制粒机实际工作状况的参数，包括进料速度、压辊转速、制粒速度、颗粒性状等进行了优化，最后得出的制粒参数是进料速度为960r/min，压辊转速为600r/min，制粒速度为580r/min，得到的颗粒整体情况良好，符合该产品的质量要求。见表10－1。

表10－1　重压法制粒机械参数优化数据表

试验号	进料速度（r/min）	压辊速度（r/min）	制粒速度（r/min）	颗粒性状
1	700	700	700	粒太硬
2	1000	1000	1000	细粉多
3	960	700	660	粒比较合适，但细粉多
4	960	600	580	整体情况良好

目标检测

答案解析

一、选择题

1. 以下颗粒剂对粒度的要求正确的是（　　）

　　A. 越细越好，无粒度限定

　　B. 不能通过2号筛和能通过5号筛的颗粒和粉末总和不得超过8.0%

　　C. 不能通过1号筛和能通过5号筛的颗粒和粉末总和不得超过8.0%

　　D. 不能通过1号筛和能通过5号筛的颗粒和粉末总和不得超过15.0%

2. 水溶性颗粒剂的制备工艺流程为（　　）

　　A. 原料药提取—提取液精制—制颗粒—干燥—整粒—包装

　　B. 原料药提取—提取液精制—干燥—制颗粒—整粒—包装

　　C. 原料药提取—干燥—提取液精制—制颗粒—整粒—包装

　　D. 原料药提取—提取液精制—制颗粒—整粒—干燥—包装

3. 颗粒剂制备中若软材过黏而形成团块不易通过筛网，可采取（　　）措施解决

　　A. 若软材过干，黏性不足，可提高乙醇的浓度

　　B. 若软材过软，药料易黏附筛网或成条状，可提高乙醇的浓度

　　C. 若软材过干，粉粒过多，可降低乙醇的浓度或加黏合剂

　　D. 若软材过黏，可提高乙醇的浓度

4. 下列有关颗粒剂辅料的叙述中，正确的是（　　）

　　A. 优良的赋形剂既具有矫味作用，又具有黏合作用

　　B. 辅料用量不超过稠膏量的10倍

　　C. 不能单独使用糖粉作辅料

　　D. 稠膏：糖粉：糊精＝1：1：1

5. 一般（　　）制粒方法多用于无糖型及低糖型颗粒剂的制备

　　A. 挤出制粒法　　　　B. 快速搅拌制粒　　　　C. 流化喷雾制粒　　　　D. 干法制粒

二、思考题

1. 中药颗粒剂有哪些特点？并简述中药颗粒剂的基本要求。

2. 试述在高速搅拌制粒过程中一般常见的问题及其解决方法。

3. 在《中国药典》（2020 年版）一部中共收载中成药颗粒剂型 235 种，颗粒剂现已发展成为主要的中药固体制剂剂型之一。请分析中药颗粒剂制粒工艺现状和未来发展趋势。

书网融合……

思政导航　　　　　本章小结　　　　　微课　　　　　题库

第十一章　片剂制备工艺

PPT

◎ 学习目标

知识目标

1. 掌握　片剂的制备工艺流程、制备过程、质量要求。

2. 熟悉　片剂的特点、分类及应用；片剂常用辅料的种类、性质和应用。

3. 了解　压片过程中可能出现的问题和解决方法。

能力目标　通过本章节的学习，掌握片剂的制备工艺。

　　片剂系指原料药物或与适宜的辅料制成的圆形或异形的片状固体制剂。主要供内服，亦有外用或特殊用途。片剂是最常用的药物剂型之一，创用于19世纪40年代。中药片剂的研究和生产始于20世纪50年代，是在汤剂、丸剂基础上改进而成。随着科技的进步和现代药学的发展，新辅料、新工艺、新技术、新设备在片剂研究和生产中不断应用，生产工艺日渐完善，生产质量不断提高，同时还涌现出一些分散片、缓释片、口崩片等新剂型。

▷ 第一节　概　述 🔲微课

　　片剂剂量准确，药物含量均匀，化学稳定性较好，服用、运输、携带和贮存方便，生产的机械化和自动化程度较高，产量大，成本低，因此应用最为广泛。但由于片剂中需加入多种赋形剂，制备中需经压缩成型，服用后要先崩解成小颗粒后才能被机体吸收，与散剂、颗粒剂相比，片剂溶出度较差，起效慢。片剂中如含挥发性成分，贮存较久时含量下降。儿童及昏迷患者不易吞服。

一、片剂的分类

　　片剂可以制成不同规格、类型，以满足不同临床医疗的需要，如速效（口腔崩解片）、长效（缓释片）、口腔局部用药（口含片）、阴道局部用药（阴道片）等。按给药途径结合制备及作用特点，片剂可分为口服片剂、口腔用片剂、外用片及其他片剂等。

（一）口服片剂

口服片剂是应用最广泛的一类，在胃肠道内崩解吸收而发挥疗效。

1. 普遍压制片　又称为素片，系指药物与赋形剂混合，经制粒、压制而成的片剂。一般不包衣的片剂即属此类，应用广泛。如三七片、葛根芩连片等。

2. 包衣片　系指在片芯（压制片）外包有衣膜的片剂。按照包衣物料或作用不同，可分为糖衣片、薄膜衣片、肠溶（衣）片等。如元胡止痛片、银翘解毒片等。

3. 咀嚼片　系指于口腔中咀嚼后吞服的片剂。咀嚼片一般应选择甘露醇、山梨醇、蔗糖等水溶性辅料作填充剂和黏合剂。适用于小儿、吞咽困难的患者及需在胃部快速起作用的药物。咀嚼片的生产一般用湿法制粒，不需加入崩解剂，即使在缺水情况下也可按时用药。药片嚼碎后便于吞服，并能加速药物溶出，提高疗效。如健胃消食片、干酵母片等。

4. 泡腾片　系指含有碳酸氢钠和有机酸，遇水可产生气体而呈泡腾状的片剂。泡腾片不得直接吞服。泡腾片中的原料药物应是易溶性的，加水产生气泡后应能溶解。有机酸一般用枸橼酸、酒石酸、富马酸等。泡腾片遇水快速崩解，特别适用于儿童、老年人和不能吞服固体制剂的患者。又可以溶液形式服用，药物奏效迅速，生物利用度高，比液体制剂携带方便。如维生素 C 泡腾片、大山楂泡腾片等。

5. 分散片　系指在水中能迅速崩解并均匀分散的片剂。分散片中的原料药物应是难溶性的。分散片可加水分散后口服，也可将分散片含于口中吮服或吞服。分散片具有服用方便、吸收快、生物利用度高和不良反应小等优点。如阿莫西林克拉维酸钾分散片。

6. 口崩片　系指在口腔内不需要用水即能迅速崩解或溶解的片剂。一般适合于小剂量原料药物，常用于吞咽困难或不配合服药的患者。可采用直接压片和冷冻干燥法制备。采用水溶性好的山梨醇、木糖醇、赤藓醇等作为填充剂和矫味剂及强效崩解剂。口崩片应口感良好、容易吞咽，对口腔黏膜无刺激性。如伪麻黄碱口腔速崩片。

7. 多层片　系指由两层或多层组成的片剂。各层含不同药物，或各层药物相同而辅料不同。这类片剂有两种，一种分上下两层或多层；另一种是先将一种颗粒压成片芯，再将另一种颗粒包压在片芯之外，形成片中有片的结构。制成多层片的目的是：①避免复方制剂中不同药物之间的配伍变化；②制成长效片剂，一层由速释颗粒制成，另一层由缓释颗粒制成；③改善片剂的外观。如维 C 银翘片（多层片）。

8. 缓释片　系指在规定的释放介质中缓慢地非恒速释放药物的片剂。具有服用次数少、作用时间长的优点。

9. 控释片　系指在规定的释放介质中缓慢地恒速释放药物的片剂。具有血药浓度平稳、服药次数少、作用时间长的优点。

10. 肠溶片　系指用肠溶性包衣材料进行包衣的片剂。为防止原料药物在胃内分解失效、对胃有刺激或控制原料药物在肠道内定位释放，可对片剂包肠溶衣；为治疗结肠部位疾病等，可对片剂包结肠定位肠溶衣。

（二）口腔用片剂

1. 含片　系指含于口腔中缓慢溶化产生局部或全身作用的片剂。含片中的原料药物一般是易溶性的，主要起局部消炎、杀菌、收敛、止痛或局部麻醉等作用，多用于口腔及咽喉疾患，可在局部产生较久的消炎、消毒等疗效。口含片比一般内服片大而硬，味道适宜。如西瓜霜润喉片、复方草珊瑚含片等。

2. 舌下片　系指置于舌下能迅速溶化，药物经舌下黏膜吸收发挥全身作用的片剂。舌下片中的原料药物应易于直接吸收，主要适用于急症的治疗。可防止胃肠液 pH 及酶对药物的不良影响，避免药物的肝脏首过效应。舌下片中的原料药物应易于直接吸收，辅料应是易溶性的，应在 5 分钟内全部崩解溶化，如硝酸甘油片、喘息定片等。此外，还有一种唇颊片，将药片放在上唇与门齿牙龈一侧之间的高处，通过颊黏膜吸收，既有速效作用又有长效作用。如硝酸甘油唇颊片。

3. 口腔贴片　系指黏贴于口腔，经黏膜吸收后起局部或全身作用的片剂。这类片剂含有聚羧乙烯（CVP）、羟丙基甲基纤维素（HPMC）、羧甲基纤维素（CMC）、羟丙基纤维素（HPC）等较强黏着力的赋形剂，对黏膜黏着力强，能控制药物的溶出。贴于口腔黏膜，可缓慢释放药物，用于治疗口腔或咽喉部位疾患，用作局部治疗时剂量小，副作用少，维持药效时间长，又便于中止给药。也能通过口腔黏膜下毛细血管吸收，进入体循环，避免肝脏的首过作用。如冰硼贴片、硝酸甘油贴片等。

（三）外用片

1. 阴道片与阴道泡腾片 系指置于阴道内使用的片剂。阴道片和阴道泡腾片的形状应易置于阴道内，可借助器具将其送入阴道。阴道片在阴道内应易溶化、溶散或融化、崩解并释放药物，主要起局部消炎杀菌作用，也可给予性激素类药物。具有局部刺激性的药物，不得制成阴道片。如鱼腥草素泡腾片、灭敌刚片等。

2. 外用溶液片 系指加一定量的缓冲溶液或水溶解后，制成一定浓度溶液，供外用。如供滴眼用的白内停片、供漱口用的复方硼砂漱口片等。若溶液片中药物口服有毒，应加鲜明标记或制成异形片，以引起用者注意，如供消毒用的升汞片等。外用溶液片的组成成分必须均为可溶物。

（四）其他片剂

1. 可溶片 系指临用前能溶解于水的非包衣片或薄膜包衣片剂。可溶片应溶解于水中，溶液可呈轻微乳光，可供口服、外用、含漱等用。

2. 微囊片 系指固体或液体药物利用微囊化工艺制成干燥的粉粒，经压制而成的片剂。如牡荆油微囊片、羚羊感冒微囊片等。

二、中药片剂的类型

中药片剂系指提取物、提取物加饮片细粉或饮片细粉与适宜的辅料制成的圆形或异性的片状固体制剂，主要供内服，亦有外用。按照原料特性，中药片剂主要分为提纯片、全粉片、浸膏片和半浸膏片。

1. 提纯片 系指将处方饮片经过提取获得有效成分或有效部位的细粉，加适宜辅料制成的片剂。如北豆根片、银黄片等。

2. 全粉片 系指将处方中全部饮片粉碎成细粉作为原料，加适宜辅料制成的片剂。如参茸片、安胃片等。

3. 浸膏片 系指将全部饮片用适宜的溶剂和方法提取制得浸膏，以全量浸膏制成的片剂。如穿心莲片、降脂灵片等。

4. 半浸膏片 系指将部分饮片细粉与其余药料制得的稠膏混合制成的片剂。如银翘解毒片、藿香正气片等。此类型在中药片剂中占比较大。

三、片剂的质量要求

片剂的质量直接影响其药物疗效和用药的安全性，为了保证和提高质量，根据《中国药典》（2020年版）制剂通则规定，片剂在生产与贮藏期间应符合以下要求：①原料药物与辅料应混合均匀。含药量小或含毒性药的片剂，应根据原料药物的性质采用适宜方法使其分散均匀。②凡属挥发性或对光、热不稳定的原料药物，在制片过程中应采取遮光、避热等适宜方法，以避免成分损失或失效。③压片前的物料、颗粒或半成品应控制水分，以适应制片工艺的需要，防止片剂在贮存期间发霉、变质。④片剂通常采用湿法制粒压片、干法制粒压片和粉末直接压片。干法制粒压片和粉末直接压片可避免引入水分，适合对湿热不稳定药物的片剂制备。⑤根据依从性需要，片剂中可加入矫味剂、芳香剂和着色剂等，一般指含片、口腔贴片、咀嚼片、分散片、泡腾片、口崩片等。⑥为增加稳定性、掩盖原料药物不良臭味、改善片剂外观等，可对制成的药片包糖衣或薄膜衣。对一些遇胃液易破坏、刺激胃黏膜或需要在肠道内释放的口服药片，可包肠溶衣。必要时，薄膜包衣片剂应检查残留溶剂。⑦片剂外观应完整光洁，色泽均匀，有适宜的硬度和耐磨性，以免包装、运输过程中发生磨损或破碎。⑧片剂的微生物限度应符合要求。⑨根据原料药物和制剂的特性，除来源于动、植物多组分且难以建立测定方法的片剂外，溶出度、释放度、含量均匀度等应符合要求。⑩片剂应注意贮存环境中温度、湿度以及光照的影响，除另有规定外，片剂应密封贮存。生物制品原液、半成品和成品的生产及质量控制应符合相关品种要求。

除另有规定外，片剂应进行以下相应检查：重量差异、崩解时限、微生物限度检查等；此外，阴道泡腾片还应检查发泡量，分散片还应检查分散均匀性。

第二节 片剂的辅料

药用辅料系指生产药品和调配处方时使用的赋形剂和附加剂；是除活性成分或前体以外，在安全性方面已进行合理的评估，一般包含在药物制剂中使用的所有物质。在作为非活性物质时，药用辅料除了赋形、充当载体、提高稳定性外，还具有增溶、助溶、调节释放等重要功能，是可能会影响到制剂的质量、安全性和有效性的重要成分。

>>> 知识链接 o--

药用辅料的作用

1. 使剂型具有形态特征 如溶液剂中加入溶剂；片剂中加入稀释剂、黏合剂；软膏剂、栓剂中加入适宜基质等使剂型具有形态特征。

2. 使制备过程顺利进行 在液体制剂中根据需要加入适宜的增溶剂、助溶剂、助悬剂、乳化剂等；在片剂的生产中加入助流剂、润滑剂以改善物料的粉体性质，使压片过程顺利进行。

3. 提高药物的稳定性 化学稳定剂、物理稳定剂如助悬剂和乳化剂等、生物稳定剂如防腐剂等。

4. 调节有效成分的作用部位、作用时间或满足生理要求 使制剂具有速释性、缓释性、肠溶性、靶向性、热敏性、生物黏附性的各种辅料；还有生理需求的 pH 调节剂、等渗剂、矫味剂、止痛剂等。

片剂的辅料通常由几种具有不同功用的物料组成，根据其在片剂中所起的作用可大致分为两大类：第一类包括有助于取得满意的加工和压制特性的物质，如稀释剂、黏合剂、助流剂和润滑剂等；第二类为有助于成品片剂具有所需的物理化学性质的物质，如崩解剂、着色剂、矫味剂等。片剂的辅料必须具有较好的物理和化学稳定性，不与主药起反应，不影响主药的释放、吸收和含量测定，对人体无害，来源广，同时最好成本低。

按其用途，片剂辅料可分为稀释剂、吸收剂、润湿剂、黏合剂、崩解剂及润滑剂。

一、稀释剂与吸收剂

稀释剂和吸收剂统称为填充剂。由于压片工艺、制剂设备等因素，片剂的直径一般不小于6mm，片重多在100mg以上。当药物剂量小于100mg，或中药片剂中浸膏量多或浸膏黏性太大，制片困难时，需加入稀释剂。当原料药中含有较多挥发油、脂肪油或其他液体时，需加适量的吸收剂。常用的稀释剂与吸收剂有以下几种。

1. 淀粉 本品为白色细腻的粉末，由支链淀粉和直链淀粉组成。淀粉有玉米淀粉、马铃薯淀粉等，其中常用的是玉米淀粉。淀粉性质稳定，可与大多数药物配伍；不溶于冷水及乙醇，但在水中加热到62~72℃时可糊化；遇水膨胀，遇酸或碱在潮湿或加热情况下可逐渐水解而失去膨胀作用；具有吸湿性。淀粉为最常用的稀释剂，也可作为吸收剂或崩解剂。淀粉的可压性不好，常与可压性较好的糖粉、糊精、乳糖等混合使用。此外，含淀粉较多的中药，如葛根、天花粉、山药、贝母等，粉碎成细粉后也可作稀释剂，兼有吸收剂和崩解剂的作用。

2. 蔗糖 本品从甘蔗和甜菜中提取而得，为无色结晶或白色结晶性松散粉末，无臭，味甜。在水中极易溶解，在无水乙醇中几乎不溶。黏合力强，可增强片剂硬度，但吸湿性较强，久贮会使片剂的硬度过大，延缓崩解或溶出。常与淀粉、糊精配合使用。

3. 糊精 本品为白色或类白色无定形粉末，不溶于醇，微溶于水，能溶于沸水成黏胶状溶液，具有较强的黏结性，兼有黏合剂作用，使用不当会使片面出现麻点、水印等，有时会造成片剂的崩解或溶出迟缓。常与蔗糖、淀粉配合使用。

4. 乳糖 本品为白色结晶性粉末，由等分子葡萄糖及半乳糖组成。略带甜味，易溶于水，难溶于醇，性质稳定，可与大多数药物配伍。乳糖无吸湿性，有良好的可压性，制成的片剂光洁美观，硬度适宜，不影响药物的溶出，对主药的含量测定影响较小，是优良的片剂稀释剂。由喷雾干燥法制得的乳糖为类球形，流动性和可压性良好，可供粉末直接压片用。

5. 预胶化淀粉 亦称可压性淀粉。本品由淀粉经部分胶化或全部胶化而成，为白色或类白色粉末，流动性好，压缩成型性好，有自身润滑作用。可作填充剂，又兼作黏合剂和崩解剂，多用于粉末直接压片。

6. 微晶纤维素 本品为由纤维素水解而制得的晶体粉末，白色，无臭，无味，不溶于水。具有较强的结合力与良好的可压性，亦有"干黏合剂"之称。可用作粉末直接压片。一般片剂中含20%以上的微晶纤维素时崩解性能较好。

7. 糖醇类 主要有甘露醇、山梨醇等，为白色、无臭、具甜味的结晶性粉末或颗粒，常用于咀嚼片、口崩片，常与蔗糖配合使用。

8. 无机盐类 一些无机钙盐，如硫酸钙、磷酸氢钙及磷酸钙等，常用作片剂的稀释剂和吸收剂。其性质稳定，无臭无味，微溶于水，可与多种药物配伍，制成的片剂外观光洁，硬度、崩解性均好。

二、润湿剂与黏合剂

润湿剂和黏合剂在片剂制备中具有黏结固体粉末的作用。润湿剂系指本身没有黏性，可通过润湿物料诱发物料黏性的液体，适用于具有黏性物料的制粒压片。黏合剂系指本身具有黏性，能增加物料的黏合力的物质，适用于没有黏性或黏性差的中药提取物或原药粉制粒压片。常用的润湿剂和黏合剂如下。

1. 蒸馏水 为常用润湿剂。当处方中的水溶性成分较多时易出现结块、润湿不均匀、干燥后颗粒发硬等现象，此时常用低浓度的淀粉浆或不同浓度的乙醇代替。不耐热、遇水易变质或易溶于水的药物不宜使用。

2. 乙醇 为常用润湿剂，可用于遇水易分解、在水中溶解度大或遇水黏性太大的药物。中药干浸膏的制粒中常用乙醇 – 水的混合液，乙醇浓度依据物料的性质以及环境温度而定，通常为30% ~ 70%，可根据物料性质与试验确定适宜的乙醇浓度。

3. 淀粉浆 俗称淀粉糊，是常用的黏合剂，适用于对湿热较稳定的药物，一般浓度为8% ~ 15%，10%者最为常用。淀粉价廉易得、黏合性良好，因此是制粒中首选的黏合剂，但是不适合遇水不稳定的药物。

4. 纤维素衍生物系 将天然的纤维素经处理后制成的各种纤维素的衍生物。

（1）**羟丙基甲基纤维素** 羟丙基甲基纤维素（HPMC）为白色或类白色纤维状或颗粒状粉末，无臭无味。在冷水中溶胀并溶解；不溶于热水与乙醇，但可溶于水和乙醇的混合液。HPMC不仅用于制粒的黏合剂，而且在凝胶骨架片释制剂中也得到广泛的应用。

（2）**甲基纤维素** 甲基纤维素（MC）在冷水中溶胀成澄清或微浑浊的胶体溶液，在热水及乙醇中几乎不溶，可用于水溶性及水不溶性物料的制粒，颗粒的压缩成型性好。

（3）羟丙基纤维素 羟丙基纤维素（HPC）为白色或类白色粉末，无臭无味。在冷水中可形成透明的胶体溶液，加热至50℃形成凝胶状。HPC的吸湿性较其他纤维素小，可溶于甲醇、乙醇、丙二醇和异丙醇。

（4）羧甲基纤维素钠 羧甲基纤维素钠（CMC－Na）在水中先溶胀后溶解，不溶于乙醇，常用于可压性较差的药物压片。

5. 聚维酮 聚维酮（PVP）为白色至乳白色粉末，无臭或稍有特殊臭，无味，有吸湿性，可溶于乙醇或水，常用于泡腾片及咀嚼片的制粒。

6. 阿拉伯胶浆、明胶浆 两者的黏合力均大，压成的片剂硬度大，适用于松散且不易制粒的药物，或要求硬度大的片剂如口含片。使用时必须注意浓度与用量，若浓度太大，用量过多，会影响片剂的崩解度。

7. 其他 海藻酸钠、聚乙二醇及硅酸铝镁等也可用作黏合剂。

此外，中药稠膏具有一定黏性，既能起治疗作用，又能起黏合剂的作用。

三、崩解剂

崩解剂系指促使片剂在胃肠液中迅速崩解成细小颗粒的辅料。为使片剂能迅速发挥药效，除了缓控释片、口含片、咀嚼片、舌下片外，一般均需加入崩解剂。由于药物压成片剂后，孔隙率小，结合力强，崩解剂的主要作用是消除因黏合剂或高度压缩而产生的结合力，从而使片剂在水中瓦解。中药半浸膏片中含有药材细粉，遇水后能缓慢崩解，一般不需另加崩解剂。常用的崩解剂有以下几种。

1. 干淀粉 是一种常用的崩解剂。本品的吸水性较强，适用于水不溶性或微溶性药物的片剂，对易溶性药物的崩解作用较差。淀粉的可压性、流动性不好，用量多时可影响片剂的硬度及流动性。

2. 羧甲基淀粉钠 羧甲基淀粉钠（CMS－Na）为白色粉末，吸水膨胀性强，吸水后体积能膨胀增大至200~300倍，是良好的片剂崩解剂。

3. 低取代羟丙基纤维素 低取代羟丙基纤维素（L－HPC）为白色或类白色结晶粉末，在水中不易溶解，具有很好的吸水速度和吸水量，吸水后体积膨胀，是良好的片剂崩解剂。

4. 交联聚维酮 交联聚维酮（PVPP）为一种流动性良好的白色粉末，不溶于水，在水中迅速溶胀，能吸收数倍于自身重量的水，膨胀而产生崩解作用，是良好的片剂崩解剂。

5. 交联羧甲基纤维素钠 交联羧甲基纤维素钠（CCMC－Na）不溶于水，能吸收数倍于本身重量的水而膨胀至原体积的4~8倍，有良好的崩解作用。与羧甲基淀粉钠合用，崩解效果更好，但与干淀粉合用时崩解作用会降低。

6. 泡腾崩解剂 专用于泡腾片的特殊崩解剂，由碳酸盐和有机酸组成。常用碳酸氢钠和枸橼酸、酒石酸组成的混合物，遇水时产生二氧化碳气体，使片剂在几分钟之内迅速崩解。

7. 表面活性剂 为崩解辅助剂，能增加药物的润湿性，促进水分透入，使片剂容易崩解。可用于疏水性或不溶性药物。常用的表面活性剂有聚山梨酯80、溴化十六烷基三甲铵、十二烷基硫酸钠、硬脂醇磺酸钠等。

片剂的崩解过程经历润湿、虹吸、破碎。崩解剂的作用机制有毛细管作用、膨胀作用、产气作用、润湿热、酶解作用等。毛细管作用是指崩解剂在片剂中有孔隙结构，形成易被水湿润的毛细管通道，片剂接触水后，水随毛细管迅速进入片剂内部，使整个片剂润湿而瓦解。如淀粉及其衍生物，纤维素类衍生物。膨胀作用是指崩解剂自身具有很强的吸水膨胀性，从而瓦解片剂的结合力。如羧甲基淀粉钠，低取代羟丙基纤维素。产气作用通常是泡腾崩解剂遇水能产生气体，借气体的膨胀使片剂崩解。

崩解剂的加入方法通常有内加法、外加法和内外加法三种。内加法是指将崩解剂与处方粉料混合在一起制作颗粒。崩解作用起自颗粒的内部，使颗粒全部崩解。由于崩解剂包于颗粒内，与水接触较迟缓，且淀粉等在制粒过程中已接触湿和热，崩解作用较弱。外加法是指崩解剂加于压片前的干颗粒中。片剂的崩解发生在颗粒之间，崩解速度较快，但崩解后往往呈颗粒状态。内外加法是指部分崩解剂在制粒过程中加入，部分崩解剂加于压片前的干颗粒中。此种方法可使片剂的崩解既发生在颗粒内部又发生在颗粒之间，效果较好。

四、润滑剂

压片时为了顺利加料和出片，减少黏冲，降低颗粒之间、药片与冲模之间的摩擦力，使片剂光滑美观，在压片前常加入一定量适宜的润滑剂。广义的润滑剂包括助流剂、抗黏剂和润滑剂。①助流剂为降低颗粒之间摩擦力，改善粉体流动性，减少重量差异的辅料。②抗黏剂为降低物料与冲头、冲模表面的黏附性，保证压片操作的顺利进行以及使片剂表面光洁的辅料。③润滑剂为降低压片和推出片时药片与冲模壁之间的摩擦力，保证压片时应力分布均匀，防止裂片的辅料。常用的润滑剂有以下几种。

1. 硬脂酸镁 本品为白色粉末，细腻轻松，有良好的附着性，易与颗粒混匀，能够明显减小颗粒与冲模之间的摩擦力，且片面光洁美观，是性能优良、最常用的润滑剂。用量不宜过大，由于其本身疏水性，会影响片剂润湿，而延长片剂的崩解时间。

2. 滑石粉 本品为白色结晶粉末，不溶于水。是一种优良的助流剂，可减低颗粒表面的粗糙性，增加颗粒的润滑性和流动性。

3. 微粉硅胶 本品为白色粉末，无臭无味，化学性质稳定，比表面积大，触摸有细腻感。其亲水性能强，用量在1%以上时可加速片剂的崩解，有利于药物的吸收。为优良的助流剂，可用于粉末直接压片，常用量为0.1%~0.3%。

4. 氢化植物油 本品为白色或黄白色细粉，不溶于水，由精制植物油经催化氢化制得，常用量1%~6%。应用时将本品溶于轻质液状石蜡或己烷中，然后喷于颗粒上，以利于分布均匀。本品润滑性能好，常与滑石粉合用。

5. 聚乙二醇 本品水溶性较好，具有良好的润滑作用，且不影响片剂的崩解和溶出。常用PEG 4000或PEG 6000，可改善可溶性片剂和泡腾片中不溶性辅料的性质。

6. 十二烷基硫酸镁 本品为水溶性表面活性剂，具有良好的润滑作用。能增强片剂的机械强度，促进片剂的崩解、药物的溶出。十二烷基硫酸钠具有相同作用。

必须指出，不少片剂辅料往往兼有几种作用，例如淀粉可用作稀释剂或吸收剂，同时也是良好的崩解剂，淀粉加水加热糊化后又可用作黏合剂；糊精可用作稀释剂，也是良好的干燥黏合剂。中药片剂的原料药物，既有治疗作用，也兼作辅料，如含淀粉较多的药物细粉可用作稀释剂和崩解剂；药物的稠膏也可用作黏合剂。因此，必须掌握各类辅料和原料药物的特点，在设计处方中灵活运用，达到既节省辅料，又能提高片剂质量的目的。

◈ 第三节 片剂的制备

片剂的制备系将物料粉末或颗粒在模具中压缩成形的过程，待压物料的流动性、压缩特性和润滑性是片剂成型的关键。为了获得光亮而均匀的片剂，物料必须具备：①流动性好，以保证物料在冲模内均匀充填，有效减小片重差异；②压缩成型性好，有效防止裂片、松片，获得致密而有一定强度的片剂；③润滑性好，有效避免黏冲，获得光洁的片剂。

片剂的制备方法可分为颗粒压片法和直接压片法两大类，目前以颗粒压片法应用最多。其中，颗粒压片法又分为湿法制粒压片法和干法制粒压片法；直接压片法又分为粉末直接压片法和半干式颗粒（空白颗粒）压片法，如图 11－1 所示。应根据药物的性质和设备条件，选择不同的制备方法。

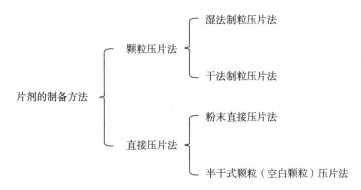

图 11－1 片剂制备方法分类图

一、湿法制粒压片法

湿法制粒压片法是将物料经湿法制粒干燥后进行压片的方法，目前本法应用最为普遍。适用于药物不能直接压片，且遇湿、热没有变化片剂的制备。在此制备工艺中，尽管整粒前的工艺几乎和颗粒剂的制备完全相同，但对制粒的要求和颗粒剂有所不同。在颗粒剂中制粒应符合最终产品的质量要求；而在片剂中制粒是中间过程，颗粒必须具有良好的流动性和压缩成型性。湿法制粒的颗粒具有良好的压缩成型性，粒度均匀、流动性好、耐磨性较强。

（一）工艺流程

本法适用于药物不能直接压片，且遇湿、热稳定的片剂的制备，一般制备工艺流程如图 11－2 所示。

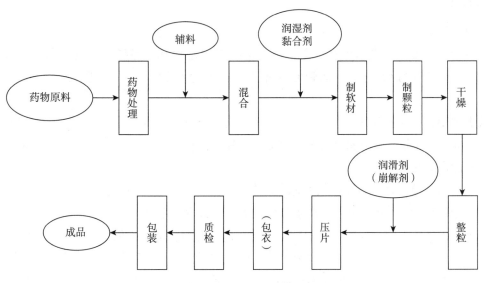

图 11－2 湿法制粒压片工艺流程图

（二）原料处理

中药材品种多，成分复杂，除有效成分外，还含有大量的无效成分如纤维素、淀粉、树胶等，因此，中药材需经处理方可投入生产。

1. 中药材前处理的目的

（1）去除无效杂质，保留有效成分，减少服用量。

（2）提高产品稳定性。

（3）选用处方中部分药料用作辅料。

（4）方便操作，便于生产。

2. 中药材前处理的一般原则

（1）按处方选用合格的药材，进行洁净、灭菌、炮制和干燥处理，制成净药材。

（2）生药原粉入药，即含淀粉较多的饮片、贵重药、毒剧药、树脂类药及受热有效成分易破坏的饮片等，一般粉碎成100目左右的细粉作辅料加入稠膏中，如桔梗、牛黄、半夏、雄黄、麝香等。

（3）含有水溶性有效成分的饮片，或含纤维较多、黏性较大、质地松软或过于坚硬的药材，可用水煎煮后浓缩成稠膏。必要时采用高速离心或加乙醇等方法除去杂质，再制成稠膏或干浸膏，如茅根、桂圆、大枣及磁石等。

（4）含挥发性成分较多的饮片可用双提法，先提取挥发油成分，其残渣再加水煎煮或将蒸馏后的药液浓缩成稠膏或干浸膏，并与挥发性成分混合备用，如薄荷、陈皮等。

（5）含醇溶性成分的饮片，可用适宜浓度的乙醇或其他溶剂以回流、渗漉、浸渍等方法提取，回收乙醇后再浓缩成稠膏，如刺五加、丹参等。

（6）有效成分明确的药材采用特定的方法和溶剂提取后制片。

中药片剂中的提取液，一般可浓缩至相对密度1.2～1.3，有时可达1.4，根据处方中药粉的量而定。或将稠膏浓缩至密度1.1左右，经喷雾干燥或减压干燥制成干浸膏。

3. 其他 压片用的主药和辅料，在混合前一般要经过粉碎、过筛等步骤，细度一般为通过五至六号筛。剧毒药、贵重药及有色的原、辅料宜粉碎得更细些，易于混合。有些原、辅料贮藏中易受潮发生结块，需经干燥处理后再粉碎、过筛。药物与辅料的混合应使用等量递增法。

（三）制颗粒

1. 制颗粒的目的

（1）改善物料流动性。细粉流动性差，不能顺利充填至模孔，易导致片剂重量差异或松片问题。药物粉末的休止角一般为65°左右，而颗粒的休止角一般为45°左右，制成颗粒后，可增加物料的流动性。

（2）减少细粉吸附和容存的空气，以减少片剂松裂。细粉比表面积较大，吸附和容存空气多。当冲头加压时，粉末中部分空气不能及时逸出而被压在片剂内；当压力移去后，片剂内部空气膨胀，导致产生松片、顶裂等现象。

（3）避免粉末分层。处方中存在数种原、辅料粉末，粒径不一、密度不均。在压片过程中，由于压片机振动，使重者下沉，轻者上浮，产生分层现象，以致含量不准。

（4）避免粉尘飞扬。防止操作过程中粉尘飞扬及器壁上的黏附，避免环境污染和原料损失。

2. 制粒的方法 不同原料的制粒方法根据对中药原料处理方法的不同，中药片剂的制粒类型可分为药材全粉制粒法、药材细粉与稠浸膏混合制粒法、全浸膏制粒法及提纯物制粒法等。常用的制粒方法有挤出制粒、快速搅拌制粒、流化喷雾制粒和喷雾干燥制粒等。

3. 湿颗粒的干燥 湿颗粒应及时干燥，以除去水分，防止结块或受压变形。除了流化床或喷雾干燥制粒法制得的颗粒已被干燥外，其他方法制得的颗粒均需采用适宜方法及时干燥，常用的干燥方法有箱式干燥法和流化床干燥法。干燥温度一般为60～80℃，温度过高可使颗粒中含有的淀粉糊化，降低片剂的崩解度。对热稳定的药物，干燥温度可提高到80～100℃，以缩短干燥时间。含挥发性等其他不稳定成分颗粒的干燥应控制在60℃以下，避免有效成分散失或破坏。颗粒干燥程度以含水量为3%~5%为宜。

4. 干颗粒的质量要求 颗粒除必须具有适宜的流动性和可压性外，还需符合以下要求。

（1）主药含量 干颗粒在压片前应进行含量测定，应符合该品种的要求。

（2）含水量 干颗粒含水量对片剂成型及质量影响很大，一般控制在3%~5%为宜，含水量过高易产生黏冲，过低则易出现顶裂现象。目前多使用红外线快速水分测定仪或隧道式水分测定仪测定颗粒水分。

（3）颗粒大小、松紧及粒度 颗粒大小应根据片重及药片直径选用，大片一般用较大颗粒或小颗粒压片，以达到一定的硬度，但小片必须用较小颗粒，否则会造成较大的片重差异。

干颗粒的松紧与片剂的物理外观有关，干颗粒以手指轻捻能碎成有粗糙感的细粉为宜。颗粒过硬、过紧，压片易产生麻点，崩解时间延长；颗粒太松易碎成细粉，压片时易产生松片。

干颗粒应由粗细不同的颗粒组成，一般干颗粒中20~30目的粉粒以20%~40%为宜，且不含通过六号筛的细粉。若粗粒过多，压成的片剂重量差异大；而细粉过多，则可能产生松片、裂片、边角毛缺及黏冲等现象。

5. 压片前干颗粒的处理

（1）整粒 颗粒在干燥过程中有部分互相黏结成团块状，也有部分在制粒时就呈条状。整粒是将干颗粒过筛，使其中的团块状物、条状物分散成均匀颗粒的操作。常用摇摆式制粒机，也可用挤压式制粒机。

（2）加挥发油或挥发性药物 某些处方中含有挥发性成分如薄荷油等，加于从干颗粒中筛出的部分细粉或细粒中，以吸收挥发油或液体药物，再以等量递增法与颗粒混匀。若挥发油含量超过0.6%时，先以吸收剂吸收，再与颗粒混匀。近年也有将挥发油制成β-环糊精包合物或微囊加于颗粒中，便于制粒压片，且可减少挥发油在贮存过程中的挥发损失。

（3）加崩解剂及润滑剂 润滑剂常在整粒后筛入干颗粒中混匀。外加的崩解剂应先将崩解剂干燥、过筛，在整粒后与润滑剂同时加入干颗粒中，充分混合。混匀后移至容器内密闭防潮，抽样检验合格后压片。

6. 压片 片剂是将颗粒用压片机压缩成型的，因此压缩是片剂生产的重要过程。常用的压片机按其结构分为单冲压片机和旋转压片机，生产中广泛使用的压片机是旋转压片机，可由上下冲同时加压，具有片重差异小、压力分布均匀、生产效率高等优点。其主要构造由机台、压轮、片重调节器、加料斗、饲粉器、吸尘器、保护装置等组成。

近年来，压片机朝着密闭化、模块化、自动化、规模化的方向发展，新型的全自动旋转压片机，可自动调节片重及厚度，删除片重不合格的药片，可自动取样、计数、计量和记录。

二、干法制粒压片法

干法制粒压片法系指将药物与辅料粉末混匀、压成大片后，破碎成所需大小颗粒再进行压片的方法，不用润湿剂或任何液态黏合剂。常用于遇水不稳定药物的片剂生产。常用的干颗粒法制片主要包括滚压法和重压法两种。

1. 滚压法 将药物粉末和辅料混合均匀后，通过转速相同的两个滚动圆筒的缝隙压成所需硬度的薄片，再通过制粒机破碎成所需大小的颗粒，加润滑剂即可压片。该法能大面积而缓慢地加料，压成的薄片厚度较易控制，硬度较均匀，压成的片剂无松片现象。但由于滚筒间的摩擦能使温度上升，有时制成的颗粒过硬，影响片剂崩解。

2. 重压法 将药物与辅料混合均匀，经特殊压片机压成大片，再经摇摆式制粒机，破碎成一定大小的颗粒。颗粒中加入润滑剂，即可压片。重压法的大片不易制好，大片破碎时细粉多，需反复重压、击碎，耗时、费料，且需有重型压片机，故目前应用较少。

三、粉末直接压片法

粉末直接压片法系指不经制颗粒而直接将药物粉末与适宜的辅料混匀后压片的方法。粉末直接压片省去制粒、干燥等工序，工艺简便，适用于湿、热不稳定的药物，也有利于药物的溶出，提高生物利用度。进行直接压片的药物粉末应具有良好的流动性、可压性和润滑性。但多数药物并不具备这些条件，目前常通过采用以下措施加以解决。

1. 改善压片物料的性能 若粉末流动性差，粉末直接压片中会出现片重差异大、裂片、松片等问题。通常采用的方法是加入优良的药用辅料，以改善压片原料的性能。可用于粉末直接压片的辅料有微晶纤维素、预胶化淀粉、喷雾干燥乳糖、微粉硅胶、氢氧化铝凝胶及磷酸氢钙二水合物等。

2. 改进压片机械的性能 粉末直接压片时，加料斗内粉末常出现空洞或流动时快时慢的现象，以致片重差异较大。生产上一般采用振荡器或电磁振荡器等装置，即利用上冲转动时产生的动能来撞击物料，使粉末均匀流入模孔。对于粉末中存在空气多、压片时易产生顶裂的问题，可以适当加大压力、减慢车速、增加预压过程（分次加压的压片机）、使受压时间延长等方法来克服。漏粉现象可安装吸粉器加以回收，亦可安装自动密闭加料设备以克服药粉飞扬。

四、片剂成型的影响因素

制备片剂的压片过程有物料移动、重新排列、物料破碎、塑性和弹性变形四个过程。颗粒填充入模孔后，上冲向下压，使颗粒发生整体移动。无规则的颗粒重新排列，使体积进一步缩小。当压力进一步增大，会促使大的颗粒破碎成小颗粒，填充到物料之间的小空隙，使体积又进一步缩小。当物料被压缩到一定程度，继续增大压力，物料会发生弹性、塑性变形，使体积缩小。

在以上过程中，主要存在以下两个方面的结合力，促使形成片剂：①物料受压时熔点减低，而且颗粒间相互摩擦会产生热量，使相邻颗粒的接触点发生熔融现象，当压力解除后，在这些部位重新发生结晶而形成"固体桥"，使众多的相邻颗粒借助于"固体桥"而连接起来。另外，在加压过程中，水分被挤压到颗粒表面，可使颗粒表面的可溶性成分溶解，当压成的药片失水后，发生重结晶现象而在相邻颗粒间也形成"固体桥"。②破碎的颗粒具有较大的比表面积和表面自由能，因此表现出较强的结合力，加之静电力的作用，也是形成片剂的重要结合力。

根据以上原因，在形成片剂的过程中主要有以下几方面的影响因素。

1. 物料的压缩特性 多数药物在受到外压时体积减小，同时产生塑性变形和弹性变形，其中塑性变形产生结合力利于变形，弹性变形不产生结合力趋于恢复到原来的形状，可能导致片剂松片甚至裂片。因此，物料的塑性变形是物料压缩成型的必要条件，若压缩成型性不佳，可用辅料调节。

2. 药物的熔点及结晶形态 药物的熔点较低有利于"固体桥"的形成，形成片剂的硬度大，但熔点过低，压片时容易黏冲。立方晶系的结晶对称性好、表面积大，压缩时易于成型；鳞片状或针状结晶容易形成层状排列，流动性好，但压缩后的药片容易分层裂片；树枝状结晶易发生变形而且相互嵌接，可压性较好，易于成型，但流动性差。

3. 黏合剂和润滑剂 黏合剂增强颗粒间的结合力，但用量过多易于黏冲，影响片剂的崩解和药物的溶出。常用的润滑剂为疏水性物质，而且黏性差，因此会减弱颗粒间结合力，降低片剂的润湿性，但用量少，一般不会影响片剂质量。

4. 水分　一方面，适量的水分在压缩时被挤到颗粒表面形成薄膜，使颗粒易于互相靠近，并结合成型；另一方面，水分溶解可溶性成分，失水时析出结晶而在相邻颗粒间架起"固体桥"，利于成型和增加片剂的硬度，但过多的水分易造成黏冲。

5. 压力　一般情况下，压力愈大，颗粒间的距离愈近，结合力愈强，压成的片剂硬度也愈大，但压力过大时破坏结合力，可导致裂片，也会影响片剂的崩解和药物的溶出。

五、压片过程中可能发生的问题及解决方法

在压片过程中有时会出现松片、黏冲、崩解迟缓、裂片、叠片、片重差异超限、变色或表面有斑点及微生物污染等问题，其产生原因主要有以下三个方面：①颗粒的质量，是否过硬、过松、过湿、过干、大小悬殊、细粉过多等；②空气湿度，是否太高；③压片机是否正常，如压力大小，车速是否过快，冲模是否磨损等。实际工作中应根据具体情况具体分析，及时解决。

（一）松片

片剂硬度不够，表面有麻孔，稍加触动即碎散的现象称为松片，主要原因和解决办法如下。

（1）颗粒松散，黏性不足，润湿剂或黏合剂选择不当或用量不足，致使压片物料细粉过多；或药料含纤维多、动物角质类药量大，缺乏黏性又具弹性，致使颗粒松散不易压片；或黏性差的矿物类药量多；或颗粒质地疏松，流动性差，致填充量不足而产生松片。以上情况可将原料粉碎成通过六号筛的细粉，再加适量润湿剂或选用黏性较强的黏合剂如明胶、饴糖、糖浆等重新制粒予以克服。

（2）颗粒含水量不当，颗粒过干，弹性变形较大，压成的片子硬度较差。如含水量过多，不但压片时易黏冲，片剂硬度亦减低。可采用相应方法，调节至颗粒最适宜的含水量。

（3）物料中含挥发油、脂肪油等成分较多，若油为有效成分，可加适当的吸收剂如碳酸钙、磷酸氢钙和氢氧化铝凝胶粉等吸油，也可制成微囊或包合物等。若油为无效成分，可用压榨法或脱脂法去除。

（4）制剂工艺不当，如制粒时乙醇浓度过高；润滑剂、黏合剂不适；药液浓缩时温度过高，使部分浸膏炭化，黏性降低；或浸膏粉碎不细，黏性减小等。针对以上原因采用相应解决方法，也可采用新技术改进制剂工艺。

（5）冲头长短不齐，颗粒所受压力不同，或下冲下降不灵活致模孔中颗粒填充不足也会产生松片，应更换冲头。压力过小或车速过快，受压时间过短，常引起松片，可适当增大压力，减慢车速。用小的冲模压较厚的药片比压大而薄的药片硬度更易达到要求，凸片硬度好。

（6）片剂露置过久，吸湿膨胀，片剂应在干燥、密闭条件下贮藏、保管。

（二）黏冲

压片时因冲头和模圈上黏有细粉，使片剂表面不光、不平或有凹痕的现象称为黏冲。冲头上刻有文字或模线者尤易发生黏冲现象，产生原因及解决办法如下。

（1）颗粒太潮，浸膏易吸湿，室内温度、湿度过高等均易产生黏冲。应将颗粒重新干燥，室内保持干燥。

（2）润滑剂用量不足或选用不当，应增加润滑剂用量或选用合适润滑剂，与颗粒充分混合。

（3）冲模表面粗糙或冲头刻字（线）太深，应更换冲模，或将冲头表面擦净使光滑。

（三）裂片

片剂受到震动或在放置时发生裂开的现象称裂片。从腰间裂开的称为腰裂，从顶部裂开的称为顶裂。产生原因及解决办法如下。

（1）制粒时润湿剂或黏合剂选择不当或用量不足致细粉过多，或颗粒过粗过细，可采用与松片相同的处理方法，选择合适的黏合剂或加入干黏合剂予以解决。

（2）颗粒中油类成分较多或药物含纤维成分较多时易引起裂片，可分别加吸收剂或糖粉予以克服。

（3）颗粒过分干燥引起的裂片，可喷洒适量稀乙醇湿润，或与含水量较大的颗粒掺和，或在地上洒水使颗粒从空气中吸收适当水分后压片。

（4）冲模不合要求，如模圈使用日久因摩擦而造成中间孔径大于口部直径，片剂顶出时易裂片；冲头磨损向内卷边，上冲与模圈不吻合，压力不均匀，使片剂部分受压过大而造成顶裂，可更换冲模予以解决。

（5）压力过大或车速过快，颗粒中空气来不及逸出造成裂片，可调节压力或减慢车速克服。

（四）片重差异超限

片剂重量差异超过药典规定的限度称为片重差异超限，产生原因及解决办法如下。

（1）颗粒粗细相差悬殊，或黏性、引湿性强的药物颗粒流动性差，致使压片时模孔中颗粒填入量忽多忽少，使片重差异增大。解决办法：宜重新制粒，或筛去过多的细粉，调节颗粒至合适的含水量。

（2）润滑剂用量不足或混合不均匀，可使颗粒的流速不一，致片重差异变大，应适量增加润滑剂，并充分混匀。

（3）加料器不平衡，如双轨压片机的前后两只加料器高度不同，颗粒的流速不一；或加料器堵塞；或下冲塞模时下冲不灵活，致颗粒填充量不一，应停止压片，待调整机器正常后再压片。

（五）崩解超限

片剂崩解时间超过药典规定的时限称为崩解超限，影响药物的溶出、吸收。产生原因及解决办法如下。

（1）崩解剂的品种及加入方法不当，用量不足，或干燥不够均可影响片剂的崩解。应调整崩解剂的品种或用量，改进加入方法，如采用崩解剂内外加入法，有利于崩解。

（2）黏合剂黏性太强或用量过多，或疏水性润滑剂用量太多等，应选用适宜的黏合剂或润滑剂，并调整用量，或适当增加崩解剂用量。

（3）颗粒粗硬或压力过大，致使片剂坚硬，崩解迟缓，溶出变慢，应将颗粒适当破碎，或适当降低压力。

（4）含胶质、糖或浸膏的片子贮存温度较高或引湿后，崩解时间会延长，应注意贮放条件。

（六）变色或表面斑点

片剂表面出现花斑或色差使片剂外观不符合要求，产生原因及解决办法如下。

（1）中药浸膏制成的颗粒过硬；有色颗粒松紧不匀；或润滑剂未经过筛混匀等，均易造成花斑。解决办法为将颗粒重新粉碎，用合适的黏合剂重新制粒，润滑剂经过细筛后加入，与颗粒充分混匀。

（2）上冲润滑油过多而落入颗粒中产生油斑，可在上冲头装一橡皮圈防止油垢滴入颗粒，并经常擦拭机械。

（七）引湿受潮

中药片剂，尤其是浸膏片，由于含有易引湿的蛋白质、黏液质、鞣质、树胶及无机盐等成分，在制备过程及压成片剂后，易引湿受潮、黏结，以至霉坏变质。解决引湿的方法如下。

（1）干浸膏中加入适量辅料，如磷酸氢钙、氢氧化铝凝胶粉、淀粉、活性炭等。

（2）提取液加乙醇沉淀，除去部分水溶性杂质；或加入原药量10% ～20%的中药细粉。

（3）5% ～15%的玉米朊乙醇液或 PVA 溶液喷雾或混匀于浸膏颗粒中，干后压片。

（4）片剂包糖衣、薄膜衣，可减少引湿性。

（5）改进包装，在包装容器中放 1 小包干燥剂。

▷ 第四节　片剂的包衣

片剂包衣是在压制片表面包裹适宜材料的衣层或衣料，使片中的药物与外界隔离。被包的压制片称为"片芯"或"素片"，包成的材料称为"衣料"，片剂称为"包衣片"。包衣的目的主要有：①掩盖苦味或不良气味；②防潮，避光，隔离空气以增加药物的稳定性；③防止药物的配伍变化；④肠溶释放，避免胃酸和胃酶对药物的破坏，或防止某些药物对胃的刺激性；⑤缓释或控释；⑥增强片剂美观度，便于识别片剂品种。根据包衣材料不同，包衣主要有包糖衣和包薄膜衣，包衣工艺过程较为复杂，影响因素多。

一、包糖衣

糖衣系指以蔗糖为主要包衣材料的衣层。糖衣具有一定防潮、隔绝空气的作用；可掩盖不良气味；可改善外观并易于吞服。糖衣层可迅速溶解，对片剂崩解影响较小，是应用广泛的包衣类型。

（一）包衣材料

糖衣的包衣材料有糖浆、胶浆、滑石粉、白蜡等。

1. 糖浆　采用干燥粒状蔗糖制成，浓度为 65% ~75%（g/g）。本品宜新鲜配制，保温使用。对于包有色糖衣，则需在糖浆中加入 0.03% 可溶性食用色素，配成有色糖浆。

2. 胶浆　天然胶浆有 15% 明胶浆、35% 阿拉伯胶浆、1% 西黄蓍胶浆、4% 白及胶浆及 35% 桃胶浆等。另外，玉米朊的乙醇溶液和丙烯酸树脂等也可用于糖衣包衣材料。

3. 滑石粉　用于包衣的滑石粉为过 100 目筛的白色或微黄色细粉。

4. 白蜡　通常指四川产的白色米心蜡，又名虫蜡。80 ~100℃ 条件下加热白蜡，通过六号筛，加入约 2% 二甲基硅油，冷却后备用。使用时粉碎通过五号筛。其他如蜂蜡、巴西棕榈蜡等也可应用。

（二）包衣工艺流程

包糖衣需要多个包衣程序，各包衣程序的目的不同，所采用的材料也不同，包糖衣的生产工艺流程如图 11 -3 所示。

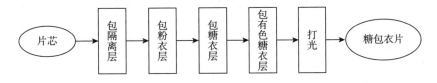

图 11 -3　包糖衣工艺流程图

1. 包隔离层　隔离层是指在片芯外层起隔离作用的衣层。包隔离层的目的在于：①防止药物吸潮；②防止因酸性药物促进蔗糖转化而造成糖衣破坏；③增加片剂硬度。

包隔离层的物料通常用邻苯二甲酸醋酸纤维素乙醇溶液、胶浆等。一般需包 3 ~5 层。干燥温度一般为 30 ~50℃。

2. 包粉衣层　粉衣层又称粉底层。目的是为了消除片剂的棱角，片面包平。包粉衣层时，加入适量润湿黏合剂如明胶、阿拉伯胶水溶液、糖浆等，并撒入适量滑石粉或蔗糖粉，一般包 15 ~18 层。直至片芯的棱角全部消失、圆整、平滑。

3. 包糖衣层 包糖衣层的目的是利用糖浆在片剂表面缓缓干燥，蔗糖晶体连结而成坚实、细腻的薄膜，增加衣层的牢固性和美观度。除包衣物料仅用糖浆而不用滑石粉之外，包糖衣层与包粉衣层方法基本相同。一般干燥温度约为40℃，包10~15层。

4. 包有色糖衣层 有色糖衣层亦称色层或色衣，包衣物料是带颜色的糖浆。其目的是使片衣有一定的颜色，以便于区别不同品种，避免药物见光分解破坏。具体操作方法与上述包糖衣层类似，一般为8~15层。先用浅色糖浆，逐渐用深色糖浆，在此过程中，温度应逐渐下降至室温；含挥发油类或片芯本身颜色较深的片剂，均应包深色衣。

5. 打光 打光是指在片衣表面擦上一层极薄的蜡层，其目的是使片衣表面光亮美观，同时有防潮作用。一般使用川蜡、棕榈蜡、蜂蜡等。

混合浆包衣是片剂生产的第二代工艺，目前我国有些中药片剂采用混合浆包衣。混合浆包衣系指将单糖浆、胶浆和滑石粉等包衣材料混合，形成白色分散液，必要时可加入着色剂，应用数控喷雾包衣机包衣。该方法采用程序控制，可实现自动化生产。包衣密闭，对环境污染小，符合GMP要求。工艺简单易掌握，可缩短操作时间，减轻工人劳动强度，提高片剂质量。

二、包薄膜衣

薄膜衣系指在片芯之外包一层比较稳定的高分子聚合物衣膜。由于该衣膜比糖衣薄，所以称薄膜衣，又称保护衣。相对于糖包衣，薄膜包衣具有增重少（包衣材料用量少）、包衣时间短、片面上可以印字、美观、包衣操作可以自动化等优势，目前已得到普及。

（一）包衣材料

1. 薄膜衣材料 主要包括成膜材料、增塑剂、释放速度调节剂、固体物料及色素、溶剂以及其他辅助材料等。

（1）成膜材料 ①普通型包衣材料：主要用于改善吸潮和防止粉尘等的薄膜衣材料，如羟丙甲纤维素、甲基纤维素、羟乙纤维素、羟丙纤维素等。②缓释型包衣材料：常用中性的甲基丙烯酸酯共聚物和乙基纤维素。这些材料在整个生理pH范围内不溶，具有溶胀性，对水及水溶性物质有通透性，因此可作为调节释放速度的包衣材料。③肠溶型包衣材料：肠溶聚合物有耐酸性，通常在十二指肠及以下部位很容易溶解，常用的有醋酸纤维素酞酸酯（CAP）、聚乙烯醇酞酸酯（PVAP）、丙烯酸树脂、羟丙甲纤维素酞酸酯（HPMCP）等。

（2）增塑剂 增塑剂能改变高分子薄膜的物理机械性质，使其更柔顺，有利于包衣。聚合物与增塑剂之间要具有化学相似性，例如甘油、丙二醇、PEG等带有羟基，可作某些纤维素衣材的增塑剂；脂肪族非极性聚合物可用精制椰子油、蓖麻油、玉米油、液状石蜡、甘油单醋酸酯、甘油三醋酸酯、二丁基癸二酸酯和邻苯二甲酸二丁酯（二乙酯）等。

（3）释放速度调节剂 释放速度调节剂又称致孔剂，一般为水溶性极好的小分子糖、盐或高分子材料，如蔗糖、氯化钠、表面活性剂以及PEG等。

（4）固体物料及色素 在包衣过程中有些聚合物的黏性过大时，加入固体粉末状润滑剂，以防止颗粒或片剂的粘连，如滑石粉、硬脂酸镁等。色素的应用主要是为了便于鉴别、防止假冒，并且满足产品美观的要求，也有遮光作用。

（二）包衣工艺

包薄膜衣的基本生产工艺过程如图11-4所示。

包衣时，将筛除细粉的片芯放入包衣锅内，旋转，喷入一定量的薄膜衣溶液，使片芯表面均匀湿润。吹入温和的热风使溶剂蒸发，温度最好不要超过40℃，以免干燥过快，出现"皱皮""起泡"现象；当然也不能干燥过慢，否则会出现"粘连"或"剥落"现象。如此重复上述操作若干次，但重复操作时的薄膜衣溶液的用量要逐次减少，直到达到一定的厚度为止。大多数的薄膜衣需要一个固化期，其时间的长短因材料、方法、厚度而异，一般是在室温（或略高于室温）下自然放置6~8小时使之固化完全。若使残余的有机溶剂完全除尽，一般还要在50℃下干燥12~24小时。

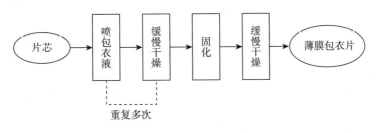

图11-4 包薄膜衣工艺流程图

三、包衣的方法

片剂包衣的方法有滚转包衣法、流化包衣法和压制包衣法等。最常用的是滚转包衣法。

（一）滚转包衣法

滚转包衣法又称锅包衣法，是广泛使用的包衣方法，可以包糖衣和薄膜衣。运用滚转包衣法包衣的设备有普通包衣机、埋管包衣机、高效包衣机等。

1. 普通包衣机 主要由包衣锅、动力部分、加热器及鼓风系统组成。用化学性质稳定、导热性能优良的金属材料制成。采用普通包衣机包衣时，包衣锅以适宜速度旋转，锅内药片随之滚动，人工间歇地喷洒包衣材料分散液，热空气连续吹入包衣锅，提高干燥速度。当包衣达到规定的质量要求时，即可停止包衣，出料。普通包衣锅存在许多不足，如锅内空气交换效率低、干燥速率低、气路无密闭等。

2. 埋管包衣机 是在普通包衣锅采用埋管装置，包衣液可由喷头直接喷洒在药片上，并可提高干燥速率。

3. 高效包衣机 与普通包衣机相比，干燥效率较高，是常用的包衣设备。

（二）流化包衣法

流化包衣法也称沸腾包衣法或悬浮包衣法。其原理与流化喷雾制粒相似，利用急速上升的空气气流使片剂处于悬浮或沸腾状态，上下翻动，同时将包衣液输入流化床并雾化，使片芯的表面黏附一层包衣材料，通入热空气使包衣材料干燥，如法包若干层衣料，至达到规定质量要求。

流化包衣法具有包衣速率高、工序少、自动化程度高、包衣容器密闭、无粉尘、用料少等优点，但采用该法制得的包衣片通常包衣层太薄，在包衣过程中药片悬浮运动易相互碰撞造成破损。

（三）压制包衣法

压制包衣法也称干法包衣或干压包衣法。压制包衣法一般将包衣材料制成干颗粒，利用包衣机，把包衣材料的干颗粒压在片芯的外层，形成一层干燥衣。压制包衣设备有两种类型：一种为压片与包衣在不同机器中进行；另一种为二者在同一机器上进行（联合式包衣机），由一台压片机与一台包衣机联合组成，压片机压出的片芯自模孔抛出时立即送至包衣机包衣。

该法适用于包糖衣、肠溶衣或含有药物的衣层。该法可以避免水分和温度对药物的影响；包衣物料亦可为各种药物成分，适用于有配伍禁忌的药物。该法包衣生产流程短，能量损耗低，但对机器设备的精度要求高，应用时须根据实际情况合理选用。

四、包衣过程中出现的问题

包衣质量可直接影响包衣片的外观及药物质量，如果包衣片芯的质量（如形状、硬度、水分等）较差，所用包衣物料或配方组成不合适或包衣工艺操作不当等原因，使包衣片在生产过程中或贮藏过程中也可能出现一些问题，应当分析原因加以解决。

（一）包糖衣过程中出现的问题及解决方法

1. 糖浆粘锅 由于糖浆量过多，黏性过大，且搅拌不均匀所致。应保持糖浆的含糖量恒定，用量适宜，锅温不宜过低。

2. 糖浆不粘锅 锅壁表面的蜡未除尽时，可出现糖浆不粘锅的现象，应洗净锅壁或再涂一层热糖浆，撒一层滑石粉。

3. 脱壳或掉皮 片芯未能及时干燥会产生掉皮现象。在包衣时应注意层层干燥。

4. 片面裂纹 产生片面裂纹可能有以下几方面的原因：①糖浆与滑石粉用量不当，干燥温度过高，速率过快，粗糖晶析出而产生片面裂纹，为此，应注意糖浆与滑石粉的用量，控制干燥温度与速率；②衣层过脆，缺乏韧性，此时可适量加入塑性较强的材料或使用增塑剂；③在北方严寒地区可能由于片芯和衣层的膨胀系数差异较大，低温时衣层脆性过强所致，应注意贮藏温度。

5. 花斑或色泽不均 产生该现象的原因较多：若由于片面粗糙不平，粉衣层和糖衣层未包匀，或粉衣层过薄，片面着色不均，则可适当增加粉衣层厚度；若有色糖浆用量过少，未搅拌均匀，则选用浅色糖浆，分散均匀；若衣层未干就打光，则洗去蜡料，重新包衣；若因中药片受潮稳定性下降，则调整处方或改善工艺。

（二）包薄膜衣过程中出现的问题及解决方法

1. 碎片粘连和剥落 由于包衣液加入的速度过快，未能及时干燥，可能导致片剂相互粘连，重新分离时一个片面上的衣膜碎片脱落粘在另一片面上。小片称碎片粘连，大片称剥落。出现该情况时，应适当降低包衣液的加入速率，提高干燥速率。

2. 起皱和"橘皮"膜 主要由干燥不当引起，衣膜尚未铺展均匀，已被干燥。有波纹出现，即有起皱现象，喷雾时高低不平有如"橘皮"样粗糙面。出现这些现象或先兆时应立即控制蒸发速率，并且在前一层衣层完全干燥前继续添加适量的包衣液。若由于成膜材料的性质引起，则应改换材料。

3. 起泡和桥接 薄膜衣下表面有气泡或刻字片衣膜使标志模糊，表明膜材料与片芯表面之间黏着力不足，前者称为起泡，后者称为桥接。此时需改进包衣液组成、增加片芯表面粗糙度或在片芯内添加能与衣膜内某些成分形成氢键的物质如微晶纤维素等，以提高衣膜与片芯表面的黏着力；另外，在包衣材料中使用增塑剂可提高衣膜的塑性；操作时降低干燥温度，延长干燥时间，也有利于克服上述现象。

4. 色斑和起霜 色斑是指可溶性着色剂在干燥过程中迁移至表面而不均匀分布所产生的斑纹。起霜是指有些增塑剂或组成中有色物质在干燥过程中迁移到衣层表面，呈灰暗色且不均匀分布的现象。有色物料在包衣分散液内分布不匀，也会出现色斑现象，在配制包衣液时，必须注意着色剂或增塑剂与成膜材料间的亲和性及与溶剂的相溶性，充分搅拌，并延长包衣时间，缓慢干燥。

5. 出汗 出汗是指衣膜表面有液滴或呈油状薄膜。原因主要是包衣溶液的配方组成不当，组成间有配伍禁忌，必须调整配方予以克服。

6. 崩边 由于包衣液喷量少、包衣锅转速过快而导致片芯边缘附着包衣液量少而出现该情况时，应适当提高包衣液的加入速率，降低包衣锅的转速，提高衣膜强度和附着力。

◎ 第五节　片剂的质量控制与评价

为保证片剂的疗效及在贮运过程中符合规定要求，处方设计、原辅料选用、生产工艺及贮运条件等都要自始至终围绕"质量第一"，应严格按照国家药典、部颁标准等检查质量，合格后方可供临床使用。

一、片剂的质量检查

片剂的质量影响其药效和用药的安全性。因此，片剂应符合药典要求，必须进行相关质量检查。

1. 外观性状　片剂外观应完整光洁，色泽均匀。

2. 重量差异　一般来说，片剂的平均重量 <0.30g，片剂的差异限度为 ±7.5%；平均重量 ≥0.30g，差异限度为 ±5.0%。

糖衣片应在包衣前检查片芯的重量差异，符合规定后方可包衣；包衣后不再检查片重差异。薄膜衣片应在包薄膜后检查重量差异。另外，凡检查含量均匀度的片剂，一般不再进行重量差异检查。

3. 硬度与脆碎度　要求有适宜的硬度和耐磨性，以免包装、运输过程中发生磨损或破碎。除另有规定外，非包衣片应符合片剂脆碎度检查法（通则0923），一般来讲脆碎度应小于1%。普通片剂的硬度在50N以上，抗张强度在1.5～3.0MPa为好。

4. 崩解时限　除另有规定外，照崩解时限检查法（通则0921）检查，应符合规定。凡药典规定检查溶出度、释放度或分散均匀性的片剂，如口含片、咀嚼片等，不再进行崩解时限检查。一般限度要求如下：普通片剂15分钟，薄膜衣片30分钟，中药薄膜衣片1小时，糖衣片1小时。

5. 溶出度或释放度　药典规定，根据原料药物和制剂的特性，除来源于动、植物多组分且难以建立测定方法的片剂外，溶出度或释放度应符合要求。

对于难溶性药物而言，虽然片剂的崩解时限合格却不一定能保证药物溶出合格，因此，溶出度检查更能够体现片剂的内在质量。测定溶出度的品种无须再检查崩解时限。

具体按照溶出度与释放度测定法（通则0931）检查，共有五种方法，即第一法（篮法）、第二法（桨法）、第三法（小杯法）、第四法（桨碟法）、第五法（转筒法）。普通制剂和缓控释制剂可选用第一、第二法；当药物含量较小时，为满足测定要求，选择第三法可减少溶出介质用量；第四、第五种方法适用于透皮贴剂。

《中国药典》（2020年版）中对于溶出度与释放度没有提出明确的限度要求，但要求缓控释制剂至少取3个点。一般来讲，溶出度或释放度的限度要求根据体内外的相关性研究结果制订。普通片剂的溶出度应不小于80%。

6. 含量均匀度　含量均匀度系指小剂量制剂符合标示量的程度，按照《中国药典》（2020年版）通则0941含量均匀度检查法检查。每片标示量 <25mg 或每片主药含量 <25% 时，均应检查含量均匀度。

二、片剂的质量控制

片剂的生产过程中，为了切实执行GMP，生产优质和质量稳定的产品，必须对生产进行质量控制，要点如表11-1所示。

表 11 -1 片剂生产质量控制要点

工序	质量控制点	质量控制项目	频次
粉碎	异物	异物	每批
	粉碎过筛	细度、异物	每批
配料	投料	品种、数量	1 次/班
制粒	颗粒	黏合剂浓度、温度	1 次/批、班
		筛网	
		含量、水分	
烘干	烘箱	温度、时间、清洁度	随时/班
	沸腾床	温度、滤袋完好、清洁度	随时/班
压片	片子	平均片重	定时/班
		片重差异	3 ~4 次/班
		硬度、崩解时限、脆碎度	1 次以上/班
		外观	随时/班
		含量、均匀度、溶出度（指规定品种）	每批
包衣	包衣	外观	随时/班
		崩解时限	定时/班
洗瓶	纯化水	《中国药典》全项	1 次/月
	瓶子	清洁度	随时/班
		干燥	随时/班
包装	在包装品上	装量、封口、瓶签、填充物	随时/班
	装盒	数量、说明书、标签	随时/班
	标签	内容、数量、使用记录	每批
	装箱	数量、装箱单、印刷内容	每箱

三、片剂的验证

片剂的生产过程中，为了切实执行 GMP，生产优质和质量稳定的产品，必须对所有生产过程的设备、工艺、试验方法及分析方法的可靠性予以验证，为此必须确立一个对片剂的生产过程进行验证的严密科学验证体系。

1. 生产设备验证 如同其他剂型的产品一样，片剂等口服固体制剂的设备验证包括确认或设计确认（DQ）、安装确认（IQ）、运行确认（OQ）和性能确认（PQ）。其目的是通过一系列的文件检查和设备考察以确定该设备与 GMP 要求、采购设计及使用产品工艺要求的吻合性。片剂需要验证的主要设备有上料器、制粒机、粉碎机、过筛机、混合机、压片机、金属检测仪、包衣锅、胶囊灌装机、包装机。

2. 生产工艺验证 对生产工艺过程进行验证是十分重要的，为保证产品质量的均一性和有效性，在产品开发阶段要筛选合格的处方和工艺，然后进行工艺验证，并通过稳定性试验获得必要的技术数据，以确认工艺处方的可靠性和重现性。

片剂的生产过程中，必须对所使用的设备、工艺进行系统验证。验证的项目和主要内容见表 11 -2。

表 11-2 片剂验证工作要点

类别	序号	名称	主要验证内容
设备	1	高速混合制粒机	搅拌浆、制粒刀转速、电流强度、粒度分布调整
	2	沸腾干燥机	送风温度、风量调整、袋滤器效果、干燥均匀性、干燥效率
	3	干燥箱	温度、热分布均匀性
	4	V型混合器	转速、电流、混合均匀性
	5	高速压片机	压力、转速、充填量及压力调整、片重及片差变化、硬度、厚度、脆碎度检查
	6	高效包衣机	喷雾压力及粒度、进排风温度及风量、真空度、转速
	7	铝塑泡罩包装机	吸泡及热封温度、热材压力、运行速度
	8	空调系统	尘埃粒子、微生物、温湿度、换气次数、送风量、滤器压差
	9	制水系统	贮罐及用水点水质（化学项目、电导率、微生物）、水流量
工艺	1	设备、容器清洗	残留量
	2	产品工艺	对制粒、干燥、总混、压片、包衣工序制订验证项目和指标，头、中、尾取样
	3	混合器混合工艺	不同产品的数量、混合时间

答案解析

一、选择题

1. 下列哪一项可以避免肝脏对药物的首过效应（　　）

A. 泡腾片　　　　　B. 含片　　　　　C. 舌下片　　　　　D. 控释片

2. 下列哪一项不属于崩解剂的作用机制（　　）

A. 毛细管作用　　　B. 膨胀作用　　　C. 产气作用　　　　D. 骨架作用

3. "手握成团、轻触即散"是指片剂制备工艺中哪一个单元操作的标准（　　）

A. 压片　　　　　　B. 粉末混合　　　C. 制软材　　　　　D. 包衣

4. 片剂包糖衣工序的先后顺序为（　　）

A. 隔离层、粉衣层、糖衣层、有色糖衣层　　　B. 隔离层、糖衣层、粉衣层、有色糖衣层

C. 粉衣层、隔离层、糖衣层、有色糖衣层　　　D. 粉衣层、糖衣层、隔离层、有色糖衣层

5. 按崩解时限检查法检查薄膜衣片，要求在多长时间内崩解（　　）

A. 15 分钟　　　　　B. 30 分钟　　　　C. 40 分钟　　　　D. 60 分钟

二、思考题

1. 简述湿法制颗粒压片法制备片剂的生产工艺流程。

2. 简述影响片剂成型的因素。

3. 简述片剂包衣的目的、包衣的种类。

书网融合……

思政导航　　　　　　本章小结　　　　　　微课　　　　　　题库

第十二章　丸剂制备工艺

PPT

学习目标

知识目标

1. **掌握**　泛制法、塑制法、滴制法的定义、工艺流程及适用范围。
2. **熟悉**　制备不同种类丸剂对物料的要求；采用不同方法制丸时常见问题及解决方法。
3. **了解**　中药丸剂及制备工艺的发展与现状；不同制丸工艺所需要的设备。

能力目标　通过对本章内容的学习，能够掌握不同类型丸剂的制备工艺及注意事项。

丸剂是中药传统剂型之一，系指原料药物与适宜的辅料制成的球形或类球形制剂。丸剂是中药最古老的剂型之一，是我国劳动人民几千年来，在中医临床实践过程中获得的成果。目前，不论是在中医临床，还是现代医学诊疗过程中，仍然发挥着重要作用。早在长沙马王堆汉墓出土的《五十二病方》中，就对多种丸剂有着详细的记载。《神农本草经》卷一中指出："药性有宜丸者、宜散者……并随药性，不得违越。"其后逐渐发展了多种丸剂种类和制备方法。《黄帝内经》对丸剂的名称、原料、黏合剂、制备工艺、规格、剂量、服法等均有记载。金元时代始创丸剂包衣工艺，明代有朱砂包衣，清代有采用川蜡为衣料以发挥肠溶或缓释的作用。

丸剂的传统制备方法主要有泛制法和塑制法。20 世纪 80 年代以来，中药制剂又创制与引进了滴丸等新型丸剂，以及滴制法、挤出滚圆制丸法、离心造丸法、流化床喷涂制丸法等新型丸剂制备技术与工艺。进入 21 世纪后，先进的制丸设备如全自动制丸机组、螺旋振动干燥机、微波真空干燥机等已经得到广泛使用，现代化的制丸生产线已经实现了制丸、干燥、包装的自动化与联动化，使丸剂的生产效率、质量可控性获得了极大的提高。

第一节　制丸剂常用的物料

用于制备中药丸剂的物料分为原料与辅料，原料通常为中药饮片及其提取物；辅料主要包括赋形剂及附加剂，赋形剂赋予丸剂形态与结构，附加剂用于保持药物及制剂的质量与稳定。丸剂分为水丸、蜜丸、水蜜丸、糊丸、蜡丸、浓缩丸、滴丸、小丸等多种类型，不同类型的丸剂，其制备工艺及所用物料也不相同。

一、制水丸常用的物料

水丸系指饮片细粉以水（或根据具体制法用黄酒、醋、稀药汁、糖汁、含 5% 以下炼蜜的水溶液等）为黏合剂制成的丸剂。水丸的制剂处方由原料药材粉末和作为润湿剂的水或水溶液组成，其制备过程是依靠水或水溶液润湿药材细粉，诱导其黏性，使之黏结并滚圆成型。在水丸制作过程中所用到的水或水溶液不仅能起到惰性的赋形的作用，其中有些赋形剂如酒、醋、药汁等还具有协同治疗和改变药物性能的作用。

1. 水　常用纯化水或新沸的冷水。水本身无黏性，但可诱导中药某些成分，如黏液质、胶质、多糖、淀粉，使之产生黏性泛制成丸。

2. 酒　常用白酒和黄酒。酒性大热，味甘、辛。借"酒力"发挥引药上行、祛风散寒、活血通络、矫腥除臭等作用。由于酒中含有不同浓度的乙醇，能溶解树脂、油脂，使药材细粉产生黏性，但高浓度乙醇不溶解蛋白质、多糖等成分，故其诱导药材细粉黏性较水小，应根据药粉中的成分酌情选用。如在制备六神丸时，以水为润湿剂，其黏合力太强不利于制丸，可用酒代替水。

3. 醋　常用米醋，含乙酸 3% ~ 5%。醋性温，味酸苦。具有引药入肝、理气止痛、行水消肿、解毒杀虫、矫味矫臭等作用。另外可使药粉中生物碱成盐，增加其溶解度，利于吸收，提高药效。

4. 药汁　当处方中含有一些不易制粉的药材时，可根据其性质提取或压榨制成药汁，既可起赋形剂作用，又可以减少服用量，保存药性。如富含纤维的药材、质地坚硬的药材、黏性大难以制粉的药材等可煎汁；树脂类、浸膏类、可溶性盐类，以及液体药物（如乳汁、牛胆汁）可加水溶化后泛丸；新鲜药材捣碎压榨取汁泛丸。

其他还有用糖汁、低浓度蜂蜜水溶液为赋型剂泛丸。如牛黄上清丸、牛黄清心丸和舒肝丸的泛制，即是使用含 4% 以下炼蜜的水溶液。

二、制蜜丸常用的物料

蜜丸系指饮片细粉以蜂蜜为黏合剂制成的丸剂。蜜丸的主要赋形剂是蜂蜜，其主要成分是葡萄糖和果糖，另含有有机酸、挥发油、维生素、无机盐等营养成分。中医认为其具有补中、润燥、止痛、解毒、缓和药性、矫味矫臭等作用。因此，蜜丸临床上多用于镇咳祛痰药、补中益气药等。蜂蜜对药材细粉的黏合力强，与药粉混合后丸剂不易硬化，有较大的可塑性，且制成的丸粒光洁、滋润。

蜂蜜有多种来源，质量也有差异。优质的蜂蜜可以使蜜丸柔软、光滑、滋润，且贮存期内不变质。药用蜂蜜应外观浓稠、呈半透明、带光泽，白色至淡黄色或橘黄色至黄褐色，气芳香，味极甜，25℃时相对密度在 1.349 以上，水分不得过 24.0%。酸度、寡糖检查应符合要求。碘试液检查，应无淀粉、糊精。5-羟甲基糠醛不得过 0.004%，蔗糖和麦芽糖分别不得过 5.0%。果糖（$C_6H_{12}O_6$）和葡萄糖（$C_6H_{12}O_6$）的总量不得少于 60.0%，果糖与葡萄糖含量比值不得小于 1.0。特别要注意来源于曼陀罗花、雪上一枝蒿等有毒花的蜂蜜，其蜜汁色深，味苦麻而涩，有毒，不可药用。

蜂蜜须经过炼制后才能作为蜜丸的赋形剂使用。炼蜜的过程是为了除去杂质、降低水分含量、破坏酶类、杀死微生物、增强黏合力。常用夹层锅以蒸汽为热源进行炼制，既可以用常压炼制，也可以减压炼制。蜂蜜根据炼制程度，分为嫩蜜、中蜜、老蜜三种规格。规格不同，黏性不同，以适应不同性质的药材细粉制丸。

1. 嫩蜜　将蜂蜜加热至 105 ~ 115℃，使含水量为 17% ~ 20%，相对密度为 1.35 左右，色泽与生蜜相比无明显变化，稍有黏性。适合于含较多油脂、黏液质、胶质、糖、淀粉、动物组织等黏性较强的药材细粉制丸。

2. 中蜜　又称炼蜜。是将嫩蜜继续加热，温度达到 116 ~ 118℃，含水量为 14% ~ 16%，相对密度为 1.37 左右，出现浅黄色有光泽的翻腾的均匀细气泡，用手捻有黏性，当两手指分开时无白丝出现。适于中等黏性的药材细粉制丸。

3. 老蜜　将中蜜继续加热，温度达到 119 ~ 122℃，含水量在 10% 以下，相对密度为 1.40 左右，出现红棕色的较大气泡，手捻之甚黏，当两手指分开出现长白丝，滴水成珠。适于黏性差的矿物质和纤维质药材细粉制丸。

三、制糊丸常用的物料

糊丸系指饮片细粉以米粉、米糊或面糊等为黏合剂制成的丸剂。糊丸以米糊、面糊为黏合剂，干燥后丸粒坚硬，在胃内溶散迟缓，释药缓慢，故可延长药效。同时能减少药物对胃肠道的刺激，故适宜于含有毒性或刺激性较强的药物制丸。与古人所说"稠面糊为丸，取其迟化"相吻合。糯米粉、黍米粉、面粉和神曲粉皆可用来制糊。其中，以糯米粉黏合力最强，面粉糊使用较广泛，黏合力也较好。

制糊有冲糊法、煮糊法、蒸糊法三种。其中冲糊法应用较多。冲糊法是将糊粉加少量温水调匀成浆。冲入沸水，不断搅拌成半透明糊状；煮糊法是将糊粉加适量水混合均匀制成块状，置沸水中煮熟，呈半透明状；蒸糊法是将糊粉加适量水混合均匀制成块状，置蒸笼中蒸熟后使用。

四、制滴丸常用的物料

滴丸系指固体或液体药物与适宜的基质加热熔融后溶解、乳化或混悬于基质中，再滴入不相混溶、互不作用的冷凝介质中，由于表面张力的作用使液滴收缩成球状而制成的制剂，主要供口服用。

1. 滴丸基质 滴丸除药物以外的赋形剂称为基质。滴丸的基质应具备与药物不发生化学反应，不影响药物的疗效和检测；熔点较低，受热能熔化成液体，遇骤冷能凝固，室温下保持固体状态；对人体无害等条件。

滴丸的基质可分为水溶性基质和脂溶性基质两大类。水溶性基质常用的有聚乙二醇类（PEG）、硬脂酸钠、聚氧乙烯单硬脂酸酯（S-40）、聚醚（poloxamer）及甘油明胶等；脂溶性基质常用的有硬脂酸、单硬脂酸甘油酯、氢化植物油、蜂蜡、虫蜡等。

2. 冷凝介质 用于冷却滴出的液滴使之冷凝成固体丸剂的液体称为冷凝介质。冷凝介质应符合以下要求：①安全无害，不溶解药物和基质，也不与药物和基质发生化学反应；②密度与液滴密度相近，能使液滴在冷凝介质中缓慢运动，冷却凝固完全，丸形圆整。水溶性基质的冷凝介质主要有液体石蜡、甲基硅油、植物油等；脂溶性基质的冷凝介质可用水、不同浓度的乙醇溶液、无机盐溶液等。

◈ 第二节 泛制法

泛制法系指在泛丸机或糖衣机中，交替加入药粉与赋形剂，使药粉润湿、翻滚、黏结成粒、逐渐增大并压实的一种制丸方法。泛制法可用于水丸、水蜜丸、糊丸、浓缩丸、小丸等的制备。其工艺流程如图 12-1 所示。

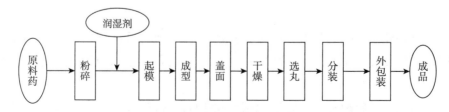

图 12-1 泛制法制丸的工艺流程示意图

一、泛制法制备水丸的工艺

泛制法是制备水丸的传统方法，在生产设备较为落后的时期，该方法为一种相对高效的生产方式。

与塑制工艺相比较，采用泛制工艺制备的水丸具有圆整度好、溶散快的优点。

（一）制备方法

泛制法制备水丸包括原料的准备、起模、成型、盖面、干燥、选丸、分装、包装等工艺环节。

1. 原料的准备 药材饮片应进行洗涤、干燥、灭菌。除另有规定外，将饮片粉碎成细粉或最细粉。起模和盖面工序一般用过七号筛的细粉，或根据处方规定选用方中特定药材的细粉；成型工序用过五～六号筛的药粉。需制汁的药材按规定制备。

2. 起模 系指制备丸粒基本母核的操作。丸模通常为直径约1mm的球形粒子，是泛丸成型的基础。起模的方法主要有以下两种。

（1）粉末直接起模 在泛丸锅中喷少量水，在其上撒布少量药粉使之润湿，转动泛丸锅，刷下锅壁附着的药粉，再喷水、撒粉，如此反复循环多次，使药粉逐渐增大，至泛成直径约1mm的球形颗粒时，筛取一号筛与二号筛之间的丸粒，即成丸模。

（2）湿颗粒起模 将药粉用水润湿、混匀，制成软材，过二号筛，取颗粒置泛丸锅中，经旋转、滚撞、摩擦，即成圆形，取出过筛分等，即得丸模。

3. 成型 系指将已经筛选均匀的丸模，逐渐加大至成品规格的操作，即在丸模上反复加水湿润、撒粉、黏附滚圆。必要时可根据中药性质不同，采用分层泛入的方法。

4. 盖面 系指将已近成品规格并筛选均匀的丸粒，用药材细粉或清水继续在泛丸锅内滚动，使达到规定的成品粒径标准的操作。通过盖面使丸粒表面致密、光洁、色泽一致。根据盖面用的材料不同，分为干粉盖面、清水盖面和粉浆盖面三种方式。

5. 干燥 泛制丸含水量大，易发霉，应及时干燥。干燥温度一般控制在80℃以下，含挥发性成分的水丸，应控制在50～60℃。可采用热风循环干燥、微波灭菌干燥、沸腾干燥、螺旋震动干燥等设备。

6. 选丸 丸粒干燥后，用筛选设备分离出不合格丸粒，以保证丸粒圆整、大小均匀、剂量准确。

（1）滚筒筛 设备由三级不同孔径的筛网构成滚筒，筛孔由小到大。丸粒在筛筒内螺旋滚动，通过不同孔径的筛孔，落入料斗而大小分档。

（2）立式检丸器 丸粒靠自身重量顺螺旋轨道向下自然滚动，利用滚动时产生的离心力将圆整与畸形的丸粒分开。外侧出料口收集合格丸粒，内侧出料口收集畸形丸粒。筛选好的丸粒质量检查合格后即可包装。

（二）工艺关键控制点

采用泛制法制备水丸的工艺过程中，起模与成型环节对产品的质量影响较大。

（1）起模 起模是泛制法制备丸剂的关键操作。因为丸模的形状直接影响成品的圆整度，其粒径和数量影响成品丸粒的规格及药物含量均匀度。起模成功的关键在于选择黏性适宜的药粉起模，如黏性过大，加水后易黏成团块；黏性过小或无黏性，药粉松散不易黏结成丸模。

起模用粉量的计算：生产中起模用药粉量可根据经验公式，即式（12-1）计算。

$$C : 0.625 = D : X \tag{12-1}$$

$$x = \frac{0.625 \times D}{C} \tag{12-2}$$

式中，C 为成品水丸100粒干重（g）；D 为药粉总重（kg）；X 为一般起模用粉量（kg）；0.625为标准模子100粒重量（g）。

（2）成型 成型过程中，加粉加水量及其比例也是影响成品丸圆整度、粒径和数量的关键因素。起模过程中，每次的加水加粉量应小，以避免水量过多使小粒子粘连，丸模数量少。若粉量过多，每次粒子黏附不完，会不断产生更多的小粒子，丸模长不大。在成型过程中，随着丸粒的逐渐增大，每次加水、加粉量也相应地逐渐增加。同时，在每次加粉后，应有适当的滚转时间，以使丸粒圆整致密。

（三）举例

【处方】防风、荆芥穗、薄荷、麻黄、大黄、芒硝、栀子、滑石、桔梗、石膏、川芎、当归、白芍、黄芩、连翘、甘草、白术（炒）

【制法】芒硝加水溶解，滤过；滑石粉粉碎成极细粉；其余防风等十五味粉碎成细粉，过筛，混匀，用芒硝溶液泛丸，干燥，用滑石粉包衣，打光，干燥，即得。

【性状】本品为白色至灰白色光亮的水丸；味甘、咸、微苦。

【注释】

（1）方中芒硝主要成分为 $Na_2SO_4 \cdot 10H_2O$，极易溶于水。以芒硝水溶液泛丸，既能使之成型，又能起治疗作用。

（2）滑石粉既是药物，又用做包衣材料，节省了辅料，同时也可减少薄荷、荆芥中挥发性成分的损失。

（3）在滑石粉中加入 10% 的 $MgCO_3$，可增加光洁度，并增强其附着力。

（4）包衣前丸粒应充分干燥，包衣时撒粉用量要均匀，黏合剂浓度要适量，否则易造成花斑。

二、泛制法制备浓缩丸的工艺

浓缩丸系指将饮片或部分饮片提取浓缩后，与适宜的辅料或其余饮片细粉，以水、蜂蜜或蜂蜜和水为黏合剂制成的丸剂，又称药膏丸、浸膏丸。根据所用黏合剂的不同，分为浓缩水丸、浓缩蜜丸和浓缩水蜜丸。目前生产的浓缩丸主要是浓缩水丸，可用泛制法制备得到。

（一）制备方法

取处方中部分药材饮片提取浓缩成膏做黏合剂，其余粉碎成细粉用于泛丸。或将稠膏与饮片细粉混合，干燥，粉碎成细粉，以水或适宜浓度的乙醇为润湿剂泛丸。一般处方中膏少粉多时，宜用本法。

（二）举例

【处方】葛根、黄芩、黄连、炙甘草

【制法】以上四味，取黄芩、黄连，按流浸膏剂与浸膏剂项下的渗漉法《中国药典》（2020 年版四部通则），分别用 50% 的乙醇作溶剂，浸渍 24 小时后渗漉，收集渗漉液，回收乙醇，并适当浓缩；葛根加水先煎 30 分钟，再加入黄芩、黄连药渣及炙甘草。继续煎煮 2 次，每次 1.5 小时，合并煎煮液，滤过，滤液浓缩至适量，加入上述浓缩液，继续浓缩至稠膏，减压低温干燥，粉碎成细粉，乙醇为润湿剂，泛丸，过筛，于 60℃ 以下干燥，即得。

【注释】

（1）黄芩、黄连中的有效成分在乙醇中溶解度大，故选用 50% 乙醇保证提取完全；防止有效成分长时间受热破坏，故选用渗漉法提取。葛根为方中主药，炙甘草含水溶性有效成分，黄芩、黄连中亦含水溶性成分，采用水煎煮保证提取完全；为了保证葛根中的有效成分提取充分，先将葛根提取 30 分钟，避免炙甘草、黄芩、黄连煎煮时间过长，无效成分溶出过多。

（2）泛丸时物料均为中药提取物，黏性大，采用乙醇泛丸为宜。

三、泛制法制备糊丸的工艺

泛制法制备糊丸方法同水丸的泛制方法相似。使用冲糊法制备得到的稀糊为赋形剂制备糊丸时，可采用泛制工艺进行生产。

（一）工艺关键控制点

糊丸是以米糊、面糊作为赋形剂进行泛制，因辅料黏性较大，在制备过程容易出现粘连的情况，在起模、成型工艺环节尤其要注意。①起模时应用水作润湿剂，因为面糊、米糊黏性大。在加大成型过程中，再逐渐将稀糊泛入。②糊中若有块状物必须滤过除去，以防泛丸时粘连。另外，要使糊分布均匀。③控制好糊粉的用量与稀稠。一般糊粉占药粉总量的5%~10%。糊粉用量过少则糊稀，便达不到迟缓溶化的目的；反之，则丸粒过于坚实，难以溶散。

（二）举例

【处方】人工麝香、木鳖子（去壳去油）、制草乌、枫香脂、乳香（制）、没药（制）、五灵脂（醋炒）、酒当归、地龙、香墨

【制法】以上十味，除人工麝香外，其余木鳖子等九味粉碎成细粉，将人工麝香研细，与上述粉末配研，过筛，每100g粉末加淀粉25g，混匀，另用淀粉制稀糊，泛丸，低温干燥，即得。

【注释】方中草乌有毒，乳香、没药等对胃有刺激性，故选用淀粉制糊丸，使药物缓慢释放。

四、泛制法制丸常见问题与解决措施

泛制法是制备中药丸剂的传统方法之一，具有悠久的历史。采用泛制法制备得到的丸剂可能会出现外观粗糙、色泽不匀、圆整度差、溶散超时限及微生物限度超标等问题，其主要原因多由物料或工艺引起。物料的黏度、粉末的粒度及关键工艺的具体操作都会对产品的质量产生影响。泛制法制丸常见问题与解决措施如下。

1. 外观色泽 外观色泽不匀，粗糙，其主要原因是：①药粉过粗，致丸粒表面粗糙，有花斑或纤维毛。②盖面时药粉用量不够或未搅拌均匀。③静态干燥时未及时翻动，导致水分不能均匀蒸发，形成朝上丸面色浅，朝下丸面色深的"阴阳面"。可针对性采取措施解决。如适当提高饮片粉碎细度、成型后用细粉盖面、湿丸干燥时及时翻动使水分蒸发均匀等。

2. 丸粒不圆整、均匀度差 主要原因有：①丸模不合格。②药粉过粗，粒度不匀。泛制过程中粗粒成为丸核黏附药粉，不断产生新的丸模。③加水加粉量不当，分布不均匀。水加入量过多会造成丸粒粘连或并粒；太少无法在丸面分布均匀，使吸附药粉不均匀，致丸型不圆整；药粉过多每次吸附不完，会产生粉饼或新丸模。应注意控制适当的加水加粉量；丸粒润湿均匀后再撒入药粉，并配合泛丸机的滚动用手从里向外搅动均匀；及时筛除过大过小的丸粒。

3. 皱缩 主要原因是湿丸滚圆时间太短，丸粒未被压实，内部存在多余水分，干燥后水分蒸发，导致丸面塌陷所致。因此，应控制好泛丸速度，每次加粉后丸粒应有适当的滚动时间，使丸粒圆整、坚实致密。

4. 溶散超时限 丸剂溶散主要依靠其表面的润湿性和毛细管作用。水分通过泛丸时形成的空隙和毛细管渗入丸内，瓦解药粉间的结合力而使药丸溶散。导致溶散超限的原因主要有以下几项。

（1）药料的性质，方中含有较多黏性成分的药材，在润湿剂的诱发和泛丸时碰撞下，黏性逐渐增大，使药物结合过于紧密，空隙率降低，水分进入速度减慢；方中含有较多疏水性成分的药材时，会阻碍水分进入丸内。针对这些问题，可通过加适量崩解剂来缩短溶散时间。

（2）粉料细度过细，成型时会增加药丸的致密程度，减少颗粒间空隙和毛细管的形成，水分进入速度减慢甚至难以进入，故一般泛丸时所用药粉过五号筛或六号筛即可。

（3）赋形剂的性质和用量，赋形剂的黏性愈大、用量愈多，丸粒愈难溶散。针对不同药材，可适当加崩解剂，或用低浓度乙醇起模。

（4）泛丸时程的影响，泛丸滚动时间愈长，粉粒之间滚压黏结愈紧，表面毛细孔隙堵塞亦愈严重。因此，泛丸时，应根据要求尽可能增加每次的加粉量，缩短滚动时间，加速溶散。

（5）含水量及干燥条件，实验研究表明，丸剂的含水量与溶散时间基本上成反比关系，即含水量低溶散时间长。此外，不同的干燥方法、温度及速度均会影响丸剂的溶散时间。如干燥温度过高，湿丸中的淀粉类成分易糊化，黏性成分易形成不易透水的胶壳样屏障，会阻碍水分进入，延长溶散时限。目前多采用塑制法制丸，并采用微波干燥可以有效改善丸剂的溶散超限问题。

5. 微生物限度超标　主要原因有：①药材灭菌不彻底；②生产过程中卫生条件控制不严，辅料、制药设备、操作人员及车间环境再污染；③包材未消毒灭菌，或包装不严。可采取的防菌灭菌措施有如下几项。

（1）在保证药材有效成分不被破坏前提下，对药材可以采取淋洗、流通蒸汽灭菌、高温迅速干燥等综合措施，亦可采用干热灭菌、热压灭菌法等。含热敏性成分的药材可采用乙醇喷洒灭菌或环氧乙烷灭菌；包材及成品可用环氧乙烷气体灭菌或辐射灭菌等。

（2）按 GMP 要求，严格控制生产环境、人员、设备的卫生条件。

⊚ 第三节　塑制法

塑制法系指药材细粉加适宜黏合剂，混合均匀，制成软硬适宜、可塑性较大的丸块，再依次制丸条、分粒、搓圆而成的一种制丸方法。塑制法可用于蜜丸、水蜜丸、水丸、浓缩丸、糊丸、蜡丸、微丸的制备。

一、塑制法制备水丸的工艺

水丸的服用量通常较大，传统的塑制法制备水丸生产效率较低。近年来，随着制药技术及设备的发展，塑制法生产效率得到了较大的提高，亦可用于水丸的生产。其工艺流程如图 12-2 所示。

1. 工艺流程图

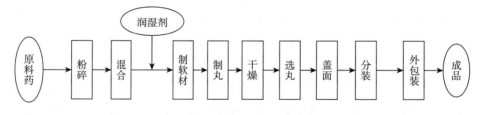

图 12-2　塑制法制水丸的工艺流程示意图

2. 制备方法　塑制法制备水丸包括原料的准备、制丸块、制丸、干燥、选丸、盖面、分装、包装等工艺环节。

（1）**原料的准备**　药材饮片应进行洗涤、干燥、灭菌，制成能通过五号筛的细粉，混合均匀。

（2）**制丸块**　称取药粉置搅拌机内，按照一定比例加入纯水，搅拌混合均匀，制成丸块。

（3）**制丸**　将丸块均匀地投入制丸机料斗内，调整推料与切丸速度，制丸。将制得的药丸通过传送带送至滚筒筛内，进行筛选。

（4）**干燥**　将筛选后的合格湿药丸送入干燥机中，控制适当温度干燥。

（5）**选丸**　将干燥后毛药丸送入选丸机中，筛选除去畸形丸、烂丸及丸重偏小的不合格药丸。

（6）**盖面**　将检验合格的毛药丸置糖衣锅内，转动糖衣锅，加入适量的乙醇水溶液，撒入预留的药粉盖面，取出，干燥，即得。

3. 工艺关键控制点　在制丸操作过程中，应喷洒适量95%乙醇防止丸粒粘连。定时称量丸重，及时调整推料与切丸速度，保证丸重差异合格；在盖面操作中，乙醇水溶液为纯水与等量的95%乙醇混合液。乙醇水溶液用量为毛药丸重的6%左右。

4. 案例

【处方】熟地黄、山茱萸、山药、枸杞、牡丹皮、茯苓、五味子、益智仁、泽泻、豆蔻、炒谷芽

【制法】以上十一味，于60℃鼓风干燥箱内干燥24小时，粉碎成细粉，过100目筛，混匀。加水混合炼药，制丸，干燥，选丸，半成品经检验合格后包装即得。

【注释】炼药时注意加水量，制得的软材须黏度合适方可塑制成型。

二、塑制法制备蜜丸的工艺

塑制法适用于物料黏度较大，无法采用泛制工艺制备的丸剂。塑制法为制备蜜丸的传统工艺。其工艺流程如图12-3所示。

1. 工艺流程图

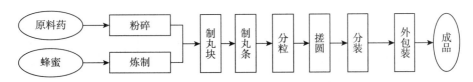

图12-3　蜜丸的制备工艺流程示意图

2. 制备方法

（1）物料的准备　将药材饮片依法淋洗、干燥、灭菌后，粉碎成细粉或最细粉，混匀，据处方药材性质将蜂蜜炼制成适宜规格。

（2）制丸块　制丸块又称和药、合坨。这是塑制法的关键工序。将适量的炼蜜加入药材粉中，用混合机混合均匀，进一步用炼药机（又称捏合机）充分混匀，制成软硬适宜、具有一定可塑性的丸块。

（3）制丸条、分粒与搓圆　是将制好的丸块搓成丸条，进一步分割成丸粒并滚圆的过程。现代化蜜丸生产过程中，可借助设备将丸块切割或挤出成条，进一步分粒、滚圆成型。

3. 工艺关键控制点

（1）蜂蜜的选择　蜂蜜的选择与炼制是保证蜜丸质量的关键。蜂蜜炼制的程度，应根据处方中药材的性质、粉末的粗细、含水量的高低、当时的气温及湿度，决定所需黏合剂的黏性强度来炼制蜂蜜。在其他条件相同情况下，一般冬季多用稍嫩蜜，夏季用稍老蜜。

（2）丸块的软硬程度　丸块的软硬程度及黏度直接影响丸粒成型和在贮存中是否变形。优良的丸块应能随意塑形而不开裂，手搓捏而不黏手，不黏附器壁。影响丸块质量的因素有：①炼蜜程度，蜜过嫩则粉末黏合不好，丸粒搓不光滑；蜜过老则丸块发硬，难以搓丸。②和药蜜温，炼蜜应趁热加入药粉中，粉蜜容易混合均匀。若方中含有大量的叶、茎、全草或矿物性药材，粉末黏性很小，需用老蜜趁热加入；若方中有大量树脂类、胶类、糖及油脂类药味时，药粉黏性较强且遇热易融化。加入热蜜后融化使丸块黏软不易成型，待冷后又变硬，不利制丸，并且服用后丸粒不易溶散，则需用温蜜和药。蜜温以60~80℃为宜。方中含有冰片等芳香挥发性药物，也应用温蜜和药。③用蜜量，药粉与炼蜜的比例一般是1:1~1:1.5。含糖类、胶质等黏性强的药粉用蜜量宜少；含纤维较多、质地轻松、黏性极差的药粉，用蜜量宜多，可高达1:2以上；夏季用蜜量应少，冬季用蜜量宜多。

（3）润滑剂的添加　制丸时，为避免丸块黏附器具，操作时可加适量的润滑剂。一般机制蜜丸用乙醇做润滑剂，传统制丸用麻油与蜂蜡的融合物做润滑剂。

（4）含水量控制　蜜丸一般成丸后即分装，以保证丸药的滋润状态。有时为防止蜜丸霉变和控制含水量，也可进行适当干燥。一般采用微波干燥或远红外辐射干燥，可达到干燥和灭菌的双重效果。

4. 举例

【处方】人工牛黄、雄黄、石膏、大黄、黄芩、桔梗、冰片、甘草

【制法】以上八味，除牛黄、冰片外，雄黄水飞成极细粉；其余石膏等五味粉碎成细粉；将牛黄、冰片研细，与上述细粉配研，过筛，混匀。每100g 粉末加炼蜜 100～110g 制成大蜜丸，即得。

【注释】方中牛黄、冰片、雄黄需单独粉碎为极细粉，再与其他细粉配研，混匀。方中药粉黏性适中，故采用炼蜜制丸。

三、塑制法制备浓缩丸的工艺

现代工业生产中，浓缩丸多采用塑制工艺制备。其工艺流程如图 12 - 4 所示。

1. 工艺流程图

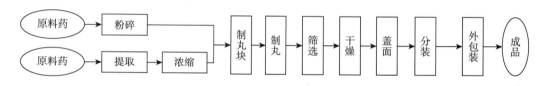

图 12 - 4　塑制法制备浓缩丸工艺流程示意图

2. 制备方法

（1）原料准备　药材饮片的提取、粉碎处理，应根据处方的功能主治和药材性质确定。通常质地坚硬、黏性大、体积大、富含纤维的药材，宜提取制膏；贵重药材、体积小、淀粉多的药材，宜粉碎制成细粉。药材提取与制粉的比例，须根据出膏率、出粉率以及采用的制丸工艺等情况综合分析确定，使服用剂量控制在一个合理可行的范围内。

（2）制丸　取处方中部分药材饮片提取浓缩成膏做黏合剂，其余粉碎成细粉，混合均匀，制成可塑性丸块，制丸条，分粒，搓圆，选丸，干燥，再用适宜浓度的乙醇、药材细粉或辅料盖面打光，即得。

3. 工艺关键控制点　一般处方中膏多粉少时多采用塑制法制丸；药材的提取、粉碎比例，一般以提取浓缩的稠膏与药粉混合即可制成适宜丸块为宜，必要时可加适量的细粉或炼蜜进行调节；制丸操作过程中，要喷洒95%乙醇防止丸粒粘连；制备成丸后，应及时进行干燥。一般干燥温度控制在80℃以下；含挥发性成分或淀粉较多的丸剂应在60℃以下干燥。不宜加热干燥的应采用其他适宜的干燥方法；药丸崩解过于迟缓时，可加适量崩解剂如羧甲基淀粉钠等改善。

4. 举例

【处方】丹参、五味子（蒸）、石菖蒲、安神膏

【制法】安神膏系取合欢皮、菟丝子、墨旱莲各3份及女贞子（蒸）4份、首乌藤5份、地黄2份、珍珠母20份，混合，加水煎煮两次，第一次3小时，第二次1小时，合并煎液，滤过，滤液浓缩至相对密度为1.21（80～85℃）。将丹参、五味子、石菖蒲粉碎成细粉，按处方量与安神膏混合制丸，干燥，打光或包糖衣，即得。

【性状】本品为棕褐色的浓缩丸；或为包糖衣的浓缩丸；除去糖衣后显棕褐色；味涩、微酸。

【注释】

（1）本品为浓缩丸，取部分中药提取成浓缩膏做黏合剂；与部分药粉混合制丸，减少了服用量。

（2）药理实验研究表明，安神膏水煎煮液对实验动物有镇静、降低或调节血压的作用，利于药物吸收，起效快。

四、塑制法制备糊丸的工艺

糊丸因其黏合剂为米糊、面糊，黏性较大，更加适合采用塑制法制备。其工艺过程与塑制法制备蜜丸相似，不同的是以糊代替炼蜜。

1. 制备方法　将制好的糊，稍凉倾入药材细粉中，充分搅拌，揉搓成丸块，再制成丸条，分粒，搓圆，干燥，即成。

2. 工艺关键控制点　①糊丸的丸块极易变硬，致使丸粒表面粗糙，甚至出现裂缝；在制备过程中常以湿布覆盖丸块，或补充适量水搓揉，同时尽量缩短制丸时间，保持丸块润湿状态。②糊粉的用量适中，一般以糊粉为药粉总量的 30% ~35% 较适宜。可以根据处方中糊粉量确定制糊法。若有多余的糊粉则炒熟后掺入药粉中制丸。③糊丸干燥温度应控制在 60℃ 以下，切忌高温烘烤，否则会出现丸粒外干内湿软，或出现裂隙、崩碎现象。

五、塑制法制备蜡丸的工艺

蜡丸系指饮片细粉以蜂蜡为黏合剂制成的丸剂。蜂蜡主要含脂肪酸、游离脂肪醇等成分，极性小，不溶于水。蜡丸在体内外均不溶散，药物通过微孔或蜂蜡逐步溶蚀等方式缓慢持久地释放，故可以延长药效，并能防止药物中毒或防止对胃肠道的刺激。与古人所说"蜡丸取其难化而旋旋取效或毒药不伤脾胃"相动合。蜂蜡是现代骨架型缓释制剂中的缓控释材料之一。目前蜡丸品种不多，主要原因是无法控制其释放药物的速率

1. 制备方法　蜡丸常采用塑制法制备。将精制的蜂蜡加热熔化，冷却至 60℃ 左右，待蜡液开始凝固，表面有结膜时，加入药粉，迅速搅拌至混合均匀，趁热制丸条，分粒，搓圆。

2. 工艺关键控制点　①蜂蜡需精制。通常是将蜂蜡加适量水加热熔化，搅拌使杂质下沉，静置，冷后取出上层蜡块，刮去底面杂质，反复几次，即可。②控制好制备的温度。因为蜂蜡本身黏性小，主要利用其熔化后能与药粉混合均匀，当接近凝固时具有可塑性而制丸。温度过高或过低，药粉与蜡易分层，无法混匀。蜂蜡熔点 62~67℃，整个制丸操作需 60℃ 保温。③控制好蜂蜡用量。一般药粉与蜂蜡比例为 1：0.5~1。若药粉黏性小，用蜡量可适当增加；含结晶水的矿物药（如白矾、硼砂等）多，则用蜡量应适当减少。

3. 举例

【处方】巴豆（制）、干漆（炭）、醋香附、红花、大黄（醋炙）、沉香、木香、醋莪术、醋三棱、郁金、黄芩、艾叶（炭）、醋鳖甲、硒砂（醋制）、醋山甲

【制法】以上十五味，除巴豆外，其余醋香附等十四味粉碎成细粉，过筛，与巴豆细粉混匀。每 100g 粉末加黄蜡 100g 制丸。每 500g 蜡丸用朱砂粉 7.8g 包衣，打光，即得。

【注释】巴豆有大毒，经炮制后虽然毒性有一定降低，但仍需采用黄蜡制丸，以保证其在体内缓慢释放，避免严重的泻下等毒副作用。

六、塑制法制丸常见问题与解决措施

塑制法在传统的中药丸剂生产中主要用于蜜丸、浓缩丸、糊丸、蜡丸等丸剂的制备。随着生产技术

的发展及制药设备的升级，塑制法也逐渐用于水丸的制备，成为丸剂的主要生产方式。采用塑制法制备得到的丸剂，可能会出现表面粗糙、丸粒过硬、空心、皱皮及微生物限度超标等问题，通常由粉末的粒度、黏合剂的黏度、设备的状态及关键工艺的具体操作所引起。塑制法制丸常见问题与解决措施如下。

（1）丸粒松散或缺损　主要原因有：①药粉过粗；②药料含纤维、矿物类、角、甲、贝壳等黏性较小的组分比例过大；③黏合剂黏度太小或用量不足；④设备损坏。可分别针对具体原因采取措施，如进一步粉碎以减小药粉粒度；在不降低药效的前提下，将黏性较小、影响成型的物料提取浓缩后加入黏合剂中进行和药；改用黏度适宜的黏合剂或加大用量；定期检修设备，特别注意用于分粒的药刀部位是否损坏，如有损坏，可及时更换解决。

（2）表面粗糙　主要原因有：①药粉过粗；②黏合剂用量不足或混合不均匀；③润滑剂用量不足；④药料含纤维多；⑤矿物类或贝壳类药量过大等。可针对性地采用粉碎性能好的粉碎机，提高药材的粉碎度；加大用黏合剂用量或采用黏度较大的黏合剂；制丸机传送带与切刀部位使用足量的润滑剂；将富含纤维类药材或矿物类药材提取浓缩成稠膏加入黏合剂中等方法解决。

（3）空心　主要原因是丸块揉搓不够。在生产中应注意控制好和药及制丸操作，增加和药的力度及时间，采用炼药机等先进设备；有时是因药材油性过大，水性黏合剂难以黏合药材粉末所致，可改用适宜的黏合剂和药。

（4）丸粒过硬　塑制丸在存放过程中变得坚硬。其原因有：①黏合剂不合适，如蜜丸的炼蜜过老、糊丸用糊量过大；②和药温度不合适；③黏合剂品种或用量不合适；④含胶类药材比例大，和药时温度过高使其烊化后又凝固。可针对具体原因，采取控制好辅料质量及和药温度、调整黏合剂品种及用量等措施解决。

（5）皱皮　塑制丸中，蜜丸贮存一定时间后，在其表面可能呈现皱褶现象。主要原因有：①炼蜜较嫩，含水量过多，水分蒸发后导致蜜丸萎缩；②包装不严，蜜丸湿热季节吸湿而干燥季节失水；③润滑剂使用不当。可针对原因采取相应措施解决。

（6）微生物限度超标　原因与解决措施同泛制法制丸。另外，可采用高温和药以缩短制丸操作时间，也可以有效降低微生物数量。

第四节　滴制法

滴丸系指原料药物与适宜的基质加热熔融混匀，滴入互不作用的冷凝介质中制成的球形或类球形制剂，其制备方法称为滴制法。滴制法制丸始于1933年，丹麦药厂用滴制法制备了维生素 A、D 丸。我国于1958年开始研究，《中国药典》（1977年版）开始收载滴丸剂型。目前已上市的中药滴丸有20多个品种，如复方丹参滴丸、速效救心丸等已在临床广泛使用。

滴丸具有以下特点：①起效迅速，生物利用度高。滴丸是用熔融法制成的固体分散体，药物在基质中以分子、胶体或微晶状态高度分散，采用水溶性基质可提高药物的溶解性，加快药物的溶出速度和吸收速度，故能提高药物的生物利用度。②缓释、长效作用。以非水溶性基质制成的滴丸，属于骨架型缓释制剂，药物从基质中释放缓慢，呈现长效作用。③生产车间无粉尘，利于劳动保护；设备简单，操作方便，生产工序少，工艺周期短，生产效率高。④工艺条件易于控制，剂量准确，质量稳定。⑤与空气等外界因素接触面积小，易氧化和具有挥发性的药物分散于基质中，可增加其稳定性。⑥可以使液体药物固体化，如芸香油滴丸含油量达83.5%。⑦可多部位用药。滴丸每丸重量可以从5~600mg，既可口服，也可在耳、鼻、口腔等局部给药。⑧载药量较小，服药数量较大，限制了中药滴丸品种的应用。

一、滴丸的制备工艺

滴制法系指药材提取物或有效成分与基质加热熔融混匀，滴入与之不相混溶的冷凝介质中，冷凝成丸的一种制丸方法。该方法专用于滴丸剂的制备，其工艺流程如图 12–5 所示。

1. 工艺流程图

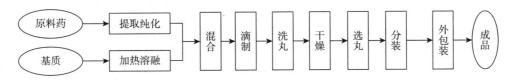

图 12–5　滴丸的制备流程示意图

2. 制备方法

（1）原料处理　滴丸载药量较小，因此应根据有效成分的性质，选用适宜的方法将药材进行提取、纯化处理，制成有效成分、有效部位或提取物。

（2）制备成型　将药物溶解、混悬或乳化在熔融的基质中，保持恒定的温度（80～100℃），经过一定大小管径的滴头，匀速滴入冷凝介质中，液滴收缩、凝固形成的丸粒缓缓下沉于器底，或浮于冷凝液的表面，取出，脱冷凝液，干燥，即成滴丸。

根据药物与基质的性质，以及滴丸与冷凝液的密度差异，可选择由上向下滴制或由下向上挤出的生产设备。

3. 工艺关键控制点　为保证滴丸的圆整度与丸重差异合格，制备过程中要注意保持药液恒温、药液静压恒定，控制适当的滴距及滴速，保持好冷凝液的温度梯度。

4. 举例

【处方】丹参、三七、冰片

【制法】以上三味，冰片研细；丹参、三七加水煎煮，煎液滤过，滤液浓缩，加入乙醇，静置使沉淀，取上清液，回收乙醇，浓缩成稠膏，备用；取聚乙二醇适量，加热使熔融，加入上述稠膏和冰片细粉，混匀，滴入冷却的液状石蜡中，制成滴丸，或包薄膜衣，即得。

【注释】

（1）丹参、三七采用水提法，如将丹参中水溶性的酚酸类成分和三七中皂苷全部提取出来，这样出膏量则较大，故采用乙醇沉淀，以除去蛋白质、淀粉和多糖等杂质，减少服用量。

（2）冰片研细，易分散在熔融混匀的聚乙二醇和丹参、三七提取物中；成品采用包薄膜衣，可防止冰片的升华和保证外观的美观；冰片的升华作用会导致滴丸形成花斑，应注意贮存温度。

（3）将复方丹参提取物及冰片分散到聚乙二醇中制成滴丸，药物的分散度和溶出速度获得提高，临床产生速效作用。

二、制备滴丸常见问题与解决措施

滴丸成型与内在质量的影响因素主要有：基质和药物的性质与比例，药物与基质混合物的熔融温度，固化成型的冷凝温度，滴管内外径，滴距，滴速，冷凝剂的密度、黏度与表面张力等。因此滴丸的制备多是应用优选实验法，以滴丸圆整度、硬度、拖尾、丸重差异、沉降情况、耐热性、流动性、成型率、溶散时限等质量指标来确定最佳工艺参数。处方与工艺参数控制不当，常会出现下述问题。

1. 丸重差异　丸重差异超限的主要原因是：①药物与基质未完全熔融、混合不均匀。②滴制压力不均衡。③滴制液温度不恒定。④滴速控制不当。滴速快，丸重大；滴速慢，丸重小。⑤滴头与冷却液面距离过大，液滴溅落破碎等。解决办法有升高配料罐、滴液罐和滴头温度；药物与基质在配料罐中充分搅拌混合均匀，并保持恒温；在滴液罐内通入适当压力的压缩空气，使滴制液静压恒定；调节滴距为最小状态（小于15mm）；控制稳定的滴速；及时冷却等。

2. 圆整度 圆整度差的主要原因是：①冷凝液未控制好温度梯度。滴出的液滴经空气滴到冷凝液的液面时，会变形并带进空气，此时如冷凝液上部温度过低，液滴未收缩成丸前就凝固，导致滴丸不圆整，丸内空气来不及逸出形成空洞、拖尾。②冷凝液选择不当。液滴与冷凝液的相对密度差过大或冷凝液的黏度小，使液滴在冷凝液中移动的速度过快，易成扁形。针对性的解决措施有调节制冷系统参数，保证冷却液的温度从上到下逐渐降低形成梯度，使液滴有足够时间收缩和释放气泡；更换合适的冷凝液。

3. 滴头堵塞 滴头堵塞主要原因是滴液罐和滴头温度过低，使滴液凝固所致。此外，药物与基质密度差异过大致药物沉淀，或药物成分间或与基质间发生反应，聚集成细小颗粒引起堵塞。解决措施为升滴液罐和滴头的温度，并保持恒温；搅拌药液；调整处方，选用适宜的基质。

4. 滴丸破损 药丸破损是因集丸离心机转速过高所致。应重新设置变频器，调节转速。

5. 滴丸含冷却剂 药丸表面沾有冷却液残留较多，吹风强度和时间不足。解决措施为保证离心机脱冷却剂85%以上；提高吹风强度和时间。

第五节 小丸的制备工艺

小丸系指将药物与适宜的辅料均匀混合，选用适宜的黏合剂或润湿剂以适当的方法制成的球状或类球状固体制剂。小丸的粒径应为0.5~3.5mm。

小丸具有以下特点：①小丸外形圆整、流动性好、易于分剂量、可用于填充胶囊；②丸粒表面积小，包衣后能降低药物的吸湿性，提高稳定性，掩盖不良气味；③小丸在消化道中转运不受食物输送节律影响，易进入小肠，吸收模式均一；④比表面积大，药物溶出快，生物利用度高；⑤根据需要采用不同辅料，可将药物制成速释、缓释或控释小丸。将不同释药速度的小丸组合可以获得理想的释药速度。小丸常用的制备技术有包衣锅滚动制丸法、挤出滚圆法、离心造丸法、流化床喷涂法等。

一、包衣锅滚动法制备小丸的工艺

包衣锅滚动法又称旋转-滚动制丸法，即传统的泛制法，经原料的准备、起模、成型、盖面、干燥、选丸、分装、包装等工艺环节制得。包衣锅滚动法通常可分为颗粒起模泛丸法和空白丸芯泛丸法。颗粒起模泛丸法是将药物与辅料采用适宜的黏合剂制成软材，经过筛制粒后，投入到泛丸锅中，使颗粒随泛丸锅滚转形成丸核，再适时交替喷入润湿剂及物料干粉，使丸径逐渐增大形成符合要求的小丸。颗粒起模泛丸法制备小丸对物料要求较高，且产品的圆整度较差。为了降低起模、成型的难度，亦可采用空白丸芯泛丸法制备小丸。空白丸芯泛丸法是以空白辅料，如蔗糖颗粒或淀粉小球为丸核，以水或水溶液为黏合剂，交替加入药物、辅料粉末及黏合剂，逐渐滚转至适宜大小的方法。

包衣锅滚动法制备小丸工艺成熟，对设备要求低，所用物料均为常用辅料，价格低廉。但是，采用该方法所制得的小丸通常粒径分布范围较大，成品率低，且工艺相对繁琐，对操作人员的技术熟练程度要求较高。

二、挤出－滚圆法制备小丸的工艺

挤出－滚圆制丸系指将药物与辅料混合均匀，加入润湿剂或黏合剂制成适宜软材，经挤出机筛孔挤压成高密度圆柱形条状物。将挤出的条状物倒入高速旋转的齿盘上，被高速旋转的摩擦板切割成圆柱型颗粒。在滚圆机中，利用高速旋转的转盘产生的离心力、丸粒与齿盘和筒壁间的摩擦力及转盘和筒体之间的气体推动力的综合作用，使圆柱形颗粒处于三维螺旋旋转滚动状态，迅速滚制成圆球形。挤出－滚圆制丸法具有制丸效率高、粒度分布窄、圆整度高、脆碎度小、密度大、表面光滑等优点，已广泛应用于小丸的制备。其工艺流程如图 12－6 所示。

1. 工艺流程图

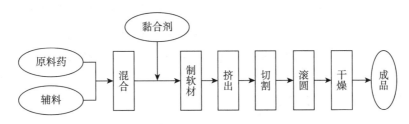

图 12－6　挤出－滚圆制丸法工艺流程示意图

2. 制备方法

（1）物料混合　将原料药和辅料混合均匀，加入适宜的润湿剂或黏合剂制成适宜的软材。

（2）物料挤出　将软材送入挤出机料斗，经挤出得到直径相等、表面光滑的圆柱状挤出物。

（3）滚圆成丸　将挤出物倒入高速旋转的齿盘上，经高速旋转的摩擦板切割成短圆柱型颗粒并进行高速滚制，经过一定时间后形成质地坚实表面圆整的小丸。

3. 工艺关键控制点　该方法制得的小丸的质量主要由软材的质量、挤出速度、滚圆速度、滚圆时间等因素决定。

（1）合适的软材　制软材时，需根据药物、辅料的性质加入适宜的润湿剂或黏合剂，制得混合均匀、黏性适宜的软材。

（2）适宜的挤出速度　挤出机挤出速度过快，则挤出的物料过紧，表面粗糙成鳞片状，导致小丸圆整度不高，并且温度升高现象严重，不利于物料的稳定，也可造成水分的损失，使成型性变差；而挤出速度过慢，则生产效率低下。理想的挤出物应光滑致密、色泽均一。

（3）适宜的滚圆速度　滚圆机滚圆速度为条状物料提供剪切力和离心力，使之成为圆球状。较高的滚圆速度能提供足够的剪切力使物料在进入滚圆锅的瞬间将其打断并滚制成光滑的球形；滚圆速度低，提供的剪切力不够，则难以将物料打断成丸，将得到较多的短棒或哑铃状物。

（4）适宜的滚圆时间　在一定范围内，滚圆时间越长，得到的小丸圆整度越好；时间过长，则丸粒会增大或发生粘连；时间过短，物料来不及塑变成形，圆整度差，并且水分来不及挤出，易相互粘连或堆压变形。

对于上述工艺因素，通常用微丸粒径、圆整度、脆碎度、堆密度、流动性以及药物的溶出度和小丸表面的微观结构等作为质量评价的指标，通过实验优选出适当的工艺参数。

4. 举例

【处方】盐酸小檗碱、微晶纤维素、乳糖、PEG 4000、CMC－Na

【制法】取处方材料盐酸小檗碱、微晶纤维素、乳糖、PEG 4000 过 80 目筛，混匀，加入 1% CMC－Na适量制成软材。采用筛网孔径 0.8mm 的挤出机，设定挤出速率 40r/min，滚圆转速 800r/min。

将制备好的软材倒入挤出机内形成条状挤出物，挤出物进入滚圆机转盘内滚制2.5分钟形成小丸。将成型的小丸置真空干燥箱中，设定温度40℃，干燥1小时后过筛，取直径于16~30目的小丸，即得。

【注释】

（1）该方法制得的小丸粒径在0.47~0.78mm，平均粒径为0.64mm±0.08mm。

（2）处方中润湿剂1% CMC-Na的用量是小丸形成与否的关键因素，须严格控制其用量。

（3）制备过程中，挤出速率、滚圆速度及滚圆时间都会影响到产品的质量，须慎重选择。

三、离心造丸法制备小丸的工艺

离心造丸法系将母核投入离心流化床内并鼓风，利用离心力与摩擦力形成粒子流，再将雾化的黏合剂或润湿剂及物料细粉分别喷入其中，母核在运动状态下吸收黏合剂雾滴、黏附物料干粉，逐渐增大成丸。药物既可以作为母核，也可以溶液、混悬液或者干燥粉末的形式沉积在丸核表面。该方法成丸速度快，真球度高，药粉黏锅结团少，可用于多层缓释小丸的制备。但是与挤出-滚圆制丸法相比较，制得的小丸密度和强度较低，不适合流动性差及黏性大的物料制丸。该方法可使起模、成丸、包衣在同一台机器内完成。其工艺流程如图12-7所示。

1. 工艺流程图

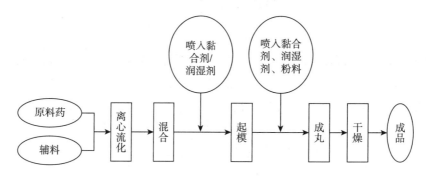

图12-7　离心造丸法工艺流程示意图

2. 制备方法

（1）起模　将部分药物和辅料的混合粉末投入离心机流化床内，开启离心机和鼓风机，使物料呈涡旋回转的流化状态，喷入适量的雾化浆液，使物料黏结成球形母核。

（2）成丸　将干燥筛分后的母核投入离心机流化床内，调节气流温度，按比例喷射雾化浆液和药物粉料，使母核增大成所需要的粒度的小丸。

（3）干燥　根据工艺需要，可继续将成品小丸投入离心机流化床内，喷入雾化的包衣液，进一步完成包衣过程。

3. 工艺关键控制点　使用该方法制备小丸，丸粒的成型受转盘的转速、喷浆速度、供粉速度、浆液雾化压力、鼓风量、鼓风温度等多因素影响。控制好喷浆速度和供粉速度是小丸成型的关键因素，必须调节好二者的比例，才能得到合格的小丸。

四、流化床喷涂法制备小丸的工艺

流化床喷涂法系采用切喷装置的流化床，将液态化的物料粉末或丸核在转盘的旋转作用与空气的吹动下，沿流化床周边以螺旋运动的方式旋转，将黏合剂或药液喷入后，使其聚结成粒或增大，并在离心力作用下，颗粒在光滑壁面不断滚动，从而形成质地致密、表面光滑的小丸。

该设备由空气压缩系统、动力加热系统、喷雾系统及数控系统组成。粉末状物料在床体中央的圆形导向筒内随气流加速上升呈流态化，同时由喷雾系统同向喷入黏合剂液滴。物料经导向筒导入扩展室后，因风速急剧下降，落入到流化床床体与导向筒之间的区域，重复循环成型。流化床喷涂法的特点是物料在导向筒内高度分散呈流态化，分散性好，不易粘连；底喷装置使液体雾滴与固体物料同向运动，到达物料的距离较短，可减少水分蒸发以保持足够的水分与物料产生充分接触；大风量对流使物料保持流态化，并可形成自转，使雾滴能够均匀地附着在物料表面；制丸的同时进行干燥，特别适合药物以溶液或混悬液的方式喷涂于丸粒表面；全过程如起模、制粒、成型、干燥、包衣在同一台设备中完成，且辅料消耗较少、丸粒增重比小，生产成本较低。

◈ 第六节　丸剂的包衣工艺

在丸剂的表面上包裹一层物质，使之与外界隔绝的操作称为包衣。包衣后的丸剂称为包衣丸剂。丸剂包衣的主要目的为：掩盖臭味、异味，使丸面平滑、美观，便于吞服；防止主药氧化、变质或挥发；防止吸潮及虫蛀；根据医疗的需要，将处方中一部分药物作为包衣材料包于丸剂的表面，在服用后首先发挥药效；包肠溶衣可避免药物对胃的刺激，或肠溶缓释。

一、丸剂包衣的种类

丸剂包衣主要包括药物衣、保护衣、肠溶衣三类。传统的中药丸剂的包衣以药物衣为主，通过处方中的药物对丸剂进行包衣，可隔离空气、水分、光线，在提高疗效、增加稳定性或减小刺激的同时，也达到了药辅合一的目的。随着现代制药技术的发展，亦可利用新型的材料和设备，包制保护衣、缓释衣或肠溶衣，起到增加药物稳定性、提高患者依从性及实现定位释药等作用。

1. 药物衣　包衣材料是丸剂处方的组成部分，用于包衣既可首先发挥药效，又可保护丸粒、增加美观。中药丸剂包衣多属此类。常见的有：朱砂衣，如七珍丸、梅花点舌丸、七味广枣丸等；甘草衣，如羊胆丸等；黄柏衣，如四妙丸等；雄黄衣，如痢气丹、化虫丸等；青黛衣，如当归龙荟丸、千金止带丸等；百草霜衣，如六神丸、麝香保心丸等；滑石衣，如分清五苓丸、防风通圣丸、香砂养胃丸等；其他还有礞石衣，如竹沥达痰丸；牡蛎衣，如海马保肾丸；金箔衣，如局方至宝丹等。

2. 保护衣　选取处方以外不具明显药理作用且性质稳定的物质作为包衣材料，使主药与外界隔绝而起保护作用。这一类包衣材料主要有：糖衣，如木瓜丸、安神补心丸等；薄膜衣，如香附丸等。

3. 肠溶衣　选取肠溶材料将丸剂包衣后使之在胃液中不溶散而在肠液中溶散。

二、丸剂包衣的方法

1. 原材料的处理　将所用包衣材料粉碎成极细粉。目的是使丸剂表面光滑。除蜜丸外，将用于包衣的丸粒充分干燥，使之具有一定的硬度，以免包衣时由于受长时间撞动摩擦而发生碎裂变形，或在包衣干燥时，衣层发生皱缩或脱壳。

丸粒包衣时需用适宜的黏合剂，常用的黏合剂有10%～20%的阿拉伯胶浆、10%～20%的糯米粉糊、单糖浆及胶糖混合浆等。

2. 包衣方法　包药物衣一般采用泛制法，如水丸包朱砂衣。包衣时将干燥的丸粒置包衣锅中，加适量黏合剂进行转动、撞击等操作，当丸粒表面均匀润湿后，缓缓撒入朱砂极细粉。如此反复操作5～6次，将规定量的朱砂全部包严丸粒为止。取出药丸低温干燥，再用虫蜡粉打光，即得。朱砂极细粉的用量一般为干丸重量的10%。蜜丸无须使用黏合剂，因为蜜丸表层呈润湿状态时具有一定的黏性，撒布包衣药粉经撞动滚转即能黏着于丸粒的表面。

包保护衣系指在素丸之外包一层稳定的高分子聚合物薄膜衣或糖衣，主要起到提高药物稳定性及患者依从性的作用。包糖衣是采用糖浆、胶浆、滑石粉、虫蜡等材料，将素丸通过包制隔离层、粉衣层、糖衣层、有色糖衣层后，经虫蜡打光即得。包薄膜衣则是采用成膜材料、增塑剂、着色剂、掩蔽剂、溶剂及其他辅料制成包衣液，在事先预热的包衣锅内均匀喷洒于素丸表面，经热风干燥蒸发溶剂，使成膜材料完全固化后得到。通常提到的薄膜衣，指的是胃溶性薄膜衣或水不溶性薄膜衣。胃溶性薄膜衣的成膜材料有羟丙基甲基纤维素、羟丙基纤维素、Ⅳ号丙烯酸树脂、聚维酮、聚乙烯缩乙醛二乙胺基醋酸酯等；水不溶性薄膜衣的成膜材料有乙基纤维素、醋酸纤维素等。

包肠溶衣系指在素丸外包裹一层具有耐酸性，在胃液中不溶解，但在肠液中或 pH 较高的水溶液中可以溶解的成膜材料。常用的成膜材料有丙烯酸树脂类聚合物、邻苯二甲酸醋酸纤维素、羟丙甲纤维素酞酸酯、醋酸羟丙基纤维素琥珀酸酯等，其包衣工艺与薄膜衣包衣工艺类同。

目标检测

答案解析

一、单项选择题

1. 制备水丸时，"起模"所用的药粉要求是（　）
　　A. 应过三号筛　　　　　　　　　　　B. 应过四号筛
　　C. 应过五号筛　　　　　　　　　　　D. 应过六号筛

2. 下列各项中不是影响滴丸圆整度的因素是（　）
　　A. 液滴的大小　　　　　　　　　　　B. 冷却剂的温度
　　C. 药物的重量　　　　　　　　　　　D. 液滴与冷凝液的密度差

3. 以下有关滴丸特点的叙述，错误的是（　）
　　A. 生物利用度高　　　　　　　　　　B. 剂量准确
　　C. 载药量大、成本较低　　　　　　　D. 属于速效剂型

4. 泛制水丸的一般工艺流程为（　）
　　A. 起模→成型→盖面→选丸→干燥　　B. 起模→成型→盖面→干燥→选丸
　　C. 起模→干燥→选丸→成型→盖面　　D. 起模→成型→干燥→选丸→盖面

5. 下列有关丸剂包衣目的的叙述，错误的是（　）
　　A. 提高药物稳定性　　　　　　　　　B. 加快丸剂崩解
　　C. 减少药物刺激性　　　　　　　　　D. 改善外观

6. 浓缩丸的主要特点是（　）
　　A. 无须加用黏合剂　　　　　　　　　B. 减少单服剂量
　　C. 崩解时限缩短　　　　　　　　　　D. 药物稳定性提高

7. 若处方中含有毒性药物或刺激性强的药物，宜制成（　）
　　A. 水丸　　　　　　　　　　　　　　B. 水蜜丸
　　C. 糊丸　　　　　　　　　　　　　　D. 浓缩

8. 下列丸剂包衣材料中，不属于药物衣的是（　）
　　A. 虫胶衣　　　　　　　　　　　　　B. 百草霜衣

  C. 青黛衣　　　　　　　　　　　　　D. 雄黄衣

9. 滴丸制备的原理是（　　）

  A. 微粉化技术　　　　　　　　　　　B. 固体分散技术

  C. 包合技术　　　　　　　　　　　　D. 微型包囊技术

二、思考题

1. 中药蜜丸常用哪种方法制备？简述其工艺流程。

2. 简述制备蜜丸中炼制蜂蜜的目的。

书网融合……

  思政导航   本章小结   微课   题库

第十三章 液体制剂制备工艺

PPT

学习目标

知识目标

1. **掌握** 合剂、糖浆剂、煎膏剂、酒剂以及酊剂的制备工艺过程。
2. **熟悉** 液体制剂的特点、中药液体制剂的基本要求、中药液体制剂的分类；流浸膏剂与露剂的制备工艺。
3. **了解** 中药液体制剂的前处理过程。

能力目标 通过本章的学习，能够掌握各种中药液体制剂的制备工艺，学会区分不同剂型之间的区别与联系，针对可能出现的工艺问题能够给出合理的分析与解决方案。

中药液体制剂一直是中药的重要组成部分，在临床上得到了广泛应用。汤剂是我国应用最早、最广泛的中药液体制剂，它适合中医辨证施治、随症加减的需要，可充分发挥方药多种成分的多效性和综合性作用，但是汤剂有不易久储、服用及携带不方便的缺点。随着中药剂型的丰富和发展，研制出了许多现代中药液体制剂。《中国药典》（2020 年版）一部成方制剂收载的品种中，液体制剂占比 12.1%，主要包括合剂、糖浆剂、酒剂等。根据剂型与临床用药需求的不同，中药液体制剂的制备工艺也不尽相同，通常是将中药提取物以不同的方法分散在适宜的介质中制备而成，其药物分散程度与液体制剂的理化性质、稳定性、药效甚至毒性密切相关。

>>> **知识链接** ○--

中药汤剂的剂型改革

汤剂，古称汤液，始创于殷商时代，是将药物用煎煮或浸泡去渣取汁而制成的液体剂型。作为中药常用剂型之一，汤剂的改革是发展中医药的迫切需要。保持汤剂特色，同时克服汤剂的缺点，是中药汤剂剂型改革必须遵循的原则。随着生产力水平的提高，先进设备和技术的应用以及药学人员的不断研究，创制了一些适应现代生活的新剂型。除合剂之外，还有中药煮散、冲剂等，这些剂型的发展促进了中药药学的发展，使汤剂焕发了新的活力，在制作水平和提高疗效方面都有新的发展。

--●

第一节 液体制剂概述 🔋微课

液体制剂系指中药提取物溶解或分散在适宜的分散介质中制成的可供内服或外用的液体形式的制剂。与固体制剂相比，液体制剂具有以下优点：①药物的分散度大，吸收快，能迅速发挥疗效；②给药途径广泛，可用于内服，也可用于皮肤、黏膜和腔道给药；③易于分剂量，服用方便，尤其适用于婴幼儿和老年患者；④固体药物制成液体制剂后，能提高其生物利用度。但是液体制剂也存在一些不足之处，主要体现在：药物分散度大，化学稳定性差，存在不良气味；非均相液体制剂中微粒比表面积大，容易发生物理稳定性问题，如沉淀、絮凝等；以水为分散介质的液体制剂极易霉变，需加入防腐剂；非水溶剂存在生理作用，成本高；体积大，携带、运输、贮存不便。

一、中药液体制剂的基本要求

液体制剂应外观良好，具有一定的防腐能力；均相液体制剂应澄明，药物溶解良好；非均相液体制剂的药物微粒应分散均匀；口服液体制剂应口感适宜；外用液体制剂应无刺激性；包装适宜，便于携带。由于中药液体制剂大多是复方组合，其成分复杂，一些大分子杂质如鞣质、蛋白质、树脂、淀粉等难以完全除尽，经放置一段时间后产生色泽发深、浑浊、沉淀、澄明度降低，给其疗效及安全性也带来了不良影响。因此，中药液体制剂的澄明度是其质量控制的一个重要指标，但是传统纯化工艺并不能完全满足现代制药技术的发展及患者对药品质量的要求，开发先进的纯化工艺与技术将大力促进中药液体制剂的创新和高质量发展。

二、中药液体制剂的分类

中药液体制剂按分散相状态可分为均相液体制剂和非均相液体制剂。按给药途径不同，中药液体制剂可分为内服液体制剂与外用液体制剂。

1. 均相液体制剂　药物以分子或离子状态分散，主要包括小分子、高分子溶液剂。

2. 非均相液体制剂　药物以微粒、小液滴、胶粒分散，如溶胶剂、乳剂、混悬剂等。

3. 内服液体制剂　口服后经胃肠道吸收发挥全身治疗作用，如合剂、糖浆剂等。

4. 外用液体制剂　应用于皮肤、五官、腔道等部位而发挥局部或全身治疗作用。其中，皮肤用液体制剂如洗剂、搽剂等；五官科用液体制剂如洗耳剂与滴耳剂、洗鼻剂与滴鼻剂、含漱剂、滴牙剂等；腔道用液体制剂可用于直肠、阴道、尿道等部位，如灌肠剂、灌洗剂等。

三、中药液体制剂的前处理过程

中药材的前处理一般包括净制、切制、干燥、炮制和粉碎等，其目的是使药材干净、药量准确、利于制剂生产和用药安全。其中，净制是药材在使用前选取规定的药用部位、除去非药用部位的过程，具体的方法包括挑选、筛选、风选、洗漂等；切制是将净制后的药材用一定刀具切制成片、段、块、丝等，其类型和规格应综合考虑药材质地、炮制加工方法、制剂提取工艺等，干燥的药材在切制前必须进行适当的水处理，常用有淋法、洗法、泡法、润法等，以使药材软化利于切制，同时又不使有效成分流失；炮炙是将净制、切制后的药材通过火制、水制或水火共制等对药材进行处理的方法，其目的是趋利避害，最大程度地发挥药物的效用，常用的方法有炒、炙、煨、煅、蒸、煮、烫、炖、制、水飞以及加辅料进行的炮炙，如蜜炙、醋制、盐制等；干燥是整个中药处理工序的重要环节，若干燥工作不到位，就会导致中药含水量过大，进而容易发生霉变或生虫等现象，严重影响中药质量，生产中常使用蒸汽式干燥箱、远红外线干燥箱以及微波干燥箱；粉碎是为了制剂的要求将药材粉碎成粗粉、中粉、细粉等，粉碎时应考虑到制剂的需要、药材的性质及成分，注意粉碎粒度、出粉率、粉碎温度、方法等，从而保证投料的准确，适于后续提取等工艺的需要。

◎ 第二节　合剂制备工艺

合剂系指饮片用水或其他溶剂，采用适宜的方法提取制成的口服液体制剂，其中单剂量灌装者也可称为"口服液"。它是在汤剂的基础上改进和发展而来一种新型中药制剂，其在保留了汤剂吸收起效快、作用迅速的同时，服用量小，增加了患者的顺应性；能大量生产，且贮存时间长；还可克服汤剂不易携带、需临时煎煮的缺点。但是，合剂不能随症加减，成品生产和贮存不当时容易产生沉淀或发生霉变。根据分散相状态不同，合剂可以分为溶液型、混悬型、乳剂型合剂等，其中以溶液型合剂应用居多。

一、合剂的基本要求

合剂在生产和贮藏期间应满足下列要求：饮片应按各品种项下规定方法提取、纯化、浓缩制成口服液体制剂；根据需要可加入适宜的附加剂，如需加入抑菌剂，该处方的抑菌效力应符合《中国药典》(2020 年版) 抑菌效力检查法的规定，通常山梨酸和苯甲酸的用量不得超过 0.3%（其钾盐、钠盐的用量分别按酸计），羟苯酯类的用量不得超过 0.05%；如加入其他附加剂，其品种与用量应符合国家标准的有关规定，不影响成品的稳定性，并应避免对检验产生干扰，必要时可加入适量的乙醇；若加入蔗糖，除另有规定外，含蔗糖量一般不高于 20%（g/ml）；合剂一般应澄清，在贮存期间不得有发霉、酸败、异物、变色、产生气体或其他变质现象，允许有少量摇之易散的沉淀；一般应检查相对密度、pH等；合剂一般应密封，置阴凉处贮存。除另有规定外，合剂的质量检查项目一般包括装量、微生物限度等。

二、合剂的制备工艺过程

合剂的制备工艺如图 13 - 1 所示，一般包括提取、分离与纯化、浓缩、配液、过滤、分装、灭菌等过程。

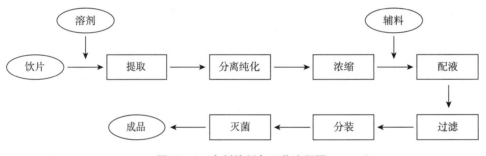

图 13 - 1　合剂的制备工艺流程图

（一）提取

为调配成液体制剂，需要采用适当的溶媒对中药材进行提取处理，既要保证物质基础不改变，确保其最大程度的富集，还要减少无效成分的浸出。在提取过程中要控制好提取溶剂的选择，提取的次数、温度、时间、压力，溶媒的浓度、用量以及加入的方法等，从而降低后续生产除杂的难度，最终保证成品澄明度的稳定。

中药的提取方法应根据活性成分的理化性质、溶剂性质、剂型要求和生产实际等进行选择。不同的提取方法其提取效率也会有所不同。传统的提取方法包括煎煮法、浸渍法、渗漉法、回流法等，其操作简单，不需要特殊仪器，应用较为普遍。其中煎煮法是液体制剂中常用的中药提取方法。中药材在煎煮前，需用 40℃ 以下温水浸泡 0.5 ~ 1 小时，以利于药效成分的煎出。煎煮器具多选用砂锅、不锈钢锅或搪瓷制品，需要注意的是铁器能与药物中的鞣质发生反应生成不溶于水的鞣酸铁，从而影响疗效，因此此类中药应忌用铁器。大规模煎煮可采用蒸汽夹层锅，其效果明显优于直火煎煮法；如果采用加压煎煮则效果更优。加水量一般为药物重量的 5 ~ 10 倍，传统经验是加水液面超过药物表面 3 ~ 5cm 为宜。通常煎煮两次即可达到70%～80%煎出率，对于贵重或质地难以煎透的药物，可煎煮3～4次，第三煎与第四煎药效成分的煎出率为20%～30%；矿石、贝壳、化石类中药可粉碎成24目粗粉后与它药共煎，不必先煎，因为这类药材药效成分煎出率与粉碎度成正比，而与煎煮时间基本无关；对于龟板、鳖甲、附子、紫菀、黄荆子、石斛等，久煎可显著提高其药效成分煎出率，故仍应先煎或另锅久煎取汁，贵重药材也宜另锅久煎取汁兑入煎液中；钩藤、丹皮等不耐久煎的药材，可采用另锅轻煎取汁兑入法，直接兑入已浓缩的药液中；含挥发油类药材，可先用蒸馏法提取挥发油，剩余药渣再与处方药味共煎，即所谓双提法。此外，药液煎取量是影响药效成分煎出率的另一重要因素。中药成分在煎取过程中，受浓度差的限制，药渣中必然蓄留一定量尚未煎出的药效成分，有些已经煎出的药效成分（尤其是难溶于水的成分），随着煎药过程中溶媒的不断减少，必然会逐渐析出沉淀，导致利用率降低。因此，合理确定合剂煎液总量是十分重要的，应将煎液控制在药材重量的10倍左右，煎毕后将所得全部滤液混合浓缩，最后加入挥发油及其他不耐热药材的另煎液等。

如果处方中含有芳香性药物如薄荷、荆芥、木香、川芎、细辛、菊花、肉桂等，可先采用蒸馏法提油，然后将药渣并入其他药物中煎煮。对于某些对热敏感的成分，可选用渗漉法提取，并在减压下浓缩至一定体积；水醇法的使用要慎重，在中药成分尚不十分清楚的情况下，很难确保在沉淀物中不含有效成分。同时，还要注意各成分有无可能生成难溶性成分，以免影响成品质量。

传统的提取方法存在较多的缺点，主要体现在：有效成分损失较多，尤其是水不溶性成分；提取过程中有机溶剂有可能与有效成分作用，使其失去原有效用；非有效成分不能被最大限度地除去，浓缩率不够高；提取液中除有效成分外，往往杂质较多，不利于后续分离纯化；高温操作会引起热敏性有效成分的大量分解。近年来，在中药提取方面出现了许多新技术与新方法，在确保用药质量与中医药理念的同时，也提高了现有中草药资源的利用率。这些方法的应用缩短了提取时间，减少了有机溶剂的使用，具有高效、节能、环保等优点，为中药生产实现自动化、数字化、智能化的应用奠定了基础，得到了越来越广泛的应用。目前，应用较多的新型提取方法主要有超临界流体萃取、微波提取、超声波提取、生物酶解提取、半仿生提取等方法。

（二）分离与纯化

分离与纯化是合剂制备中的重要工艺过程，也是制药工业上经常用到的操作单元。其目的是将无效和有害组分除去，尽量保留有效成分或有效部位，为后续制剂提供合格的原料或半成品。常用的分离操作主要包括：过滤分离、重力沉降分离、离心分离等；常用的纯化方法包括：醇提水沉法、大孔树脂吸附法、超滤法、盐析法、酸碱法、澄清剂法、透析法、萃取法等。

（三）浓缩

中药浸出液经分离纯化后，液体量仍然很大，并不适合直接用于制备液体制剂，需要经过浓缩操作，减少体积，以便于后续制剂的制备。浓缩是指应用适当的方法除去浸出液中的大部分溶剂，获得浓缩液的操作。常用的方法有蒸发、反渗透、超滤法等。

（四）配液

合剂的配液过程中应减少污染，尽量在短期内完成。可酌情加入适当的附加剂如防腐剂、抗氧剂、芳香矫味剂等，并充分混合均匀。根据合剂类型不同，还需要加入增溶剂、助悬剂、乳化剂等辅料。

1. 溶液型合剂 为了保证中药成分的溶解，溶液型合剂的配液过程一般都会采取热配法进行，并且配合冷藏过滤等方式进行除杂，以确保最终产品澄明度。此外，在配液过程中还需要控制药液pH，以保证有效成分的充分溶解。

2. 混悬型合剂 制备混悬型合剂时，常需加入不同的稳定剂，包括润湿剂、助悬剂、絮凝剂或反絮凝剂等，以使混悬微粒具有适宜的分散度，粒径均匀，减少微粒的沉降速度，使混悬液处于稳定状态。混悬型合剂可通过分散法和凝聚法制备。

（1）分散法　分散法是先将中药粉碎成符合粒度要求的微粒，再分散于分散介质中制成混悬液的制备方法。分散法的制备操作与药物的亲水性密切相关。

对于亲水性药物，如氧化锌、炉甘石等，一般应先将药物粉碎到一定细度，再加入处方中的液体适量，研磨到适宜的分散度，最后加入处方中剩余液体使成全量。

对于疏水性药物，其与水的接触角大于 $90°$，并且药物表面吸附有空气，因此当药物细粉遇水后，不易被润湿而影响制备。此时，必须加一定量的润湿剂，与药物一起研匀，再加液体研磨混合均匀。小量制备可使用乳钵，大量生产可使用乳匀机、胶体磨等机械。

（2）凝聚法　根据原理不同，凝聚法通常分为物理凝聚法和化学凝聚法。

物理凝聚法是指用物理方法将分子和离子状态的中药提取液分散在另一介质中凝聚成混悬液的方法。一般可将药物制成热饱和溶液，在搅拌下加至另一种不溶性液体中，使药物快速结晶，再将微粒分散于适宜介质中制成混悬液，此外可制成 $10\mu m$ 以下的微粒。

化学凝聚法是利用化学反应使两种药物生成难溶性药物的微粒，再分散于分散介质中制备混悬液的方法。为了使微粒细小均匀，化学反应应在稀溶液中进行并应急速搅拌。

3. 乳剂型合剂　乳剂型合剂一般是由油相、水相及乳化剂通过乳化制备而得，根据乳化剂、乳化器械及乳剂类型等不同，可采用不同的方法进行乳化。

（1）干胶法　干胶法也称为油中乳化剂法。本法是先将乳化剂（胶粉）分散于油相中研匀后加水相制备成初乳，然后稀释至全量。在初乳中当使用植物油时，油、水、胶的比例是 $4:2:1$，挥发油时该比例是 $2:2:1$，液状石蜡时该比例是 $3:2:1$。本法适用于阿拉伯胶或西黄蓍胶等高分子作为乳化剂的乳剂。

（2）湿胶法　湿胶法也称为水中乳化剂法。本法是先将乳化剂分散于水中研匀，再将油相加入，用力搅拌使成初乳，加水将初乳稀释至全量，混匀即得。初乳中油、水、胶的比例与上法相同。

（3）两相交替乳化法　向乳化剂中每次少量交替地加入水或油，边加边搅拌，即可形成乳剂。天然胶类、固体微粒乳化剂等可用本法制备，特别是乳化剂用量较多时，该法乳化效果较好。

（4）机械法　将油相、水相、乳化剂混合后用乳化机械制备乳剂的方法。该法在制备时可不用考虑混合顺序，借助于机械提供的强大能量，很容易制成乳剂。

（5）新生皂法　将油、水两相混合时，利用两相界面上生成的新生皂类产生乳化作用的方法。植物油中含有硬脂酸、油酸等有机酸，加入氢氧化钠、氢氧化钙、三乙醇胺等在高温下生成的新生皂为乳化剂，经搅拌即可形成乳液。生成的一价皂为 O/W 型乳化剂，生成的二价皂为 W/O 乳化剂。

（6）二步乳化法　该法采用二步乳化法制备。第一步先将水、油、乳化剂制成一级乳，再以一级乳为分散相与含有乳化剂的水或油再乳化制成二级乳。如制备 O/W/O 型复合乳剂，先选择亲水性乳化剂制成 O/W 型一级乳剂，再选择亲油性乳化剂分散于油相中，在搅拌下将一级乳加于油相中，充分分散即得 O/W/O 型复合乳剂。

（五）药液的过滤

溶液型合剂在配液后还需进行适当的过滤处理，以保证产品澄明度。传统过滤方式有板框（滤纸）、钛棒过滤、抽滤（滤纸）等，目前主要过滤方式有离心、膜分离技术等。如果一种过滤方式达不到要求，还可以使用两种或多种过滤方式并行；同时还要考虑过滤液的温度，不同温度下的过滤对澄明度也会有一定的影响。

（六）分装

合剂应在清洁避菌的环境中配制，及时灌装于无菌的洁净干燥容器中，并立即封口。灌装药液时，要求不沾瓶颈，剂量准确。

（七）灭菌

为了降低合剂在储存和使用期间被微生物污染的风险，在合剂处方中可以添加抑菌剂，工艺中也可以考虑采用灭菌的操作以保证制剂的质量和疗效的稳定性。常用的合剂灭菌方法主要有流通蒸汽灭菌法和煮沸灭菌法，二者操作简单且灭菌效果较好，但是高温有可能会影响合剂的外观性状和有效成分含量。为了避免这一问题，还可以选择高温瞬时灭菌法、巴氏灭菌法、^{60}Co 辐照灭菌法、微波灭菌法等，这些方法可以减少对有效成分的破坏，利于产品的长久储存。不同的灭菌方法其原理、工艺条件及适用性均不同，因此对于不同品种、不同剂量的中药合剂，应选择合适的灭菌方法和灭菌条件，以确保达到灭菌效果，又能保持有效成分和疗效的不变。

第三节　糖浆剂制备工艺

糖浆剂是指含有原料药物的浓蔗糖水溶液。它是中药制剂中的一种重要口服剂型，常用于小儿用药及咳喘等慢性病的治疗。糖浆剂具有工艺简单、生产周期短、不良气味小、口味好、患者用药顺应性高等优点。目前生产的中药糖浆剂多是汲取了西药糖浆剂的制备方法，再根据中药的特点结合中药生产的传统方式加以改进而制成的，这也是实现中药制剂现代化的重要体现。

糖浆剂根据其组成和用途的不同，可分为单糖浆、药用糖浆和芳香糖浆。

1. 单糖浆　为蔗糖的近饱和水溶液，其浓度为 85%（g/ml）或 64.72%（g/g），不含任何药物。单糖浆主要用于制备含药糖浆，还可作为矫味剂、助悬剂等应用。

2. 药用糖浆　为含药物或药材提取物的浓蔗糖水溶液，具有相应的治疗作用，如复方百部止咳糖浆，具有清肺止咳作用。

3. 芳香糖浆　为含芳香性物质或果汁的浓蔗糖水溶液。如橙皮糖浆、姜糖浆等，主要用作液体制剂的矫味剂应用。

一、糖浆剂的基本要求

糖浆剂在生产与贮藏期间应符合以下有关规定：中药饮片应按各品种项下规定的方法提取、纯化、浓缩至一定体积；含蔗糖量应不低于 45%（g/ml）；根据需要可加入适宜的附加剂，如需加入抑菌剂，除另有规定外，该处方的抑菌效力应符合《中国药典》（2020 年版）抑菌效力检查法的规定，山梨酸和苯甲酸的用量不得过 0.3%（其钾盐、钠盐的用量分别按酸计），羟苯酯类的用量不得过 0.05%；如需加入其他附加剂，其品种与用量应符合国家标准的有关规定，且不应影响成品的稳定性，并应避免对检验产生干扰；必要时可加入适量的乙醇、甘油或其他多元醇；除另有规定外，糖浆剂外观应澄清，密封、避光置干燥处贮存，并且在贮存期间不得有发霉、酸败、产生气体或其他变质现象，允许有少量摇之易散的沉淀。一般应对糖浆剂的相对密度、pH 进行检查，其他质量检查项目还包括装量、微生物限度等。

二、糖浆剂的制备工艺过程

中药糖浆剂的制备工艺如图 13-2 所示，一般包括中药成分的提取、分离与纯化、浓缩、配液、过滤、分装等过程，其中提取、分离纯化、浓缩等常规操作与中药合剂的工艺基本相同。

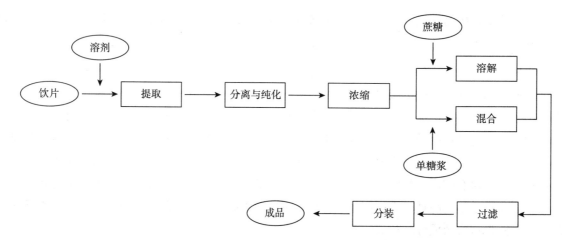

图 13-2 糖浆剂的制备工艺流程图

（一）配制方法

根据药物性质的不同，糖浆剂的常用配制方法主要有两种，一种是溶解法，另一种是混合法。其中，溶解法又分为热溶法和冷溶法。

1. 溶解法 根据药物的热稳定性以及蔗糖在水中的溶解度随温度升高而增加的特性，可以采用热溶法与冷溶法制备糖浆剂。

（1）**热溶法** 该法将蔗糖加入沸蒸馏水或中药浸提浓缩液中，继续加热使溶解，降温后再加入可溶性药物，搅拌溶解后，滤过，从滤器上加蒸馏水至规定容量，即得。此法适用于单糖浆、有色糖浆、不含挥发性成分及遇热较稳定药物糖浆剂的制备。

该法的优点是蔗糖易于溶解与滤过澄清，可以杀灭生长期的微生物，使部分蛋白质凝固而滤除，便于糖浆剂的保存。但是，加热时间不宜过长（一般沸后 5 分钟），温度不宜超过 100℃，否则转化糖的含量过高，容易使得制品的颜色变深。因此，最好在水浴或蒸汽浴上进行，溶解后趁热保温过滤。

（2）**冷溶法** 该法在室温下将蔗糖溶解于蒸馏水或药物溶液中，待完全溶解后，过滤即得。此法适合单糖浆和受热易挥发或不稳定药物糖浆剂的制备。

该法的优点是制得的糖浆色泽较浅，转化糖含量较少。但是，由于此法耗时较长，生产过程容易受微生物污染，因此宜用密闭或渗漉筒溶解。

2. 混合法 该法将药物与单糖浆直接混合而制得。根据药物状态和性质的不同，有如下几种混合方式：①药物如为水溶性固体，可先用少量蒸馏水制成浓溶液后再与单糖浆混匀；②在水中溶解度较小的药物，可酌情加少量其他适宜的溶剂使其溶解，然后加入单糖浆中混匀；③药物为可溶性液体或液体制剂，可直接加入单糖浆中混匀，必要时滤过；④药物为含乙醇的浸出制剂与单糖浆混合时往往发生浑浊而不易澄明，可加适量甘油助溶，或加滑石粉等作助滤剂滤净；⑤药物为水浸出制剂，因含蛋白质、黏液质等容易发酵、长霉、变质，可先加热至沸后 5 分钟使其凝固滤除，必要时可浓缩后加乙醇处理一次；⑥药物若为干浸膏应先粉碎后加入少量甘油或其他适宜稀释剂，在无菌研钵中研匀后再与单糖浆混匀。

混合法简便、灵活，可大量配制，适合于含药糖浆的制备。但是，由于该法制得的糖浆剂含糖量低，需要注意防腐问题。

（二）制备时应注意的问题

1. 蔗糖的品质问题 蔗糖的优劣对于糖浆剂的质量有极大的影响。制备糖浆剂用的蔗糖应选择药用白砂糖，为精制的无色或白色干燥结晶。有些使用蔗糖如红糖，不仅有色，而且还有蛋白质、黏液质等高分子杂质及其他异物，甚至还有微臭；用不纯的蔗糖制备的糖浆剂，若处理不善容易使微生物增殖，还能引起糖浆的分解变质、发酵、变色，甚至引起药物的变质。

2. 防腐问题　糖浆剂应在避菌环境中制备，各种用具、容器应进行洁净或灭菌处理，并及时灌装。用具处理不当或车间环境污染，可使糖浆剂被微生物污染，导致其长霉、发酵、变质。生产中宜用蒸汽夹层锅加热，温度和时间应严格控制，制备好的糖浆剂应在30℃以下密闭储存。根据需要糖浆剂中还可适当加入防腐剂以保证产品质量。

3. 沉淀问题　中药的提取物和蔗糖中的无效成分、杂质应尽可能除去。常用的方法是过滤、沉淀和澄清法，常联合或交替使用。

◎ 第四节　煎膏剂制备工艺

煎膏剂是指饮片用水煎煮，取煎煮液浓缩，加炼蜜或糖（或转化糖）制成的半流体制剂。由于煎膏剂经浓缩并含有较多的糖或蜜等辅料，因此具有药物浓度高、体积小、稳定性好、便于服用等优点。煎膏剂的效用以滋补为主，兼有缓和的治疗作用，药性滋润，故又称滋膏，也有将加糖的煎膏剂称为糖膏，将加蜂蜜的煎膏剂称为蜜膏。煎膏剂多用于慢性疾病，如益母草膏多用于活血调经，养阴清肺膏多用于阴虚肺燥、干咳少痰等症状。需要注意的是，受热易变质以及挥发性成分为主的中药不宜制成煎膏剂。

一、煎膏剂的基本要求

煎膏剂在生产与贮藏期间应符合下列有关规定：饮片按各品种项下规定的方法煎煮、滤过，滤液浓缩至规定的相对密度，即得清膏；如需加入饮片原料，除另有规定外，一般应加入细粉；清膏按规定量加入炼蜜或糖（或转化糖）收膏；若需加饮片细粉，待冷却后加入，搅拌混匀；除另有规定外，加炼蜜或糖（或转化糖）的量，一般不超过清膏量的3倍；煎膏剂应无焦臭、异味，无糖的结晶析出；应密封、置阴凉处贮存；应对煎膏剂的相对密度、不溶物、装量、微生物限度进行检查，并符合规定。

二、煎膏剂的制备工艺过程

中药煎膏剂在制备时一般是采取煎煮法对中药饮片提取、浓缩，加入炼糖或炼蜜进行收膏，分装即得。其制备工艺流程如图13-3所示。

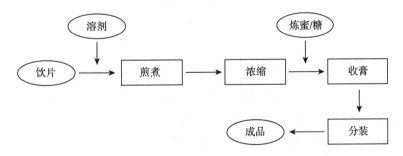

图13-3　煎膏剂的制备工艺流程图

（一）炼制方法

为了增强口感或是滋补调理需要，煎膏剂中一般需添加适量的赋形剂，常用的有炼蜜或炼糖。因为糖和蜜都含有一定的水分、杂菌及微生物等，处理不当会引起不同程度的发酵变质，因此使用前必须对二者加以炼制。

1. 蜂蜜的炼制 制备煎膏剂的蜂蜜需经炼制处理，其目的是除去杂质，破坏酵酶，杀死微生物，适当减少水分，增加黏合力。小量炼制时，将蜂蜜放置于锅中加热熔化，过筛除去死蜂及浮沫等杂质，再入锅继续加热至所需程度；大量炼制时，多采用常压或减压罐炼制，即将生蜂蜜置于罐中，加入适量清水（蜜水总量不能超过罐容积1/2），加热至沸腾，用三或四号筛或板框压滤机过滤，再抽入罐中继续加热炼制。根据炼制程度的不同，炼蜜可分为嫩蜜、中蜜和老蜜，在煎膏剂中通常中蜜应用更多。其一般要求为乳白色或淡黄色黏稠糖浆状液体或稠如凝脂状的半流体，无死蜂、幼虫、蜡屑及其他的杂质，味纯甜，有香气，不酸、不涩等。

2. 蔗糖的炼制 制备煎膏剂所用的糖，除另有规定外，应使用药典收载的蔗糖。糖的品质不同，煎膏剂的质量和效用也有差异。例如，白糖味甘、性寒，有润肺生津、中和益肺、舒缓肝气的功效；冰糖味甘、性平，具有补中益气、和胃润肺的功效；红糖是一种未经提纯的糖，其营养价值比白糖高，具有补血、破瘀、舒肝、驱寒等功效，尤其适用于产妇、儿童及贫血者食用，起矫味、营养和辅助治疗作用。饴糖也称麦芽糖，是由淀粉或谷物经大麦芽作催化剂，使其水解、转化、浓缩后而制得的一种稠厚液态糖，也可用于煎膏剂的制备。各种糖在有水分存在时，都有不同程度的发酵变质特性，其中以饴糖为甚，在使用前应加以炼制。

炼糖的目的在于使糖的晶粒熔融、净化杂质和杀死微生物。炼糖时，使糖部分转化，控制糖的适宜转化率，还可防止煎膏剂产生"返砂"现象。若出现"返砂"现象，可能与煎膏剂含总糖量和转化糖量有关。若总糖量超过单糖浆的浓度，因过饱和度大，结晶核生成的速度和结晶长大速度快，一般应控制总量在85%以下为宜；糖的转化程度并非越高越好，在以等量的葡萄糖和果糖作为转化糖的糖液，转化率从10%~35%范围内有蔗糖晶体析出，转化率在60%~90%范围内显微镜或肉眼可见葡萄糖晶体，转化率在40%~50%时未检出有蔗糖和葡萄糖结晶；蔗糖在酸性或高温条件下转化时，果糖的损失较葡萄糖大，为防止在收膏时蔗糖的进一步转化和果糖的损失，应尽量缩短加热时间，降低加热温度，还可适当调高 pH。

炼糖的方法可根据糖的种类及质量而进行选择。例如，白糖可加水50%左右，用高压蒸汽或直火加热熬炼，并不断搅拌至糖液开始显金黄色，泡发亮光及微有青烟发生时，停止加热，以免烧焦。各种糖的水分含量不相同，炼糖时应随实际情况掌握时间和温度，一般冰糖含水分较少，炼制时间宜短，且应在开始炼制时加适量水，以免烧焦；饴糖含水量较多，炼制时可不加水，且炼制时间较长。为促使糖转化，可加入适量枸橼酸或酒石酸（一般为糖量的0.1%~0.3%），至糖转化率达40%~50%时取出，冷至70℃时加碳酸氢钠中和后备用。红糖含杂质较多，转化后一般加糖量2倍的水稀释，静置适当时间，除去沉淀备用。

（二）中药煎煮

根据中药材的性质，将其应加工成片、段或粉碎成粗末，加水浸泡片刻，再煎煮2~3次，每次1~3小时，滤取煎液，压榨药渣并将压榨液与滤液合并，静置后取上清液。处方中有含糖或淀粉多的药材，要适当增加煎煮时间与煎煮次数，如参芪十全大补膏的制备。每次煎出液均应用绢布或多层纱布滤过，滤液最好静置澄清3~5小时，使汁液中杂质充分沉降，再将其过滤除去。

（三）浓缩

将上述滤液加热浓缩至规定的相对密度，或以搅拌棒趁热蘸取浓缩液滴于桑皮纸上，以液滴的周围无渗出水迹时为度，即得"清膏"。

（四）收膏

取清膏加规定量的炼糖或炼蜜，除另有规定外，一般加入糖或蜜的量不超过清膏量的3倍。收膏时随着稠度的增加，加热温度可相应降低，并需不断搅拌和除去液面上的浮沫。收膏稠度视品种而定，还应随气候而定，冬天可稍稀，而夏天宜稠些。在实际生产中，一般控制成品膏的相对密度在 1.4 左右。此外，收膏时的稠度还可以采用以下几种经验方法判断：①用棍棒趁热挑起，"夏天挂旗，冬天挂丝"；②用棍棒趁热蘸取膏液滴于纸上，药滴周围不现水迹；③将膏液滴于食指上与拇指共捻，能拉出白丝。

（五）分装

待煎膏充分冷却后，再分装于洁净（或灭菌）干燥的大口径容器中，待充分冷却后密塞、贴上标签。切勿在热时加盖，以免水蒸气冷凝回流于煎膏中，使膏面稀释，含水量高易产生霉变现象。煎膏剂宜密封置阴凉干燥处贮藏。

三、举例

例：复方枇杷膏

【处方组成】枇杷叶、桔梗、苦杏仁、枸杞、鱼腥草、蔗糖

【制备工艺】本制品的制备工艺如图 13 - 4 所示。

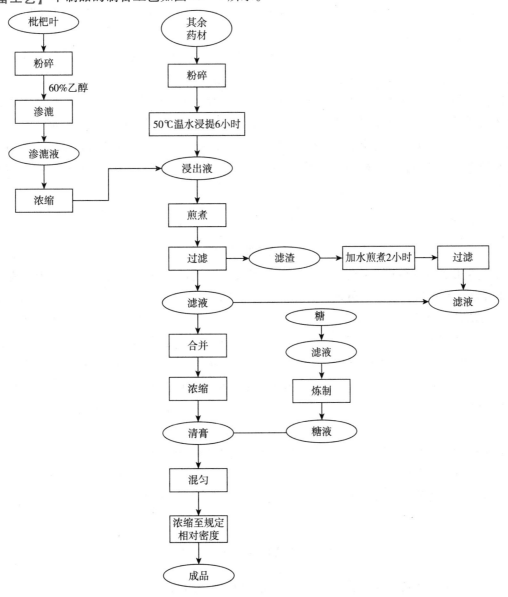

图 13 - 4　复方枇杷膏制备工艺流程图

【注释】

（1）枇杷叶中的有效成分主要是黄酮类和三萜酸类化合物，为了便于制备与生产，也可将枇杷叶与其余药材一同通过水提法进行提取。

（2）相对密度可根据《中国药典》（2020 年版）收载的比重瓶法、韦氏比重秤法和振荡型密度计法测定，但是这些方法费时较长，在实际中也可通过波美计进行测定，具体测定方法如下：量取冷水 400ml，滴至正在浓缩的稠膏至 500ml，搅拌均匀，必要时除去液面的泡沫，用波美计测其波美度（°Bé），利用公式计算相对密度（d）：$d = 144.3 / (144.3 - °Bé)$。如若对稠膏进行稀释，稀释前相对密度（$D$）可根据稀释倍数（$n$）进行换算，换算关系为：$D = (d - 1) \times n + 1$。例如，上述稀释至 5 倍的稠膏测得波美度为 10.7，则其相对密度为 1.40。

第五节　酒剂制备工艺

酒剂，又称药酒，是指饮片用蒸馏酒提取调配而制成的澄清液体制剂。它是中药的一种中药传统剂型，在我国医药史上有着悠久的应用历史。酒是一种良好的有机溶剂，药酒用酒作溶媒，能有效地浸制出中药中的有效成分，并借助酒的辛温行散和引经之性，更有利于人体的吸收，能更好发挥药性药效，具有易于吸收、起效迅速、服用简单、便于贮藏等特点。

药酒主要分为外用、内服两大类，其中以内服药酒居多。外用药酒多由活血化瘀、消炎止痛的中药配制而成，主要用于运动系统损伤的治疗；内服药酒分为治疗和滋补两类，其中治疗药酒又分治风湿关节痛和治跌打损伤两类。药酒和其他中成药一样，不同的药酒有着不同的功效、治疗范围及禁忌证，要根据患者体质科学选用，且控制饮用量，切不可当作普通饮品来饮用。女性在月经期、妊娠期、哺乳期，儿童及青少年，高血压、肝炎、肝硬化、消化性溃疡、肺结核、心功能或肾功能不全患者以及对酒精过敏者和精神病患者不宜服用药酒。随意饮用药酒可能会引起不良反应或毒副作用，严重者甚至危及生命。

>>> **知识链接** ○--

中药酒剂的发展

我国是世界上酿酒最早的国家之一，对世界酿酒技术的发展作出过巨大的贡献。古代有"医酒同源""药酒同源"的说法。随着中药方剂的发展和人们对酒为药用认识的不断深入，临床上已将酒与药结合，使药增酒性、酒助药行，相得益彰。在现存最早的方书——马王堆汉墓出土的帛书《五十二病方》中，以方药与酒结合治病的药酒方多达 40 余首，开创了酒与药结合治病的先例。《黄帝内经》记载的 13 首药方中有治疗臌胀的鸡矢醴和治疗尸厥的左角发酒，《素问·血气形态》中还具体记载有"经络不通，病生于不仁，治之以醪药"，认为经络运行不畅时宜用药酒治疗。张仲景在《伤寒论》与《金匮要略》中用酒的方剂也颇多，如瓜蒌薤白白酒汤、红蓝花酒等。唐代孙思邈《备急千金要方》《千金翼方》记载的众多首方中药酒的应用范围十分广泛，涉及内、外、妇、五官诸科。《本草纲目》中"附诸酒方"共记录酒方 71 首，其载药 1892 种，其中与酒同用者达 95% 以上；还载有酒的外治方法，如洗、熏、浴等。古代医药书籍中酒剂大多以冷浸法、煎煮法和药酿法制成，经明清两代改良，现代对酒剂制作工艺的发展，不仅完善了冷浸法、药酿法，而且增加了渗漉法、回流法等多种提取方法。

--●

一、酒剂的基本要求

酒剂在生产和贮藏期间应符合下列有关规定：生产酒剂所用的饮片，一般应适当粉碎；生产内服酒剂应以谷类酒为原料；蒸馏酒的浓度及用量、浸渍温度和时间、渗漉速度均应符合各品种制法项下的要求；可加入适量的糖或蜂蜜调味；配制后的酒剂须静置澄清，滤过后分装于洁净的容器中，在贮存期间允许有少量摇之易散的沉淀；酒剂应检查乙醇含量和甲醇含量；除另有规定外，酒剂应密封，置阴凉处贮存。酒剂的质量检查内容一般包括总固体、乙醇量、甲醇量、装量、微生物限度等。

二、酒剂的制备工艺过程

药材和酒是药酒制备的主要原材料，其质量的优劣直接影响药酒的功效。不同产地的药材质量、药材中各有效成分的含量均存在差异，在进行药酒制备时要依据所针对的疾病和要产生的疗效尽可能选择最佳中药材，并且应加工成片、段、块或粗粉等。酒的种类很多，有清酒、黄酒、白酒、米酒、水酒等，因白酒是蒸馏酒，具有散寒邪、助药力、通血脉之功，故药酒多用度数不同的白酒制作。药材有效成分的溶出是影响药酒功效的关键性因素，浓度不同的基酒，药材有效成分的溶出程度不同，甚至会改变溶出的药用成分，从而改变药酒的功效。不同的制备工艺也会直接影响中药材有效成分的溶出，包括提取方法、提取时间、提取温度等。酒剂可用浸渍、渗漉、回流法等方法制备。其制备工艺如图 13 - 5 所示。

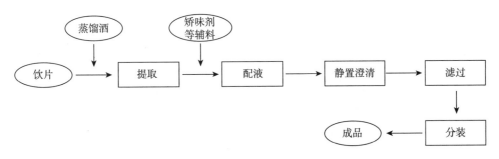

图 13 - 5　酒剂的制备工艺流程图

（一）浸渍法

浸渍法是酒剂最为常用的提取方法，可分为冷浸法与热浸法。在实际制剂研发生产过程中，可根据药物性质及用药目的进行选择。

1. 冷浸法　该法是将药材与酒共置于密闭的容器内，在室温下浸泡，定期搅拌，一般浸渍 30 天以上，然后取上清液，压榨药渣，榨出液精滤后与上清液合并，滤至澄清，必要时加入矫味剂与着色剂，搅拌均匀，再静置 14 天以上，精滤、灌装于干燥洁净的容器内，密闭保存即得。

2. 热浸法　该法俗称煮酒，是指药材与定量酒置于有盖的容器中，如有糖或蜜亦同时加入，在水浴上或用蒸汽加热至沸后立即停止加热，然后倾入另一容器中，密闭，在室温下浸渍一至数月，再吸取上清液，压榨药渣，将压榨液与上清液合并，滤过，静置沉降 1~2 周，精滤、灌装即得。

（二）渗漉法

渗漉法是将药材粉碎成粗粉，置于密闭容器中，先用酒浸泡 1~2 天，然后装入渗漉筒中按渗漉法进行操作，收集渗漉液，从上不断添加新的溶剂，合并收集液，滤过后再静置沉降 1~2 周，精滤、灌装即得。此法的优点是容易浸出有效成分、耗时少、效率高、浸出液澄明度较好。缺点是一部分药物有效成分随药渣丢弃而损失，造成浪费，也影响了药物的有效成分的浓度。

（三）回流法

回流法是将药材与酒同置于回流提取罐中，加热回流三次，合并滤液并静置三个月，待悬浮物沉淀后，取上清液滤过即得。为确保有效成分的溶出，该法对温度有相对严格的要求，一般情况下稍高的温度有利于有效成分的析出，但也要特别注重有效物质的耐热性等因素。

三、举例

例：活血药酒

【处方组成】当归、老鹳草、续断、川芎、地龙、赤芍、牛膝、炒苍术、红花、陈皮、烫狗脊、独活、羌活、乌梢蛇、海风藤、松节、制川乌、甘草、制附子、荆芥、炒桃仁、麻黄、盐制骨碎补、木香、杜仲炭、制马钱子、白糖、白酒（50°）

【制备工艺】本制品的制备工艺如图 13 – 6 所示。

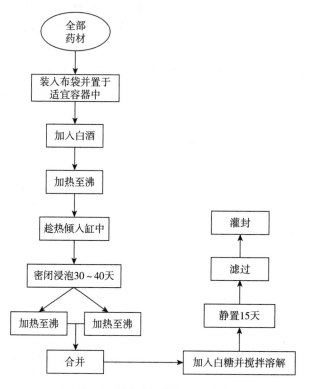

图 13 – 6　活血药酒制备工艺流程图

【注释】

（1）本例中活血药酒采用热浸法制备，该法可以缩短浸渍时间，提取率较高，且可节省用酒量，但是提取液的澄明度不及渗漉法，同时也要特别注重有效物质的耐热性等问题。

（2）制备的药酒可通过静置使中药材有效物质与白酒充分融合，而无效成分沉淀吸附和沉淀，但是这样还无法保证药酒在长期贮藏过程中的澄明度始终符合要求。因此还需对其进行澄清处理，可以采用的方法主要有超滤、低温处理、使用澄清剂等，这些方法复合使用效果更好。

（3）糖是制备药酒时常用的矫味辅料，能掩盖某些药的苦味，并能使酒液有醇厚感，一般控制量在 2% ~ 10%，少数补益类药酒的糖含量可达 12% ~ 15%，需要注意的是若糖含量过高可能会使药酒口味有腻滞感。

◎ 第六节　酊剂制备工艺

酊剂是指原料药物用规定浓度乙醇提取或溶解而制成的澄清液体制剂，也可用流浸膏稀释制成。酊剂发源于西方，传至我国后与中医药理论相结合形成中药酊剂。酊剂多数供内服，少数供外用使用。由于其应用方便，已成为中药外用代表剂型之一，在临床上主要用于皮肤科和骨科等疾病的治疗，在西药酊剂的涂擦用法之上还常结合热敷、穴位涂抹、手法按摩、针灸等中医传统疗法应用。

酊剂不加糖或蜂蜜矫味和着色，由于乙醇对药材中各种成分的溶解能力有一定的选择性，故用适宜浓度的乙醇浸出的药液内杂质较少，有效成分的含量较高，剂量缩小，服用方便，且不易生霉。但同酒剂一样，乙醇作为溶剂具有一定的药理作用，因此酊剂的应用也受到一定的限制。

一、酊剂的基本要求

酊剂在生产与贮藏期间应符合下列有关规定：除另有规定外，每 100ml 相当于原饮片 20g；含有毒剧药品的中药酊剂，每 100ml 应相当于原饮片 10g；其有效成分明确者，应根据其半成品的含量加以调整，要符合各项酊剂项下的规定。酊剂外观应澄清，酊剂组分无显著变化的前提下，久置允许有少量摇之易散的沉淀。酊剂应遮光、密封，置阴凉处贮存。酊剂的质量检查项目一般应包括乙醇量、甲醇量、装量、微生物限度等。

二、酊剂的制备工艺过程

酊剂的制备工艺与酒剂类似，如图 13 - 7 所示。二者主要区别在于提取溶剂的不同。原料提取方法因其性质不同而异，除可用浸渍法、渗漉法等浸提方法制备以外，还可用溶解法和稀释法制备。

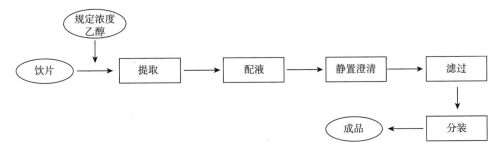

图 13 - 7　酊剂的制备工艺流程图

1. 溶解法　处方中的药物或中药材的提纯品加适量规定浓度的乙醇将其溶解，静置，滤过即得。此法一般适用于化学药物及中药有效部位或提纯品酊剂的制备。例如，复方樟脑酊可用溶解法制备。

2. 稀释法　当药物的流浸膏或浸膏为原料时，加入规定浓度的乙醇稀释至需要量，混合后，静置至透明，虹吸上清液，残渣滤过，合并上清液及滤液，即得。例如，远志酊可用远志流浸膏稀释而成。

3. 浸渍法　取适当粉碎的药材置于有盖容器中，加入适量溶剂，密闭下搅拌或振摇，浸渍 3 ~ 5 天或规定的时间，倾去上清液，再加入适量溶剂，依法浸渍至有效成分充分浸出，合并浸出液，加溶剂至规定量后，静置 24 小时，滤过即得。树脂类药材、含淀粉胶质较多的药材可用此法制备。

4. 渗漉法　此法是制备酊剂较常用的方法，不易引起渗漉障碍的药材在制备酊剂时，多采用此法。以规定浓度的乙醇为溶剂，按渗漉法进行操作，在多数情况下，收集渗漉液达到酊剂全量 3/4 时，应停止渗漉；压榨药渣，将压榨液与渗漉液合并，添加适量溶剂至所需量；静置一定时间，分取上清液，再将下层液滤过，合并即得。若原料药为毒剧药材，收集渗漉液后应测定其成分含量，再加适量溶剂调整至规定标准，如颠茄酊等。

三、举例

例：复方黄柏酊剂

【处方组成】黄柏、黄芩、薄荷、郁金

【制备工艺】本制品的制备工艺如图 13 - 8 所示。

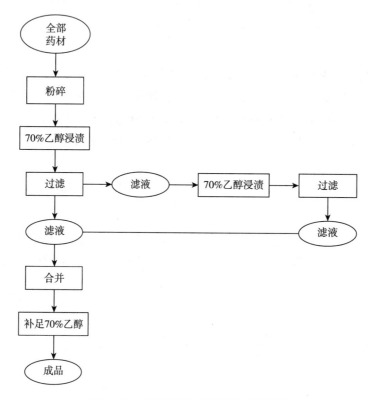

图 13 - 8　复方黄柏酊剂制备工艺流程图

【注释】

（1）本例中复方黄柏酊剂采用浸渍法制备，除此法之外也可采用渗漉法进行制备。

（2）乙醇浓度不同可能对酊剂中活性成分的吸收产生影响，进而影响本品疗效。

（3）处方中的薄荷也可利用水蒸气蒸馏法，采用挥发油提取器收集薄荷挥发油，并在制备过程中加入酊剂中。

第七节　其他液体制剂制备工艺

根据临床用药目的不同，常用的液体剂型还有很多种，比如流浸膏剂、露剂、搽剂、涂膜剂、洗剂、滴鼻剂、滴耳剂、含漱剂、灌肠剂等。其中，较常用于中药的液体剂型是流浸膏剂与露剂，二者均是中药传统的剂型，在临床上也有较多的应用。本节将主要介绍这两种剂型的制备工艺。

一、流浸膏剂

流浸膏剂是指饮片用适宜的溶剂提取，蒸去部分溶剂，调整至规定浓度而成的制剂。若继续浓缩至蒸去全部溶剂，浓缩成稠膏状则可得到浸膏剂。两者很少作为制剂在临床使用，一般可作为配制其他制剂的原料应用。

（一）流浸膏剂的基本要求

流浸膏剂的质量标准为，流浸膏剂每1ml相当于饮片1g。流浸膏剂应置于遮光容器内密封，于阴凉处贮存。久置若产生沉淀时，在乙醇和有效成分含量符合各品种项下规定的情况下，可滤过除去沉淀。流浸膏剂的质量检查项目一般包括乙醇量、甲醇量、装量、微生物限度等。

（二）流浸膏剂的制备工艺

流浸膏剂一般用渗漉法制备，也可用浸膏剂稀释制成。操作时应先收集药材量85%的初漉液另器保存，续漉液用低温浓缩成稠膏状，再与初漉液合并，搅匀。若有效成分已明确者，需作含量测定；流浸膏均应作乙醇量测定。按测定结果将浸出浓缩液加适量溶剂稀释，或于低温下浓缩使其符合规定标准，静置24小时以上，滤过，即得。

渗漉法的要点包括：①根据饮片的性质可选用圆柱形或圆锥形的渗漉器；②饮片须适当粉碎后，加规定的溶剂均匀润湿，密闭放置一定时间，再装入渗漉器内；③饮片装入渗漉器时应均匀，松紧一致，加入溶剂时应尽量排出饮片间隙中的空气，溶剂应高出药面，浸渍适当时间后进行渗漉；④渗漉速度应符合各品种项下的规定；⑤收集85%饮片量的初漉液另器保存，续漉液经低温浓缩后与初漉液合并，调整至规定量，静置，取上清液分装，即得。

若原料中含有油脂应先脱脂，再进行浸提；若渗漉溶剂为水，且有效成分又耐热者，可不必收集初漉液，将全部漉液常压或减压浓缩后，加适量乙醇作防腐剂。此外，以水为溶剂的中药流浸膏，也可用煎煮法制备，如益母草流浸膏、贝母花流浸膏等；也有用浸膏按溶解法制成的，如甘草流浸膏等。

二、露剂

露剂系指含挥发性成分的饮片用水蒸气蒸馏法制成的芳香水剂。根据药材来源、药用部位的不同，露剂通常可分为：①花露，如以金银花、玫瑰花等制成的露剂；②果露，如以花椒、丁香等制成的露剂；③叶露，如以桑叶、枇杷叶等制成的露剂；④草露，如以薄荷、藿香等制成的露剂；⑤皮露，如以地骨皮、五加皮等制成的露剂。

（一）露剂的基本要求

露剂的外观应澄清，不得有沉淀和杂质等；具有与原有药物相同的气味，不得有异臭；一般应检查pH、装量、微生物限度等。露剂应密封，置阴凉处贮存。对于口服的露剂，其应气味清淡，芳洁无色，便于口服。

（二）露剂的制备工艺

露剂的制备方法可因原料不同而异。对于纯净的挥发油或挥发性物质，可通过溶解法或稀释法直接制备，其中挥发油或挥发性物质可利用超临界CO_2萃取法、提取 – 共沸精馏耦合技术进行提取；而对于含挥发性成分的中药材多采用水蒸气蒸馏法制备，这也是露剂最常采用的制备方法。

1. 溶解法　取挥发油或挥发性药物细粉，加蒸馏水适量，用力振摇，滤过，自滤器上添加蒸馏水至全量，摇匀即得。为了利于挥发油的分散，可将其与适量滑石粉一起研匀，再加入适量蒸馏水，振摇，反复过滤至药液澄明，再自滤器上添加蒸馏水至全量，摇匀即得。同时，也可使用适量的非离子型表面活性剂，如聚山梨酯80或水溶性有机溶剂如乙醇，将其与挥发油混溶后，加蒸馏水至全量。

2. 稀释法　采用挥发油或挥发性物质浓的芳香水剂，加入适量蒸馏水搅拌混匀，稀释至全量，摇匀即得。

3. 水蒸气蒸馏法　在使用水蒸气蒸馏法生产露剂时，按处方称取药材，洗净、适当粉碎后，加水浸泡一定时间后，用水蒸气蒸馏，收集的蒸馏液应及时盛装在灭菌的洁净干燥容器中。收集蒸馏液、灌封均应在要求的洁净度环境中进行。根据需要可加入适宜的抑菌剂和矫味剂，其品种与用量应符合国家标准的有关规定。

针对不同类型的中药材，可以采用塔式蒸馏器进行生产操作。例如，对于气轻味淡之药如花、叶、草等类中药材制备露剂，宜将其置于蒸格上，用蒸气蒸馏，使其具气轻味淡的特点；对于果实、种子类药材，应先将其捣碎或切片，为防止其中的油脂混入蒸气中被馏出使药露浑浊而成乳白液体，制备时宜将其放在铺有纱布的蒸格上蒸馏，这样既可提高挥发油的浓度，又可保证成品的澄明度。

目标检测

答案解析

一、单选题

1. 以下有关中药液体制剂说法错误的是（　）

    A. 药物的分散度大，吸收快，有助于提高生物利用度

    B. 给药途径广泛，可以内服，也可用于皮肤、黏膜和腔道给药

    C. 服用方便，尤其适用于婴幼儿和老年患者

    D. 药物分散度大，有助于改善其物理与化学稳定性

2. 采用煎煮法制备合剂应注意（　）

    A. 考虑后续浓缩操作，加水量不宜过多，一般采用与药物重量相近的加水量

    B. 通常煎煮两次即可达到 70%～80% 煎出率，对于贵重或质地难以煎透的药物，可煎煮 3～4 次

    C. 对于矿石、贝壳、化石类中药，煎煮时间比粉碎度更重要

    D. 如果处方中含有芳香性药物，可通过减少煎煮时间而与其他药材一起煎煮

3. 以下各类型合剂在制备工艺中还需进行过滤操作的是（　）

    A. 溶液型　　　　　　B. 混悬型　　　　　　C. 乳剂型　　　　　　D. 胶体

4. 适用于合剂的灭菌方法不包括（　）

    A. 流通蒸汽灭菌法　　B. 煮沸灭菌法　　C. ^{60}Co 辐照灭菌法　　D. 紫外线灭菌法

5. 对于水不溶性药物，可采用制备含药糖浆的混合法是（　）

    A. 可先用少量蒸馏水制成浓溶液后再与单糖浆混匀

    B. 酌情加少量其他适宜的溶剂使其溶解，然后加入单糖浆中混匀

    C. 直接加入单糖浆中混匀，必要时滤过

    D. 减少药量加入单糖浆

6. 炼蜜或炼糖是（　）制备工艺的操作

    A. 糖浆剂　　　　　　B. 酊剂　　　　　　C. 流浸膏剂　　　　　　D. 煎膏剂

7. 以下不属于酒剂常用的制备工艺的是（　）

    A. 浸渍法　　　　　　B. 渗漉法　　　　　　C. 回流法　　　　　　D. 溶解法

8. 若将流浸膏剂制备成酊剂，适用的方法是（　）

    A. 溶解法　　　　　　B. 浸渍法　　　　　　C. 渗漉法　　　　　　D. 稀释法

9. 以下关于采用渗漉法制备流浸膏剂的说法，错误的是（　）

    A. 根据饮片的性质可选用圆柱形或圆锥形的渗漉器

B. 饮片须适当粉碎后，加规定的溶剂均匀润湿，密闭放置一定时间，再装入渗漉器内

C. 饮片装入渗漉器时应尽量排出饮片间隙中的空气，因此应紧密放入渗漉器

D. 若原料中含有油脂应先脱脂，再进行浸提

10. 若将含有挥发性成分的中药材制成露剂，常采用的方法是（   ）

    A. 水蒸气蒸馏法   B. 稀释法   C. 溶解法   D. 浸渍法

二、思考题

1. 请简述合剂的特点及其制备工艺过程。

2. 请简述糖浆剂的制备工艺过程以及配制方法。

3. 请简述煎膏剂的制备工艺过程以及炼糖或炼蜜的目的。

4. 请列举常见的酊剂制备方法。

5. 请简述露剂的制备方法有哪些，并说明最常用的方法是什么。

书网融合……

思政导航   本章小结   微课   题库

第四篇　通用制药辅助工艺部分

第十四章　制药用水的制备与质量控制

PPT

学习目标

知识目标

1. 掌握　纯化水、注射用水的制备工艺。

2. 熟悉　制药用水的分类及用途。

3. 了解　制药用水的质量控制源于设计、验证和运行。

能力目标　通过本章的学习，使学生充分认识到制药用水在药品生产中的重要性，明确制药用水的分类及用途，制药用水系统的组成。

制药企业正常运转需要用到各种各样的水，如饮用水、绿化水、冷却水、制药工艺用水。其中制药工艺用水是指制药工艺过程中用到的各种质量标准的水，也是我们通常所说的制药用水。制药用水作为药品生产中重要的辅料和清洗剂，水质优劣直接影响药品质量，因此制药用水系统是制药生产过程至关重要的组成部分，要能始终如一地提供达到质量标准的制药用水。

第一节　制药用水的质量要求

各国药典对制药用水的质量及用途均有明确要求和规定。《中国药典》收录有饮用水、纯化水、注射用水及灭菌注射用水四种制药用水。

一、制药用水的分类

从使用角度分类，制药用水可分为散装水和包装水两大类。散装水也称原料水、原水，指制药生产工艺过程中使用的水，包括饮用水、纯化水和注射用水。包装水也称产品水，指按制药工艺生产的包装成品水，包括灭菌注射用水。

饮用水：通常为自来水公司供应的自来水或深井水，其质量必须符合现行国家标准《生活饮用水卫生标准（GB 5749 – 2022）》。饮用水是制备纯化水的原水，可作为药材净制时的漂洗、制药用具的粗洗用水。除另有规定外，也可作为饮片的提取溶剂。

纯化水：为饮用水经蒸馏法、离子交换法、反渗透法或其他适宜的方法制得的制药用水，不含任何添加剂，其质量应符合《中国药典》纯化水项下的规定。采用离子交换法、反渗透法、超滤法等非热处理制备的纯化水一般又称去离子水。采用特殊设计的蒸馏器用蒸馏法制备的纯化水一般又称蒸馏水。纯化水可作为配制普通药物制剂用的溶剂或试验用水；可作为中药注射剂、滴眼剂等灭菌制剂所用饮片的提取溶剂；口服、外用制剂配制用溶剂或稀释剂；非灭菌制剂用器具的精洗用水。也用作非灭菌制剂所用饮片的提取溶剂。不得用于注射剂的配制与稀释。纯化水有多种制备工艺，应严格监测各生产环节，防止微生物污染。

注射用水：是以纯化水作为原水，经蒸馏所得的水。注射用水必须在防止细菌内毒素产生的设计条件下生产、贮藏及分装，其质量应符合《中国药典》注射用水项下的规定。注射用水可作为配制注射剂、滴眼剂等的溶剂或稀释剂及容器的精洗。

灭菌注射用水：为注射用水按照注射剂生产工艺制备所得的水，不含任何添加剂。其质量应符合《中国药典》灭菌注射用水项下的规定。灭菌注射用水用于注射用灭菌粉末的溶剂或注射剂的稀释剂。灭菌注射用水作为包装水，灌装规格应与临床需要相适应，避免大规模、多次使用造成的污染。

二、制药用水的质量标准

制药用水即使名称一致，不同国家和地区的水质标准也是不同的，随着科技理念的进步也会发生变化。最新的《中国药典》《欧洲药典》和《美国药典》对纯化水的水质要求见表14-1，对注射用水的水质要求见表14-2。

表14-1　各国药典对纯化水的水质要求对比表

项目	《中国药典》（2020年版）	《欧洲药典》EP11.0（2022年版）	《美国药典》（2022年版）
原水	饮用水	饮用水	饮用水
制备方法	蒸馏法、离子交换法、反渗透法或其他适宜的方法	蒸馏法、离子交换法、反渗透法或其他适宜的方法	适宜的方法
性状	无色的澄清液体；无臭	无色透明液体	—
酸碱度	符合要求	—	—
硝酸盐	$\leq 0.06\mu g \cdot ml^{-1}$	$\leq 0.2\mu g \cdot ml^{-1}$	—
亚硝酸盐	$\leq 0.02\mu g \cdot ml^{-1}$	—	—
氨	$\leq 0.3\mu g \cdot ml^{-1}$	—	—
电导率	$\leq 4.3\mu S \cdot cm^{-1}$（20℃）$\leq 5.1\mu S \cdot cm^{-1}$（25℃）	$\leq 4.3\mu S \cdot cm^{-1}$（20℃）$\leq 5.1\mu S \cdot cm^{-1}$（25℃）	符合规定（"三步法"测定）
总有机碳（TOC）	$\leq 0.5 mg \cdot L^{-1}$①	$\leq 0.5 mg \cdot L^{-1}$①	$\leq 0.5 mg \cdot L^{-1}$
易氧化物	符合规定①	符合规定①	—
不挥发物	$\leq 1 mg \cdot (100ml)^{-1}$	$\leq 1 mg \cdot (100ml)^{-1}$	—
重金属	$\leq 0.1\mu g \cdot ml^{-1}$	—	—
铝盐	—	不高于$10\mu g \cdot L^{-1}$，用于生产渗析液时需控制此项目	—
细菌内毒素	—	$< 0.25 IU \cdot ml^{-1}$，用于生产渗析液时需控制此项目②	—
微生物限度	需氧菌总数$\leq 100 CFU \cdot ml^{-1}$③	菌落总数$\leq 100 CFU \cdot ml^{-1}$	菌落总数$\leq 100 CFU \cdot ml^{-1}$

注：①纯化水总有机碳和易氧化物两项可选做一项。
②IU，international unit，内毒素的国际单位。
③CFU，colony forming units，菌落形成单位。

表14-2　各国药典对注射用水的水质要求对比表

项目	《中国药典》（2020年版）	《欧洲药典》EP11.0（2022年版）	《美国药典》（2022年版）
原水	纯化水	饮用水或纯化水	饮用水
制备方法	蒸馏	蒸馏法或纯化法	蒸馏法或纯化法

续表

项目	《中国药典》（2020 年版）	《欧洲药典》EP11.0（2022 年版）	《美国药典》（2022 年版）
性状	无色的澄明液体；无臭	无色透明液体	—
pH	5.0 ~ 7.0	—	—
氨	≤0.2μg·ml^{-1}	—	—
硝酸盐	≤0.06μg·ml^{-1}	≤0.2μg·ml^{-1}	—
亚硝酸盐	≤0.02μg·ml^{-1}	—	—
电导率	符合规定（"三步法"）	符合规定（"三步法"）	符合规定（"三步法"）
总有机碳	≤0.5mg·L^{-1}	≤0.5mg·L^{-1}	≤0.5mg·L^{-1}
不挥发物	≤1mg·（100ml）$^{-1}$	—	—
重金属	≤0.1μg·ml^{-1}	—	—
铝盐	——	最高 10μg/L，用于生产渗析液时需控制此项目	
细菌内毒素	<0.25EU·ml^{-1} *	<0.25IU·ml^{-1}	<0.25EU·ml^{-1}
微生物限度	需氧菌总数≤10CFU·（100ml）$^{-1}$	菌落总数≤10CFU·（100ml）$^{-1}$	菌落总数≤10CFU·（100ml）$^{-1}$

注：＊EU，endotoxin unit，内毒素单位，1EU =1IU。

通过对各国药典规定检测项目的对比发现，《中国药典》标准几乎是最严格的。纯化水和注射用水不同之处主要在于对微生物和内毒素含量要求上，纯化水对内毒素无要求，每 1ml 纯化水中需氧菌总数不超过 100CFU；每 1ml 注射用水中内毒素的量应小于 0.25EU，每 100ml 注射用水中需氧菌总数不超过 10CFU。二者的区别还在于制水工艺，纯化水的制备工艺有多种选择，但各国药典对注射用水的制备工艺均有限定条件。

有四个检查指标是各国药典都关心的，分别是电导率、总有机碳、微生物限度和细菌内毒素。

1. 电导率 电导率是表征物质导电能力的物理量，单位是 μS·cm^{-1}。纯水中的水分子会发生微弱的电离而产生氢离子和氢氧根离子，故纯水具有一定的电导，理论计算纯水的电导率应为 5.5×10^{-2} μS·cm^{-1}。水中溶解 CO_2 及其他电解质后，电导率会增高，所以测定水的电导率，可以知道其纯度是否符合要求。

2. 总有机碳 总有机碳（total organic carbon，TOC）是指水体中溶解性和悬浮性有机物含碳的总量。水中有机物的种类很多，目前还不能全部分离鉴定，常用 TOC 表示。所有的主要药典认可同样的 TOC 限值，即 0.5mg·L^{-1} 或 500ppb。

所有药典均要求制药用水以饮用水作为原水，中国《生活饮用水卫生标准》中 TOC 限值是 5 mg·L^{-1}，来源有生物物质，如动植物的腐烂、细菌活动、动物的排泄物；工业废水，如杀虫剂、除草剂、化学品等。制药过程中也可能意外引入 TOC，如操作员的失误或水系统的降级。不管何种来源，都需要在制药用水系统中对 TOC 进行适当的测定、监控和控制。

3. 微生物限度 微生物是一类肉眼不能直接看见、必须借助光学显微镜或电子显微镜放大才能观察到的微小生物的统称，包括原核细胞微生物（细菌、衣原体、支原体、立克次体、螺旋体和放线菌）、真核细胞微生物（真菌、原生动物、藻类）和非细胞微生物（病毒、亚病毒）。微生物的尺寸都在数微米甚至纳米范围内，可以按防止胶体污染的预处理方法除去，但是微生物有繁殖能力，在适宜的生存条件下会形成生物膜。一旦产生，就会随着时间推移而快速增长，发生微生物污染的风险随之增加。

生活饮用水的微生物指标，要求总大肠菌群不应检出，大肠埃希氏菌不应检出，菌落总数限值 100CFU·ml^{-1}。纯化水的限值是 1ml 水中需氧菌总数不得过 100CFU，注射用水限值是 100ml 水中需氧菌总数不得过 10CFU。严格的微生物控制要求需要制药用水系统必须进行定期的消毒或采取灭菌措施，尤其是直接接触产品的注射用水。

4. 细菌内毒素 内毒素是革兰阴性菌细胞壁外层的组分之一,其化学成分是脂多糖。因它在活细胞中不分泌到体外,仅在细菌死亡后自溶或人工裂解时才释放,故称内毒素。内毒素具有生物毒性,将内毒素注射到温血动物或人体后,会刺激宿主细胞释放内源性的热源质,引起高烧,还具有极强的化学稳定性(在250℃下干热灭菌2小时才完全灭活)。因此,在注射用水中严格限制其含量,即每1ml中应小于0.25EU。

水是最难维持所要求的质量标准的产品之一,制药用水不仅要处理杂质,还要考虑微生物污染,制药用水系统的设计、建造、验证、运行和维护需要采取各种措施抑制微生物的繁殖,维持制药用水的质量始终符合药典要求。

>>> **知识链接** ⚬---

注射用水质量导致产品澄明度不合格事故

20世纪70年代,某药企生产注射剂水针2~5ml多个品种,澄明度检查出现大量小白点,且状况不稳定,超过当时《中国药典》规定标准,产品不能出厂销售,车间处于停产状态。该厂组织人员攻关,并请来注射剂生产大厂的专家指导,从原辅料质量、操作方法、过滤介质、过滤方式等方面查找原因,还组织人员去外单位学习取经,历时十多天,没有找到原因。直到清洗重蒸馏水器,更换了重蒸馏水器内的短截玻璃滤管后(器内短截玻璃滤管的内外已完全黏附灰白色钙镁盐),用新制的注射用水配制的注射液,产品澄明度一次性完全达到合格标准。

分析原因:以锅炉产生的蒸汽作水源,用重蒸馏水器制备出的注射用水,按当时《中国药典》规定的方法检查质量,虽然符合标准,但并不完全适于制备水溶液注射剂。因为该标准规定的用化学方法检查钙镁离子,不能测试出钙镁离子的准确浓度。钙镁离子的溶度积常数极低,在水溶液中易出现浑浊。

《中国药典》(2005年版)才规定注射用水为纯化水经蒸馏所得水,但同期纯化水质量标准的检查方法中无电导率项目,只有化学方法。《中国药典》(2010年版),对纯化水的质量标准才增加电导率检查项目。

---•

三、《药品生产质量管理规范》对制药用水系统的要求

从功能角度分类,制药用水系统分为制备单元、储存与分配系统两部分。制备单元主要包括预处理系统和纯化系统,其功能为连续、稳定地将原水"净化"成符合企业内控指标或药典要求的制药用水;储存与分配系统主要包括储存单元、分配单元和用水点管网单元,其功能为以一定缓冲能力,将制药用水输送到所需要的工艺岗位,满足相应的流量、压力和温度等需求,并维持制药用水的质量始终符合药典要求。

药品生产质量管理规范(GMP),是一套规范药品生产质量管理的强制性标准,对制药用水系统提出了具体要求,企业应当严格执行。

世界卫生组织2021年发布的《附录3 制药用水GMP指南》中,单独对制药用水提出要求。制药用水系统的一般原则:①制药用水的生产、储存和分配系统应进行适当的设计、安装、调试、确认、验证、运行和维护,以保证合格制药用水的稳定可靠生产。需要对水的制备过程进行验证,以保证水的生产、储存和分配不超出制药用水系统的设计生产能力。②系统产能应足以满足最低和峰值要求。系统应能够在关键时段内连续运行,以避免设备频繁开关导致效率低下和设备超负荷。③确认包括用户需求规

范、工厂验收测试、现场验收测试、安装确认、运行确认和性能确认。系统的放行和使用应经过质量保证（QA）部门批准。④应定期监测原水和净化水的化学、微生物或内毒素（必要时）。还应监测水的制备、储存和分配系统的性能，应记录监测结果、趋势分析和采取的任何措施。中国 GMP 对制药用水的要求与 WHO 接近，强调"过程控制"和"质量源于设计"。还规定了纯化水、注射用水储罐和输送管道所用材料应当无毒、耐腐蚀；储罐的通气口应当安装不脱落纤维的疏水性除菌滤器；管道的设计和安装应当避免死角、盲管。纯化水、注射用水的制备、贮存和分配为了能够防止微生物的滋生，纯化水可采用循环，注射用水可采用 70℃以上保温循环。

在现代制药企业中，制药用水的生产和使用呈现动态平衡的特征，即不断使用，不断生产。水的质量不是依靠后期检验来保证，而是通过合理设计、适当建造并使用经过验证的程序来控制。遵循 GMP 规范中提到的这些基本原则进行制药用水系统的设计和运行才能让制药用水满足药品生产需要。

⊚ 第二节　制药用水的制备

根据"质量源于设计"的理念，设计制药用水系统，首先要确定制药用水的用途，然后确定其符合的质量标准，再选择工艺路线即通过何种方式制备、储存和分配；然后按照规范的要求进行高质量的安装，运行时兼顾生产、维修和 GMP 的要求，验证时根据申报的对象来确认文件的内容和标准。充分了解自身需求，对制药用水系统的各个环节进行严格控制，才能使制药企业的工艺用水始终符合质量要求。

一、纯化水的制备 🅴微课

纯化水的制备应以饮用水作为原水，并采用合适的单元操作或组合的方法进行净化处理。《中国药典》限定了蒸馏法、离子交换法、反渗透法或其他适宜的方法，但是并没有规定纯化水的具体制备方法，所以纯化水制备系统没有定型模式，要综合权衡多种影响因素：原水的质量以及季节变动性；用水标准和用水量；制水效率和能耗；制水设备的繁简、管理维护的难易和产品成本；根据各种纯化方法的特点，进行灵活组合应用。

利用纯化法制备纯化水经过了三个发展阶段，第一阶段采用"预处理→阴床/阳床→混床"工艺，系统需要大量的酸、碱化学药剂来再生阴阳离子树脂；第二阶段采用"预处理→反渗透（RO）→混床"工艺，反渗透技术的应用极大地降低了工艺中化学药剂的使用量，但还是需要部分化学药剂处理混床；第三阶段采用"预处理→反渗透→电去离子（EDI）"工艺，有效避免了再生化学药剂的使用，现已成为各国纯化水制备的主流工艺。

如图 14-1 所示是一个纯化水系统工艺设计的实例，包含 4 个部分：供水系统、预处理系统、纯化系统、储存与分配系统。工艺的目的是把饮用水转化为符合《中国药典》规定的纯化水。

（一）供水系统

饮用水从储罐，也称原水箱，被送进预处理系统，原水箱的容积取决于系统的设计要求，应具备足够的缓冲时间以保证整套系统的稳定运行。原水箱的材质有纤维增强复合材料或不锈钢等多种选择，可按预处理的消毒方式不同适当选择。

由于罐体的缓冲时间会造成水流的流速较慢，存在产生微生物繁殖的风险，所以需要采取一定的措施避免。一般建议在进入储罐前添加一定量的次氯酸钠溶液，该添加浓度需要和罐体的缓冲时间相匹配。建议添加完次氯酸钠后接触 30 分钟以上，水中的余氯保持在 $0.3\mathrm{mg \cdot L^{-1}}$ 以上。

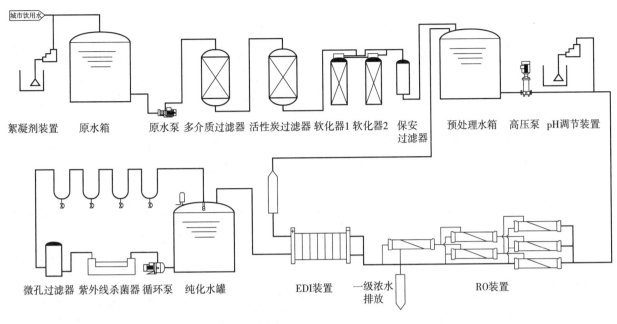

图 14-1　某工厂纯化水系统流程图

水的流动由水泵驱动，水泵由放置在预处理水储罐中的液位探测器启动。当水位低时，控制器发出信号，启动水泵以推动水流向整个系统。

（二）预处理系统

饮用水从原水箱流向预处理系统，预处理系统的目的是去除原水中的不溶性杂质、可溶性杂质、有机物与微生物，使其主要水质参数达到后续纯化系统的进水要求，有效减轻后续的杂质负荷，防止对纯化系统造成污染或不可修复性损害。

对于杂质的去除，一般遵循先大后小的原则。各种净化手段能去除的物质列在表 14-3 中。

表 14-3　各种净化手段能去除的物质

需滤除的物质	尺寸	单元操作
铁锈、泥沙、真菌孢子、胶状物质	大于 $20\mu m$	一般过滤
细菌、颗粒	$0.5 \sim 5\mu m$	微滤
细小的杆菌、脊髓灰质炎病毒、蛋白酶、热原	$10 \sim 100nm$	超滤
热原、染料、重金属、有机物	$1 \sim 10nm$	纳滤
葡萄糖、钙盐、氯化钠	$0.1 \sim 1nm$	反渗透

预处理系统一般由多介质过滤器、活性炭过滤器、软化器等多个单元组成。

1. 多介质过滤器　多介质过滤器由无烟煤、石英砂、砾石等多种过滤介质组成，这些过滤介质根据比重和粒径的大小在过滤器内分层放置，比重小而粒径稍大的无烟煤在最上层，比重适中和粒径小的石英砂在中间，比重大和粒径大的砾石在最下层。原水自上而下通过多层介质时，水中的大颗粒杂质、悬浮物、胶体等被截留下来，滤过的水更加澄清，浊度更低。多介质过滤器每两天要用水反洗一次，将截留在介质孔隙中的杂质排出，恢复其过滤功能。反洗可以通过淤泥密度指数（silting density index，SDI）检测，进出口压差或定时器控制。由于进水水质的波动对多介质过滤器的运行状态有较大影响，通常会设置一个手动启动反洗的功能。

2. 絮凝　当原水中含有较高浊度和较高浓度的硅化合物时，需要在储罐前添加一定浓度的絮凝剂。

通过絮凝作用和混凝脱硅作用分别降低水中的浊度和硅化合物负荷。混凝脱硅法是利用某些金属的氧化物或氢氧化物对硅的吸附或凝聚来达到脱硅目的，它是一种物理方法。

絮凝剂是能够使水中微粒凝集成絮状沉淀的物质，常用的有无机盐类絮凝剂：铝盐（硫酸铝钾（俗称明矾）、硫酸铝、聚合氯化铝（又名聚铝）、铁盐（硫酸亚铁、三氯化铁）和有机絮凝剂。

通常在机械过滤单元入口处设置10%浓度的絮凝剂化学桶，由隔膜泵投加至管道中。注意添加的絮凝剂有可能泄露至后端处理单元带来质量风险，需要对其进行严格的残留量检测和验证。

3. 活性炭过滤器 活性炭过滤器利用多孔的活性炭（制药行业常用椰壳活性炭），通过炭表面毛细孔的吸附作用和活性自由基去除水中的游离氯、色度、有机物以及部分重金属。出水余氯应小于 $0.1mg \cdot L^{-1}$。

活性炭通常采用煤炭、果壳、木材等含碳物质通过化学的或物理的方法进行活化来制备。活性炭含有大量平均孔径在 $2 \times 10^{-3} \sim 5 \times 10^{-3} \mu m$ 的微孔，吸附面积在 $500 \sim 2000m^2/g$，比表面积巨大，具有极强的物理吸附能力。活性炭过滤器会截留杂质，且颗粒间摩擦会产生一些粉末，另外活性炭与余氯发生反应导致炭总量减少，因此需要定期更换活性炭来保证其除余氯效果。

由于活性炭多孔吸附的特性，大量的有机物被吸附后会出现微生物繁殖，长时间运行后微生物一旦泄露，会对后续单元产生污染风险。因此需要为活性炭过滤器设置高温消毒系统，使其微生物负荷得到有效控制。巴氏消毒法和蒸汽消毒法是活性炭过滤器的有效消毒方式。

4. 加药除余氯 当原水中有机物指标不是很高的情况下，也可以选择加入还原剂 $NaHSO_3$ 溶液对水中的余氯等氧化物质进行处理，取代活性炭过滤器的功能。一般投加在保安过滤装置进口处，通过设置氧化还原电位检测仪（ORP仪）来控制 $NaHSO_3$ 的加药量，确保水中的氧化物被有效还原。

这种加药除氯的方式成本低，操作运行简便，但是一方面加药量通过仪表控制添加，存在仪表探头失效的问题，同时在不同 pH 下，氧化还原电位值所对应的余氯含量也不同，容易造成控制不稳定及余氯泄露风险；另一方面由于加药才能发生还原反应，大量的外来物增加了后端纯化系统的处理负荷，严重时会影响反渗透膜的寿命。

5. 软化器 软化器内盛装钠型阳离子交换树脂，可以与水中的钙、镁离子进行交换，使水中盐类变为钠盐，去除水中的硬度，达到软化的目的，防止这些离子在下游设备（反渗透膜、离子交换柱、蒸馏水机）表面结垢。通常情况下，软化器出水硬度小于 $3mg \cdot L^{-1}$。

软化树脂吸收一定量的钙、镁离子后就必须进行再生才能恢复其交换能力。再生的方法是将树脂用食盐水处理。为避免树脂再生造成生产中断，软化器通常采用双级串联，以保证一台软化器再生时另一台仍可制水，该设计还能有效避免微生物快速滋生。

6. 保安过滤器 保安过滤器，又称精密过滤器，筒体外壳一般采用不锈钢材质制造，内部采用过滤精度为 $5\mu m$ 或 $1\mu m$ 的聚丙烯膜管状滤芯作为过滤介质，属于微滤膜工艺。通常安装在反渗透前边，防止大颗粒进入高压泵或反渗透膜组件造成对泵或膜的机械损伤，截留微生物的效果也非常明显，是《中国药典》认可的除菌工艺。通过保安过滤器后的水进入预处理水箱储存。

7. 预处理超滤装置 预处理超滤装置属于膜过滤法，其过滤截留分子质量约为 $80000 \sim 150000$，它可取代传统的预处理系统中的机械过滤，且产水水质大大优于机械过滤，也可有效截留一部分的有机物和微生物，对于微生物的去除能力可以达到 10^4 以上，在原水浊度小于100NTU的情况下均可使用，产水浊度小于0.1NTU。超滤的使用可以更有效地保护后续的反渗透装置，使反渗透膜免受污染，通常情况下使用寿命可从3年延长至5年甚至更长时间；同时可提高反渗透膜的回收率，在同等进水流量下产出更多的纯化水，提高水的利用率。

超滤采用错流工艺，进水通过加压平行流向多孔的超滤膜表面，通过压差使部分水透过膜，微粒、有机物、微生物和其他的污染物被截留成为浓缩水流（通常是给水的 5%~10%）排放。超滤不能完全去除水中的污染物，不能阻隔溶解的气体，离子和有机物的去除效率与膜材料结构和孔隙率有关。超滤膜是聚合体或陶瓷物质，膜组件可以是卷式和中空纤维式。超滤膜可以用多种方式消毒。

8. 纳滤装置 纳滤是一种介于反渗透和超滤之间的压力驱动膜分离装置。纳滤膜的理论孔径是 1nm，能去除阳离子和阴离子，较大阴离子（如 SO_4^{2-}）比较小阴离子（如 Cl^-）更易于去除。纳滤膜对二价阴离子以及分子量大于 200 的有机物有较好的截留作用，对一价阴离子和分子量小于 150 的非离子有机物的截留作用较差。纳滤膜大多从反渗透膜衍化而来，如 CA 膜、CTA 膜、芳香族聚酰胺复合模和磺化聚醚砜膜等，但其操作压力更低，一般为 0.476~1.02MPa，因此纳滤又称"低压反渗透"或"疏松反渗透"。经过纳滤处理的最终产水电导率范围为 40~200μS·cm^{-1}，这取决于进水的溶解总固体含量和矿物质的种类。

（三）纯化系统

纯化的主要目的是将预处理过的水"净化"为符合药典及药厂内控要求的制药用水。纯化系统是一个关键的去离子、降低有机物、微生物与内毒素的过程。

1. 反渗透 反渗透又称逆渗透，是以压力差为推动力，迫使溶液中溶剂组分通过适当的半透膜从而实现溶剂分离的过程。反渗透是最精密的膜法液体分离技术，用于制水过程时，半透膜只允许水分子通过而不允许溶质透过，能阻挡所有溶解性盐及分子量大于 100 的有机物。醋酸纤维素反渗透膜脱盐率一般可大于 95%，反渗透复合膜脱盐率一般大于 98%。反渗透膜的结构有非对称膜和均相膜两类，当前，纯化水制备工艺中使用的膜材料主要是醋酸纤维膜和芳香聚酰胺膜，其组件有中空纤维式、卷式、板框式和管式，其中卷式结构为制药行业中常规使用的形式。

反渗透膜对各种离子的过滤性能具有如下特征：一价离子透过率大于二价离子，二价离子大于三价离子；同价离子的元素半径越小，其透过性就会越强，例如：$K^+ > Na^+ > Ca^{2+} > Mg^{2+} > Fe^{2+} > Al^{3+}$；而 CO_2 等不凝性气体分子在反渗透膜的透过率几乎为 100%，所以一旦原水中的 CO_2 含量过高，最终反渗透产水水质的电导率也会相对较高。

反渗透膜除了具有反渗透的作用，还具有选择性吸附和针对有机物的筛分作用，所以反渗透能大量去除水中细菌、内毒素、胶体和有机大分子，当然也不能完全去除水中的污染物。反渗透膜的孔径大多小于或等于 1nm，可以分离处于离子范围和分子量为几百左右的有机物，能滤除各种细菌，如最小的细菌之一铜绿假单胞菌（3000×10^{-10}m），也能滤除各种病毒，如流感病毒（800×10^{-10}m）、脑膜炎病毒（200×10^{-10}m），还能滤除热原[（$10 \sim 500$）$\times 10^{-10}$m]。由于反渗透的操作工艺简单、除盐效率高，具有较高的除热原能力，技术成熟且经济，现已成为制药用水工艺中首选的纯化单元。除此之外，合理使用反渗透法还可制造具有注射用水质量的水。

预处理水箱中的水由高压泵输送，增加反渗透的进水压力使之高于水的渗透压；加入 NaOH 溶液以调节 pH，使水中 CO_2 转换成 HCO_3^- 和 CO_3^{2-}，防止 CO_2 透过反渗透膜，影响电导率；反渗透装置可以阻挡所有溶解性盐及分子质量大于 100 的有机物，得到浓水直接排放，得到的淡化水进入 EDI 装置完成深度除盐。

在反渗透装置停止运行时，系统将自动冲洗 3~5 分钟，以去除沉积在膜表面的污垢，从而对装置和反渗透膜进行有效的保养。反渗透膜经过长期运行后，会沉积某些难以冲洗的污垢并造成反渗透膜性能下降，这类污垢必须使用化学药品进行清洗才能去除，以恢复反渗透膜的性能。化学冲洗可使用反渗透清洗装置进行，装置通常包括清洗液箱、清洗过滤器、清洗泵以及配套管道、阀门和仪表。当膜组件受到污染时，也可以用清洗装置实现反渗透膜组件的化学清洗。需要注意的是，反渗透膜不耐氯，通常要在预处理阶段采用活性炭、紫外线分解或添加 $NaHSO_3$ 去除余氯。

2. 电去离子 电去离子装置简称 EDI 装置，是一种电渗析技术和离子交换技术相融合的系统。它利用两端电极高压使水中带电离子移动，并配合离子交换树脂及选择性树脂膜以加速离子移动去除，从而达到使水纯化的目的。

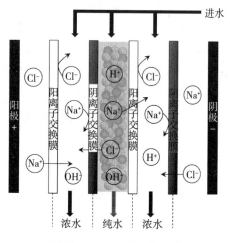

图 14-2 EDI 的运行示意图

EDI 的运行示意图如图 14-2 所示。EDI 装置主要包括三部分，多组交替排列的阴、阳离子交换膜以及单元组两端的阴阳电极、淡化室中的阴阳离子交换树脂。

阴、阳离子交换膜具有很高的离子选择透过性，阳离子交换膜能选择性地使阳离子透过，而阴离子不能通过；阴离子交换膜则能选择性地使阴离子透过，而阳离子不能通过。两端的阴阳电极产生直流电场，水中阳离子向阴极定向移动，遇到阳离子交换膜就透过，遇到阴离子交换膜就滞留，阴离子向阳极的定向移动同理。在膜与膜之间依次构成浓缩室和淡化室。来自反渗透装置的含盐水进入 EDI 装置，淡化室中水的离子浓度不断降低，同时浓缩室中水的离子浓度不断升高，最终从淡化室得到纯水，从浓缩室流出浓水循环回预处理水箱。

在淡化室填充阴、阳离子交换树脂，浓缩室中没有树脂。进入淡化室的水流中的阴、阳离子先扩散到离子交换树脂，在电场的作用下树脂界面处的水电解成 H^+ 和 OH^-，不断再生阴、阳离子交换树脂，树脂中的阴、阳离子在再生过程中受到相应阴阳极的吸引定向移动，分别透过阴、阳离子交换膜进入浓缩室。

EDI 内部有一对极水室，分别为阳极室和阴极室，在极水室内，随着离子的迁移，将发生一系列电化学反应。

阴极室反应： $$2H_2O + 2e^- = 2OH^- （液体中）+ H_2 （气体）$$

阳极室反应： $$2H_2O = 4H^+ （液体中）+ O_2 （气体）+ 4e^-$$

$$2Cl^- （液体中）= Cl_2 （气体）+ 2e^-$$

从上述反应得知，在 EDI 正常工作时，在极水室会有少量的危险气体产生，同时由于极水室靠近直流电极，其运行温度相对较高，需要恒定的水流来降温，因此，设计中一般会设定极水低流量保护，防止 EDI 模块由于缺水而烧毁，通过极水排水独立设计单独排出系统，以保证车间生产安全。

EDI 电流密度的增加以及淡水室中树脂表面水解离不断产生的 H^+ 和 OH^-，可使淡水室的局部 pH 发生变化，形成有利于抑制细菌快速繁殖的环境；同时，由于阴离子交换树脂表面带正电荷，而细菌（尤其是对制药用水影响较大的革兰阴性菌）带负电荷，使其易被吸附到阴离子交换树脂表面，处于水解离最活跃的部位，从而使其生长受到抑制甚至被杀灭，大大减轻了 EDI 产水受细菌内毒素污染的程度。

EDI 将电渗析技术和离子交换技术相融合，通过阴、阳离子交换膜对阴、阳离子的选择性透过作用与离子交换树脂对离子的交换作用，在直流电场的作用下实现离子的定向迁移，从而完成水的深度除盐，水质可达 $10 M\Omega \cdot cm$ 以上。在进行除盐的同时，水电离产生的 H^+ 和 OH^- 对离子交换树脂进行再生，因此不需酸、碱化学再生而能连续制取超纯水。与传统的混床技术相比，EDI 工艺摒弃伴生废酸、废碱污染的传统离子交换技术，具有无化学污染、连续再生、启动和操作简单、模块更换方便、产生纯度更高、回收率更高、占地面积小、低微生物污染风险等多个优点，对保护环境、节约能源非常有利。同时，EDI 系统的树脂使用量仅为传统混床工艺的 5%，经济高效。由于大部分溶解于水中的气体（如 CO_2 等）都呈弱电性，EDI 可以对其进行有效去除。

（四）储存与分配系统

通过 EDI 装置得到的纯化水进入纯化水罐储存，纯化水罐安装有呼吸器，防止储罐的外源性污染。在使用回路采用紫外线杀菌器，并安装除菌用的微孔过滤器。除节假日外，使用回路一直处于循环状态；节假日后，在 121℃下灭菌 1 小时。

纯化水的生产工艺过程不是可以完全照搬的，而是起到一个路线图的作用，指导设计者和使用者根据具体使用情况实际创造出独特的纯化水制备工艺流程。

二、注射用水的制备

《中国药典》规定注射用水为纯化水经蒸馏所得的水。《美国药典》规定，注射用水由符合美国环境保护局或欧盟或日本或世界卫生组织要求的饮用水经蒸馏法，或其他文献报道过的经过验证的方法制得。《欧洲药典》规定注射用水由符合官方标准的饮用水或纯化水蒸馏制备。《日本药局方》的规定也强调了蒸馏法。由此可见，蒸馏法是国际上及各国公认的制备注射用水的首选方法。随着制药行业的发展与质量管理体系的建立，目前，在美国、日本及其他一些国家或地区，允许通过验证被证明同蒸馏法一样有效且可靠的某些纯化技术，如终端超滤和反渗透技术，用于注射用水的生产。不过，由于反渗透法和超滤法制备的注射用水的工艺属于常温膜过滤法，其微生物繁殖的抑制作用不如蒸馏法制备的高温注射用水，企业必须做大量的维护工作并重点关注其微生物污染的风险。

（一）蒸馏法

蒸馏是采用气液相变和雾沫分离对原料水进行化学和微生物纯化的工艺过程，蒸馏法是制备注射用水的首选方法，也是制备纯化水的可选方法。蒸馏过程是以相变为基础的热处理过程，能耗大，符合法定要求的原水（纯化水或经预处理的饮用水）经加热产生水蒸气，水蒸气在留下溶解固体、非挥发物和高分子量的杂质后从水中分离，但是低分子量杂质与雾沫一起夹带在蒸汽中，分离器清除雾沫和杂质，包括内毒素，纯化蒸汽经冷却变为液态注射用水。

蒸馏设备有塔式蒸馏水机、热压式蒸馏水机和多效蒸馏水机。20 世纪 50 年代以前，国外主要使用塔式蒸馏水机，它也被称为第一代蒸馏水机，该装置消耗工业蒸汽制备注射用水，能耗高，工艺和除沫器技术落后，生产出来的蒸馏水质量也不高。20 世纪 60 年代以后，国外研制出热压式蒸馏水机，消耗电能，适量消耗工业蒸汽制备注射用水，与塔式蒸馏水机相比，具有明显的节能节水优势，尤其是在高产能要求时。随着压缩机技术的不断进步，热压式蒸馏水机运行更加稳定，在国外应用较多，国内也在逐渐推广。1971 年，世界上第一台多效蒸馏水机研制成功，该设备操作简便，使用可靠，噪声低，节能，相比于最初的热压式蒸馏水机，维护保养简单且运行稳定，获得全球制药企业的推崇，现已成为全世界最主流的注射用水生产设备。

1. 塔式蒸馏水机 塔式蒸馏水机又称为单效蒸馏水机，主要用于实验室或科研机构的小批量注射用水制备。塔式蒸馏水机包括蒸发锅、隔沫装置和冷凝器三部分。塔式蒸馏水机只蒸发一次，加热蒸汽消耗量较高。

2. 多效蒸馏水机 多效蒸馏水机是让经充分预热的纯化水通过多级蒸发和冷凝，排除不凝性气体和杂质，从而获得高纯度的注射用水。多效蒸馏水机属于塔式蒸馏水机在节能环保方面的升级产品，相比塔式蒸馏水机，多效蒸馏水机提高了工业蒸汽与冷却水的利用率，极大地解决了设备产能与能耗的矛盾，同时多效蒸馏水机出水温度较高，有利于注射用水微生物繁殖的抑制，设备占地面积小，维护保养相对简单，现已成为制药行业注射用水的主要生产设备。

多效蒸馏水机的工艺流程大体如下：原水由泵增压后进入预热器（冷凝器，末效的纯蒸汽、高温的注射用水为热介质），原水温度上升后进入第一效蒸发器，被工业蒸汽加热气化，产生夹带水滴的二次蒸汽，进入气水分离装置，被分离的纯蒸汽进入下一效作为加热蒸汽，被分离下来的小液滴和未蒸发的原水由于压力差自动进入下一效作为原水继续蒸发。重复上述过程，其余各效原理与第一效相同。第一效的工业蒸汽冷凝水可排放或回收再利用，纯蒸汽在下一效放出热量后凝结成注射用水，末效未蒸发的料水作为浓水被排放，末效的纯蒸汽进入冷凝器冷凝。具体流程如图14-3所示。

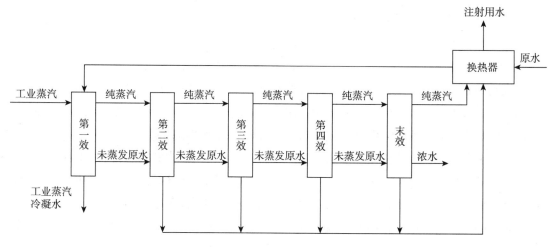

图 14 -3　多效蒸馏水机工艺流程图

多效蒸馏水机将前一效的蒸汽作为后一效的加热蒸汽，节省了生蒸汽的消耗量。但效数不是越多越好，效数的选择需要根据进口蒸汽压力而定，效数越多，入口蒸汽压力越高，需要的能耗也越高，而节省的生蒸汽量则越来越少。P. K. Sen 在理论研究中指出，多效蒸馏水机超过 10 效将会导致系统产生一系列问题：首先，入口蒸汽需要更高的压力和温度，这样就需要消耗更多的能源；第二，首效中原料水温度与饱和温度之差增大，需要系统有更长的预热管路。因此，在实际生产中多效蒸馏水机效数一般设计在 3~8 效。每一效应包括一只蒸发器和一只分离器。

气液分离器是多效蒸馏水机的关键部件，蒸馏法对原水中不挥发的有机物、无机物，包括悬浮物、胶体、细菌、病毒、热原等杂质的去除作用主要依靠的是气液分离器。目前，多效蒸馏水机的分离技术有重力沉降、折流板撞击式分离与螺旋分离等。

重力沉降是利用气液两相的密度差异导致单位体积气液两相所受重力不同实现气液分离。重力分离可使气流中液滴的残留量小于3%，但重力沉降只适用于粒径大于50μm的液滴。

折流板式气液分离元件由大量平行的金属折流板组成，气流在弯折流道中急速转向，夹带液滴在较大惯性力作用下与折流板碰撞被分离，具有通量大、压降小、易清洗、不宜堵塞等优点，但成本较高。

丝网式气液分离的原理主要有三种：直接拦截、惯性撞击和扩散拦截。直接拦截就是气体流过丝网结构时，气流中大于丝网孔径的液滴被拦截下来；惯性撞击是利用液滴惯性比气流大的特点，当夹带有液滴的气流流经丝网时，气体顺着丝网结构改变方向，而液滴由于惯性作用撞击到丝网上被分离出来；扩散拦截是针对粒径小于0.1μm的小液滴，这种液滴以不规则形式沿着流体流线运动，碰到丝网被富集分离下来。丝网分离分离效率高、安装简单、成本较低，但操作弹性小，易堵塞。

螺旋分离是利用液滴与蒸汽的密度差，在沿着螺旋轨道高速运动时，液滴和蒸汽的离心力存在很大差异，从而实现气液分离。基于螺旋轨道半径及可实现的离心力差异，螺旋分离可分为内螺旋分离和外螺旋分离两种方式。当气流经过分离器时，外螺旋对液滴产生很大的离心力，将液滴分离出去，达到理想的分离效果，内螺旋的离心加速度低于外螺旋，除沫效率不足，通常需增加丝网除沫器。

3. 热压式蒸馏水机　热压式蒸馏水机也称为蒸汽压缩式蒸馏水机，主要利用电机作为动力对蒸汽进行二次压缩，提高温度和压力后回到蒸发系统做热源循环使用，蒸发原水而制备注射用水，属于蒸汽机械再压缩技术在制药用水领域的典型应用。工业蒸汽仅用于系统初始启动、补充热损失和补充进出水温差所需热焓，从而大幅度降低蒸发器的工业蒸汽消耗，达到节能目的。

热压式蒸馏水机主要包括蒸发器、压缩机、换热器、脱气器、泵、电机、阀门、仪表和控制系统。根据制药企业的实际需求，热压式蒸馏水机可以生产出符合各国药典要求的高温注射用水（70~85℃），也可以生产出常温的（20~32℃）注射用水或纯化水，或者同时生产出两种不同温度的制药用水。

热压式蒸馏水机以自身产生的压缩蒸汽作为主要的热能，大幅提高了工作效率，其蒸发器生产不受压力容器管控，所需要的能源主要来自于电能，电能消耗的数量会根据各个热压水机结构设计的不同有所区别。热压式蒸馏水机的有效产能可达每小时20000L以上，极大地满足了我国部分化学药注射剂类、中药注射剂类与生物制品企业的注射用水高产能需求。

表 14 - 4　蒸馏设备的比较

性能	塔式蒸馏水机	热压式蒸馏水机	多效蒸馏水机
电能消耗	低	高	低
蒸汽消耗	非常高	低	高
冷却水消耗	非常高	低	高
原水要求	高	适中	高
投资成本	低	适中[①]	适中
能耗	高	低	适中
运行温度	中	中	高
单台产能	低	高[②]	适中[②]
设备噪声	低	较高[③]	低
结垢风险	中	中	高
压缩机的保养	无	有	无

注：①热压式蒸馏水机的产能越大，投资性价比越高。
　　②热压式蒸馏水机最大产能可超过每小时20000L，多效蒸馏水机最大产能在每小时10000L。
　　③热压式蒸馏水机的设备噪声与压缩机类型有关，低速直驱式压缩机噪声相对较低，高速离心压缩机噪声相对较高。

（二）纯化法

《美国药典》《欧洲药典》《中国药典》均要求注射用水的细菌内毒素含量应小于0.25EU/ml，同时要求微生物污染水平不超过10CFU。因此，纯化法必须在微生物含量及内毒素含量两方面对原水进行有效控制。

膜法是制备注射用水的新工艺，反渗透法用的较多，研究证实超滤法制备的注射用水也能符合药典要求，而且能耗及设备投资均大大低于反渗透法。

《美国药典》规定的反渗透法制备注射用水工艺：饮用水→预处理→双级反渗透→微孔过滤→注射用水。

我国有部分兽药厂在使用超滤法制备注射用水，工艺为：饮用水→预处理→电渗析→离子交换→超滤→注射用水。

◎ 第三节　制药用水系统的验证

制药用水系统的验证是为了证实整个工艺用水系统能够按照设计的目的进行生产和可靠操作的过程。验证工作分为四个方面：确认系统能够完全满足用户需求说明（URS）及 GMP 中的所有要求（设计确认，DQ）；确认系统中采用的所有关键的硬件和软件安装是否符合原定要求（安装确认，IQ）；确认工艺用水系统中使用的设备或系统的操作是否能够满足原定的要求（运行确认，OQ）；确认工艺用水系统采用的工艺是否能够按照原定的要求正常的运转（性能确认，PQ）。

一、纯化水系统的验证

水系统验证的目的就在于考验制药用水系统在未来可能发生的种种情况下，是否能够稳定地供应数量和质量均符合要求的制药用水，验证就意味着要提供这方面文字性的证据。要完成这一任务，就需要在一个较长的时间内，对系统在不同运行条件下的状况进行抽样试验。

（一）设计确认

设计确认应该贯穿整个设计过程，从概念设计到开始采购施工，应为动态过程。设计确认的通用做法是在设计文件最终确定后总结一份设计确认报告，其中包括 URS 的审核报告。以下列出制药用水系统的设计确认报告中应该包含的内容。

1. 设计文件的审核　审核制备和分配系统的所有设计文件（URS、FDS、PID、计算书、设备清单、仪表清单等）内容是否完整，保证其可用且经过批准。

2. 制备系统的处理能力　审核制备系统的设备选型、物料平衡计算书，是否能保证用一定质量标准的供水制备出合格的纯化水、注射用水，产量是否满足要求。

3. 储存与分配系统的循环能力　审核分配系统泵的技术参数及管网计算书，确认其能否满足用水点的流速、压力、温度等需求，分配系统的运行状态是否能防止微生物滋生。

4. 设备及部件　系统中采用的设备及部件的结构、材质是否满足 GMP 要求，如与水直接接触的金属材质以及表面粗糙度是否符合 URS 要求，反渗透膜是否可耐巴氏消毒，储罐呼吸器是否采用疏水性的过滤器，阀门的垫圈材质是否满足 GMP 要求等。

5. 仪表确认　系统采用的关键仪表是否为卫生级连接，材质、精度和误差是否满足 URS 和 GMP 要求，是否能够提供出厂校验证书和合格证等。

6. 管路安装确认　系统的管路材质、表面粗糙度是否符合 URS，连接形式是否为卫生级，系统坡度是否能保证排空，是否存在盲管、死角，焊接是否制定检测计划。

7. 消毒方法的确认　系统采用何种消毒方法，是否能够保证对整个系统包括储罐、部件、管路进行消毒，如何保证消毒的效果。

8. 控制系统确认　控制系统的设计是否符合 URS 中规定的使用要求。如权限管理是否合理，是否有关键参数的报警，是否能够通过自控系统实现系统操作要求及关键参数数据的存储。

（二）安装确认

在安装确认中，一般把制药用水的制备系统和储存分配系统分开进行。

1. 安装确认需要的文件　①由质量部门批准的安装确认方案。②竣工文件包。包括：工艺流程图、管道仪表图、部件清单及参数手册、电路图、材质证书、焊接资料、压力测试、清洗钝化记录等。③关键仪表的技术参数及校准记录。④安装确认中用到的仪表的校准报告。⑤系统操作维护手册。⑥系统调试记录，如工厂验收测试和现场验收测试记录。

2. 安装确认的内容　①竣工版的工艺流程图、管道仪表图或者其他图纸的确认。应该检查这些图纸上的部件、标识、位置、安装方向、取样阀位置、在线仪表位置、排水控断位置等是否正确安装。这些图纸对于创建和维持水质以及日后的系统改造是很重要的。另外系统轴测图有助于判断系统是否保证排空性，如有必要也需进行检查。②部件的确认。安装确认中检查部件的型号、安装位置、安装方法是否按照设计图纸和安装说明进行安装。如分配系统换热器的安装方法，反渗透膜的型号、安装方法，取样阀的安装位置是否正确，隔膜阀安装角度是否和说明书保持一致，储罐呼吸器完成性测试是否合格，纯蒸汽系统的疏水装置安装是否正确等。③仪器仪表校准。系统关键仪表和安装确认用的仪表是否经过校准并在有效期，非关键仪表的校准如果没有在调试记录中检查，那么需要在安装确认中进行检查。④部件和管路的材质和表面光洁度。检查系统的部件的材质和表面光洁度是否符合设计要求。比如制备系统可对反渗透单元、EDI 单元进行检查，机械过滤器、活性炭过滤器及软化器只需在调试中进行检查。部件的材质和表面光洁度证书需要追溯到供应商、产品批号、序列号、炉号等，管路的材质证书还需做到炉号和焊接日志对应。⑤焊接及其他管路连接方法的文件。这些文件包括标准操作规程、焊接资质证书、焊接检查方案和报告、焊点图、焊接记录等，其中焊接检查最好由系统使用者或者第三方进行，如果施工方进行检查应该有系统使用者的监督和签字确认。⑥管路压力测试、清洗钝化的确认。压力测试、清洗钝化是需要在调试过程中进行的，安装确认需对其是否按照操作规程成功完成并且有文件记录。⑦系统坡度和死角的确认。系统管网的坡度应该保证能在最低点排空，死角应该满足 3D 或者更高的标准，保证无清洗死角。⑧公用工程的确认。检查公用系统，包括电力连接、压缩空气、氮气、工业蒸汽、冷却水系统、供水系统等已经正确连接并且其参数符合设计要求。⑨自控系统的确认。自控系统的安装确认一般包括硬件部件的检查、电路图的检查、输入输出的检查、人机界面操作画面的检查等。

（三）运行确认

制药用水的运行确认一般也将制备系统和储存分配系统分开进行。

1. 运行确认需要的文件　①由质量部门批准的运行确认方案。②供应商提供的功能设计说明、系统操作维护手册。③系统操作维护标准规程。④系统安装确认记录及偏差报告。

2. 运行确认的内容　①系统标准操作规程的确认。系统标准操作规程（使用、维护、消毒）在运行确认应具备草稿，在运行确认过程中审核其准确性、适用性，可以在性能确认第一阶段结束后对其进行审批。②检测仪器的校准。在运行确认测试中需要对水质进行检测，需要对这些仪器是否在校验器内进行检查。③储罐呼吸器确认。纯化水和注射用水储罐的呼吸器在系统运行时，需检查其电加热功能（如果有）是否有效，冷凝水是否能够顺利排放等。④自控系统的确认。a. 系统访问权限。检查不同等级用户密码的可靠性和相应的等级操作权限是否符合设计要求。b. 紧急停机测试。检查系统在各种运行状态中紧急停机是否有效，系统停机后系统是否处于安全状态，存储的数据是否丢失。c. 报警测试。系统的关键报警是否能够正确触发，其产生的行动和结果和设计文件一致。尤其注意公用系统失效的报警和行动。d. 数据存储。数据的存储和备份是否和设计文件一致。⑤制备系统单元操作的确认。确认各功能单元的操作是否和设计流程一致。a. 纯化水的预处理和制备。原水装置的液位控制，机械过滤器、活性炭过滤器、反渗透单元、EDI 单元的正常工作、冲洗的流程是否和设计一致，消毒是否能够顺利完成，产水和储罐液位的连锁运行是否可靠。b. 注射用水制备。蒸馏水机的预热、冲洗、正常运行、排水的流程是否和设计一致，停止、启动和储罐液位的连锁运行是否可靠。⑥制备系统的正常运行。将制备系统进入正常生产状态，检查整个系统是否存在异常，在线生产参数是否满足用户需求说明要求，是否存在泄漏等。⑦储存分配系统的确认。a. 循环泵和储罐液位、回路流量的连锁运行是否能够保证回路流速满足设计要求，如不低于每秒 1.0m。b. 循环能力的确认。分配系统处于正常循环状态，检查分配系统是否存在异常，在线循环参数如流速、电导率、总有机碳等是否满足用户需求说明要求，管网是否存在泄漏等。c. 峰值量确认。分配系统的用水量处于最大用量时，检查制备系统供水是否足够，泵的运转状态是否正常，回路压力是否保持正压，管路是否泄漏等。d. 消毒的确认。分配系统的消毒是否能够成功完成，是否存在消毒死角，温度是否能够达到要求等。e. 水质离线检测。建议在进入性能确认之前，对制备系统产水、储存和分配系统的总进、总回取样口进行离线检测，以确认水质。

（四）性能确认

纯化水的性能确认一般采用三阶段法，在性能确认过程中制备和储存分配系统不能出现故障和性能偏差。

第一阶段连续取样 2～4 周，按照药典检测项目进行全检。目的是证明系统能够持续产生分配符合要求的纯化水或者注射用水，同时为系统的操作、消毒、维护 SOP 的更新和批准提供支持。对于熟知的系统设计，可适当减少取样次数和检测项目。

第二阶段连续取样 2～4 周，目的是证明系统在按照相应的 SOP 操作后能持续生产和分配符合要求的纯化水或者注射用水。对于熟知的系统设计，可适当减少取样次数和检测项目。

第三阶段根据已批准的 SOP 对纯化水或者注射用水系统进行日常监控。测试从第一阶段开始持续一年，从而证明系统长期的可靠性能，以评估季节变化对水质的影响（表 14 - 5）。

表 14 - 5　纯化水性能确认取样点及检测计划

阶段	取样位置	取样频率	检查项目	检测标准
第一阶段	制备系统/原水罐	每月一次	国家饮用水标准	国家饮用水标准
	制备系统/机械过滤器	每周一次	淤泥指数（SDI）	<4
	制备系统/软化器	每周一次	硬度	<1
	制备系统/产水	每天	全检	药典或者内控标准
	储罐和分配系统总进总回取样口	每天	全检	药典或者内控标准
	分配系统各用水点取样口	每天	全检	药典或者内控标准
第二阶段	制备系统/原水罐	每周一次	国家饮用水标准	国家饮用水标准
	制备系统/机械过滤器	每周一次	淤泥指数（SDI）	<4
	制备系统/软化器	每周一次	硬度	<1
	制备系统/产水	每天	全检	药典或者内控标准
	储罐和分配系统总进总回取样口	每天	全检	药典或者内控标准
	分配系统各用水点取样口	每周最少 2 次	全检	药典或者内控标准

二、注射用水系统的验证

注射用水系统的验证与纯化水系统的验证工作大致相同，在运行确认中，测试注射用水的取水点应为蒸馏水机的总产水口，测试项目为热原。性能确认的监测内容见表 14 - 6。

表 14 - 6　注射用水性能确认取样点及检测计划

阶段	取样位置	取样频率	检查项目	检测标准
第一阶段	制备系统供水	每周一次	纯化水药典规定项目	纯化水药典规定标准
	制备系统出口	每天	全检	药典或者内控标准
	储罐和分配系统总进总回取样口	每天	全检	药典或者内控标准
	分配系统各用水点取样口	每天	微生物、内毒素 - 每天 化学项目 - 每周最少 2 次	药典或者内控标准

续表

阶段	取样位置	取样频率	检查项目	检测标准
第二阶段	制备系统供水	每周一次	纯化水药典规定项目	纯化水药典规定标准
	制备系统产水	每天	全检	药典或者内控标准
	储罐和分配系统总进总回取样口	每天	全检	药典或者内控标准
	分配系统各用水点取样口	每天	微生物、内毒素－每天 化学项目－每周最少2次	药典或者内控标准

▷ 第四节 制药用水系统的运行和维护

制药用水系统的运行管理以降低及消除水中污染为目的。为了有效地控制制药用水系统的运行状态，有必要设定"警戒水平"和"纠偏限度"的运行控制管理标准，这一标准系指微生物污染水平而言。

警戒水平是指微生物某一污染水平，监控结果超过它时，表明制药用水系统有偏离正常运行调节的趋势。警戒水平的含义是报警，尚不要求采取特别的纠偏措施。纠偏限度是指微生物污染的某一限度，监控结果超过此限度时，表明制药用水系统已经偏离了正常的运行调节，应当采取纠偏措施，使系统回到正常的运行状态。警戒水平和纠偏限度可以认为是制药用水系统的运行控制标准，如同GMP是生产过程的标准一样，其目的是建立各种规程，以便在监控结果显示某种超标风险时实施这些规程，确保制药用水系统始终达标运行并生产出符合质量要求的水。

一、制药用水系统的持续监测

制药用水系统的日常运行，应进行在线监控和间隙监控。监控检测的取样频率应能保证工艺用水系统总是处于严格控制之中，能够连续的生产出质量合格的制药用水。

企业在系统验证数据的基础上设定取样频率，取样点应该覆盖所有的关键区域，例如水处理设备的操作位置。当然，水处理设备取样点的取样频率可以低于使用点。取样时，所取样品应具有代表性。取样器应事先进行消毒，收集样品前，应充分冲洗。含有化学消毒剂的样品在中和后方可进行微生物学分析，用于微生物学分析的样品均应处于保护之中，在取样后立刻进行微生物学检测，或者存放至测试开始之前。

在通常情况下，送、回水管每天取样1次，使用点可轮流取样，但需保证每个用水点每月不少于1次。对于不合格的使用点，再取样一次；重新化验不合格的指标；重测这个指标时，应分析原因，采取措施，直至重测这个指标合格。

由于在日常监测中所取的样品取自水处理及分配输送系统中有代表性的地方，取水样品不仅能反映水系统的最终产品水的质量，而且还能反映出系统内每一个制造单元所起的作用及性能指标、每个单元处理前后的水质情况，以及水处理工艺过程中的水样变化情况，即对水处理过程进行全面监控。

二、制药用水系统的维护

水系统日常运行中需要进行全面生产性维护，这需要对每一个特定的水系统都要建立一个预防性维护方案，以确保水系统随时都处于受控状态，确保制药用水的质量。预防性维护方案主要包括以下几方面的内容。

1. 水系统的标准操作规程 制药用水系统的日常操作及例行维护工作以及纠正性措施等,都应有书面的标准操作规程(standard operating procedures,SOP)。这些 SOP 应明确规定要求实行纠正措施的时间。SOP 及记录,要详述每一个工作的功能,安排由谁负责某项工作,并应详细描述怎样做某一项操作等。

2. 关键的质量属性和操作条件监控计划 包括对关键的质量属性和操作参数的记录以及对计划实施的监控。监控计划应包括:在线传感器或记录仪(如电导率仪及记录仪)的记录文件,实验室测试和操作参数的手工记录文件,同时还应包括监控所需的取样频率、测试结果、评估要求以及实施纠正措施要求,还包括关键仪器的校验。

3. 定期灭菌消毒计划 根据制药用水系统的设计及选择的操作条件,制定必需的定期灭菌消毒计划,以保证水系统内微生物的数量始终处于受控的状态。

4. 预防性的设备维护方案 应实施预防性维护方案(preventive maintenance procedures,PMP),该方案或计划应当阐明进行什么样的预防性维护工作,维护的频率以及如何进行维护,而且应当有书面的记录。

5. 机械系统及操作条件变化的控制 制药用水系统中机械构造形式及操作参数均应处于经常的监控状态下。若有改变,就应当对变化可能使整个水系统产生的影响进行全面评估,紧接着对整个系统重新验证,并确保其合格。在系统作出某些调整后,有关的图纸、手册及 SOP 等也应当进行相应的修订。

6. SOP 内容 制药用水系统维护保养 SOP 应包括以下的内容。

(1)若系统包括离子交换装置,则应建立离子交换树脂的再生程序。

(2)若系统包括反渗透装置,则应建立反渗透膜的消毒程序。

(3)若系统包括 EDI 装置,则应建立相应的维护保养程序(如电导率的校准等)。

(4)过滤器的消毒及更换程序,包括过滤器规格。

(5)紫外灯灭菌的光强随时间衰减,应进行光强度的监控及建立紫外灯的更换程序。

(6)储罐及配水管道的灭菌消毒程序。

(7)仪器的校准程序。

(8)活性炭过滤器的消毒及更换程序。

(9)若系统包括臭氧系统,则应建立臭氧发生器保养程序。

在对水系统进行维护保养的操作过程中,应及时记录,并与过去的记录作对比,其对比结果应当一致;当发生偏差时,应究其原因,采取纠偏措施。

目标检测

答案解析

一、选择题

1.《中国药典》规定纯化水的电导率应该( )

　　A. ≤4.1μS·cm⁻¹(20℃)　　　　　　　　　　B. ≤4.3μS·cm⁻¹(25℃)

　　C. ≤5.1μS·cm⁻¹(20℃)　　　　　　　　　　D. ≤5.1μS·cm⁻¹(25℃)

2.《中国药典》规定每 1ml 注射用水中内毒素的量应小于( )

　　A. 0.05EU　　　　　　B. 0.25EU　　　　　　C. 0.50EU　　　　　　D. 0.52EU

3.《中国药典》对纯化水和注射用水的微生物限度都提出了要求,即( )

　　A. 纯化水需氧菌总数≤100CFU·ml⁻¹,注射用水需氧菌总数≤10CFU·(100ml)⁻¹

B. 纯化水菌落总数≤100CFU·ml⁻¹，注射用水菌落总数≤10CFU·（100ml）⁻¹

C. 纯化水菌落总数≤100CFU·ml⁻¹，注射用水需氧菌总数≤10CFU·（100ml）⁻¹

D. 纯化水需氧菌总数≤100CFU·ml⁻¹，注射用水菌落总数≤10CFU·（100ml）⁻¹

4. 注射用水的贮存和分配为了能够防止微生物的滋生，可采用（ ）以上保温循环

  A. 60℃   B. 65℃   C. 70℃   D. 75℃

5. 多介质过滤器不能截留水中的（ ）

  A. 大颗粒杂质   B. 悬浮物   C. 真菌孢子   D. 细菌

6. 软化器内盛装钠型阳离子交换树脂，不能减少水中的（ ）

  A. Na^+ B. Ca^{2+} C. Mg^{2+} D. Al^{3+}

7. 反渗透又称逆渗透，是以（ ）为推动力

  A. 浓度差   B. 溶解度   C. 压力差   D. 密度差

8. 电去离子装置中，两端的阴阳电极产生直流电场，水中阳离子（ ）

  A. 透过阳离子交换膜   B. 透过阴离子交换膜

  C. 向阳极的方向移动   D. 在淡化室富集

9. 蒸馏法制备注射用水时，下列设备中更节能的是（ ）

  A. 塔式蒸馏水机   B. 热压式蒸馏水机

  C. 双效蒸馏水机   D. 三效蒸馏水机

10. 制药用水系统的验证是为了证实整个工艺用水系统能够按照设计的目的进行生产和可靠操作的

   过程，验证不包括（ ）

  A. 性能确认   B. 设计确认   C. 成本确认   D. 安装确认

二、思考题

1. 简述制药用水的分类与用途。

2. 简述制药用水系统的组成。

3. 简述纯化水的制备方法。

4. 制药用水系统的验证包括哪几个方面的内容？

5. 制药用水的质量如何控制？

书网融合……

  思政导航   本章小结   微课   题库

第十五章 制药扩大生产工艺

PPT

学习目标

知识目标

1. **掌握** 中药制药放大生产的目的、意义。
2. **熟悉** 物料衡算的方法。
3. **了解** 中药制药放大生产的方法。

能力目标 通过本章的学习，了解中药制药放大生产的必要性和方法。

中药制药工艺的研究分为实验室工艺研究（又称小试）、中试放大研究（或称中间试验阶段）以及工业生产。当小试研究完成后，需要进行至少 10 倍甚至更大倍数的放大研究，以便进一步考察工艺条件在较大规模的装置设备中的适用性及变化规律，并解决小型试验所无法解决或未发现的问题。再在中试放大的基础上进行工业化生产级别的试生产。而将实验室和中试车间试验取得的研究结果应用到工业生产中的过程就是放大。

放大的过程主要应完成：①考察小试工艺的工业化生产的可能性。由于中药制药以批生产方式为主，制备设备、制备规模的变化对生产的最佳工艺条件有很大影响。从实验室研究到工业规模生产首先是数量的变化，物料流、能量流都以百、千、万或更大的倍数增加，在实验室操作中举手可行之事，工业上却需要专门的单元操作与专用的设备。因此，将实验室操作的条件应用到工业规模化生产中不一定行得通。②核对、校正和补充实验室数据。③优化工艺条件。中药制药的生产流程是由各种不同的单元操作过程所组成。如果把实验室玻璃仪器条件下所获得的最佳工艺条件原封不动地搬到工业化生产中去，有时会影响成品的收率和质量，或者出现工艺无法按计划进行的情况，甚至会发生溢料或爆炸等不良后果。因此需在放大的过程中优化工艺条件以适应生产需要。④在中试放大过程，还应进行物料和能量衡算，产品量、经济效益、劳动强度等的计算，以评估生产中的物流、成本、时间等的协调可行性。

第一节 实验室研究与工业生产的区别

一般来说，新药开发的成果首先是在实验室完成的，但实验室研究结果只能说明其设计方案的可行性，但工艺参数不一定适用于工业化生产。中药制药工艺研究通常是在实验室完成，而中试放大研究则是在中试车间或生产车间进行，工业化规模生产就要在获得药品 GMP 验证合格的生产车间内完成。

一、实验室研究阶段

实验室通常应用小型玻璃仪器和小量原料、精纯的辅料和试剂，诸如化学纯、分析纯试剂等，完全手工操作也不存在物料输送等问题，也只需研究原料配比、制备的时间、煎煮（反应的）温度等条件。实验室研究阶段的任务是通过实验找出科学合理的制备路线和最佳的工艺条件。如果需要进行中试，则需要进一步提供如下参考资料。提供稳定的生产工艺条件，原料、中间体及产品的分析方法，质量监控标准，物料衡算方法，"三废"治理手段等，为中试放大研究提供技术支撑。

二、中试放大阶段 [e]微课

中试放大研究的任务：一方面验证和完善实验室工艺研究所确定的工艺条件，另一方面研究确定工业化生产所需设备的结构、材质、安装以及车间布局等。同时，中试放大也为临床前的药学和药理毒理学研究以及临床试验提供一定数量的药品。通过中试放大，不仅可以得到先进、合理的生产工艺，也可获得较为确切的消耗定额，为物料衡算、能量平衡、设备设计以及生产管理提供必要的数据。因此，中试放大研究是十分重要的。

从实验室到规模生产，物料量由数十、百克变为数千克、数百千克或更多，放大倍数也可由数十至数万倍。在放大过程中常会遇到小试中没有出现过的问题。实践表明：放大倍数愈大，实施的风险也愈大。处于高放大倍数时工程上往往分成几步走，例如将放大 5000 倍分成 50×100 倍的两步走，在 50 倍的中试工作中观察现象、采集数据、取得经验比较容易。一旦掌握规律，就可以进行第二轮 100 倍的放大，这种做法每一轮的放大效应相对要小些，容易熟悉事物的规律，在第一轮即使做失败，其经济损失也较小，便于寻找问题与总结经验，是比较稳妥、分散风险的方法。

中试车间通常采用与工业生产一样材质的设备器械，应用工业级原料，按照实验室最佳工艺条件进行操作。经过一系列的实验研究之后，可以核对、校正和补充实验室获得的数据。与放大前比较，放大后出现过去没有的现象、问题、规律等称为放大效应，例如在实验室进行提取工艺试验时，由于所用药材量小，水沸腾的力量即可将药材搅拌起来，提取均匀且充分，但是在大生产时，几百千克药材，水沸腾无法达到搅拌的作用，则需要额外的搅拌或循环，以保证提取的充分程度。

人们比较熟悉的是几何相似（放大），在实验规模－中试－大生产的过程中所研究的也是一种相似，例如无因次数（如雷诺数等）相似。对于中试或生产过程的放大效应进行客观的评估，通过中试，认识放大效应并采取应对措施，可以大大减少中药生产中因高的放大倍数而引起的风险。

中试放大采用的装置，可以根据工艺条件和操作方法等进行选择或设计，并按照工艺流程进行安装。中试放大也可以在适应性很强的多功能车间中进行。这种车间一般拥有各种规格的中小型提取浓缩罐和后处理设备，各个工艺罐不仅配备搅拌器，还可以以水或乙醇为提取介质，并配有蒸汽、冷却水等各种配管，而且还附有挥发油收集装置，可以进行回流（部分回流）工艺，能够适应一般中药提取浓缩的各种不同工艺条件。此外，粉碎工艺、醇沉工艺、分离工艺、纯化工艺和干燥工艺等以及有机溶剂的回收等也有通用性设备。这种多功能车间适合多种产品的中试放大，进行中药新药样品的制备或进行多品种的小批量生产。在这种多功能车间中进行中试放大或生产试制，不需要按生产流程来布置生产设备，一般根据工艺过程的需要来选用工艺设备。

本阶段的目的就是要设法解决"小样放大"时遇到的各种工艺问题，为工程设计提供必要的工程数据或技术资料，同时培养一批符合要求的技术人员。

三、工业化生产阶段

中试放大的结果提供了工业化生产的可行性以后，根据市场的容量和经济指标的预测，进行工厂新建（或扩建）设计。在设计、建厂、设备安装完成以后，进入试车阶段，如果一切顺利的话，即可进行正式生产。正式生产以后，工艺研究还需要继续进行，这是因为：正式生产以后，生产工艺上会继续发现许多以前没有发现的问题；对中间体和产品收率和质量的要求不断提高；随着药材、原料供应和新工艺、新技术的发展，常常迫使车间采用新工艺或新设备，这就需要重新研究工艺过程和工艺条件；副产品和"三废"的回收、综合利用及后处理问题在中试研究阶段是不可能全部解决的。

从以上各阶段的具体分工可以看出，实验室研究与工业化生产有着显著区别（表 15-1）。从实验室小型研究到工业化规模生产的过渡中，许多因素对中药制药工艺过程和有关单元操作有从量变到质变的影响。因此，结合实际情况做好两者间的衔接工作十分重要。

例如，实验室往往采用化学纯级、分析纯级试剂，杂质受到较严格控制，但工业化生产不可能使用试剂级原料。工业级原料中混入的微量杂质，可能造成产品质量的波动或者工艺过程的失败。如果将实验室技术直接用于工厂生产，因原料来源不同，导致失败的例子屡见不鲜。新药制备工艺开发研究的深入阶段，应该采用易获得的工业级原料来重复实验。研究人员要对采购的原料、辅料和试剂等进行检测，结合工艺研究制定原材料质控标准。研究人员还必须考虑经济原因。开发研究伊始，就应注重在保证工艺性能的前提下，选择性价比高的原材料，这样才能保证开发工作有市场竞争力。

又如，物料的转移不同于实验室操作。实验室小型设备之间的物料转移主要通过倾倒法，对物料的流动性要求不高，对于设备内壁的残留，基本都会通过刮抹将残留降到最低，因此其流动状态、管道残留等问题在实验室阶段都不涉及。在放大生产或工业生产中，设备增大，物料重量体积增大，物料需要通过管道从一个工位输送到下一个工位，人为的干预变得困难，金属管道内部的情况也很难观察和控制。因此，在小试研究时的工艺收率往往很高，到了中试和工业化生产时收率急剧降低，如果管道问题解决不当，不但损失物料，还会产生清场困难的问题。因此，在物料流动性、残留性及设备选型上，工业化生产面临的问题远比实验室复杂。

总之，实验室初步工作完成之后，要结合工业化的具体情况，针对所完成工作与工业化现实的不同点，逐步开展深入研究，进行小型工业模拟试验和中试放大试验，取得工业生产所需的资料和数据，为工程设计和工业化生产奠定基础。

表 15-1　实验室研究和工业化生产的不同点

比较内容	实验室研究	工业化生产
目的	考察工艺路线，确定可行方案	提供大量合格产品，获得经济效益
规模	尽量小，通常按克计	由市场决定，按千克或吨计
总体行为	方便、省事、不计成本	实用，强调经济指标
原料	多用市售药材饮片	用药材，需进厂炮制并检验
基本状态	物料少，设备小，趋于理想状态	物料量大，设备大，非理想化
操作方式	多为间歇式工艺	倾向采用连续化，提高生产能力
设备条件	多为玻璃仪器	多在金属和非金属设备中进行，要考虑选材和选型
物料	很少考虑回收，利用率低	因经济和连续化以及单程转化率等原因，必须考虑物料回收、循环使用等问题
三废	需处理量小，易于处理	三废排量大，必须考虑处理方法，三废经处理后达标排放
能源	很少考虑	要考虑能源的综合利用

⊗ 第二节　放大试验的基本概念与方法

常用的中试放大方法有经验放大法、相似放大法和数值模拟放大法。经验放大法主要凭借经验逐级放大（实验装置、中间装置、中型装置、大型装置），摸索工艺设备的特征。此种方法是制药工艺研究和药物制备科研中采用的主要方法；相似放大法主要应用相似理论进行放大，此法有一定局限性，一般只适用于物理过程放大，而不宜用于化学工艺过程放大；数值模拟放大法应用计算机技术放大，是今后中试放大的发展方向。

此外，随着工艺工程理论的不断发展，近年来形成了质量源于设计理论指导药物研发及生产放大的方法。此法主要使用科学的实验设计强化工艺过程理解、解析工艺参数与质量属性关系、建立工艺控制数学化模型；采用过程分析技术（process analytical technology，PAT）及时测量原料、生产过程中的物料及过程的关键质量和性能指标，确保最终产品质量。

一、经验放大法

放大过程缺乏依据时，只能依靠小规模试验成功的方法和实测数据，结合开发者的经验，不断适当加大试验的规模，修正前一次试验的参数，摸索工艺过程的规律。这种放大方法，称为经验放大法，亦称逐级经验放大法。

目前在制备药物的工艺研究中，中试放大主要采用经验放大法。由于中药制药过程流程长，操作单元多，机制多数不明确，因此经验放大法是中药制药传统放大方法。但由于经验放大法对过程缺乏足够的理解，开发时间长，耗资大，所得结果重现性较差，在放大过程中会出现各种各样的"放大效应"，导致中试生产的产品质量不理想。

采用经验放大法的前提条件是放大的工艺装置必须与提供经验数据的装置保持完全相同的操作条件。本法适用于工艺的搅拌形式、结构等工艺条件相似的情况，而且放大系数不宜过大。如果希望通过改变工艺条件或设备的结构来优化设计与操作方案，经验法是无能为力的。

经验放大法是根据空间体积得率相等的原则进行，即虽然工艺规模不同，但单位时间、单位体积工艺器具所生产的产品量（或处理的原料量）是相同的。通过物料衡算，求出为完成规定的生产任务所需处理的原料量后，得到空间体积得率的经验数据，即可求得放大工艺所需工艺的容积。

由于气体的流动、传递等性质规律较为简单，气相的工艺可以进行较高倍数的放大。但是人们对液体和固体的性质、运动规律认识较少，对复杂的多相体系认识则更为粗浅，缺乏足够数据，所以中药制药主要涉及的液相、固相或多相体系的放大工作较为困难，只能按 10~50 倍进行放大。

经验放大法是经典的放大方法，其缺点是缺乏理论指导，对放大过程中存在的问题很难提出解决方法，放大系数不能太高，开发周期较长，开发成本较高。

二、相似放大法

在工艺放大过程中主要存在几何相似、运动学相似、动力学相似。相似性放大通常采用量纲分析方法进行小试到中试放大过程。但由于物料及设备表面粗糙度的不同、设备机械原理的差异等，很多工艺过程与理想状态有一定偏差，只能称为近似的相似过程，此时则需要在放大过程中进行校正，确定放大比例的影响。利用相似原理放大，也仅限于物理过程。

在中试放大过程中，采用相似性放大方法研究具有以下特点：①减少了放大过程描述关键质量属性的工艺参数的数量；②维持了小试规模到生产规模制剂工艺过程的相似性；③对工艺的关键物理属性认识更深，也能对单个物理量的范围进行确认；④参数选择灵活，无量纲参数使用不受限制。

相似性放大方法应用时首先应确定参数。试验进行前要进行量纲分析，在此基础上给出尽可能完善的关联参数表，即描述工艺过程的关键物理参数。根据具体情况，为了验证有关自变量的影响，需进行一些特定的预试验确定关键工艺参数和关键物理属性。其次，应确定设备尺寸。确定中试放大设备与小试（实验室研究）设备尺寸的关系，即放大因子。当放大因子增大时，会降低放大的精确度和灵敏度。再次建立放大规律。通常基于量纲分析的相似性方法，在放大过程中可维持几何、动力和运动的相似。由小试试验确定影响关键质量属性的关键工艺参数和关键物料属性，再对其进行量纲分析，并通过小试数据确定特征经验方程中的指数和系数，在放大过程中维持方程恒定为常数的放大规律。

如高速搅拌湿法制粒过程中，通常是根据以下公式进行放大。

$$\frac{\omega_2}{\omega_1} = \left(\frac{D_1}{D_2}\right)^n \tag{15-1}$$

式中，ω_1为小试制粒叶轮的转速；ω_2为放大制粒叶轮的转速；D_1为小试制粒锅的尺寸；D_2为放大制粒锅的尺寸。

当$n=1$时，维持恒定的叶轮叶尖速度；当$n=0.8$时，维持经验的剪切应力恒定；当$n=0.5$时，维持恒定的弗劳德数（Fr）进行放大，Fr是惯性与重力的比值，在放大过程中采用Fr可保持不同规格设备内的动力学相似。

最后验证放大结果。采用相似性放大法进行中试放大研究过程中，为了确保工艺的稳定性，通常需要对放大结果进行评价，如在放大过程中关键质量属性与小试工艺接近，波动范围较小，则可认为能够顺利放大。对于简单工艺操作，维持特征经验方程为常数能够实现工艺的中试放大；而对于复杂工艺，则需要通过特征方程的经验加权，将不利因素降到最低。

三、数值模拟放大法

数值模拟放大也称为计算机控制下的工艺学研究，是采用各种数学物理模型，利用计算机在给定边界条件下求解控制方程的数学问题实现中试放大的方法。今后会成为放大理论研究的主要方向。

数值模拟放大法（图15-1）的基础是建立数学模型。数学模型是描述工业工艺器中各参数之间关系的数学表达式。由于制药工艺过程的影响因素错综复杂，要用数学形式来完整地、定量地描述过程的全部真实情况是不现实的，因此首先要对过程进行合理的简化，提出物理模型，用来模拟实际的工艺过程。再对物理模型进行数学描述，从而得到数学模型。有了数学模型，就可以在计算机上研究各参数的变化对过程的影响。数值模拟放大法以过程参数间的定量关系为基础，不仅避免了相似放大法中的盲目性与矛盾，而且能够较有把握地进行高倍数放大，缩短放大周期。

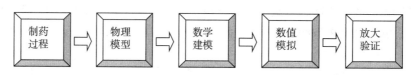

图15-1 数值模拟放大法示意图

在药物开发过程中，常用的数值模拟放大方法有离散元放大法、基于有限元的计算流体力学放大法等。离散元法是把整个介质看为是由一系列离散的独立运动粒子（单元）组成，单元本身具有一定的几何（大小、性状、排列等）、物理和化学特征，其运动状态受经典力学方程控制，整个介质的变形和演化可通过各单元的运动和相互位置描述。计算流体力学的理论基础是理论流体力学和计算数学，通过数值方法求解流体力学控制方程，得到流场离散定量的描述，并与此预测流体运动规律的学科。如包衣过程可采用离散元放大方法压片过程，采用有限元放大方法等进行相应的模拟。

近年来，随着各种物理模型的深入研究及对药物开发工艺过程的深入理解，已出现将不同模型耦合，利用各模型的优势模拟工艺过程的相关报道，如利用离散元模型与计算流体力学模型研究流化床制粒粉体聚集过程。

必须清醒地认识到，数学模型只是一种工作方法，其本身并不能揭示放大规律。模型的建立、检验、完善，都只有在大量严密的试验工作基础上才能完成。

数值模拟放大应用首先应确定关键质量属性。根据需要模拟的实际过程，选择合适的模型描述单元操作过程，制剂工艺的各单元操作根据其流体特点及操作终点的差异，所侧重的研究内容也各不相同，如对压片过程问题着重研究轴向和径向力场特征及与此相关的应力分布。

模拟过程的建立包括：①在计算机上建立所需要模拟的单元操作模型，这个过程中应根据模拟的实际过程进行合理的抽象、简化和概况，选择合适的模型描述各个单元操作模块，再根据实际生产操作过程将各模块连接起来，形成完整的模拟工艺单元。②根据模拟的需要完成必须和可选的变量输入，包括名称、单位、组成，也包括物料属性、设备尺寸、操作参数、目标参数等。③编制、调试数值求解的计算机程序或软件。④对模拟结果的验证。因为在数值模拟是基于特定的数学物理模型、数值方法，并对参数、边界条件进行理想化处理，势必影响程序的准确性和可靠性，因此在应用计算机数值模拟解决中试放大过程中的实际问题时，须将模拟结果与实验数据进行对比，以确定程序的准确度、预测能力和适用范围，也可以提供模型优化的方向和数据。

数值模拟放大的方法可以提供传统实验手段难以获得的大量信息，但作为新型的放大方法，数值模拟技术还有待提高准确性和预测能力。在完善模拟放大模型理论的同时，在真实实验数据的指导下优化模型计算规则，是提高数值模拟预测能力的重要手段。

四、设计放大法

近年来，随着自动化、信息化、过程分析技术、大数据分析等技术的进步，带动了中药工业的发展。从质量源于检验向质量源于设计（quality by design，QbD）的理念转变。行业内部也逐渐认识到中药生产过程质量控制技术是保障中药产品质量一致性的关键。广泛获取和挖掘生产过程的数据和信息，提升质量控制技术，不但可以推动中药产品质量的提升，也对中药生产放大过程具有相互促进的作用。

质量源于设计是一个科学的、基于风险的、全面主动的药物开发方法体系，从产品概念到工业化均精心设计，是对产品属性、生产工艺与产品性能之间关系的透彻理解。对于药品生产企业来说，使用质量源于设计将提升新产品和现有产品的工艺能力和灵活性，持续降低药品注册、生产和管理成本。

>>> **知识链接** o -

质量源于设计

质量源于设计（quality by design，QbD）的相关理念源于 20 世纪 70 年代 Toyota 为提高汽车质量而提出的创造性的概念。2004 年，美国 FDA 在《Pharmaceutical CGMPs for the 21st century – A Risk Based Approach》报告中正式提出了 QbD 的概念，并被人用药品注册规定国际协调会议（ICH）纳入质量体系当中，明确指出药品质量不是通过检验注入到产品中，而是通过设计赋予的。

- -•

（一）实验设计

质量源于设计强调对产品和工艺的理解以及对工艺过程的控制。在质量源于设计方法体系内，实验设计（design of experiment，DOE）是建立药材原料、工艺参数与中间物料及产品质量之间关系的关键技术工具，根据目的通常分为两个阶段，第一阶段为因子筛选阶段，常利用因子筛选设计法、析因设计法等，从众多因子中筛选少量对相应变量有显著影响的因子，忽略部分交互作用和高阶效应，建立形式简单、精确度相对较低的数学模型；第二阶段为关键因素工艺优化试验，根据因子筛选结果，选择响应曲面设计法，建立能够符合产品质量要求的设计空间。

实验设计是对实验的计划和安排过程，以便收集到能够通过统计方法分析的数据，从而得出有效、客观的结论。自美国 FDA 推行质量源于设计理念以来，实验设计方法已经在药品开发过程中得到广泛应用，在强化工艺过程理解、解析工艺参数与质量属性关系、建立工艺控制数学化模型方面均有许多文献报道。

如将党参的醇沉工艺，通过因子筛选法设计，建立浓缩液固含量、乙醇与浓缩液质量比、乙醇浓度三个工艺参数与总黄酮保留率、总固体去除率和色素去除率三个关键质量指标之间的数学关系。

又如对垂盆草提取物的流化床制粒工艺，利用响应曲面试验设计，考察流化床制粒中黏合剂加入速度，液固比和进风温度对颗粒粒径的影响，并分别用相应曲面回归模型及偏最小二乘回归模型研究过程参数对粒径分布进行拟合。研究表明，通过合理的实验因素水平组合和安排，建立多元拟合模型，能够全面解析工艺参数间交互作用，辨析对质量属性的线性和非线性效应，与上述传统工艺研究方法相比，在工艺过程理解方面体现出显著的优势，并为生产过程优化控制策略建立提供了基础。

设计放大常与数值模拟放大结合使用，在 QbD 的指导下进行数值模拟放大，通过数学模型实现 QbD 策略。

（二）工艺过程分析技术

在药品生产过程中，过程参数在控制范围外的偏移、原始物料的波动（如杂质干扰）以及环境中的扰动等都会造成批次间的波动，影响产品质量。如果这些波动得不到及时的监测和调整，将可能导致整个批次的失败，甚至后续多个批次的损失。应用过程分析技术对药品生产放大过程进行监测和控制是提高中试放大效率的方法，也是保证生产过程药品质量稳定均一的有效方法。

美国 FDA 发布的工艺过程分析技术指导方针，将过程分析技术定义为一种用于设计、分析和控制生产过程的方法，通过及时测量原料、生产过程中的物料及过程的关键质量和性能指标，达到确保最终产品质量的目的。

工艺过程分析技术的发展经历了不同层次的发展阶段。从最简单的概念上讲，工艺过程分析技术以传感器的发展为前提，此仪器能对工艺属性进行在线或即时监控。只要在实验室规模中使用的分析方法经验证具有一定精确度，就可以在多种条件下（搅拌器速度、混合时间、干空气温度、湿度和容量等）通过此分析方法获得关于过程性能的大量信息（搅拌均匀性、颗粒的粒度分布、湿度等）。统计模型可以将可见变量与其他性能属性（片剂硬度、含量均一度、溶出度）相互联系，在此条件下确定符合性能预测范围的变量值。

在连续或半连续工艺中（如压片过程），工艺过程分析技术的主要作用不是确定工艺的终点，而是作为一个反馈或前馈控制策略的成分，将工艺（产品）性能控制在希望的范围内。这种方法十分复杂，而且需要高水平的预测理解力，包括理解可控变量对性质属性的动力学作用。不过，只要开发出恰当的控制方案，放大就可以被简化成连续或半连续的过程。

而在更复杂的交叉层次，工艺过程分析技术还需要使用分析模型，配合建模方法，发展出能对参数（原材料性质、过程参数、环境）与产品性能之间关系进行定量预测的模型。通过预测模型，不仅可以实现工艺放大，还能制定一个定量标准，进而通过此标准解决放大过程中的相似性问题。而且通过模型既可以确定设计范围和目标函数在不同规模中的变化，还能预测将要建造的设备的最佳条件。

虽然原材料性质、市场环境及调控限制等作用是不确定的，但是工艺设计者可以通过预测模型进行预先研究，在此基础上建立适应新环境的制造系统，这样的系统适应一定的条件变化。

基于质量源于设计理念的药品研发方法，是符合现代化、自动化、数据化潮流和发展方向的，也是"培养宏大的高素质劳动者大军"的重要途径。因此在中药小试研发阶段应建立符合质量源于设计的关键质量控制方法，并在中试放大过程，利用质量控制方法及工艺过程分析技术高效地实现放大生产，这种方法既能降低研发成本，又可以提高产品质量。

◈ 第三节　制药工艺放大的研究内容

中试放大（中间试验）是对已确定的工艺路线的实践审查，不仅要考察收率、产品质量和经济效益，而且要考察工人的劳动强度。中试放大阶段对车间面积、车间布置、安全生产、设备投资、生产成本等也必须进行谨慎的分析比较，最后审定工艺操作方法、工序的划分和安排等。

确定工艺路线后，每步中药制备工艺不会因小试、中试放大和大型生产条件不同而有明显变化，但各步最佳工艺条件，则可能随试验规模和设备等外部条件的不同而需要调整。中试放大是药品研发到生产的必由之路，也是降低产业化实施风险的有效措施，是连接实验室工艺和工业化生产的桥梁，可为产业化生产积累必要的经验和试验数据，具有重要意义。中试放大阶段的研究任务应归纳为以下几点，应根据不同情况，分清主次，有计划、有组织地进行。

一、工艺条件的进一步筛选优化

实验室阶段获得的最佳工艺条件不一定能符合中试放大要求，应该对其中的主要的影响因素，如工艺过程中（放热过程）的加料速度、工位罐的传热面积与传热系数以及制冷剂等因素等进行深入的试验研究，掌握它们在中试装置中的变化规律，以得到更合适的工艺条件。

例如，山茱萸配方颗粒的小试工艺采用喷雾干燥法进行干燥，小试研究所用物料用量少，干燥速度快，添加少量的辅料即可以顺利干燥。但是该配方和工艺参数在中试放大中出现问题，中试放大物料增多，干燥时间延长，干燥粉末在收集器内停留时间长，导致二次吸湿，粉末结块发黏，难以保证产品质量。因此，改变工艺条件采用带式真空干燥法，重新进行放大研究，解决了产品质量问题。

又如采用流化床一步制粒法制粒，将某片剂一次投料量从 15kg 放大到 150kg，黏合剂用量为 5%（质量分数），表 15 - 2 为过程参数的对比。由于空气体积与喷射速度比例改变，入口空气温度需要重新计算。空气体积增加 13 倍，喷射速度只增加了 8 倍，因此入口空气的温度需要降低到 50℃。为避免黏合剂在雾化过程中出现喷射干燥，干燥能力也要进行调整（温度降低 5℃）。最终得到了合格的颗粒。

表 15 - 2　从 15kg 到 150kg 放大过程的参数对比

过程参数	生产规模	
	15kg	150kg
气流（$m^3 \cdot h^{-1}$）	300	4000
入口空气温度（℃）	55	50
喷射速度（$g \cdot min^{-1}$）	100	800
喷射气压（MPa）	0.25	0.50
容器底部横截面积（m^2）	0.06	0.77
喷嘴数量	1	3

二、设备的选择

在实验室研究阶段，大部分工艺在玻璃仪器中进行。在工业生产中，工艺物料要接触到各种设备材质，有时某种材质对某一工艺有显著影响。例如以白芥子煎液的特征图谱为指标，考察不同煎煮器皿对白芥子煎液特征图谱的影响，结果显示传统砂锅、玻璃圆底烧瓶、不锈钢锅所制煎液的特征图谱相似度分别为 0.98、0.82、0.68，说明白芥子用砂锅与不锈钢锅煎煮获得的结果差异较大，不能直接进行参数放大，要么改变设备材质，或者调整工艺参数。又如含水 1% 以下的二甲基亚砜对钢板的腐蚀作用极微，但含水达 5% 时则对钢板有强烈的腐蚀作用，但对铝的作用极微弱，故可用铝板制作成含水 5% 左右二甲基亚砜的盛装贮存容器。

药物制备的工艺大多为非均相工艺，其工艺热效应较大。在实验室中由于物料体积较小，搅拌效率好，传热、传质的问题表现不明显，但在中试放大时，由于搅拌效率的影响，传热、传质的问题就会突出地暴露出来。因此，在中试放大中必须根据物料性质和工艺特点，研究搅拌速度对工艺的影响规律，以便选择合乎要求的搅拌器并确定适宜的搅拌转数。有时搅拌转数过快亦不一定合适。例如，由儿茶酚与二氯甲烷在固体烧碱和含有少量水分的二甲基亚砜存在下制备黄连素中间体胡椒环的中试放大时，初时采用180转/分（实验室操作时的搅拌速度）的搅拌速度，因搅拌速度过快，工艺过于激烈而发生溢料。后经过多次试验、考查将搅拌速度降至56转/分，并控制工艺温度在90～100℃（实验室操作时为105℃），结果胡椒环的收率超过实验室水平，达到90%以上。

图 15-2　胡椒环的制备

三、原辅材料和中间体的质量监控

为解决生产工艺和安全措施中的问题，须测定原辅材料、中间体的物理性质和化工参数，如比热、黏度、爆炸极限等。如 N, N - 二甲基甲酰胺（N, N - dimethyl formamide，DMF）与强氧化剂以一定比例混合时易引起爆炸，必须在中试放大前和中试放大时作详细考查。实验室条件下这些质量标准未制定或虽制定，但欠完善时，应根据中试放大阶段的实践进行修改或制定。

四、安全生产与"三废"防治措施的研究

实验室阶段由于物料量少，对安全与"三废"问题只能提出些设想，但到中试阶段，由于处理物料数量增大，安全生产与"三废"问题明显地表现出来了，因此，在这个阶段应对使用易燃、易爆和有毒物质的安全生产与劳动保护等问题进行研究，提出妥善的安全技术措施。

第四节　物料衡算

当中试放大各步工艺条件和操作方法确定后，应就一些收率低、副产物多和"三废"较多的工艺进行物料衡算，以便摸清生成的气体、液体和固体工艺产物中物料的种类、组成和含量。工艺后生成的目的物和其他产物的重量之总和等于工艺前各种物料投料量的总和，这是物料衡算应达到的精确程度，最终为解决薄弱环节、挖掘潜力、提高收率以及副产物的回收与综合利用"三废"的防治提供数据。此项研究主要是气体、液体和固体混合物中各种化学成分的定性、定量分析工作，对无分析方法者还须进行分析方法的建立。

物料衡算是化工计算中最重要的内容之一，也适用于中药制药的生产。它是能量衡算的基础，通过物料衡算，可深入分析生产过程，对生产全过程有定量了解，就可以知道原料消耗定额，揭示物料利用情况；了解产品收率是否达到最佳数值，设备生产能力还有多大潜力，各设备生产能力是否匹配等。

一、物料衡算的理论基础

物料衡算是利用质量守恒定律，对制药过程中的某一体系内进、出物料及组成的变化情况的计算过程。通过物料衡算，得到进入与离开某一过程或设备的各种物料的数量、组分以及组分的含量，即产品的质量、原辅材料消耗量、副产物量、"三废"排放量以及水、电、蒸汽消耗量等。因此，进行物料衡

算时，必须首先确定衡算的体系，也就是物料平衡的范围。可以根据实际需要人为地确定衡算体系。体系可以是一个设备或几个设备，也可以是一个单元操作或整个工艺流程。制药物料衡算的理论依据是质量守恒定律，即在一个孤立物系中，不论物质发生任何变化，它的质量始终不变。

制药的物料衡算有两种情况，一种是针对已有的生产工艺或生产设备，利用已测定的数据，算出不能直接测定的物料量。用此计算结果对制药过程实际生产状况进行分析和控制。例如，生产过程中为什么会出现反常情况，怎么才能降低物耗。另一种是设计新产品的工艺流程或改造生产设备，根据制药工程设计任务，先作出物料衡算，再作出能量衡算，从而确定制药生产设备尺寸及整个工艺流程。这主要是医药工程技术人员的任务，所以进行设备的改造和工艺流程的设计都离不开物料衡算。

1. 制药过程的类型　制药过程的类型按照操作方式不同可以分为间歇操作和连续操作；按照操作条件不同可以分为稳定状态操作和不稳定状态操作；按照有无化学反应过程可以分为无化学反应的物理过程和有化学反应的化学过程；按照物料衡算范围不同可以分为单元操作（或单个设备）和全流程（包括各个单元操作的全套装置）操作。

2. 制药物料衡算式　制药物料衡算是研究某一个制药体系内进出的物料量及组成的变化。制药体系可以是一个制药设备或几个制药设备，也可以是一个制药单元操作或整个制药过程。制药体系是制药物料衡算的范围，它可以根据需要人为地选定。对于任何一个制药体系，物料衡算的平衡关系式可以表示如下。

$$输入的物料量 - 输出的物料量 - 反应消耗的物料量 + 反应生成的物料量 = 积累的物料量$$
$$(15-2)$$

（1）不稳定过程物料衡算式不稳定状态　制药体系内"积累的物料量"一项不等于零，可应用式（15-2）作不稳定过程的物料衡算。当积累项为正值时，表示物料量增加；当积累项为负值时，表示物料量减少。

（2）稳定过程物料衡算式稳定状态　制药体系内"积累的物料量"一项等于零，稳定过程的物料衡算的平衡关系式可以表示如下。

$$输入的物料量 - 输出的物料量 - 反应消耗的物料量 + 反应生成的物料量 = 0 \qquad (15-3)$$

对于不稳定状态的物理过程，物料衡算的平衡关系式可以表示如下。

$$输入的物料量 - 输出的物料量 = 积累的物料量 \qquad (15-4)$$

对于稳定状态的物理过程，物料衡算的平衡关系式可以表示如下。

$$输入的物料量 - 输出的物料量 = 0 \qquad (15-5)$$

二、物料衡算的确定

在进行制药物料衡算和能量衡算时，计算基准的选择至关重要。在制药物料衡算中，根据制药过程的特点选择的计算基准大致有以下几种。

1. 时间基准　以单位时间，如1天、1小时等的投料量或产品产量作为计算基准，如千克/小时。

2. 质量基准　选取原料或产品的单位质量作为计算基准，如1kg、1kmol的原料作为计算基准。

3. 体积基准　在对气体物料进行物料衡算时，应把实际状况下的体积换算为标准状况下的体积。

4. 干湿基准　制药生产中的物料均含有一定的水分，需要考虑是否计算水分问题。如果不把水分计算在内称为干基，反之为湿基。

5. 设备操作基准　每年设备操作时间的设定，如车间设备每年正常开工生产的天数，一般以200天计算。对于工艺技术尚未成熟或腐蚀性大的车间一般以100~180天或更少一些时间计算。

三、衡算指标与衡算步骤

为了进行物料衡算，应根据制药企业操作记录和中间试验数据收集下列各项数据：工艺产物的配料比；原辅材料、半成品、成品及副产品等的浓度、纯度或组成；车间总产率；阶段产率；转化率。

1. 转化率 对某一组分来说，工艺物料所消耗的物料量与投入工艺物料量之比简称该组分的转化率。一般以百分率表示。

$$X_A = \frac{消耗 A 组分的量}{投入 A 组分的量} \times 100\% \qquad (15-6)$$

2. 收率 某主要产物实际收得量与投入原料的量之比值称为收率（产率），用百分率表示。

$$Y = \frac{产物实际得量}{按某一主要原料计算的理论产量} \times 100\% \qquad (15-7)$$

$$或 \qquad Y = \frac{产物收得量折算成原料量}{原料投入量} \times 100\% \qquad (15-8)$$

3. 选择性 各种主、副产物中，主产物所占分率。

$$\varphi = \frac{主产物生成量折算成原料量}{反应掉的原料量} \times 100\% \qquad (15-9)$$

实际测得的转化率、收率和选择性等数据可作为设计工业化工艺器具的依据，这些数据是作为评价这套生产装置效果优劣的重要指标。

四、车间总收率

通常，指标成分的收率是由各工艺工序的收率叠加组成，车间总收率与各个工序收率的关系为：

$$Y = Y_1 \times Y_2 \times Y_3 \cdots \qquad (15-10)$$

式中，Y 为车间总收率，Y_1，Y_2，$Y_3 \cdots$ 代表各个工序的收率。

在计算收率时，必须注意质量的监控，即对各工序中间体和药品纯度要有质量分析数据。

▷ 第五节 物料衡算实例

在进行制药物料衡算时，建议采用以下步骤计算，可避免出现错误。同时还可以培养逻辑思维，训练解题方法，有助于今后解决复杂的问题。

（1）收集、整理计算数据 收集时应注意资料的可靠性及适用范围，所收集的数据应统一使用国际单位制。计算数据包括设计任务数据、物性数据及工艺参数。

（2）确定衡算范围 画出物料流程简图，进行制药物料衡算时，首先应该根据已知的条件画出流程简图。流程图中用简单的方框表示制药过程中的设备，用带箭头的线条表示各个物料的流向和途径，并标示出各个物料的变量。通过画物料流程简图，可以将各物料的已知变量和未知变量清楚地标记在简图上帮助分析，有助于列制药物料衡算式。

（3）选择合适的计算基准 计算基准在过程中要始终保持一致，选取适合的计算基准，并在流程简图中标明。

（4）列出物料衡算式 依据物料衡算体系的实际情况列出所有独立的物料衡算方程式，求解。

（5）整理计算结果 将物料衡算的计算结果列成输入－输出物料衡算表。当进行工艺设计时，还需将结果在流程简图中标示出来。

一、年产亿粒××胶囊剂物料衡算实例

例 15-1 以××硬胶囊剂的生产工艺流程为依据，按照生产工艺资料数据，对××硬胶囊剂生产工艺过程进行物料衡算。生产工艺资料数据如下。

生产能力：4 亿粒/年，规格：单粒重 0.5g，年工作日：200 天，单班生产，每班 8 小时工作制。

解：

1. 画流程简图

水 ↓

原料、辅料 → 湿法制粒 → 干燥 → 整粒、批混 → 灌装抛光 → 包装

图 15-3 硬胶囊剂生产流程图

2. 选择计算基准，进行计算

按照每天生产量作为计算基准，可得

$$年制粒量：4 \times 10^8 \times 0.5 \times 10^{-3} = 2.0 \times 10^5 kg$$

$$日制粒量：2.0 \times 10^5 \div 200 = 1000kg$$

每一步骤物料损耗基本稳定，平均每步损耗为 0.1%～0.3%，为保险起见均按 0.3% 计算，则以日产量为基准进行物料衡算过程如下。

外包装过程物料无损失，则内包后物料质量 1000kg，而内包过程损失 0.3%，故内包前物料质量为

$$1000 \div (1 - 0.3\%) = 1005.03kg$$

灌装及抛光过程损失 0.3%，则灌装前颗粒质量为

$$1005.03 \div (1 - 0.3\%) = 1010.08kg$$

整粒、批混过程损失 0.3%，则整粒总混前颗粒质量为

$$1010.08 \div (1 - 0.3\%) = 1015.16kg$$

干燥产品质量为 1015.16kg，干燥过程损失 0.3%，则湿法制粒时其中的干基总质量为

$$1015.16 \div (1 - 0.3\%) = 1018.21kg$$

由前所述，湿法制粒获得的颗粒干基总质量为 1018.21kg，假设制粒过程损失 0.3%，则总投料量为

$$1018.21 \div (1 - 0.3\%) = 1021.27kg$$

胶囊数量计算：年产硬胶囊 4 亿粒，年工作日 200 天，8 小时/班，单班制。每天制得硬胶囊剂数量为

$$4 \times 10^8 \div 200 = 2.0 \times 10^6 粒$$

每个小时制得硬胶囊剂为

$$2.0 \times 10^6 \div 8 = 2.5 \times 10^5 粒$$

二、批提中药材的生产工艺设计

例 15-2 某复方中药制剂，其处方中各味中药材采用三级逆流罐组水提取工艺，每级提取罐每批拟投中药材 100kg，药材在罐内预先用水润湿，按每 1kg 干药材可吸水 1kg 润湿。已知三级水提取的总出液系数：8.04kg 提取液/kg 药材；提取液中固含量 0.578%；三级套提后得到的浓浸提液密度为 $1.20kg/m^3$。试对三级提取系统作物料衡算、设备选型及工艺计算。

解：

1. 画流程简图 在物料衡算时将三级提取罐看作一个体系，即将其作为衡算的范围，物料进出示意图可如图15-4所示。

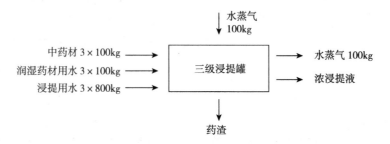

图15-4 三级提取罐物料进出示意图

2. 选择计算基准，进行物料衡算

（1）产出浓浸提液量 8.04kg 浓浸提液/kg 药材 ×300kg 药材 =2412kg 浓浸提液

总含固量：2412kg 浓浸提液×0.578% = 13.94kg

（2）废弃药渣量 3100 - 100 - 2412 =588kg

药渣中的水分：588 - (300 - 13.94) =301.94kg

工艺设计中物料衡算往往比较复杂，极易导致差错，为此可列出一个物料衡算表（表15-3）。

表15-3 物料衡算表

物流项目	输入质量/kg	输出质量/kg
投入中药材	300	/
润湿药材用水	300	/
浸提用水	2400	/
通入水蒸气	100	/
浓浸提液	/	2412
药渣	/	588
通出水蒸气	/	100
合计	3100	3100

表中输入、输出两栏中的总量合计数都是相等的。如果有哪一项不相等，就要进行仔细的复查，直至平衡为止。

3. 绘制物料平衡图

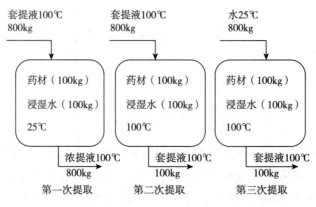

图15-5 三次提取示意图

4. 设备选型及工艺计算

（1）提取罐　根据物料衡算表，每台提取罐内投入中药材100kg、润湿与提取用水900kg，900kg水的体积为0.9m³。100kg药材被水浸润后，所占净体积约为0.2m³。一般情况药材量和加水量之和小于等于提取罐的容积的2/3，因此按照式（15-11）计算，所需提取罐筒体部分体积最少为1.65m³。

$$V_{罐} = (V_{水} + V_{药材}) \div \frac{2}{3} \tag{15-11}$$

自 GB/T 17115—1997 强制外循环式提取罐（机组）的系列，选取 W 式（直筒式），公称容积 $V = 2m^3$、$D = 1000mm$ 的提取罐，下封头体积 $0.15m^3$，则筒体部分的体积为

$$2m^3 - 0.15m^3 = 1.85m^3$$

因为三次提取物料和水的热状态不同，在计算提取罐所需传热面积时应以三次中所需能量最大的一次为准。从图 15-5 可知，第一次提取时进料套提液与出料浓提液基本上为100℃，需加热的是 100kg 药材与 100kg 润湿水，要自25℃加热到100℃；第二次提取时所有物料认为都已保持在100℃；第三次提取时则有 800kg 水需从25℃加热至100℃。因此一次与三次所需能量较大。已知水的比热为 4.18kJ/（kg·℃），药材的比热为 1.50 kJ/（kg·℃），因此第一次和第三次提取所需能量分别为

第一次提取　100kg 药材 ×1.50kJ/（kg·℃）×（100℃ - 25℃）+ 100kg 润湿水 ×4.18kJ/（kg·℃）×（100℃ - 25℃）= 42600kJ

第三次提取　800kg 水 ×4.18kJ/（kg·℃）×（100℃ - 25℃）= 250800kJ

显然第三次提取的加热量是最大的，若热流速率为280kJ·s⁻¹，则

$$t_{加热} = 250800kJ / 280kJ \cdot s^{-1} / 60s \approx 15min$$

理论上800kg水从25℃加热到100℃约需15分钟，但受筒结构及筒壁温度等因素影响，实际所需时间比理论时间要长一些。

（2）贮罐　中间贮罐用作物料流暂存，确定中间贮罐台数与体积的原则是"够用"。本设计考虑到每8小时产出2400kg浓提液，拟配置3m³浓提液贮罐3台，为了应对生产过程中突发情况，再多配置一台备用，共为4台。为了节约热量，贮罐设保温层保温。3m³贮罐的工艺参数如下。

公称直径 D_g	1400mm
筒体高 H	1600mm
公称体积 V_g	3m³
工作压力 P_g	0MPa
工作温度	4～120℃

4台贮罐配置3台专用离心泵，一般2台泵同时工作，第3台备用。要求流量6m³/h（1m³料液/10min），选用 IHG40-125 型管道离心泵，其性能：单级单吸，流量6.3m³/h，扬程20m，转速2900r/min，效率46%，功率1.1kW。配置的管路应使每台泵均能为任意一台贮罐的进、出料所用。

⟨ **目标检测** ⟩

答案解析

一、选择题

1. 中试放大的目的不包括（　　）

　　A. 验证和完善小试工艺

　　B. 确定工业化生产所需设备的结构、材质、安装

C. 确定车间布局

D. 培养研究生

2. 工业化生产的规模 （ ）

　　A. 由市场决定，按千克或吨计　　　　　　B. 10 倍处方量

　　C. 小试规模的 100 倍　　　　　　　　　　D. 小试规模的 1000 倍

3. 相似放大法主要存在相似有 （ ）

　　A. 几何相似　　　　　B. 运动学相似　　　　C. 动力学相似　　　　D. 以上都对

4. 基于 QbD 策略的中试放大方法是 （ ）

　　A. 相似放大法　　　　B. 数值模拟放大法　　C. 设计放大法　　　　D. 经验放大法

5. 输入的物料量 – 输出的物料量 = 积累的物料量，是（ ）物料衡算的平衡关系式

　　A. 稳定的物理过程　　　　　　　　　　　B. 含化学反应的不稳定过程

　　C. 不稳定的物理过程　　　　　　　　　　D. 含化学反应的稳定过程

二、思考题

1. 为什么要进行中试放大?

2. 中试放大的研究方法有哪些?

3. 从工业化生产对工艺的要求出发，分析中试所要解决的关键技术问题和经济问题。

书网融合……

　　思政导航　　　　　　本章小结　　　　　　微课　　　　　　　题库

第十六章　制药工艺的优化

PPT

学习目标

知识目标

1. 掌握　工艺优化的方法，掌握正交试验设计和均匀试验设计的基本方法，对数据进行合理的统计分析处理。

2. 熟悉　单因素试验设计方法，熟悉实验设计方法的应用。

3. 了解　模型法以及试验设计方法的理论内涵。

能力目标　通过本章的学习，使学生掌握工艺优化的方法，通过单因素和多因素试验设计和对试验结果的分析和处理，解决中药制药工艺优化的相关问题，培养解决复杂工程问题的能力。

工艺流程是实现产品生产的技术路线，通过对工艺流程研究及优化，能够尽可能挖掘出设备的潜能，找到生产瓶颈，选出操作优化区域，达到降低能耗、节约原料、提高产品质量和减小环境污染的目的，使企业提高经济效益和社会效益。

第一节　工艺优化的方法

在工艺优化中，优化目标是产量、质量或单耗等，称为指标；影响指标的变量是原料和各工艺参数等，称为因素或因子；各因素可以有不同的取值，称为水平或等级。指标和相关因素的关系，可以用数学形式表达是最好的，可直接通过数学求解得最优点。如果不易用数学形式表达或数学表达太复杂，人们往往通过试验来寻找最优点。因此，工艺优化的方法大致可分为两类：模型法和统计法。

一、模型法

模型法又称机理法，它依靠工程学原理，推导出工艺过程的数学模型，然后利用这些模型，找到最优的工艺操作条件。例如：通过离心分离悬浮液，有

$$u_r = \frac{d^2(\rho_s - \rho)\, u_T^2}{18\mu R} \tag{16-1}$$

式中，u_r 为离心沉降速度；d 为颗粒直径；ρ_s 为颗粒密度；ρ 为溶剂密度；u_T 为切向速度；μ 为溶剂的黏度；R 为距离旋转中心轴的距离。离心时转速越快，则 u_T 越大，u_r 越大，分离越快，固液离心分离完全所需的时间越短。

该法精确度高，最优化效果显著，但是实现较困难。中药制药工艺过程可变因素多，关系复杂，很难给出精确的数学描述。因此，模型法常用于生产中的简单过程的建模和调优。

二、统计法

统计法又称试验法，类似于控制论中系统辨识的黑箱理论，即通过做试验（可以是科研、生产中的

实物试验，也可以是在计算机上进行的模拟试验），从系统的输入输出数据中，辨识系统的模型或内在规律，达到优化的目的。

如何合理拟定试验计划，科学处理试验数据就是试验设计，一个试验如果设计得好就可以用更少的试验次数、更经济的试验条件得到更多、更可靠的信息，分析得到更科学、更有价值的优化条件，就会事半功倍；反之，就需要大量的试验，还有可能劳而无功。

试验设计可以根据影响指标的因素个数进行分类，在一个试验过程中仅考虑一个因素的变化，称为单因素试验设计；若在整个试验过程中同时考虑几个因素的变化，称为多因素试验设计。工程中解决多因素问题比单因素问题复杂得多、困难得多。

根据试验的目的不同可以分为指标水平优化设计和稳健性优化设计。指标水平优化的目的是优化试验指标的平均水平，例如增加产品的回收率，降低产品的能耗。稳健性优化是减小产品指标的波动性，使产品的性能更稳定。

根据试验的过程不同可以分为序贯试验设计和整体试验设计。序贯试验是从一个起点出发，根据前面试验的结果决定后面试验的位置，使试验的指标不断优化，形象地称为"爬山法"。黄金分割法、分数法都属于爬山法，后续的试验安排依赖于前面的试验结果，总的试验次数少，但是试验周期累加，耗时多。整体试验是在试验前就把所要做的试验位置确定好，要求设计的这些试验点能够均匀地分布在全部可能的试验点中，最后根据试验结果寻找最优的试验条件。正交试验设计和均匀设计都属于整体试验设计。该法试验总时间短，但是总的试验次数比较多。折中的办法是全部试验分几批做，一批同时安排几个试验，同时进行比较，一批一批做下去，直到找出最优点，这种方法称为分批试验法。

工艺优化是一项知识工程，它牵扯到多个学科领域，可在不增加设备投资的条件下，利用知识、通过计算机软件处理来取得显著的经济效益。工艺优化目标应根据生产实际要求确定，应优先选择生产中迫切需要解决的指标为调优目标，或选择经济效益最显著的目标调优。选择不同的目标会得到不同的优化工艺参数，应权衡利弊，统筹兼顾。优化方法不是唯一的，只要能达到优化目标，方法应尽可能简便，优化中可使用多种方法相互对照补充。

◎ 第二节　单因素试验设计

单因素试验设计的任务是在一个可能包含最优点的试验范围 $[a, b]$ 内寻求这个因素最优的取值，以得到优化的试验指标。

单因素试验的试验指标可以用 $f(x)$ 表示，是一元函数［实际工艺优化时并不需要 $f(x)$ 的真正表达式］，它的几种常见形式如图 16 - 1 所示。这几种函数形式在一定条件下可以相互转换，例如图 16 - 1 (D)的多峰函数的试验范围缩小就成为单峰函数。

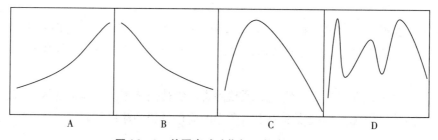

图 16 - 1　单因素试验指标函数常见形式
（A）单调增加函数；（B）单调减少函数；（C）单峰函数；（D）多峰函数

单因素试验设计包括均分法、对分法、黄金分割法、分数法等多种方法，统称为优选法。

一、均分法

均分法是在试验范围内按等间隔安排试验点，是一种整体试验设计方法。在对指标没有认识的情况下，均分法可以作为了解试验指标的前期工作，同时可以确定有效的试验范围。例如对不同批次的复方丹参制剂进行含量测定，找到生产工艺的改进空间。

二、对分法

对分法也称为等分法、平分法，每个试验点都取在试验范围的中点处，每次试验都可以把范围减小一半，是一种序贯试验设计方法，可用于查找输送管路的堵塞位置以及确定生产中某种物质的添加量问题。

例如一段长为 1000m 的管道出现堵塞，首先在 500m 处检测，如果前边是通的，那故障一定发生在后 500m 内，重复以上过程，每次试验把范围减小一半，通过 n 次试验可以把试验范围缩小到 $(b-a)/2^n$，7 次试验可以缩小到 1% 以内，10 次试验可以缩小到 1‰ 以内。只需要试验指标是单峰函数，有明确判断结果好坏的标准，就可以高效地找到最优点。

三、黄金分割法

黄金分割法，又称 0.618 法，是把试验点安排在黄金分割点来寻找最优点的方法，是最常用的单因素单峰函数的优选法之一。

具体做法是在试验范围 $[a, b]$ 中选择 0.618 位置和 0.382 位置两个对称点，有

$$x_1 = a + 0.618(b-a) \qquad (16-2)$$
$$x_2 = a + 0.382(b-a) \qquad (16-3)$$

式中，$x_2 < x_1$，且 x_1、x_2 关于 $[a, b]$ 的中心对称，将其作为试验点进行试验。比较试验指标值 $f(x_1)$ 和 $f(x_2)$，只要指标函数 $f(x)$ 为单峰函数，则 x_1 和 x_2 中一定有一个效果较好，称为好点，而另一个效果较差，称为差点。好点比差点更接近最优点，且最优点与好点必在差点的同侧。所以可以以差点为分界点，把试验范围 $[a, b]$ 分成两部分，舍去不含好点的一段。不管 x_1、x_2 谁是差点，由对称性，舍去的部分都一样长。不妨设 x_2 是好点，x_1 是差点，舍去 $(x_1, b]$。在 $[a, x_1]$ 内安排第 3 次试验，x_3 与 x_2 关于 $[a, x_1]$ 的中心对称。x_3 在 x_2 的左侧，在新的试验范围 $[a, x_1]$ 的 0.382 位置，即在 $x_3 = a + 0.382 (x_1 - a)$ 处进行试验（图 16-2）。其结果再与 x_2 处结果进行比较，又可舍弃一段。如此类推，不断向优化区接近。

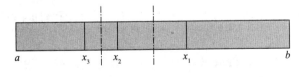

图 16-2　黄金分割法

黄金分割法每次舍去试验范围的 0.382，经过 n 步试验可把范围缩小至 $0.618^n (b-a)$，$n=10$ 时，不足最初范围的 1%。

例 16-1　某工艺中温度的最优点在 $0 \sim 100℃$ 之间，试验指标是温度的单峰函数。如果采用均分法每隔 1℃ 做一次试验共需要做 101 次试验。现在使用黄金分割法寻找温度的最优点。

解：（1）确定试验范围 [0，100]，找到 0.618 位置和 0.382 位置的 x_1 和 x_2，在 $x_1 = 62℃$ 和 $x_2 = 38℃$ 处进行试验，比较 62℃ 和 38℃ 处指标值，62℃ 较优，舍去 [0，38)。

（2）在 [38，100] 范围内现有一个点 $x_1 = 62℃$，找到 x_1 的对称点 $x_3 =$ （38 + 100） $- 62 = 76℃$，比较 62℃ 和 76℃ 处指标值，62℃ 较优，舍去 (76，100]。

（3）在 [38，76] 范围内现有一个点 $x_1 = 62℃$，找到 x_1 的对称点 $x_4 =$ （38 + 76） $- 62 = 52℃$，比较 52℃ 和 62℃ 处指标值，52℃ 较优，舍去 (62，76]。

（4）在 [38，62] 范围内现有一个点 $x_4 = 52℃$，找到 x_4 的对称点 $x_5 =$ （38 + 62） $- 52 = 48℃$，比较 48℃ 和 52℃ 处指标值，48℃ 较优，舍去 (52，62]。

……

重复以上步骤，直到找到最优温度值。

四、分数法

分数法，也称斐波那契数法，是用斐波那契数列安排试验的方法。斐波那契数列记为 $F_n = 1$、1、2、3、5、8、13、21、34、55……起始两个数都是 1，从 $n \geqslant 2$ 起每个数都是前面两个数之和，即 $F_n = F_{n-1} + F_{n-2}$ （$n \geqslant 2$）。分数法是和 0.618 法相似的一种方法，但是需要预先给出试验次数，尤其适用于因素水平仅取整数或有限个的情况，例如温度、时间等。这时全部可能的试验次数就是因素的水平数，该法比 0.618 法更直观简便。

用分数法安排试验时有两种情况：①因素水平的数目 m 恰好等于某个斐波那契数 F_n，需要在因素的最低水平下再增加一个虚设的零水平，使试验具有对称性。最初两个试验点在 F_{n-2} 和 F_{n-1} 这两个水平上，F_{n-1} 右边有 F_{n-2}（$F_n - F_{n-1}$）个试验点，F_{n-2} 左边含虚设零水平也共有 F_{n-2} 个试验点，F_{n-2} 和 F_{n-1} 这两个试验点的位置是对称的。比较这两个试验结果，如果 F_{n-2} 为好点，则划去 F_{n-1} 以上的试验范围，只保留从 0 到 F_{n-1} 这 F_{n-1} +1 个水平。后边继续使用斐波那契数法。②因素水平的数目 m 不等于斐波那契数，而是大于 F_{n-1}，小于 F_n。这时需要在实际因素水平的两端增加虚设的水平，凑成 F_n 个因素水平，然后再按①的方法安排试验。虚设点不需要进行试验，而是直接把它们作为坏点。根据试验结果的比较，逐步缩小试验范围，最多只需要（$n-1$）次试验就能找到其中的最优点。

可以证明，当 n 较大时，$F_{n-1}/F_n \approx 0.618$，$F_{n-2}/F_n \approx 0.382$，所以分数法与 0.618 法的本质是相同的，分数法在有限个试验点的优化中被广泛使用。

例 16 - 2 卡那霉素发酵液生物测定，一般都规定培养温度为（37 ± 1）℃，培养时间在 16 小时以上。某制药厂为了缩短时间，决定优选培养温度，试验范围定为 30 ~ 45℃，精确度要求 ±1℃，能用分数法安排试验吗？如何安排？

解：（1）试验范围是 30 ~ 45℃，精确度是 ±1℃，则因素水平数为 16，大于 13，小于 21，需要在两端增加虚设的水平，不妨在左侧增加 27℃、28℃、29℃，在右侧增加 46℃、47℃，水平数凑成斐波那契数 21（F_8）。

（2）在左侧取一个虚设零水平，构成（0、27、28、29、…，47）共 22 个试验点。最初两个试验点在 13（F_7）和 8（F_6）处，则具体温度为 47 - 8 = 39℃ 和 27 + 7 = 34℃，比较两次试验结果，如果 34℃ 是好点，则去掉 39℃ 右边 40 ~ 47℃ 这 8 个试验点，存优范围为 27 ~ 39℃，加上虚设零水平，共有 14 个试验点，包括一个已做过试验的 34℃。

（3）在存优范围 27 ~ 39℃ 内，试验安排在 8（F_6）和 5（F_5）处，具体温度为 39 - 5 = 34℃ 和 27 + 4 = 31℃，比较 31℃ 和 34℃ 的试验结果，如果 34℃ 仍是好点，则去掉 31℃ 左边 27 ~ 30℃ 以及虚设零水平这 5 个试验点，存优范围为 31 ~ 39℃，其中有 9 个试验点，包括一个已做过试验的 34℃。

（4）在存优范围 31 ~ 39℃内，试验安排在 5（F_5）和 3（F_4）处，具体温度为 39 - 3 = 36℃和 31 + 3 = 34℃，比较 34℃和 36℃的试验结果，如果 36℃是好点，则去掉 34℃左边 31 ~ 33℃这 3 个试验点，存优范围为 34 ~ 39℃，其中有 6 个试验点，包括两个已做过试验的 34℃和 36℃。

（5）在存优范围 34 ~ 39℃内，试验安排在 3（F_4）和 2（F_3）处，具体温度为 39 - 2 = 37℃和 34 + 2 = 36℃，比较 36℃和 37℃的试验结果，如果 37℃是好点，则去掉 36℃左边 34 ~ 35℃这 2 个试验点，存优范围为 36 ~ 39℃，其中有 4 个试验点，包括 3 个已做过试验的 36℃、37℃和 39℃。

（6）在存优范围 36 ~ 39℃内，3 个试验点已经做过，只需在 38℃试验，比较后表明 37℃是最佳试验点。

第一次试验做两个水平，后边四次试验都只做一个水平，共 5 次试验找到其中的最优点。如果因素水平由一些不连续的、间隔不等的点组成，试点只能取某些特定数，这时只能采用分数法。

第三节　多因素试验设计

在生产过程中影响指标的因素通常是很多的，例如某药厂想优化醇沉工艺，对工艺中三个主要因素各按三个水平进行试验（表 16 - 1），试验的目的是提高醇沉浸膏产量，寻找最适宜的操作条件。这就需要通过多因素试验设计来解决。多因素试验设计包括全面试验设计、正交试验设计、均匀试验设计等。

表 16 - 1　醇沉工艺考虑因素水平

水平	因素		
	温度/℃	加醇量/v/v%	静置时间/h
	T	M	θ
1	T_1（15）	M_1（60%）	θ_1（12）
2	T_2（25）	M_2（70%）	θ_2（24）
3	T_3（35）	M_3（80%）	θ_3（36）

一、全面试验设计

全面试验设计，也叫全面析因试验设计，是对所选取的试验因素的所有水平组合全部实施一次以上的试验。此方案数据点分布均匀性好，因素和水平的搭配全面，唯一的缺点就是实验次数多。若有 k 个因素，每个因素有 m 个水平，则全面试验的试验次数为 m^k。3 因素 3 水平全面试验次数为 3^3，即 27 次，如表 16 - 2 所示。全面试验设计宜在因素和水平数都较少时应用。

表 16 - 2　3 因素 3 水平全面试验

因素 T	因素 M	因素 θ		
		θ_1	θ_2	θ_3
T_1	M_1	$T_1 M_1 \theta_1$	$T_1 M_1 \theta_2$	$T_1 M_1 \theta_3$
	M_2	$T_1 M_2 \theta_1$	$T_1 M_2 \theta_2$	$T_1 M_2 \theta_3$
	M_3	$T_1 M_3 \theta_1$	$T_1 M_3 \theta_2$	$T_1 M_3 \theta_3$
T_2	M_1	$T_2 M_1 \theta_1$	$T_2 M_1 \theta_2$	$T_2 M_1 \theta_3$
	M_2	$T_2 M_2 \theta_1$	$T_2 M_2 \theta_2$	$T_2 M_2 \theta_3$
	M_3	$T_2 M_3 \theta_1$	$T_2 M_3 \theta_2$	$T_2 M_3 \theta_3$

续表

因素 T	因素 M	因素 θ		
		θ_1	θ_2	θ_3
T_3	M_1	$T_3M_1\theta_1$	$T_3M_1\theta_2$	$T_3M_1\theta_3$
	M_2	$T_3M_2\theta_1$	$T_3M_2\theta_2$	$T_3M_2\theta_3$
	M_3	$T_3M_3\theta_1$	$T_3M_3\theta_2$	$T_3M_3\theta_3$

二、简单比较法

想减少试验次数又快出成果的人提出了一种方法——简单比较法。

对于上例，先固定 T_1 和 M_1，只改变 θ，观察因素 θ 不同水平的影响，作如下三次实验：①$T_1M_1\theta_1$；②$T_1M_1\theta_2$；③$T_1M_1\theta_3$。发现 $\theta = \theta_2$ 时试验效果最好，因此认为因素 θ 应取 θ_2。

再固定 T_1 和 $\theta = \theta_2$，改变 M 的水平，作如下三次实验：①$T_1\theta_2M_1$；②$T_1\theta_2M_2$；③$T_1\theta_2M_3$。发现 $M = M_3$ 时试验效果最好，因此认为因素 M 应取 M_3。

然后固定 $M = M_3$ 和 $\theta = \theta_2$，改变 T 的水平，作如下三次实验：①$\theta_2M_3T_1$；②$\theta_2M_3T_2$；③$\theta_2M_3T_3$。发现 $T = T_2$ 时试验效果最好，因此认为因素 T 应取 T_2。

通过这种方法得出结论，为提高醇沉浸膏产量，最适宜的操作条件是 $T_2M_3\theta_2$。与全面试验设计相比，此法试验次数明显减少，只需要 7 次（重复不计），但是试验结果不可靠。因为在改变 θ 值（或 M 值，或 T 值）的三次试验中，说 $\theta = \theta_2$（$M = M_3$，$T = T_2$）最好是有条件的，在 $T \neq T_1$，$M \neq M_1$ 时，θ_2 水平可能就不是最好的。而且在改变的三次试验中，固定 T_1 和 M_1 是随意的，也可以固定 T_2 和 M_3，数据点分布的均匀性无保障。7 次试验的数据点分布标在图 16-3 中。

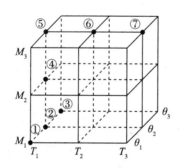

图 16-3 简单比较法的数据点分布图

另外用此法比较时，只是对单个的试验数据进行简单比较，不能排除必然存在的试验数据误差的干扰。

三、正交试验设计

正交试验设计用正交表安排多因素试验。我国从 20 世纪 60 年代开始使用，70 年代得到推广。对上例可以按正交表 $L_9(3^4)$ 安排试验，见表 16-3。

表 16-3　三因素三水平正交表 $L_9(3^4)$

试验号	列号	1	2	3	4
	因素	温度/℃	加醇量/v/v%	静置时间/h	
	符号	T	M	θ	
1		1（T_1）	1（M_1）	1（θ_1）	1

续表

试验号	列号	1	2	3	4
	因素	温度/℃	加醇量/v/v%	静置时间/h	
	符号	T	M	θ	
2		1（T_1）	2（M_2）	2（θ_2）	2
3		1（T_1）	3（M_3）	3（θ_3）	3
4		2（T_2）	1（M_1）	2（θ_2）	3
5		2（T_2）	2（M_2）	3（θ_3）	1
6		2（T_2）	3（M_3）	1（θ_1）	2
7		3（T_3）	1（M_1）	3（θ_3）	2
8		3（T_3）	2（M_2）	1（θ_1）	3
9		3（T_3）	3（M_3）	2（θ_2）	1

所有的正交表与 $L_9(3^4)$ 正交表一样，都具有下面两个特点：①均匀分散性，在每一列中，各个不同的数字出现的次数相同。在表 $L_9(3^4)$ 中，每一列有三个水平，水平1、2、3都是各出现3次；②整齐可比性，表中任意两列并列在一起形成若干个数字对，不同数字对出现的次数也都相同。在表 $L_9(3^4)$ 中，任意两列并列在一起形成的数字对共有9个，（1，1）、（1，2）、（1，3）、（2，1）、（2，2）、（2，3）、（3，1）、（3，2）、（3，3），每一个数字对各出现1次。这两个特点称为正交性。正是由于正交表具有上述特点，就保证了用正交表安排的试验中因素水平是均衡搭配的，数据点的分布是均匀的，如图16-4所示。

正交试验设计的优点：①完成试验要求所需的试验次数少，三因素三水平的正交试验只需要9次。②数据点的分布很均匀。③可用相应的极差分析方法、方差分析方法、回归分析方法等对试验结果进行分析，引出许多有价值的结论。因此正交试验设计日益受到重视，在实践中获得了广泛的应用。

缺点是：在工艺因素复杂时，该法的实验次数仍太多；在生产装置上实施正交试验设计易对生产运行产生不良影响。

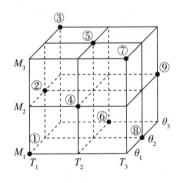

图16-4 正交试验设计的数据点分布图

四、均匀试验设计

为了改进正交试验法，进一步减少试验次数，我国数学家于1978年首先提出均匀设计法。均匀设计法是只考虑试验点在试验范围内的均匀分散性，而没有考虑整齐可比性的一种试验设计方法。

均匀设计用"均匀设计表"安排试验，详情见第五节。

均匀设计法的优点是当因素数目较多时所需要的试验次数也不多，例如考察4个因素的影响，每个因素 5 个水平，若用正交试验设计，宜用正交表 $L_{25}(5^6)$，需做 25 次试验，试验次数是水平数的平方。若用均匀试验设计，可用均匀设计表 $U_5(5^4)$ 来安排试验（表 16-4），只需进行 5 次试验，比正交试验设计的试验工作量少得多。实际上均匀设计的试验次数可以是因素的水平数目，或者是因素的水平数目的倍数，而不是水平数的平方。一般认为，当因素的水平大于 5，就宜选择均匀试验设计方法。

缺点是：由于不具有整齐可比性，对均匀设计的试验结果不能做直观分析，需要用回归分析的方法对试验数据作统计分析，以推断最优的试验条件，需要试验人员具备一定的统计学知识。

表 16-4 均匀试验设计表 $U_5(5^4)$

列号 试验号	1	2	3	4
1	1	2	3	4
2	2	4	1	3
3	3	1	4	2
4	4	3	2	1
5	5	5	5	5

正交试验设计可以将主要因素和次要因素做出较明确的估计，它可利用的正交表有不同的形式，可以有针对性地对因素进行试验研究，适合因素数目较多而因素的水平数不多的试验过程；而均匀试验设计可容纳的因素数与水平数较多，适合用来进行试验条件的考察。总之，所面对的任务与要解决的问题不同，选择的试验设计方法也应有所不同。

>>> 知识链接

中国人首创的均匀试验设计

均匀设计诞生于 1978 年。那一年，中国导弹试验部门提出一个试验设计问题，其中有 5 个因素，每个因素要考虑 10 个以上水平，但试验次数不能超过 50 次，优选法和正交设计都不适用。当时在中科院数学所的方开泰和王元经过几个月的研究，提出了均匀设计，每个因素有 31 个水平，只安排了 31 次试验，即得出满意的结果。在此基础上，方开泰等人在理论和规范设计上进行了大量的工作，同时普及应用于有关领域，在试验设计中起到了重要的作用。"均匀设计"，这是完全由中国人首创的一种试验设计方法。

第四节 正交试验设计 微课

正交试验设计是多因素的优化试验设计方法，它是从全面试验的样本点中挑选出部分有代表性的样本点做试验，这些代表点具有正交性。其作用是只用较少的试验次数就可以找出因素水平间的最优搭配或由试验结果通过计算推断出最优搭配。

一、正交表

每一个正交表都有一个代号 $L_n(a^p)$，其中 L 表示正交表，n 表示要做 n 次试验，a 表示每个因素有 a 个水平，p 表示该表有 p 个因素。用正交表安排试验就是把试验的因素安排到正交表的列，允许有空白列，把因素水平安排到正交表的行。

（一）正交表的分类

按照因素的水平数是否相同，通常可以分为标准正交表和混合水平正交表两类。

1. 标准正交表　各因素水平数均相同的正交表，叫标准正交表，也叫单一水平正交表，这类正交表的写法如下：二水平表，$L_4(2^3)$，$L_8(2^7)$，$L_{12}(2^{11})$，$L_{16}(2^{15})$；三水平表，$L_9(3^4)$，$L_{27}(3^{13})$，$L_{81}(3^{40})$；四水平表，$L_{16}(4^5)$，$L_{64}(4^{21})$；五水平表，$L_{25}(5^6)$。

标准正交表允许进行三种置换：①表中各列地位是平等的，任意两列之间可以互换，称为列间置换；②表中任意两行之间可以互换，称为行间置换；③同一列的不同水平间也可以置换，称为水平置换。经上述三种置换得到的一切新的正交表与置换之前的原正交表是等价的。单一水平正交表均具有因素水平均衡搭配的两个特点。

2. 混合水平正交表　各因素水平数不相同的正交表，叫混合水平正交表，这类正交表的写法：$L_8(4^1 \times 2^4)$。4^1－4 水平列的列数为 1；2^4－2 水平列的列数为 4，还可简写为 $L_8(4 \times 2^4)$，此混合水平正交表含有 1 个 4 水平列，4 个 2 水平列，共有 $1+4=5$ 列。混合表同样具有因素水平均衡搭配的两个特点。混合表可用于安排多个不同水平的因素做试验。

（二）因素之间的交互作用

如果因素 A 的数值和水平发生变化时，试验指标随因素 B 变化的规律也发生变化。或反之，若因素 B 的数值或水平发生变化时，试验指标随因素 A 变化的规律也发生变化。则称因素 A、B 间有交互作用，记为 $A \times B$。两个因素之间的交互作用，称为一级交互作用，三个因素之间的交互作用称为二级交互作用。三个及三个以上因素之间的交互作用，统称为高级交互作用，大都可以忽略，故一般不予考虑。通常所说的交互作用，都是指一级交互作用。

当使用正交表设计安排正交试验时，首先要确定各因素之间是否有交互作用。确定的方法是运用交互作用的定义，使用 $L_4(2^2)$ 正交表进行试验。先在因素 A 的水平为 1 时，测得试验结果随因素 B 的影响，作图为一直线；然后在因素 A 的水平为 2 时，测得试验结果随因素 B 的变化，作图为另一直线。当两条直线相交时，说明它们之间存在很强烈的交互作用；当两直线平行时，说明它们之间不存在交互作用；当两直线近似平行时，则可能存在交互作用，但交互作用不强烈。

另一种判断方法是按 $L_4(2^3)$ 正交表进行两因素试验，如表 16－5 所示，第 3 列为交互作用列。

表 16－5　L_4（2^3）正交表及交互作用

试验号	因素 A	因素 B	$C = A \times B$
1	1	1	1
2	1	2	2
3	2	1	2
4	2	2	1

可运用极差分析来判断 $A \times B$ 的大小。当 $A \times B$ 的极差比 A 和 B 的级差小许多时，可以认为在试验范围内，因素 A 和 B 的交互作用较小，也就可以忽略 A 和 B 的交互作用。通过这种检验方法，即可以判断各因素之间是否有交互作用。

当某些因素之间的交互作用可以忽略时，正交表中对应的交互影响列上出现空缺，则可利用空出来的列安排与其他因素无交互作用的因素，从而达到减少试验次数的目的。这就是正交试验法可用部分试验正确代替按因素和水平组合的全面试验的基本道理。

如果因素之间的交互作用不能忽略，则需要按正交设计进行全面实施。但按正交设计的全面实施与按因素和水平组合的全面试验有所不同，前者可以了解各因素的影响程度大小和因素之间交互作用的大小，充分体现了正交设计的优越性。

（三）选择正交表的基本原则

一般都是先确定试验的因素、水平和交互作用，后选择适用的正交表。在确定因素的水平数时，主要因素宜多安排几个水平，次要因素可少安排几个水平。在选择正交表时注意下述各点。

（1）先看水平数。若各因素全是两水平，就选 $L_n(2^*)$ 表；若各因素全是三水平，就选 $L_n(3^*)$ 表。若各因素的水平数不相同，就选择适用的混合水平表。

（2）每一个交互作用在正交表中应占一列或两列。要看所选的正交表是否足够大，能否容纳得下所考虑的因素和交互作用。为了对试验结果进行方差分析或回归分析，还必须至少留一个空白列，作为"误差"列，在极差分析中可作为"其他因素"列处理。

（3）要看试验精度的要求。若要求高，则宜选择试验次数多的正交表。

（4）若试验费用很昂贵，或试验的经费很有限，或人力和时间都比较紧张，则不宜选择试验次数太多的正交表。

（5）在按原考虑的因素、水平和交互作用去选择正交表，无正好适用的正交表可选时，简便且可行的方法是适当修改原定的水平数。

（6）在对某因素或某交互作用的影响是否确实存在没有把握的情况下，选择正交表时常为该选大表还是选小表而犹豫。若条件许可，应尽量选用大表，让影响存在的可能性较大的因素和交互作用各占适当的列。某因素或某交互作用的影响是否真的存在，留到方差分析做显著性检验时再做结论。这样既可以减少试验的工作量，又不至于漏掉重要的信息。

二、正交试验设计的一般步骤

1. 确定试验指标　明确试验目的，确定试验指标。首先要确定通过试验解决什么问题，试验目的明确后，进而考虑试验指标。试验指标最好是定量指标，在遇到不能用数量表示，只能采用定性指标时，常常需对定性指标通过打分或评定等级等方式予以量化，便于统计分析。

2. 确定试验的因素水平　确定了试验目的与指标后，需考虑哪些因素对指标有影响，应着重考虑那些影响尚不清楚的因素及因素间可能存在着不可忽视的交互作用。对那些已经知道对指标影响不大或影响大小已经了解的因素，可固定在适当的水平上，不必重新考虑。在确定了试验的因素后，还须确定这些因素的相应水平，各因素的水平可相等也可不等，一般说来，重要的因素可多取几个水平。

3. 作表头设计　选用适当的正交表，作表头设计，根据所考虑的水平、因素和交互作用，选用适当的正交表。为了估计试验误差，所选正交表安排完试验因素及要考察的交互作用后，最好留有空列，否则必须进行重复试验以考察试验误差。

4. 取得数据　进行试验，取得数据。根据正交表拟定的试验条件进行试验，记录数据及有关情况，试验次序可不按正交表上排定的试验号，宜采用随机化方法，以免引入顺序误差。且试验可以不是逐次进行，而是成批地做，从而可以缩短试验周期。

5. 得出结论　分析数据，得出结论。对试验获得的数据资料进行分析，并得出相应的结论。目前有极差分析法、方差分析法、贡献率分析法等多种方法。如果试验结果未能达到目的或发现新的问题，则应在原有试验的基础上制定新的试验方案作进一步的研究。

三、不考虑交互作用的正交试验设计

对正交试验结果的分析有两种方法，直观分析法和方差分析法。

(一) 试验结果的直观分析

试验结果的直观分析方法是一种简便易行的方法,没有学过统计学的人也能够掌握,这也是正交试验设计能够在生产一线推广使用的奥秘。

例 16 - 3 某研究为了优化含黄芪的复方颗粒提取工艺,确定在生产中的工艺参数,为制剂生产提供数据支撑,采用三因素三水平,按 $L_9(3^4)$ 正交表安排试验,试验指标为黄芪甲苷提取率。结果列在表 16 - 6 中。

表 16 - 6 $L_9(3^4)$ 正交试验结果的直观分析

试验号	因素				试验指标 y 黄芪甲苷提取率/%
	A	B	C	D	
	加水量/倍	煎煮时间/h	提取次数/次	空白列	
1	1 (8)	1 (1)	1 (1)	1	$y_1 = 26.09$
2	1	2 (1.5)	2 (2)	2	$y_2 = 73.70$
3	1	3 (2.0)	3 (3)	3	$y_3 = 58.56$
4	2 (10)	1	2	3	$y_4 = 63.24$
5	2	2	3	1	$y_5 = 79.21$
6	2	3	1	2	$y_6 = 50.24$
7	3 (12)	1	3	2	$y_7 = 89.31$
8	3	2	1	3	$y_8 = 46.61$
9	3	3	2	1	$y_9 = 74.25$
I_j	$I_1 = y_1 + y_2 + y_3$ $= 26.09 + 73.70 + 58.56$ $= 158.35$	$I_2 = y_1 + y_4 + y_7$ $= 26.09 + 63.24 + 89.31$ $= 178.64$	$I_3 = y_1 + y_6 + y_8$ $= 26.09 + 50.24 + 46.61$ $= 122.94$		
II_j	$II_1 = y_4 + y_5 + y_6$ $= 63.24 + 79.21 + 50.24$ $= 192.69$	$II_2 = y_2 + y_5 + y_8$ $= 73.70 + 79.21 + 46.61$ $= 199.52$	$II_3 = y_2 + y_4 + y_9$ $= 73.70 + 63.24 + 74.25$ $= 211.19$		
III_j	$III_1 = y_7 + y_8 + y_9$ $= 89.31 + 46.61 + 74.25$ $= 210.17$	$III_2 = y_3 + y_6 + y_9$ $= 58.56 + 50.24 + 74.25$ $= 183.05$	$III_3 = y_3 + y_5 + y_7$ $= 58.56 + 79.21 + 89.31$ $= 227.08$		
k_j	$k_1 = 3$	$k_2 = 3$	$k_3 = 3$		
I_j/k_j	$I_1/k_1 = 158.35/3 = 52.78$	$I_2/k_2 = 178.64/3 = 59.55$	$I_3/k_3 = 122.94/3 = 40.98$		
II_j/k_j	$II_1/k_1 = 192.69/3 = 64.23$	$II_2/k_2 = 199.52/3 = 66.51$	$II_3/k_3 = 211.19/3 = 70.40$		
III_j/k_j	$III_1/k_1 = 210.17/3 = 70.06$	$III_2/k_2 = 183.05/3 = 61.02$	$III_3/k_3 = 227.08/3 = 75.69$		
极差 (R_j)	max − min $= 70.06 − 52.78 = 17.28$	max − min $= 66.51 − 59.55 = 6.96$	max − min $= 75.69 − 40.98 = 34.71$		

注:I_j——第 j 列 "1" 水平所对应的试验指标的数值之和;
  II_j——第 j 列 "2" 水平所对应的试验指标的数值之和;
  III_j——第 j 列 "3" 水平所对应的试验指标的数值之和;
  k_j——第 j 列同一水平出现的次数,等于试验的次数 (n) 除以第 j 列的水平数;
  I_j/k_j——第 j 列 "1" 水平所对应的试验指标的平均值;
  II_j/k_j——第 j 列 "2" 水平所对应的试验指标的平均值;
  III_j/k_j——第 j 列 "3" 水平所对应的试验指标的平均值;
  R_j——第 j 列的极差,等于第 j 列各水平对应的试验指标平均值中的最大值减最小值,即 $R_j = \max\left\{ \dfrac{I_j}{k_j}, \dfrac{II_j}{k_j}, \cdots \right\} - \min\left\{ \dfrac{I_j}{k_j}, \dfrac{II_j}{k_j}, \cdots \right\}$

首先对试验结果做直观分析。

1. 直接看的好条件 从表 16 - 6 中的 9 次试验结果看出,第 7 号试验 $A_3B_1C_3$ 的提取率最高,为

89.31%。但第 7 号试验方案不一定是最优方案，还应该通过进一步的分析寻找出可能的更好方案。

2. 算一算的好条件　表中 I_j、II_j、III_j 这三行数据分别是各因素同一水平结果之和，分别除以 3，得到三行新的数据 I_j/k_j、II_j/k_j、III_j/k_j，表示各因素在每一水平下的平均提取率，例如 $I_1/k_1 = 158.35/3 = 52.78$，表示加水量为 8 倍时的平均提取率是 52.78%，这时可以从理论上计算出最优方案为 $A_3B_2C_3$，也就是用各因素平均提取率最高的水平组合的方案。

3. 确定各因素的影响　分析极差，确定各因素的影响大小，表中最后一行 R_j 是极差，它是 I_j/k_j、II_j/k_j、III_j/k_j 各列三个数据的极差，即最大数减去最小数，例如 A 因素的极差 $R_1 = 70.06 - 52.78 = 17.28$。从表中看出，C 因素的极差 34.71 最大，表明 C 因素对提取率的影响程度最大。B 因素的极差 6.96 最小，表明 B 因素对提取率的影响程度最小。

4. 试验指标的变化趋势　进一步可以画出 A、B、C 三个因素对提取率影响的趋势图，如图 16 - 5 所示。从图中看出，加水量越多越好，因而有必要进一步试验加水量是否应该再增多。煎煮时间应该适中，取 1.5 小时是合适的。提取次数越多越好，但是提取率的增幅越来越小。

5. 成本分析　加水量和提取次数都是越多越好，提取次数还是对提取率影响程度最大的，如果考虑生产成本的话，提取 2 次可能会更好，虽然提取 2 次的平均提取率比提取 3 次降低 7.5%，但可以少提取 1 次，当然需要进一步进行经济衡算，少提取 1 次和降低 7.5% 提取率相比哪一样更有利。

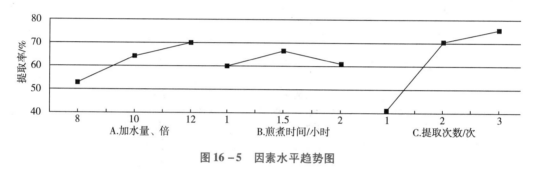

图 16 - 5　因素水平趋势图

6. 综合分析与撒细网　前面的分析表明 $A_3B_2C_3$ 是理论上的最优方案，还可以考虑把加水量进一步提高，煎煮时间适当减少，提取次数再增加。这需要安排进一步的补充试验，可以在 $A_3B_2C_3$ 附近安排一轮 2 水平小批量的试验，其中加水量再取一个比 12 倍更多的水平，煎煮时间取一个比 1.5 小时略低的水平，提取次数取 2 次和 3 次，称为撒细网。如果试验者对现有的试验结果已经满意，也可以不做撒细网试验。

7. 验证试验　不论是否做进一步的撒细网试验，都需要对理论最优方案做验证试验。需要注意的是，最优搭配只是理论上的最优方案，还需要用实际的试验做验证。

（二）试验结果的方差分析

在前边的直观分析中，通过极差的大小来评价各因素对试验指标影响的程度，其中极差的大小并没有一个客观的评价标准。另外，任何试验都不可避免存在误差，极差分析不能估计试验中及试验数据的测定中必然存在的误差大小，也不能分析误差来源。为了解决这一问题，需要对数据进行方差分析。方差分析是用来判断因素的水平间是否有显著差异的统计方法。方差分析的基本思想是把试验数据的总波动分解为两部分，一部分反映由试验因素水平变化引起的波动，另一部分反映由试验误差引起的波动，即把数据的总离差平方和 SS_T 分解为反映必然性的各个因素的离差平方和与反映偶然性的误差离差平方和，随后计算它们的平均离差平方和，即方差，再将二者进行比较，进行 F 检验，确定各因素对试验结果的影响是否显著。

1. 计算离差平方和　离差，又称偏差，是试验值与平均值的差 $(y_i - \bar{y})$。离差有正有负，n 次试

验值的离差之和为 0。要了解试验数据波动的大小，需要离差平方和

$$SS = \sum_{i=1}^{n} (y_i - \bar{y})^2 \qquad (16-4)$$

SS 越大，说明 y_i 的数值波动越大。

对于例 16-3，从表 16-6 可看出，9 次试验结果各不相同，先求平均值 $\bar{y} = \frac{1}{9} \sum_{i=1}^{9} y_i = 62.36$，表示平均提取率为 62.36%。再求 9 次试验值的离差平方和，即总离差平方和 $SS_T = \sum_{i=0}^{9} (y_i - \bar{y})^2 = 3005.88$，表示试验数据的波动很大。

造成试验数据波动的原因，一方面是因素水平变动，另一方面是试验误差，所以有

$$SS_T = SS_F + SS_E \qquad (16-5)$$

式中，SS_F 是因素离差平方和，反映因素水平变动所引起的试验指标波动；SS_E 是误差离差平方和，反映试验误差所引起的试验指标波动情况。

例 16-3 中有 3 个因素，每个因素有 3 个水平，同一个因素的三个水平的平均值也不相同，如因素 A 加水量为 8 倍、10 倍、12 倍时的平均提取率分别是 52.78%、64.23%、70.06%，因素 A 的离差平方和为

$$SS_A = k_1 \left(\frac{I_1}{k_1} - \bar{y} \right)^2 + k_1 \left(\frac{II_1}{k_1} - \bar{y} \right)^2 + k_1 \left(\frac{III_1}{k_1} - \bar{y} \right)^2$$

$$= 3(52.78 - 62.36)^2 + 3(64.23 - 62.36)^2 + 3(70.06 - 62.36)^2 = 463.69$$

同理，可以计算因素 B 的离差平方和 $SS_B = 80.74$，因素 C 的离差平方和 $SS_C = 2098.30$。SS_F 是由 3 个因素水平变化贡献的，所以有

$$SS_F = SS_A + SS_B + SS_C \qquad (16-6)$$

计算可得 $SS_F = 2642.73$，则 $SS_E = SS_T - SS_F = 3005.88 - 2642.73 = 363.15$。

2. 各平方和的自由度　分析了因素水平变动和误差分别对试验指标的影响之后，还需将二者进行比较，以判断哪个对试验指标的影响显著。但是不能直接比较 SS_A、SS_B、SS_C 和 SS_E 的大小，因为离差平方和是若干项之和，其大小不仅与计算离差平方和的数据有关，还与参与求和的项数有关。SS_A 为 3 项平方和，SS_E 为 9 项平方和，要比较误差和因素二者的影响，必须消除求和项数的影响，即采用平均离差平方和，简称均方和或方差，即

$$\overline{SS} = \frac{SS}{f} \qquad (16-7)$$

式中，f 为自由度。所谓自由度 f，简单地说，就是指计算离差平方和时，y_1，y_2，…之间独立的数据个数。

每一个平方和都有一个自由度与其对应。离差平方和的自由度 f 是数据的个数 n 减 1。原因是，n 个离差相加之和等于零，即 $\sum (y_i - \bar{y}) = 0$，故自由度 $f = n-1$。因素 A 的离差平方和 SS_A 的自由度为因素水平数 -1，SS_E 的自由度为试验次数 - 因素水平数。如果一个平方和是由几部分的平方和组成，则总自由度 $f_{总}$ 等于各部分平方和的自由度之和。

例 16-3 中，$f_{SST} = 9-1 = 8$；$f_{SSA} = 3-1 = 2$；$f_{SSB} = 3-1 = 2$；$f_{SSC} = 3-1 = 2$；$f_{SSE} = 8-2-2-2 = 2$

3. 平均离差平方和　平均离差平方和已经消除了求和项数的影响，可以比较 $\overline{SS_A}$ 和 $\overline{SS_E}$ 的大小，来判断因素水平变化对指标的影响是否显著。

$$\overline{SS_A} = \frac{SS_A}{f_{SSA}} = \frac{463.69}{2} = 231.84$$

$$\overline{SS_E} = \frac{SS_E}{f_E} = \frac{363.15}{2} = 181.58$$

4. F 值与显著性检验 为判断因素水平变化对指标影响的显著性，可利用因素的方差与误差的方差之比，做显著性检验。

$$F_A = \frac{\overline{SS_A}}{\overline{SS_E}} \qquad (16-8)$$

F 分布数值表中有两个自由度 f_1 和 f_2，分别对应 F 计算公式中分子的自由度和分母的自由度。F 分布表中显著性水平 α 有 0.25、0.10、0.05、0.01 四种，一般宜先查找 $\alpha = 0.01$ 时的最小值 $F_{0.01}(f_1, f_2)$，与由式（16-8）计算而得的方差比 F_A 进行比较，若 $F_A \geqslant F_{0.01}(f_1, f_2)$，则可认为在 0.01 水平上显著，即影响特别显著；否则再查较大 α 值相应的 F 最小值，如 $F_{0.05}(f_1, f_2)$、$F_{0.10}(f_1, f_2)$、$F_{0.25}(f_1, f_2)$，与 F_A 进行比较，若 $F_{0.01} > F_A \geqslant F_{0.05}$，则可认为在 0.05 水平上显著，即影响显著；若 $F_{0.05} > F_A \geqslant F_{0.10}$，则可认为在 0.10 水平上显著，即影响较显著；若 $F_A < F_{0.25}$，则可认为在 0.25 的水平上仍不显著。

对于本例，有

$$F_A = \frac{\overline{SS_A}}{\overline{SS_E}} = \frac{231.84}{181.58} = 1.28$$

$$F_B = \frac{\overline{SS_B}}{\overline{SS_E}} = \frac{40.37}{181.58} = 0.22$$

$$F_C = \frac{\overline{SS_C}}{\overline{SS_E}} = \frac{1049.15}{181.58} = 5.78$$

查 F 分布数值表，可以得到：$F_{0.01}(2, 2) = 99.00$；$F_{0.05}(2, 2) = 19.00$；$F_{0.10}(2, 2) = 9.00$；$F_{0.25}(2, 2) = 3.00$。

$F_A < F_{0.25}(2, 2)$；$F_B < F_{0.25}(2, 2)$；$F_{0.25}(2, 2) < F_C < F_{0.10}(2, 2)$，因此认为加水量（8 倍 ~ 12 倍）和煎煮时间（1 ~ 2 小时）对黄芪甲苷的提取率的变化无影响，提取次数对试验结果有一定影响。

5. 方差分析表 把上述计算结果列成如表 16-7 所示的表格，称为方差分析表。

表 16-7 方差分析表

来源	离差平方和 SS	自由度 f	方差	F 值	显著性水平	结论
总计	3005.88	8				
A	463.69	2	231.84	1.28	0.25	无影响
B	80.74	2	40.37	0.22	0.25	无影响
C	2098.30	2	1049.15	5.78	0.10	有一定影响
误差	363.15	2	181.58			

四、考虑交互作用的正交试验设计

（一）考虑交互作用的表头设计

因素间的交互作用可直接在正交表上反映出来，许多正交表都有它相应的交互作用表，交互作用表是用来安排交互作用试验的，把交互作用看成是一个因素，它在正交表中也占一定的列，此列叫交互作用列。任两列间的交互作用可从交互作用表中查出应安排在哪一列上。例如正交表 $L_8(2^7)$ 对应的交互作用表，见表 16-8。

表 16-8　$L_8(2^7)$ 对应的交互作用表

列号	1	2	3	4	5	6	7
1		3	2	5	4	7	6
2			1	6	7	4	5
3				7	6	5	4
4					1	2	3
5						3	2
6							1
7							

根据表 16-8 知，第 1 列与第 4 列的交互作用列是第 5 列；第 3 列与第 7 列的交互作用列是第 4 列。

例 16-4　茵陈蒿汤出自《伤寒论》，茵陈六两，栀子十四枚，大黄去皮二两，三味以水一斗二升，先煎茵陈，减六升，内二味，煮取三升，去滓，分三服。小便当利，尿如皂角汁状，色正赤，一宿腹减，黄从小便出也。为了优化该配方，取成年大白鼠在近左右肝管处切开胆总管插入内径约 1mm 的硬质塑料管引流胆汁，以每 10 分钟的胆汁充盈长度（单位：cm）为指标进行给药前后的对比，给药后连续观察半小时，每 10 分钟的均数减去给药前 20 分钟内的均数作为供统计分析用的指标值。因素和水平见表 16-9。

表 16-9　例 16-4 的因素水平表

水平	大黄/g	栀子/g	茵陈蒿/g
	A	B	C
1	生 1.8	3	12
2	酒炖 1.8	0	0

考虑药物的配伍密切影响疗效，本例需要考虑交互作用 A×B、A×C、B×C，每一个交互作用在正交表中占一列，还有 A、B、C 三个因素全是二水平，还要留一个空白列作为误差列，所以选用正交表 $L_8(2^7)$，使用正交表 $L_8(2^7)$ 后边的 $L_8(2^7)$ 二列间交互作用表，将因素 A、B、C 分别放在正交表的第 1、2、4 列上，交互作用 A×B、A×C、B×C 分别放在第 3、5、6 列上，第 7 列为空白列。可得表 16-10。

表 16-10　考虑交互作用的正交表 $L_8(2^7)$

试验号	1	2	3	4	5	6	7	试验结果
	A	B	A×B	C	A×C	B×C		
1	1	1	1	1	1	1	1	$y_1 = 3.67$
2	1	1	1	2	2	2	2	$y_2 = -3.00$
3	1	2	2	1	1	2	2	$y_3 = 9.15$
4	1	2	2	2	2	1	1	$y_4 = 3.62$
5	2	1	2	1	2	1	2	$y_5 = 0.35$
6	2	1	2	1	2	1	2	$y_6 = 1.87$
7	2	2	1	1	2	2	1	$y_7 = 4.00$
8	2	2	1	2	1	1	2	$y_8 = 2.33$
I_j	13.44	2.89	7.00	17.17	17.02	9.97		
II_j	8.55	19.10	14.99	4.82	4.97	12.02		
k_j	4	4	4	4	4	4		

续表

试验号	1	2	3	4	5	6	7	试验结果
	A	B	A×B	C	A×C	B×C		
I_j/k_j	3.36	0.72	1.75	4.29	4.26	2.49		
II_j/k_j	2.14	4.78	3.75	1.21	1.24	3.01		
R_j	1.22	4.06	2.00	3.08	3.02	0.52		

(二) 交互作用的影响

用极差法分析正交试验结果，可以引出以下几个结论。

1. 各列对试验指标的影响　计算各列的极差，极差越大，该因素对试验指标的影响越大。在试验范围内，因素 B 栀子的极差为 4.06 最大，其次是因素 C 茵陈和 A×C 大黄和茵陈的交互作用，再次要的因素是 A×B 和 A，最不重要的因素是 B×C，可以认为栀子和茵陈的交互作用不必考虑。

2. 适宜的操作条件　首先明确试验指标的数值是越大越好。确定适宜的操作条件应优先考虑对试验指标影响大的因素和交互作用，也就是必须按对试验指标的影响从大到小的顺序来确定适宜的操作条件。

B、C 为主要因素，分别取 B_2、C_1 较好。

对于交互作用 A×C，$I_5/k_5=4.26$，此时 A 和 C 的水平号码相同，即 A_1C_1 或 A_2C_2；$II_j/k_j=1.24$，此时 A 和 C 的水平号码不同，即 A_1C_2 或 A_2C_1；可见，为提高试验指标，应让 A、C 的水平号码相同。因为 C_1 较好，所以 A 取 A_1。

所以为提高试验指标，在本试验范围内，适宜的操作条件为 $A_1B_2C_1$，即生大黄 1.8g，无栀子，茵陈 12g。

若交互作用水平的选取与因素水平的选取有矛盾，一般应根据因素和交互作用的主次顺序来选取水平，即根据主要因素的水平而定。

(三) 注意事项

需要注意的是：正交表的表头设计不是唯一的。但表头设计时必须慎重，因为任两列的交互作用列要由交互作用表决定，不能任意安排。如在例 16-4 中，把因素 A、B、C 分别放在第 1、2、3 列上，则表头设计见表 16-11。

表 16-11　考虑交互作用的表头设计

列号	1	2	3	4	5	6	7
因素	A	B	C				
	B×C	A×C	A×B				

这样就在第 1、2、3 列上出现了因素重叠现象，这会引起因素的混杂。假设第 2 列的因素对试验结果起着主要的作用，此时，该列的各水平的平均值及极差反映的是因素 B 的单独作用与因素 A、C 之间的交互作用 A×C 的代数和，这种就分不清到底是因素 B 对试验结果起着主要作用，还是交互作用 A×C 对试验结果起着主要作用，这就是因素的混杂现象，给分析带来了困难。因此，必须重视正交表的表头设计，特别要避免混杂现象的出现，也即要避免将因素和交互作用安排在同一列上，否则将无法区分因素和交互作用的作用。此外，为避免混杂，有时必须选用更大的正交表来安排试验，但这样又会增加试验的次数。

▷ 第五节　均匀试验设计

均匀试验设计是多因素的优化试验设计方法，它也是从全面试验的样本点中挑选出部分有代表性的样本点做试验，这些代表点只考虑在试验范围内的均匀分散性，而不考虑整齐可比性，试验次数可以是因素的水平数目，或者是因素的水平数目的倍数，而不是水平数目的平方，相比正交试验设计，即使因素数目较多时试验次数也不多。但是均匀试验设计的试验结果不能做直观分析，需要用回归分析的方法对试验数据作统计分析，以推断最优的试验条件，这就要求试验分析人员必须具有一定的统计知识。

一、均匀设计表

每一个均匀设计表都有一个代号 $U_n(q^s)$ 或 $U_n^*(q^s)$，其中 U 表示均匀设计，n 表示要做 n 次试验，q 表示每个因素有 q 个水平，s 表示该表有 s 个因素，加 $*$ 表示该均匀设计表有更好的均匀性，应优先选用。

在正交试验设计中各列的地位是平等的，因此无交互作用时，各因素安排在任一列是允许的。均匀设计表则不同，表中各列的地位不一定是平等的，因此因素安排在表中的那一列不是随意的，需根据试验中要考察的实际因素数，依照附在每一个均匀设计表后的使用表来确定因素应该放在哪几列。

例如为了使用均匀设计表 $U_9(9^6)$，见表 16-12，根据使用表 16-13 得知，当因素数为 2 时，可安排在第 1、3 列上。为说明这样做的必要性，可将因素的 x_1、x_2 水平号码分别作为横坐标和纵坐标，按 $U_9(9^6)$ 均匀设计表的安排，画出 2 因素分别放在第 1、3 列，放在第 1、2 列，放在第 1、6 列时的数据点的分布图。图 16-6 中，图 a 和图 b 在 4 个方向上数据点的分布都是均匀的，对应的试验安排都是可取的。图 c 中几乎全部的数据点都集中于该方向的中部，前部和后部的数据点数分别为 1 和 0，数据点分布的均匀性极差，显然，将 2 因素放在第 1、6 列是不可取的。

表 16-12　均匀设计表 $U_9(9^6)$

列号\试验号	1	2	3	4	5	6
1	1	2	4	5	7	8
2	2	4	8	1	5	7
3	3	6	3	6	3	6
4	4	8	7	2	1	5
5	5	1	2	7	8	4
6	6	3	6	3	6	3
7	7	5	1	8	4	2
8	8	7	5	4	2	1
9	9	9	9	9	9	9

表 16-13　均匀设计表 $U_9(9^6)$ 的使用表

因素数	列号					
2	1	3				
3	1	3	5			
4	1	2	3	5		
5	1	2	3	4	5	
6	1	2	3	4	5	6

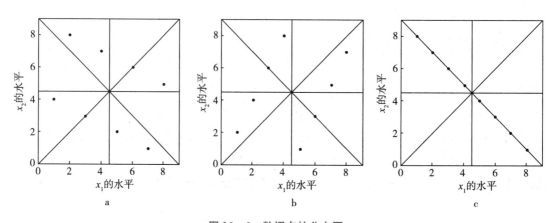

图 16 - 6　数据点的分布图

a. 放在第 1、3 列；b. 放在第 1、2 列；c. 放在第 1、6 列

二、均匀设计的一般步骤

1. 根据试验目的，确定试验指标。

2. 根据试验目的、要求和试验条件，确定试验因素和水平，列出因素水平表，水平值可取从小到大的顺序。

3. 根据因素水平表，选择均匀设计表，并按相应的使用表选列号，采用"因素顺序上列，水平对号入座"安排试验方案。

4. 试验、记录、整理数据。

5. 表中选优。

6. 逐步回归分析，建立多元回归方程，并进行显著性检验。

7. 利用回归方程优化计算，预测估计。

由于均匀设计要求的试验数据较少，无法直接估计出各因素对指标的作用和交互作用，只能通过多元回归分析，建立回归方程，以实现试验设计的目的：①建立指标与因子之间的回归方程；②利用方程寻优。

三、等水平的均匀设计

例 16 - 5　维生素 C 注射液长期放置会逐渐变成微黄色，《中国药典》规定可以用焦亚硫酸钠等作为抗氧剂。考虑三个因素，分别是 EDTA（X_1）、无水碳酸钠（X_2）、焦亚硫酸钠（X_3），每个因素取 7 个水平，试验指标是在 420nm 波长处测定吸收度，吸收度越小越好。

选用 $U_7(7^4)$ 均匀设计表，取其中的第 1、2、3 列，试验设计与结果见表 16 - 14。

表 16 - 14　试验设计与结果

试验号	EDTA X_1/g	无水碳酸钠 X_2/g	焦亚硫酸钠 X_3/g	吸收度 y
1	0.00	30	0.6	1.160
2	0.02	38	1.2	0.312
3	0.04	46	0.4	0.306
4	0.06	26	1.0	1.318
5	0.08	34	0.2	0.877
6	0.10	42	0.8	0.147
7	0.12	50	1.4	0.204

从表 16 - 14 中直接看，较优条件是第 6 号试验，EDTA 0.10g、无水碳酸钠 42g、焦亚硫酸钠 0.8g，吸收度最小。由于均匀设计表不具有整齐可比性，并且每个因素的极差都相等，因此不适用做直观分析。实际对均匀设计结果应采用回归分析，得到回归方程式，对它的有效性做出定量检验，还可以分清各个因素的主次和之间的相互关系，进一步寻找最优条件。一般先使用多元线性回归，如果线性回归的效果不够好，再使用多项式回归。当因素间存在交互作用时应该采用含有交叉项的多项式回归，通常是采用二次多项式回归。做回归分析时要使用因素的实际数值，而不要使用水平值。

首先做多元线性回归，如果自变量个数较少，可以采用列表法用计算器计算，如果自变量的个数较多，可采用计算机编程计算，也可以直接用 SAS 软件做回归分析。对于例 16 - 5，得回归方程 $\hat{y} = 2.63 + 0.77X_1 - 0.0524X_2 - 0.087X_3$。对回归方差进行方差分析，将其相应计算结果列入多元线性回归方差分析表中，见表 16 - 15。

表 16 - 15　多元线性回归方差分析表

名称	离差平方和	自由度	方差	方差比 F	显著性水平
回归	$SS_F = \sum (\hat{y} - \bar{y})^2 = 1.202$	自变量的个数 m, 3	0.401	5.21	0.25
误差	$SS_E = \sum (y_i - \hat{y})^2 = 0.231$	$n - 1 - m$, 3	0.077		
总计	$SS_T = \sum (y_i - \bar{y})^2 = 1.435$	数据的个数 $n - 1$, 6			

查 F 分布数值表，可得：$F_{0.01}(3, 3) = 29.46$；$F_{0.05}(3, 3) = 9.28$；$F_{0.10}(2, 2) = 5.39$；$F_{0.25}(2, 2) = 2.36$。$F_{0.25}(3, 3) < F < F_{0.10}(3, 3)$，回归在 0.25 水平上显著。

也可以计算相关系数 r，r 是说明因素与指标关系密切程度的一个数量性指标，$-1 < r < 1$，r 越接近于 0，说明 x、y 之间的相关程度越小。r^2 代表回归平方和与总离差平方和的比值。

$$r = \sqrt{\frac{SS_E}{SS_T}} = \sqrt{1 - \frac{SS_E}{SS_T}} \qquad (16 - 9)$$

对于例 16 - 5，$r = 0.915$，$r^2 = 0.838$。查相关系数检验表，得：$n = 7$，误差的离差平方和的自由度为 3，自变量个数为 3，$\alpha = 0.05$ 时，$r_{min} = 0.930$，$\alpha = 0.01$ 时，$r_{min} = 0.977$，实际的 $r < 0.930$，说明该线性关系在 $\alpha = 0.05$ 水平上不显著。

若检验发现回归线性相关不显著，可改用其他数学公式重新进行回归和检验。若能利用多个数学公式进行回归和比较，$|r|$ 大者可认为最优。

对于任何线性回归问题，如果进行方差分析中的 F 检验后，就无须再作相关系数的显著性检验，因为这两种检验是完全等价的，实质上说明同样的问题。由 F 值可解出相应的相关系数 r 值，或由 r 值求出相应的 F 值。

例 16 - 5 的线性回归的效果不好，考虑用非线性回归。以下使用二次多项式回归。含有 s 个自变量的二次多项式回归的一般形式为

$$y = B_0 + \sum_{i=1}^{s} B_i X_i + \sum_{i=1}^{s} B_{ii} X_i^2 + \sum_{i<j} B_{ij} X_i X_j + \varepsilon \qquad (16 - 10)$$

待求的回归系数共 $s(s+3)/2 + 1$ 个，例如含有 3 个因素时需求 10 个，含有 5 个因素时需求 21 个。所选均匀设计表的试验次数至少应大于 $s(s+3)/2 + 1$。

由于均匀设计的试验次数较少，所以当因素数目 s 较大时，通常不能满足该必要条件，需要采用逐步回归的方法来进行回归，在计算机程序中自动地根据回归系数的显著性检验结果来决定每一项的取舍。SAS 软件有逐步回归的功能，读者即使对逐步回归方法不了解，也可以按照软件计算出最终的回归方程。

对于例 16 - 5，因素数目为 3，需要回归的二次多项式形式为

$$y = B_0 + B_1 X_1 + B_2 X_2 + B_3 X_3 + B_{11} X_1^2 + B_{22} X_2^2 + B_{33} X_3^2 + B_{12} X_1 X_2 + B_{13} X_1 X_3 + B_{23} X_2 X_3$$

需要确定的系数共有 10 个，现有的试验只有 7 个，需要用逐步回归法。非线性函数的求解一般可分为可变换成线性和不能变换成线性两大类。对于本例，可以按下面的方式变换成含有 9 个自变量的线性回归。

$$X_{11} = X_1^2 , \quad X_{22} = X_2^2 , \quad X_{33} = X_3^2 , \quad X_{12} = X_1 X_2 , \quad X_{13} = X_1 X_3 , \quad X_{23} = X_2 X_3$$

四、不等水平的均匀设计

第三节介绍的均匀设计各因素均为相同水平，选择均匀表 $U_n^*(q^s)$ 或 $U_n(q^s)$ 进行设计。但在实际应用中，常会遇到多因素试验中因素水平不等的情形。例如，在一个 $3^2 \times$ 设 2^1 的三因素试验中，因素 A、B 为 3 水平，因素 C 为 2 水平。若采用正交设计可以选择拟水平设计，选用正交表 $L_9(3^4)$；或者直接选用混合表 $L_{18}(2 \times 3^7)$ 安排试验，这时，试验次数为全面试验次数。若采用均匀设计，很明显也不能直接使用均匀表，可以参照正交设计方法，采用拟水平法构造不等水平表或者直接采用混合水平表。

（一）拟水平法

运用拟水平法可以将等水平表 $U_n(q^s)$ 改造成为不等水平表 $U_n(q_1^{s1} \times q_2^{s2})$。拟水平设计的步骤为：选择适宜的等水平均匀设计表，根据该表的使用表所推荐的列号选定与试验因素数相等的列；将试验因素安排在选定的各列上，并分别对各列的不同水平进行虚拟合并组成新的水平即拟水平，任一列拟水平数应与安排在该列上的因素水平数相等。

例 16 - 6 醇沉工艺的主要目的是为了去除提取液中的大分子物质如多糖、色素等无效成分，总固体的去除对于后续纯化具有重要意义，考查乙醇含量（6 个水平，55%、60%、65%、70%、75%、80%）、醇沉温度（3 个水平，0 ~ 5℃、10 ~ 15℃、20 ~ 25℃）和醇沉时间（3 个水平，12 小时、24 小时、36 小时）三个因素对总固体去除率的影响。对 $3^2 \times 6^1$ 的三因素试验进行均匀设计。选用 $U_6^*(6^6)$ 表，按使用表推荐选用 1、2、3 列，见表 16 - 16。

对 $3^2 \times 6^1$ 的三因素试验进行均匀设计。选用 $U_6^*(6^6)$ 表，按使用表推荐选用 1、2、3 列，见表 16 - 16。

表 16 - 16 均匀表 $U_6^*(6^6)$ 前 3 列

N	1	2	3
1	1	2	3
2	2	4	6
3	3	6	2
4	4	1	5
5	5	3	1
6	6	5	4

将因素 A 和 B 安排在前两列，C 安排在第 3 列。将第 1、2 列的水平合并为 3 个水平：（1，2）→1，（3，4）→2，（5，6）→3；同时将第 3 列的水平合并为 2 个水平：（1，2，3）→1，（4，5，6）→2，即获得不等水平表 $U_6(3^2 \times 2^1)$，见表 16 - 17。

表 16 - 17 拟水平设计的不等水平表 $U_6(3^2 \times 2^1)$

N	(1) A	(2) B	(3) C
1	(1) 1	(2) 1	(3) 1
2	(2) 1	(4) 2	(6) 2

续表

N	(1) A	(2) B	(3) C
3	(3) 2	(6) 3	(2) 1
4	(4) 2	(1) 1	(5) 2
5	(5) 3	(3) 2	(1) 1
6	(6) 3	(5) 3	(4) 2

由于 A 列与 B 列、B 列与 C 列两因素的所有组合都出现，正好组成它们的全面试验方案。A 列与 B 列的二因素设计中没有重复试验，可见表 $U_6(3^2 \times 2^1)$ 具有很好的均衡性。具有好的均衡性也是用拟水平法改造不等水平表的基本要求。若采用"水平对号入座"，将 $U_6(3^2 \times 2^1)$ 表中数码代换成因素水平值，就得到不等水平均匀设计方案。

例 16-7　冰片为无色透明或白色半透明的片状松脆结晶，具有开窍醒神、清热止痛的功效。传统用法为入丸散用，外用研粉点敷患处。但在冰片粉碎过程中，由于研磨时产生热量，使其黏附在容器壁上形成团块，很难将其粉碎。为解决此问题，采用均匀试验设计方法，考虑可能影响冰片微粉化的 4 个因素：滴加水量取 8 个水平，滴加水速度、乙醇量、真空干燥温度都各取 4 个水平，见表 16-18。采用拟水平法构造均匀设计表。

表 16-18　因素水平表

水平 因素	1	2	3	4	5	6	7	8
滴加水量 X_1(ml)	20	30	40	50	60	70	80	90
滴加水速度 X_2(ml/min)	7	7	8	8	8.5	8.5	9	9
乙醇量 X_3(ml)	10	10	15	15	20	20	25	25
真空干燥温度 X_4(℃)	25	25	30	30	40	40	50	50

选取 $U_8^*(8^5)$ 均匀设计表，根据其使用表的规定，选择其中的 1、2、3、5 列，组成 $U_8^*(8^4)$ 表，把 X_1 的 8 个水平安排在第 1 列，其余 3 个因素按拟水平安排在后面的 3 列，试验结果见表 16-19。

表 16-19　均匀设计与结果

试验号	因素				试验结果得率（%）
	X_1	X_2	X_3	X_4	
1	20	7	15	50	41.8
2	30	8	25	50	45.3
3	40	8.5	15	40	57.7
4	50	9	25	40	61.3
5	60	7	10	30	77.4
6	70	8	20	30	81.2
7	80	8.5	10	25	91.3
8	90	9	20	25	94.8

从表 16-19 中直接看，较优条件是滴加水量 90ml，滴加水速度 9ml/min、乙醇量 20ml、真空干燥温度 25℃。

本例做多元线性回归，回归方程为 $\hat{y} = 61.59 + 0.6455X_1 - 1.050X_2 - 0.2084X_3 - 0.4432X_4$。对回归方程进行方差分析，将其相应计算结果列入表 16-20。共 8 个试验，总自由度是 7，回归方程中含有 4 个自变量，自由度是 4，方差比 F 为 7990，$F_{0.01}(4, 3) = 28.71$，$F > F_{0.01}(4, 3)$，高度显著，说明回

归是高度有效的。通过拟合效果表看出线性回归的总体效果很好。

表 16 - 20 回归系数表

自变量	自由度	回归系数	标准偏差	T	Prob > $\|T\|$
INTERCEP	1	61.59	4.070	15.13	0.0006
X_1	1	0.6455	0.03134	20.6	0.0003
X_2	1	−1.050	0.1977	−5.308	0.0131
X_3	1	−0.2084	0.03752	−5.555	0.0115
X_4	1	−0.4432	0.07884	−5.621	0.0111

四个回归系数的显著性概率 P 值都小于 0.05，说明都是显著有效的。在此回归方程中，X_1 的回归系数 0.6455 是正值，为提高试验指标，应取其最大值 90ml；X_2、X_3、X_4 的回归系数都是负值，为提高试验指标应分别取最小值 7ml/min、10ml、25℃。对这组优化条件做验证试验，收率为 98.9%。用均匀试验设计只做 8 次试验即可找到最优条件。

（二）直接选用混合水平表

当多个因素水平数不等时，且只有两种水平时，既可以采用拟水平法完成均匀设计，也可以直接选用混合水平表，但是，若不等水平≥3 时，建议直接选用混合水平表。

◆ 目标检测 ◆

答案解析

一、选择题

1. 一段管路内有 15 个连接点，某接点发生了故障，为了找到故障点，至多需要检查（ ）个接点
   A. 4　　　　　　　　B. 5　　　　　　　　C. 7　　　　　　　　D. 15

2. 正交表的任意两列所构成的有序数对出现的次数相等，体现正交表的（ ）
   A. 对称性　　　　　B. 均匀分散性　　　　C. 整齐可比性　　　　D. 有序性

3. 正交表的每一列中不同数字出现的次数相等，体现正交表的（ ）
   A. 对称性　　　　　B. 均匀分散性　　　　C. 整齐可比性　　　　D. 有序性

4. 正交试验设计的试验次数至少是（ ）
   A. 因素水平数　　　B. 因素水平数的平方　C. 水平数的因素次方　D. 因素数的平方

5. 均匀试验设计只考虑试验点在试验范围内的（ ），比正交试验设计减少了试验次数
   A. 对称性　　　　　B. 均匀分散性　　　　C. 整齐可比性　　　　D. 有序性

6. 均匀试验设计中，若选用 $U_7(7^4)$，最多可考察的因素是（ ）
   A. 3　　　　　　　　B. 4　　　　　　　　C. 5　　　　　　　　D. 6

7. 均匀试验设计中，若选用 $U_6(6^4)$，最多可以安排的因素水平数是（ ）
   A. 3　　　　　　　　B. 4　　　　　　　　C. 5　　　　　　　　D. 6

8. 以下各项中不属于简单比较法缺点的是（ ）
   A. 选点代表性差　　B. 提供信息不够丰富　C. 无法考察交互作用　D. 试验次数多

9. 交互作用对试验结果的影响是（ ）
   A. 增强　　　　　　B. 减弱　　　　　　　C. 两者皆可能　　　　D. 无影响

10. 某列算出的极差的大小，反映（ ）

    A. 该因素不同水平的差异　　　　　B. 交互作用的大小

    C. 该因素不同水平的平均值　　　　D. 该因素的重要程度

二、思考题

1. 简述黄金分割法和分数法的异同。

2. 某药厂生产一种药品，影响产率的 4 个主要因素是原料种类 A、时间 B、温度 C 和添加剂量 D，每个因素都取 2 个水平，认为可能存在交互作用 A×B 和 A×C。试验安排和试验结果见表 16–21，找出最优方案，提高产率。

表 16–21　有交互作用的试验安排和试验结果

试验号	A	B	A×B	C	A×C	D		产率
	1	2	3	4	5	6	7	Y
1	1	1	1	1	1	1	1	82
2	1	1	1	2	2	2	2	78
3	1	2	2	1	1	2	2	76
4	1	2	2	2	2	1	1	85
5	2	1	2	1	2	1	2	92
6	2	1	2	2	1	2	1	79
7	2	2	1	1	2	2	1	83
8	2	2	1	2	1	1	2	86

3. 比较均匀设计与正交设计的异同点。

4. 简述构造均匀设计表 $U_n(n^s)$ 的方法。

书网融合……

思政导航　　　　本章小结　　　　微课　　　　题库

第十七章　制药工业三废治理

PPT

◎ 学习目标

知识目标

1. **掌握**　制药过程中废水、废气污染防治的措施和处理的基本方法。
2. **熟悉**　废渣和噪声的处理技术。
3. **了解**　环境保护的重要性、防治污染的方针、制药行业污染的特点。

能力目标　通过本章的学习，使学生初步掌握治理制药过程中"三废"的方法。

环境是指影响人类生存和发展的各种天然的和经过人工改造的自然因素的总体，包括大气、水、海洋、土地、矿藏、森林、草原、湿地、野生动物、自然遗迹、人文遗迹、自然保护区、风景名胜区、城市和乡村等。环境是人类赖以生存和社会经济可持续发展的客观条件和空间。自20世纪以来，工业技术的进步，给人类带来了物质生活的极大丰富，人们的生活水平不断提升，人口数量急剧增长，相应地，对自然资源的需求也急剧增加，人类在生产和生活活动中，会不断地向环境排放污染物质，引起了环境质量的不断恶化，从而极大地危害到了人类的健康和生存。

1962年美国生物学家蕾切尔·卡逊出版了《寂静的春天》一书，由于该书的警示，美国于1970年成立了环境保护局，由此，该书被认为是20世纪环境生态学的标志性起点。1972年，在瑞典的斯德哥尔摩召开了第一届人类环境会议，提出了著名的《人类环境宣言》，此后引起了各国对环境保护事业的重视。我国于1973年正式成立了环境保护办公室，后又改为国家环境保护总局，2008年后改为环保部，2018年机构改革后设置为生态环境部。我国于1979年首次颁布了《中华人民共和国环境保护法（试行)》，经过二十多年实践，于2002年，我国又颁布了《中华人民共和国环境影响评价法》，从而使我国的环境评价工作走上了法制化的发展道路，随后国家在2015年和2016年分别对《中华人民共和国环境保护法》和《中华人民共和国环境影响评价法》进行了修订，从而使我国的环境保护工作日益完善，符合了新时期的时代要求。经过多年的不断努力，全国人民逐渐认识到环境保护的重要性和艰巨性，习近平总书记提出的"绿水青山就是金山银山"的新时代发展理念已经深入人心。因此，积极发展制药废弃物和副产物资源化利用技术、开发绿色生产技术和产品，建立生态工业系统，使得制药过程中废物的产生不超过自然环境的承受力，从而实现制药工业的可持续发展，是我们每一个制药产业工程师们的责任和义务。

◈ 第一节　制药工业与环境保护 ⓔ 微课

制药企业尤其是化学制药企业是环境污染较为严重的企业，药品的整个生产过程都有造成环境污染的因素。近年来，通过制药工艺改革、回收和综合利用等方法，我国在消除和减少危害性较大的污染物等方面已做了大量的工作，取得了显著的成效。然而由于制药工业环境污染的治理难度较大，全行业污染治理程度的不平衡等因素，致使防治污染的速度仍落后于制药工业的发展速度，当前制药工业环境污染的治理形势相当严峻，仍需花大力气做好制药工业环境治理的工作。

一、制药工业对环境的污染

制药工业对环境的污染主要来自原料药生产。原料药在生产过程中因反应的选择性、转化率和反应的副产物以及溶剂、催化剂等，生物制药中微生物及酶的使用，以及中药现代化生产过程分离纯化的需要，造成了大量的废弃物。同时在物料的加入和转移过程中出现的跑冒滴漏现象、设备清洗等，都会有相应的废弃物产生，从而造成了对环境的影响。原料药生产通常具有三多一低的特点，即产品的品种多，生产工序多，原料种类多，而原料的利用率偏低。表 17 - 1 中列出了几个原料药的原料利用率，由表可知，如果生产过程中未被利用的原料和副产物不加以回收，就会造成几十倍、甚至几百倍于药品的原料浪费，以废水、废气、废渣等"三废"的形式排放于环境之中。

表 17 -1　几个原料药的原料利用率

产品	主要反应（个）	原料种类（种）	原料利用率（%）
氯霉素	12	31	48.11
磺胺嘧啶	2	11	44.68
维生素 A	14	46	26.71
维生素 C	4	18	19.13
维生素 B	10	35	17.73
利福平	8	35	5.71

二、"三废"防治措施

药品的生产过程包含了制药原料的消耗过程和产品的形成过程，同时也是污染物的产生过程。因此，防治制药行业的污染，应充分认识到制药工业有别于其他行业引起环境污染的特点，首先从制药工艺路线入手，考虑采用对于环境影响较小的绿色制药工艺，对原有的老旧工艺进行升级改造，以减少或消除污染物的排放。其次，对于排放的污染物，应充分考虑综合资源化利用，尽可能变废为宝，或者对其进行无害化处理。

（一）制药工业污染的特点

制药厂排出的废弃物通常具有工业污染的共同特征，即都有一定的毒性、刺激性和腐蚀性。此外，化学制药厂的污染物还具有以下特点。这些特点与防治措施的选择有直接的关系。

1. 数量少、种类多、变化大　化学原料药的生产规模通常较小，排出的污染物的数量较少，生产过程中所用原辅材料的种类多，生成的副产物也多，此外随着生产规模、工艺路线的变更，污染物的种类、成分、数量都会发生变化，这些都给制药厂污染的治理带来了很大的困难。

2. 间歇排放　因为药品生产的规模通常较小，大部分制药厂采用间歇式的生产方式，所以污染物的排放量、浓度等缺乏规律性，这给污染的治理都带来了不少困难。如生物处理法要求处理的废水水质、水量比较均匀，若变动过大，会抑制微生物的生长，导致处理效果显著下降。

3. pH 变化大　制药厂排放的废水，pH 变化较大，在生物处理或排放之前必须进行中和处理，以免影响处理效果或者造成环境污染。

4. 有机污染物为主　制药厂产生的污染物一般以有机污染物为主，其中有些有机物能被微生物降解，而有些则难以被微生物降解。因此对制药厂废弃物的处理，往往需要采用综合处理的方式。

（二）制药工业防治污染的措施

制药工业所采用的生产工艺决定了生成污染物的种类、数量和毒性，因此，在制定防治污染的措施时可首先考虑制药生产工艺路线的问题，尽可能设计使用一些绿色生产工艺，并对老旧生产工艺路线进行优化提升以减少或消除污染物的排放；对于一些必须排放的污染物，可以考虑综合利用，尽量变废为宝，最后对某些无法再次利用的污染物进行无害化处理后，再排放。

1. 采用绿色生产工艺 采用绿色生产工艺可减少有害有毒原、辅料的使用；提高原、辅料的利用率，可从源头上降低三废造成的危害，是防治污染的根本措施之一。例如，在咖啡因生产过程中，曾用酸性铁粉还原二甲基紫脲酸，每年要产生270t铁泥，含铁酸性废水3600m³，改用氢气还原后，不仅消除了铁泥和硫酸低铁废水，而且咖啡因收率提高7%。再如在非那西汀生产过程中，由对硝基氯苯制备对硝基苯乙醚，原来用二氧化锰作催化剂，每年有300t二氧化锰随废水流失于环境，改用空气氧化后，不仅消除了二氧化锰对环境的污染，而且改善了操作条件。

2. "三废"的资源化利用 "三废"的不合理排放不仅造成了环境的污染，也造成了资源的浪费。因此对那些原来废弃的资源，按技术可进行回收利用和加工改制，使之成为有用之物，是摆在药厂面前急需解决的问题。如氯霉素生产中的副产物邻硝基乙苯，是重要的污染源之一，可将其制成杀草胺，即一种优良的除草剂，稻田用量 $(0.5 \sim 1.0) \times 10^{-4} kg/m^2$，除草效果在8%以上。又如潘生丁生产过程中环合反应的废水，经回收处理后，每吨废水可回收丙酮95kg、哌啶5kg，废水的化学耗氧量由原来的 $4.3 \times 10^5 mg/L$ 降至280mg/L。再如中药丹参一直都是临床常用的大宗中药品种之一，丹参及丹参类临床制剂的生产量和使用量逐年增加，由于大部分丹参类临床制剂主要采用水提醇沉工艺进行生产，导致丹参酮类成分大量残留于固体药渣中，产生了大量的丹参药渣，造成了严重的资源浪费和环境压力。研究发现，丹参水提过程中丹参酮ⅡA转移率仅有约7.5%，因此，丹参酮重提取是丹参水提药渣最主要的资源化利用方式。通过溶剂沉淀法纯化丹参药渣中的丹参酮类成分，研究表明，水沉淀法可去除丹参粗提物中大多数的水溶性成分，纯化制备丹参酮类化学成分，其中总丹参酮提取率是原来粗提物含量的7.5倍。

3. "三废"的无害化 对于那些不可避免要产生的"三废"，必须排放的污染物，要进行物理的、化学的或生物的净化处理，使之无害。力求以最小的经济代价取得最大的经济效果。

第二节 废水治理技术

工业废水泛指工业生产过程排出的受污染的水体，是生产污水与生产废水的总称。前者污染较严重，必须经处理方可排放；后者较为清洁，可直接排入水体或循环使用，如冷却水。天然水体（包括地面水和地下水）是人类生存的重要资源，为保障天然水体的水质，不能任意向水体排放废水。由于工业生产的多样性，产生的废水污染性质多种多样，如有机污染、无机污染、热污染、色度污染等。

一、废水的污染控制指标

废水处理的目的是用各种方法将废水中所含的污染物质分离出来，或将其转化为无害物质，从而使废水得到净化。

1. 生化需氧量 又称生化耗氧量（biochemical oxygen demand，BOD）。指在一定条件下，微生物氧化分解水中的有机物时所需的溶解氧的量，用单位体积的废水中所需的氧量（mg/L或ppm）来表示。微生物分解有机物的速度和程度与时间有直接关系。BOD越高，表示废水中有机物含量越高，说明水体污染程度越高。我国规定工厂废水排放口的BOD值不得超过60mg/L，而地表水的BOD值为4mg/L以下。目前都以温度为20℃时，五天生化需氧量（BOD$_5$）作为测定标准。

2. 化学耗氧量 又称化学需氧量（chemical oxygen demand，COD）。指在一定条件下，用强氧化剂氧化废水中的有机物所需的氧的量，单位为 mg/L 或 ppm，是水体被污染的标志之一。我国的废水检验标准规定以重铬酸钾作氧化剂，标记为 CODcr。我国规定工厂废水排放口的 COD 值应小于 100mg/L。COD 与 BOD 均可表征水被污染的程度，但 COD 能够更精确地表示废水中的有机物含量，而且测定时间短，不受水质限制，因此常被用做废水的污染指标。COD 和 BOD 之差表示废水中没有被微生物分解的有机物含量。

3. 氢离子浓度（pH） 主要是指示废水的酸碱性，废水排放的 pH 应为 7 或接近于 7。

4. 悬浮物质 悬浮物（suspension substance，SS）是指废水中呈悬浮状态的固体，其中包括无机物，如泥沙；也包括有机物，如油滴、食物残渣等。是反映水中固体物质含量的一个常用指标，可用过滤法测定，单位为 mg/L。

5. 有毒物质 是指酚、氰、汞、铬、砷等。当废水含有这些物质时，必须单独测定其含量，并考虑处理方法。

6. 其他物质 如氮、磷、油脂等。对于特殊的废水，要考虑特殊的处理方法及监控指标。

二、工业废水分类

工业废水的分类方法通常有三种，第一种是按工业废水中所含主要污染物的化学性质分类，分为无机废水和有机废水。例如电镀废水和矿物加工过程的废水，以无机污染物为主，就是无机废水；药品、食品或石油加工过程的废水，以有机污染物为主，就是有机废水；第二种是按工业企业的产品和加工对象分类，如制药废水、冶金废水、炼焦煤气废水、造纸废水等；第三种是按废水中所含污染物的主要成分分类，如酸性废水、碱性废水、含镉废水、含氰废水、含有机磷废水和放射性废水等。

前两种分类法不涉及废水中所含污染物的主要成分，也不能表明废水的危害性。第三种分类法，明确地指出废水中主要污染物的成分，能表明废水一定的危害性。

也可从废水处理的难易度和废水的危害性出发，将废水中主要污染物归纳为三类：第一类为废热，主要来自冷却水，冷却水可以回收利用；第二类为常规污染物，即无明显毒性而又易于生物降解的物质，包括可生物降解的有机物，可作为生物营养素的化合物以及悬浮固体等；第三类为有毒污染物，即含有毒性而又不易生物降解的物质，包括重金属、有毒化合物和不易被生物降解的有机化合物等。

实际上，一种工业可以排出几种不同性质的废水，而一种废水又会有不同的污染物和不同的污染效应。例如药厂既排出酸性废水，又排出碱性废水。即便是一套生产装置排出的废水，也可能同时含有几种污染物。

三、工业废水的排放标准

国家污染物排放标准是根据国家环境质量标准，以及适用的污染控制技术，并考虑经济承受能力，对排入环境的有害物质和产生污染的各种因素所做的限制性规定，是对污染源控制的标准。工业废水中的污染物极为复杂，在《国家污水综合排放标准》中，根据其对人体健康的影响程度不同，将污染物分为两类。

第一类污染物是指能在环境或动植物体内蓄积，对人体健康产生长远不良影响的。按《国家污水综合排放标准》中规定，此类污染物有 13 种，即总汞、烷基汞、总镉、总铬、六价铬、总砷、总铅、总镍、苯并（α）芘、总铍、总银、总 α 放射性、总 β 放射性（表 17-2）。

表 17 – 2　第一类污染物最高允许排放浓度（GB 8978 – 1996，mg/L）

污染物	最高允许排放浓度	污染物	最高允许排放浓度
1. 总汞	0.05	8. 总镍	1.0
2. 烷基汞	不得检出	9. 苯并（α）芘	0.00003
3. 总镉	0.1	10. 总铍	0.005
4. 总铬	1.5	11. 总银	0.5
5. 六价铬	0.5	12. 总 α 放射性	1Bq/l
6. 总砷	0.5	13. 总 β 放射性	10Bq/l
7. 总铅	1.0		

含有第一类污染物的污水，不分行业和污水排放方式，也不分受纳水体的功能类别，一律在车间或车间处理设施排出口取样，其最高允许排放浓度必须符合表 17 – 2 的规定。

第二类污染物是指其长远影响小于第一类的污染物，在《国家污水综合排放标准》中规定，1997年 12 月 31 日之前建设的单位，定出有 pH、化学需氧量、色度、悬浮物、生化需氧量 BOD$_5$、石油类等共 26 项。含有第二类污染物的污水，在排污单位排出口取样，其最高允许排放浓度必须符合表 17 – 2 中的规定。

四、废水处理原则

由前所述可知，制药工业生产中，所产生的污染物以废水的数量最大，种类最多，含有各种有害物质，如果不加处理而任意排放，会严重污染环境，造成公害，对制药生产的可持续发展造成严重影响，必须加以妥善的控制和治理。然而，对于一个制药生产企业来说，废水的处理是其污染物无害化处理的重点和难点，治理废水不能仅仅考虑所谓的"末端治理"，即对排出的废水采用相应的措施进行处理。当前，对于制药工业废水的有效治理应遵循如下原则。

1. 选择适宜的生产工艺　最根本的是改革生产工艺，尽可能在生产过程中杜绝有毒有害废水的产生。如以无毒用料或产品取代有毒用料或产品。

2. 实行严格的操作和监督　在使用有毒原料以及产生有毒的中间产物和产品的生产过程中，采用合理的工艺流程和设备，消除漏逸，尽量减少流失量。对含有剧毒物质废水，如含有一些重金属、放射性物质、高浓度酚、氰等废水应与其他废水分流，以便处理和回收有用物质。

3. 循环使用　一些流量大而污染轻的废水如冷却废水，不宜排入下水道，以免增加城市下水道和污水处理厂的负荷。这类废水应在厂内经适当处理后循环使用。

4. 排入城市污水系统　成分和性质类似于城市污水的有机废水，如造纸废水、制糖废水、食品加工废水等，可以排入城市污水系统。应建造大型污水处理厂，包括因地制宜修建的生物氧化塘、污水库、土地处理系统等简易可行的处理设施。与小型污水处理厂相比，大型污水处理厂既能显著降低基本建设和运行费用，又因水量和水质稳定，易于保持良好的运行状况和处理效果。

5. 生物氧化降解　一些可以生物降解的有毒废水如含酚、氰废水，经厂内处理后，可按容许排放标准排入城市下水道，由污水处理厂进一步进行生物氧化降解处理。

6. 单独处理　含有难以生物降解的有毒污染物废水，不应排入城市下水道和输往污水处理厂，而应进行单独处理。

总之，工业废水处理的发展趋势是把废水和污染物作为有用资源回收利用或实行闭路循环。

五、工业废水处理方法

工业废水的处理，是一项较为复杂的系统工程，每个行业不同性质的废水，都必须使用不同的处理工艺，就是同类型的废水也会因不同的环境、处理要求、处理水量、经济要求等，需要采用不同的工艺来处理。

（一）清污分流

清污分流是指将清水（如间接冷却用水、雨水和生活用水等）与废水（如制药生产过程中排出的各种废水）分别用不同的管路或渠道输送、排放或贮留，以利于清水的循环套用和废水的处理。由于制药生产中清水的数量远远超过废水的数量，采取清污分流方法，既可以节约大量的清水，又可大幅度地降低废水处理量，减轻废水的输送负荷和治理负担。此外，某些特殊废水应与一般废水分开。以利于特殊废水（如含剧毒物质的废水）的单独处理和一般废水的常规处理。

（二）废水处理级数

将废水排入环境之前，需要处理到何种程度，是选择废水处理方法的重要依据，在确定处理程度时，首先应考虑如何能够防止水体受到污染，保障水环境的治理，同时也要适当考虑水体的自净能力。一般来说，废水处理程度的确定，需要考虑如水体的水质要求，处理厂所能达到的处理程度，水体的稀释和自净能力等因素。根据处理废水程度不同，通常将废水处理划分为一级、二级和三级。

1. 一级处理　通常是采用物理方法或简单的化学方法除去水中的漂浮物和部分处于悬浮状态的污染物，以及调节废水的 pH 等。通过一级处理可减轻废水的污染程度和后续处理的负荷。一级处理具有投资少、成本低等优点。但经一级处理后仍达不到国家规定排放标准的废水，还需进行二级处理，必要时还需进行三级处理。因此，一级处理常作为废水的预处理。

2. 二级处理　主要指生物处理法，经过二级处理后，废水中的大部分有机污染物可被除去，BOD_5 可降到 $20 \sim 30mg/L$，水质基本可以达到规定的排放标准。二级处理适用于处理各种含有机污染物的废水。

3. 三级处理　主要是除去废水在二级处理中未能除去的污染物，包含不能被微生物分解的有机物、可溶性无机物（如氮、磷等）以及各种病毒、病菌等。废水经三级处理后，BOD_5 将降至 $5mg/L$ 以下，可达到地面水和工业用水的水质要求。三级处理的方法很多，常用的有过滤、活性炭吸附、臭氧氧化、反渗透以及生物法脱氮除磷等。

（三）废水处理的基本方法

废水处理的本质就是通过各种技术手段，将废水中的有毒有害的物质分离或者转化为有用的、无害的物质，从而使废水得到净化。根据国家相关法律法规要求，确定排出废水的处理级数，当处理级数确定以后，就应选择适当的处理方法来处理废水。废水处理技术很多，按作用原理通常可分为物理法、化学法、物理化学法和生物法。

1. 物理法　主要是通过物理或机械作用去除废水中不溶解的悬浮固体及油品，在处理的过程中不改变其化学性质。属于物理法的有沉降、混凝、气浮、过滤、离心、吸附、反渗透和膜分离等，物理法通常用于废水的一级处理。常见的物理法处理废水的方法如下。

（1）沉淀法　沉淀法又称重力分离法，利用废水中悬浮物和水的密度不同这一原理，借助重力的沉降（或上浮）作用，使悬浮物从水中分离出来。沉淀（或上浮）的处理设备有沉砂池、沉淀池、隔油池等。

（2）过滤法　利用过滤介质截留废水中的悬浮物。常用过滤介质有钢条、筛网、砂、布、塑料、微孔管等。过滤设备有格栅、栅网、微滤机、砂滤池、真空过滤机、压滤机（后两种多用于污泥脱水）等。过滤效果与过滤介质孔隙度有关。

（3）离心分离法　在高速旋转的离心力作用下，废水中的悬浮物与水实现分离的过程。离心力与悬浮物的质量成正比，与转速（或圆周线速度）的平方成正比。由于转速在一定范围内可以控制，所以分离效果远远优于重力分离法。离心设备有水力旋涡器、旋涡沉淀池、离心机等。

（4）浮选法　又称气浮法，此法是将空气通入废水中，并以微小气泡从水中析出成为载体，废水中相对密度接近于水的微小颗粒状的污染物（如乳化油）黏附在气泡上，并随气泡上升至水面，形成浮渣而被去除。根据空气加入的方式不同，浮选设备有加压溶气浮选池、叶轮浮选池、射流浮选池等，这种方法的除油效率可达 80%～90%。

（5）蒸发结晶法　将废水加热至沸腾、气化，使溶质得到浓缩，再冷却结晶。如酸洗钢材的含酸废水处理就是经蒸发、浓缩、冷却后分离出硫酸亚铁晶体及酸性母液。

（6）渗透法　在一定的压力下，废水通过一种特殊的半渗透膜，水分子被压过去，溶质将被膜所截留，废水得到浓缩，被压过膜的水就是处理过的水。膜材料有醋酸纤维素、磺化聚苯醚、聚砜酰胺等有机高分子物质。加入添加剂可做成板式膜、内管式、外管式膜以及中空纤维膜等。操作压力一般需要 $300～500kPa$，每天通过每平方米的渗透膜的水量从几十升到几百升。渗透法已用于海水淡化、含重金属的废水处理以及废水深度处理等方面。处理效率达 90% 以上。

（7）反渗法　利用一种特殊的半渗透膜，在一定的压力下，将水分子压过去，而溶解与水分子中的污染物被膜所截留，污水被浓缩，而被压透过膜的水就是处理过的水。目前该方法已用于海水淡化、含重金属废水处理及污水的深度处理等方面。

2. 化学法　利用化学反应的原理及方法来分离回收废水中的污染物，或改变污染物的性质，使其由有害变为无害。属于化学法的有混凝、中和、沉淀、氧化、还原等，常用于有毒、有害废水的处理，使废水达到不影响生物处理的条件。常见的化学法处理废水的方法如下。

（1）混凝法　水中呈胶体状态的污染物质通常带有负电荷，胶状物之间互相排斥不能凝聚，多形成稳定的混合液。若在水中投加带有相反电荷的电解质（即混凝剂），可使废水中胶状物呈电中性，失去稳定性，并在分子引力作用下，凝聚成大颗粒下沉而被分离。常用的混凝剂有硫酸铝、明矾、聚合氧化铝、硫酸亚铁、三氯化铁等。上述混凝剂可用于含油废水、染色废水、煤气站废水、洗毛废水等处理。通过混凝法可去除废水中分散的固体颗粒、乳状油及胶体物质等。

（2）中和法　往酸性废水中投加碱性物质使废水达到中性。常用的碱性物质有石灰、石灰石、氢氧化钠等。对碱性废水可吹入含 CO_2 的烟道气进行中和，也可用其他的酸性物质进行中和。此方法用于处理酸性废水及碱性废水。

（3）氧化还原法　废水中呈溶解状态的有机或无机污染物，在加入氧化剂或还原剂后，发生氧化或还原反应，使其转化为无害物质。氧化法多用于处理含酚、氰、硫等废水，常用的氧化剂有空气、漂白粉、氯气、臭氧等。还原法多用于处理含铬、含汞废水，常用的还原剂有铁屑、硫酸铁、二氧化硫等。

（4）化学沉淀法　向废水中投入某种化学物质，使它与废水中的溶解性物质发生互换反应，生成难溶于水的沉淀物，以降低废水中溶解物质的方法。这种方法常用于处理含重金属、氰化物等工业生产废水的处理。

3. 物理化学法　利用萃取、吸附、离子交换、膜分离技术和气提等操作过程，处理或回收利用工业废水的方法。

（1）萃取（液-液萃取）法　在废水中加入不溶于水的溶剂，并使溶质溶于该溶剂中，然后利用溶剂与水不同的密度差，将溶剂与水分离，污水被净化。再利用溶剂与溶质沸点不同，将溶质蒸馏回收，再生后的溶剂可循环使用。例如含酚废水的回收，常用的萃取剂有醋酸丁酯、苯等，酚的回收率达 90% 以上；常用的设备有脉冲筛板塔、离心萃取机等。

（2）吸附法　利用多孔性的固体物质，使废水中的一种或多种物质吸附在固体表面进行去除。常用的吸附剂为活性炭。此法可吸附废水中的酚、汞、铬、氰等有毒物质。此法还有除色、脱臭等功能。吸附法目前多用于废水深度处理。

（3）电解法　在废水中插入通直流的电极。在阴极板上接受电子，使离子电荷中和，转变为中性原子。同时在水的电解过程中，在阳极上产生氧气，在阴极上产生氢气。上述综合过程使阳极上发生氧化作用，在阴极上发生还原作用。目前用于含铬废水处理等。

（4）汽提法　将废水加热至沸腾时通入蒸汽，使废水中的挥发性溶质随蒸汽逸出，再用某种溶液洗涤蒸汽，回收其中的挥发性溶质，此法常用于含酚类废水的处理，回收挥发性酚。

（5）离子交换法　利用离子交换剂的离子交换作用来置换废水中的离子态物质。随着离子交换树脂的生产和使用技术的发展，近年来在回收和处理工业废水的有毒物质方面，由于其效果良好、操作方便而得到一定的应用。目前离子交换法广泛用于去除废水中的杂质，如去除（回收）废水中的铜、镍、镉、锌、金、银、铂、汞、磷酸、硝酸、氨、有机物和放射性物质等。

（6）电渗析法　废水中的离子在外加直流电作用下，利用阴、阳离子交换膜对水中离子的选择透过性，使一部分溶液中的离子迁移到另一部分溶液中去，以达到浓缩、纯化、合成、分离的目的。阳离子能穿透阳离子交换膜，而被阴离子交换膜所阻；同样，阴离子能穿透阴离子交换膜，而被阳离子交换膜所阻。废水通过阴阳离子交换膜所组成的电渗析器时，废水中的阴阳离子就可得到分离，达到浓缩及处理目的。此法可用于酸性废水回收、含氰废水处理等。

4. 生物法　废水的生物处理法就是利用微生物新陈代谢功能，使废水中呈溶解和胶体状态的有机污染物降解并转化为无害的物质，生物法能够除去废水中的大部分有机污染物，是常用的二级处理法。

上述每种废水处理方法均为一个单元操作。由于制药工业废水的特殊性，仅用一种方法常常不能除去废水中的全部污染物。在制药废水处理中，一般需要将几种处理方法组合在一起，形成一个处理污染的流程。流程应遵守先易后难、先简后繁的原则，即最先使用物理法进行预处理，使大块垃圾、漂浮物及悬浮固体等除去，然后再使用化学法和生物法等处理方法。对于特定的制药废水，应根据其废水的水质、水量、回收有用物质的可能性、经济性及排放水体的具体要求等情况，制定适宜的废水处理流程。

六、生物法治理污水技术

在自然界中，存在着无数依靠有机物生存的微生物，大量实践证明，利用微生物氧化分解废水中的有机物是非常有效、切实可行的方法。污水生物处理方法是建立在环境自净作用基础上的人工强化技术，其意义在于创造出有利于微生物生长繁殖的良好环境，增强微生物的代谢功能，促进微生物的增殖，加速有机物的无机化，来达到处理污水的目的。相比较而言，生物法具有适应范围广，处理效率高、操作费用低等特点。

根据参与作用的微生物种类和供氧情况，分为两大类，即好氧生物处理和厌氧生物处理。其中好氧法多用于处理各种有机废水；厌氧法用于处理含比较单一的碳氢化合物废水。好氧法分活性污泥法和生物膜法两类，前者是微生物群在水中悬浮，使有机物氧化分解；后者是微生物群固定在支承体上进行处理的方法。

1. 好氧生物处理法　在有氧的情况下，借助于好氧微生物（主要是好氧菌）的作用来进行的。细菌通过自身的生命活动——氧化、还原、合成等过程，把一部分被吸收的有机物氧化成简单的无机物（CO_2、H_2O、NO_3^-、PO_4^{3-} 等）获得生长和活动所需能量，而把另一部分有机物转化为生物所需的营养物质，使自身生长繁殖。具体有以下 4 种好氧生物处理方法。

（1）活性污泥法与曝气池　若在污水中充入空气，维持水中有足够的溶解氧，为微生物生长创造良好的条件，则经一段时间后，就会产生絮状的泥粒，里面充满各种微生物。这种絮状泥粒称为活性污泥，它有很大的表面积，很强的吸附和氧化分解有机物的能力。活性污泥法的流程如图 17-1 所示，先在曝气池内引满污水，进行曝气（即充入空气），培养出活性污泥。当达到一定数量后，即将污水不断引入，活性污泥和废水的混合液不断排出，流入沉淀池。沉淀下来的活性污泥一部分流回曝气池，多余的作为剩余污泥排除。工业上常常采用鼓风曝气的曝气池和表面曝气的曝气池。

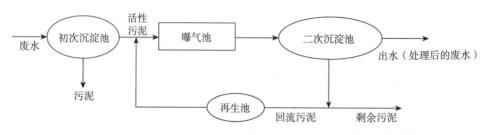

图 17-1 活性污泥法基本流程

（2）生物接触氧化法 生物接触氧化法与活性污泥法的不同之处是在曝气池（氧化塔）内加装了波纹填料或软性、半软性填料，使微生物有一个附着栖息的固定场所，在填料表面形成一种生物膜。在向池中不断供氧的条件下，水中有机物在生物膜表面不断进行生物氧化，使污水得到净化。随着微生物的繁殖，生物膜不断加厚，向膜内传氧困难，底层逐步厌氧发酵脱落，新的生物膜又接着滋生、繁殖，不断更新。此方法生物膜比较固定，不易随波逐流，性能和效果比较稳定，污泥容易沉淀，氧的利用率比活性污泥法高。

（3）生物流化床 在曝气池内加入废活性炭、木炭末、粉煤灰、砂等作载体，使池内的微生物有栖息的场所，在载体表面形成生物膜，在池内水、气、固三相流化状态下进行生物氧化，将有机污染物代谢成简单的无机物，使污水得到净化。生物流化床法对水质、负荷、床温等变化的适应能力较强，具有较大的生物量。近年来，由于生物流化床具有处理效果好、有机负荷高、占地少和投资少等优点，已越来越受到重视。

（4）深井曝气 利用地下深井作曝气池，井深 50～150m，纵向被分隔为下降管和上升管两部分，在深井中混合液沿下降管和上升管反复循环过程中，污水得到处理。由于井深，静水压高，极大地提高了氧传递的推动力，使氧的利用率提高，此法可处理高浓度的污水，且节约用地。

2. 厌氧生物处理法 该法是在无氧气的情况下，利用厌氧微生物的作用来进行。厌氧细菌在把有机物降解的同时，需从 CO_2、NO^{3-}、PO_4^{3-} 等中取得氧元素以维持自身对氧元素的物质需要，因而其降解产物为 CH_4、H_2S、NH_3 等。在厌氧法中，参与反应的是兼性厌氧菌和专性厌氧菌，其特点是处理过程缓慢，必须提高温度才能加快反应，反应后生成的产物也不同。

（1）厌氧污泥床 底部是一个高浓度污泥床，大部分有机物在此转化为气体，由于气体的搅动，污泥床上部有一个污泥悬浮层。在上部设有气、液、固三相分离器，固液混合液从下部进入沉淀区后，污水中的污泥发生絮凝而重力沉降，上清液从上部溢出。床内产生的沼气上升由导管排出。污泥床体积较小，不需污泥回流，要求水质与负荷较稳定。

（2）厌氧过滤床 过滤床内装碎石、卵石、焦炭或蜂窝填料。废水由底部流入，上升通过过滤床时有机污泥物被厌氧分解，产生的沼气从顶部引出，处理后的污水从上部排出。适用于处理低浓度的有机废水，装置简单，能耗少。

（3）厌氧膨胀床和厌氧流化床 当过滤床中的水流速度增大到一定程度时，填料就发生膨胀，这种状态下的过滤床称为膨胀床，适用于处理高浓度有机污水，出水质量好。当水流速度更大，床中填料呈悬浮状态，上下翻动，此时即为流化床。由于床层的紊动、混合条件好，底物及微生物得以充分的接触，但耗能较膨胀床更大。

废水的厌氧生物处理是环境工程和能源工程中的一项重要技术，人类有目的地使用厌氧生物处理已有近百年的历史，如农村广泛使用的沼气池等。与好氧法比较，具有能耗低、有机物负荷高、氮和磷的需求少、剩余污泥量较少且易于处理等优点。

七、制药工业中的废水治理

在制约生产过程中，由于生产工艺的多样性，制药企业产生的废水通常含有多种有机物，其中有些有机物能被微生物降解，而有些则难以降解，或是有毒、有害的，或者是含盐有机废水，工业废水更是千变万化，因此不可能得出一个普遍适用的方法，必须依据废水排放的具体要求等情况，制定适宜的废水治理流程。在确定废水处理工艺流程时，应根据废水的水质、水量及其变化幅度、处理后的水质要求及地区特点等，最终给出最优的方案。

（一）含汞化物的废水治理

在制药工业中，采用汞盐的场合很多，如D-盐酸青霉素、多巴胺、ATP及多种激素类药物的生产中都大量使用硝酸汞、氯化汞、氯化高汞作催化剂。这些汞化合物在生产过程中，大量随反应介质蒸气散发，随污水流入水源，随残渣弃入垃圾，严重造成公害。通过改革工艺，采用其他物质代替汞盐，解决了汞害问题。①用三氧化铝代替氯化高汞以生产异丙醇铝；②用氯代琥珀酰亚胺取代氧化汞，以制备激素类药物中间体环合水解物，既消除了汞害，又节约了原工艺中碘用量的2/3，同时省去了过滤设备，简化了操作。③用锌粉代替氯化高汞以催化还原3-甲氧基-4-羟基苯硝基乙烯（多巴胺的中间体）。

（二）含有机污染物废水处理

药厂中排放的废水大部分为有机废水，常用的处理方法有焚烧、吸收、生化、化学氧化，还有采用混凝、中和、沉淀以及与一定量的生活污水混合以进行对高浓度有机废水的生化处理等。有些废水可能含有各种有机物，而且其中许多有机物都有毒，像这样的有机废水一般不能通过生物降解的方法去除有机污染物，即使能通过生化处理，也可能会生成不可降解的有毒的副产物。

1. 焚烧法 焚烧法是目前用得较多、较有效的高浓度有机废水处理方法，是在2000～3000℃条件下对有机废水实施焚烧。但该过程会生成某些二次污染物，如SO_2、NO_X等，而且对于低浓度有机废水处理效率低，操作费用高。

2. 湿式氧化法 湿式氧化比焚烧具有更高的能量利用效率，但也存在一些限制：如在空气和液相废物混合的情况下，氧气在水中的溶解度比完全氧化所需的氧气量要少得多；因反应是在高温高压下操作，并且需要一个相当大的体积来提供足够的停留时间，故反应器建设投资较大；反应不完全，排放气体中含有挥发性有机物，在排放大气前需要额外的处理等。

3. 超临界水氧化法 超临界技术是在超临界状态下以水为反应介质，在有氧的条件下进行的氧化反应。超临界水是指温度和压力均高于其临界点（水临界温度为374℃，临界压力为22MPa）的稠密流体。它具有气态水和液态水的性质，气相和液相之间的界面消失。超临界水有特殊的溶解度、易改变的密度、较低的黏度、较低的表面张力和较高的扩散性。且能与非极性物质、空气、氧气、二氧化碳、氮气等完全互溶，但无机物特别是无机盐类在超临界水中的溶解度很低。

超临界水氧化是一种最新的污水处理方法，与其他处理技术相比，具有明显的优点：①效率高，处理彻底，有毒物质的清除率高达99.99%以上；②反应速度快，停留时间短（小于1分钟），反应器结构简单，体积小；③适应范围广，可以适用于各种有毒物质废水废物处理；④没有二次污染，不需进一步处理，且无机盐可从水中分离出来，处理后的废水可完全回收利用；⑤当有机物含量超过 10% 时，不需额外供热，实现热量自给。超临界水氧化法和其他处理方法的对比见表 17 – 3。

表 17 – 3 几种废水处理方法的比较

参数与指标	超临界水氧化	湿式氧化	焚烧法
温度（℃）	400 ~ 650	150 ~ 350	1200 ~ 2000
压力（MPa）	25 ~ 30	2 ~ 20	常压
催化剂	可不添加	需要	不需要
停留时间（min）	≤1	15 ~ 20	≥10
去除率（%）	≥99	75 ~ 90	≥99
自热	是	是	不是
适用性	普适	受限制	普适
排出物	无毒、无色	有毒、有色	二噁英、NO_X 等
后续处理	不需要	需要	需要
运行费用（元/m³ 废水）	≤40	≤40	1600 ~ 2000
投资（万元/m³ 废水）	≥100	≤80	≥200

由上表可见超临界水氧化法和焚烧法都有去除效率极高的特点，去除率可以达到99%以上，但目前使用的焚烧法存在着如下缺点：①运行费用高，处理 1 吨废水废液花费 1600 ~ 2200 元。②设备投资也大。③焚烧法处理后的烟气含有 NO_X、HCl 等酸性气体，很容易排放有毒物质，造成更为严重的二次污染，因此需要后续处理设备；废水中有机物浓度小于 30% 时，需要添加处理量为水量三分之一的柴油维持燃烧。

与传统的有害物质处理方法相比，超临界水氧化技术具有多方面的优势，具有广泛的应用前景，但仍存在着如下缺点：①设备的腐蚀问题。超临界水氧化法是在高温、高压的强氧化环境中进行反应，在这种苛刻的条件下，反应器材质的腐蚀将不可避免，尤其是在处理含硫、磷和氯的有机物时，腐蚀将变得更加严重。②盐沉积问题。当亚临界溶液被迅速加热到超临界温度时，由于盐的溶解度大幅度降低，将有大量沉淀析出，沉积的盐会引起反应器堵塞，从而导致无法正常操作。③建设费用和运行费用偏高。超临界氧化法需要在高温、高压的强氧化环境中进行反应，所以反应需要耐高温、高压设备，设备基建投资及运行所需的费用较高。④超临界氧化法是一个放热反应，如何高效回收热能也是工业化必须解决的问题。

湿式氧化法存在的问题是处理效率不高，废水处理后不能达到国家规定的排放标准，还需后续处理设备。

（三）含无机物废水治理

制药废水中所含的无机物通常为卤化物、氰化物、硫酸盐以及重金属离子等，常用的处理方法有稀释法、浓缩结晶法和各种化学处理法。对于不含毒物又不易回收利用的无机盐废水可用稀释法处理。较高浓度的无机盐废水应首先考虑回收和综合利用。例如，含锰废水经一系列化学处理后可制成硫酸锰或高纯碳酸锰；较高浓度的硫酸钠废水经浓缩结晶法处理后可回收硫酸钠等。对于含有氰化物、氟化物等剧毒物质的废水一般可通过各种化学法进行处理。例如利用碱性氯化法处理含氰废水，中和法处理含氟废水等。

第三节 废气治理技术

废气是人类在生产和生活过程中排出的有毒有害的气体，生产中排放出的工业废气是当今全球大气污染物的主要来源。制药企业在生产过程中产生的工业废气，其中原料药生产过程中产生的废气与化工生产过程的废气特性类似，制剂过程中产生的废气排放量大、浓度低、治理成本高；同时，因为药物的毒性和致敏性等，其废气处理与一般工业废气的处理不尽相同。因此必须进行综合治理，以免造成环境污染，危害操作者的身体健康。

一、工业废气中污染物的排放标准和环境标准

大气污染物排放限值是根据《中华人民共和国环境保护法（试行）》的规定，为控制和改善大气质量，创造清洁适宜的环境，防止生态破坏，保护人民健康，促进经济发展而制订。

首先要考虑保障人体健康和保护生态环境这一大气质量目标。为此，需综合研究这一目标与大气中污染物浓度之间关系的资料，并进行定量的相关分析，以确定符合这一目标的污染物的允许浓度。

目前各国判断空气质量时，一般多依据世界卫生组织（WHO）1963年10月提出的空气质量水平。

第一级：在处于或低于所规定的浓度和接触时间内，观察不到直接或间接的反应（包括反射性或保护性反应）。

第二级：在达到或高于所规定的浓度和接触时间内，对人体的感觉器官有刺激，对植物有损害，并对环境产生其他有害作用。

第三级：在保护人群不发生急慢性中毒和城市一般动植物正常生长的空气质量要求。同时，要合理地协调实现标准所需的社会经济效益之间的关系。需进行损益分析，以取得实施环境标准投入的费用最少，收益最大。

标准的确定还应充分考虑地区的差异性原则。要充分注意各地区的人群构成、生态系统的结构功能、技术经济发展水平等的差异性。除了制订国家标准外，还应根据各地区的特点，制订地方大气环境质量标准。

1. 大气环境质量标准分级 根据环境质量基准，各地大气污染状况、国民经济发展规划和大气环境的规划目标，按照分级分区管理的原则，规定我国大气环境质量标准分为三级。

一级标准：为保护自然生态和人群健康，在长期接触情况下，不发生任何危害影响的空气质量要求。

二级标准：为保护人群健康和城市、乡村的动、植物，在长期和短期接触情况下，不发生伤害的空气质量要求。

三级标准：为保护人群不发生急、慢性中毒和城市一般动、植物（敏感者除外）正常生长的空气质量要求。

2. 空气污染物三级标准浓度限值 见表17-4。

表17-4 空气污染物三级标准浓度限值

污染物名称	取值时间	浓度限值（mg/m³）		
		一级标准	二级标准	三级标准
总悬浮微粒	日平均*	0.15	0.30	0.50
	任何一次**	0.30	1.00	1.50

续表

污染物名称	浓度限值（mg/m³）			
	取值时间	一级标准	二级标准	三级标准
飘尘	日平均	0.05	0.15	0.25
	任何一次	0.15	0.50	0.70
	年日平均＊＊＊	0.02	0.06	0.10
二氧化硫	日平均	0.05	0.15	0.25
	任何一次	0.15	0.50	0.70
氮氧化物	日平均	0.05	0.10	0.15
	任何一次	0.10	0.15	0.30
一氧化碳	日平均	4.00	4.00	6.00
	任何一次	10.00	10.00	20.00
光化学氧化剂（O_3）	1 小时平均	0.12	0.16	0.20

注：＊"日平均"为任何一日的平均浓度不许超过的限值。

＊＊"任何一次"为任何一次采样测定不许超过的浓度限值。不同污染物"任何一次"采样时间见有关规定。

＊＊＊"年日平均"为任何一年的日平均浓度均值不许超过的限值。

总悬浮微粒，系指100μm以下微粒。

飘尘，系指空气动力学粒径10μm以下的微粒，该项为参考标准。

光化学氧化剂（O_3），1小时均值每月不得超过一次以上。

3. 大气环境质量区的划分及其执行标准的级别 根据各地区的地理、气候、生态、政治、经济和大气污染程度，确定大气环境质量分为三类。

一类区：为国家规定的自然保护区、风景游览区、名胜古迹和疗养地等。

二类区：为城市规划中确定的居民区、商业交通居民混合区、文化区、名胜古迹和广大农村等。

三类区：为大气污染程度比较重的城镇和工业区以及城市交通枢纽、干线等。

一类区由国家确定，二、三类区以及适用区域的地带范围由当地人民政府划定。各类大气环境质量区执行标准的级别规定如下：一类区一般执行一级标准；二类区一般执行二级标准；三类区一般执行三级标准。凡位于二类区内的工业企业，应执行二级标准；凡位于三类区内的非规划的居民区，应执行三级标准。

二、废气治理工艺流程

制药厂排出的废气具有种类繁多、组成复杂、数量大、危害严重等特点，必须采用综合治理的技术才能有效地减少或消除其对环境的污染。根据废气中所含主要污染物的性质不同，可分为三类，即含悬浮物废气（亦称粉尘）、含无机污染物废气和含有机污染物废气。高浓度的废气，应在本岗位设法回收或作无害化处理。对于低浓度的废气，则可通过管道集中后进行洗涤处理或高空排放，洗涤产生的废水应按废水处理法进行无害化处理。

含尘废气的处理实际上是一个气、固两相混合物的分离问题，可利用粉尘质量较大的特点，通过外力的作用将其分离出来；而处理含无机或有机污染物的废气则要根据所含污染物的物理性质及化学性质，通过燃烧、吸收、吸附、催化、冷凝等方法进行无害化处理，处理流程如图17-2所示。

三、工业废气中污染物的防治方法

工业废气处理的主要目的就是去除工业生产排放废气中的有毒有害物质及烟尘，使其处理后达标排放，减少大气污染。工业废气基本分为：工业有机废气、锅炉烟尘废气、工业酸碱废气及工业有害细粒

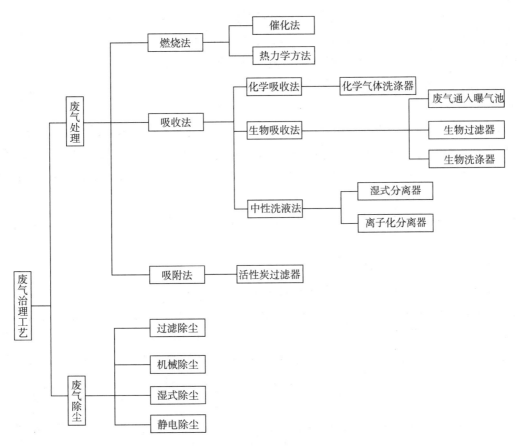

图 17 - 2　废气治理工艺流程图

子等。

1. 含尘废气处理技术　药厂排出的含尘废气主要来自原辅材料的粉碎、碾磨、筛分、压片、胶囊填充、粉状药品和中间体的干燥、分装等机械过程所产生的粉尘，以及锅炉燃烧所产生的烟尘等。常用的除尘方法有 4 种，即机械除尘、洗涤除尘、过滤除尘和静电除尘。

（1）机械除尘　利用机械力（重力、惯性力、离心力）将固体悬浮物从气流中分离出来。常用的机械除尘设备有重力沉降室、惯性除尘器、旋风除尘器等。

机械除尘设备具有结构简单、易于制造、阻力小和运转费用低等特点。较适合于处理含尘浓度高及悬浮物粒度较大的气体，对大粒径粉尘的去除效率较高，而对小粒径粉尘的捕获率很低。为了取得较好的分离效率，可采用多级串联的形式，或将其作为一级除尘使用。常用的有 CLT、CLT/A、CLP/A、CLP/B 等型号旋风分离器。

（2）洗涤除尘　又称湿式除尘（净化）。它是用水或其他液体洗涤含尘废气，利用形成的液膜、液滴或气泡捕获气体中的尘粒，尘粒随液体排出，气体得到净化。

洗涤除尘器的结构比较简单，设备投资较少，操作维修也比较方便。但此类装置气流阻力大，因而运转费用较高；但它除尘率较高，一般为 80% ~ 95%，高效率的装置除尘率可达 99%，尤其适合高温、高湿、易燃、易爆和有毒废气的净化。洗涤除尘的明显缺点是除尘过程中要消耗大量的洗涤水，排出的洗涤液必须经过废水处理后才能排放，并尽量回用，以免造成水的二次污染。洗涤除尘装置种类很多，常见的有喷雾塔、填充塔、泡沫洗涤器等。适用于极细尘粒（0.1 ~ 100μm）的去除。

（3）过滤除尘　使含尘气体经过多孔材料，将气体中的尘粒截留下来，使气体得以净化。目前，药厂中最常用的是袋式除尘器。

　　袋式除尘器结构简单，使用灵活方便，是一种高效除尘设备。这类除尘器适于处理不同类型的颗粒污染物，尤其对含尘浓度低、直径在 0.1~20μm 范围内的细粉有很强的捕集效果，除尘效率可达 90%~99%。在使用一定时间后，滤布的孔隙会被尘粒堵塞，气流阻力增加；因此需装置专门清扫滤布的机械（如敲打、振动）定期或不定期清扫滤布。但袋式除尘器的应用要受到滤布的耐温和耐腐蚀等性能的限制，一般不适用于高温、高湿或强腐蚀性废气的处理。

　　（4）静电除尘　利用高压直流电引起电极附近发生电晕，使废气中的尘粒带电，带电粒子在强电场作用下聚集到集尘电极。附着在集尘电极上的尘粒靠震荡装置清除。其优点是气流阻力小，能在高温下进行。适于处理含尘浓度低及细微尘粒（0.05~20μm）。本法除尘率很高，可达99.9%。但占地面积较大，设备投资大，运转费用也较高。

　　各种除尘装置各有其优缺点。对于那些粒径分布范围较广的尘粒，常将两种或多种不同性质的除尘器组合使用。

　　2. 含无机物废气处理技术　药厂排放的废气中，常见的无机污染物有氯化氢、硫化氢、二氧化硫、氮氧化物、氯气、氨气和氰化氢等，对于这一类气体，一般用水或适当的酸性或碱性液体进行吸收处理。如氨气可用水或稀硫酸或废酸水吸收，把它制成氨水或铵盐溶液，用作农肥。通过冷却器用水吸收一般可得2%氨水。吸收是利用气体混合物中不同组分在吸收剂中的溶解度不同，或者与吸收剂发生选择性化学反应，从而将有害组分从气流中分离出来的过程。吸收过程一般需要在特定的吸收装置中进行。吸收装置的主要作用是使气液两相充分接触，实现气液两相间的传质。用于气体净化的吸收装置主要有填料塔、板式塔和喷淋塔。

　　氯气可用液碱吸收成次氯酸钠作氧化剂用。氯化氢、溴化氢等可用水吸收成相应的酸进行回收利用，其尾气中残余的酸性气体可用液碱吸收除尽。氰化氢可用水或碱液吸收，然后用氧化剂（如次氯酸钠溶液）或还原剂（如硫酸亚铁溶液）处理。至于二氧化硫、氧化氮、硫化氢等酸性废气一般可用氨水吸收。吸收液根据情况可作农肥或其他综合利用。过高的温度不利于气体吸收。因此温度较高的废气应先冷却，然后再进行吸收。有些气体不易直接为水或酸性或碱性液体所吸收，则须先经化学处理成为可溶性物质后，再进行吸收。例如安痢平生产过程中排出含一氧化氮、二氧化氮、二氧化硫等热废气，其中一氧化氮不易吸收，因此需先用氧化法处理，即先将一氧化氮用空气氧化成较易被吸收的二氧化氮，再用氨水进行吸收，其反应式如下。

$$2NO + O_2（空气）\longrightarrow 2NO_2$$
$$2NO_2 + NH_4NO_2 \longrightarrow NH_4NO_3 + H_2O$$
$$2SO_2 + 2NH_4OH \longrightarrow （NH_4）_2SO_3 + H_2O$$

　　将热废气经过冷却后从氧化吸收塔（内装波纹填料管）下部与空气同时送入塔内，15%的氨水由塔顶喷淋而下，一边进行氧化，一边进行吸收，尾气再经过另一氨水吸收塔后排空。本法去除氧化氮的效率较高，缺点是处理后的尾气中尚含一些硝酸铵雾滴。由于本法能简单有效地去除剧毒的氧化氮，故对于药厂中少量和间歇排放的这种废气处理，甚为经济合理。

　　含无机物的废气也可用一些其他方法处理，如吸附、催化氧化、催化还原等，但这些方法往往成本较高，投资较大或者技术上尚存在问题，故在制药工业中应用较少。

　　3. 含有机物废气处理技术　根据废气中所含有机污染物的性质、特点和回收的可能性，可采用不同的净化和回收方法。目前，含有机污染物废气的一般处理方法主要有冷凝法、吸收法、吸附法、燃烧法和生物法。

　　（1）冷凝法　用冷凝器冷却废气，使废气中所含的有机污染蒸气凝结成液滴而分离出来。本法适于浓度大、沸点高的有机物蒸气。对低浓度的有机物废气，须冷却至较低的温度，则需要制冷设备，在经济上不合算。对于浓度大而沸点较低的气体，如普鲁本辛生产过程中排出的溴甲烷（沸点4.5℃），它是间歇集中排放，浓度又较大，则可采用压缩冷凝法回收利用。

（2）吸收法　选用适当吸收剂，除去废气中有机污染物含量较低或沸点较低的废气，并可回收获得一定量的有机化合物。此法关键在于选择吸收剂，不仅要考虑其价格、来源等，而且应注意其物理、化学性质。如一般胺类可用乙二醛水溶液或水吸收，吡啶类可用稀硫酸吸收，酚类可用水吸收，醛类可用亚硫酸氢钠溶液吸收，某些有机溶剂（如苯、甲醇、乙酸丁酯等）可用柴油或机油吸收等。但是如果浓度过低，吸收效率就明显降低；而大量吸收剂反复循环的动力消耗和吸收剂损失就显得较人，因此对于极稀薄气体的处理，应选用吸附法更为适宜。

（3）吸附法　将废气与大表面多孔性固体物质（吸附剂）接触，使废气中的有害成分吸附到固体表面上，从而达到净化气体的目的。再通过加热解析，冷凝，可回收有机物。目前常用的吸附剂主要有活性炭、氧化铝、褐煤（吸附后不回收，而用作燃料）等。各种吸附剂对不同物质吸附效果不同。如活性炭对醇、羧酸、苯、硫醇等类气体均有强吸附力；对丙酮等有机溶剂次之；对胺类、醛类吸附力最差。吸附法效果好，工艺成熟，但设备庞大，流程复杂，特别是废气中若有胶黏物质很易使活性炭失效，因而限制了它的广泛应用。

（4）燃烧法　在有氧的条件下，将废气加热到一定的温度，使其中的可燃污染物发生氧化燃烧或高温分解而转化为无害物质。若废气中易燃物质浓度较高，可通入高温炉（如锅炉、窑炉等）进行焚烧，燃烧产生的热量可回收利用。它是一种简单可行的方法。但需特别注意废气的腐蚀性，某些废气不能在炉内燃烧，也可在空中自由燃烧。但这样不仅不能回收热量，而且因燃烧温度不够高，某些有机物可能分解不完全，而产生二次污染物。

（5）生物法　处理废气的原理是利用微生物的代谢作用，将废气中所含的污染物转化成低毒或无毒的物质。

4. 锅炉烟尘废气处理　烟气治理技术的关键主要是去除烟气中的有害物质（二氧化硫、氮氧化物等）和除尘。湿法烟气治理技术可同时实施脱硫脱氮及除尘。使用湿法烟气治理技术，烟气经过吸收剂与添加剂混合液一次性洗涤，烟气中的二氧化硫和氮氧化物可同时被吸收净化，中小型锅炉可同时除尘，一般应用于中小型工业锅炉上，其脱硫效率可达90%以上，脱氮效率达60%，除尘效率达90%以上。

四、制药工业中的废气治理

一般来说，原料药的生产从反应性质上看有氧化、还原、水解、合成以及氯化、磺化、氯磺化、硝化、亚硝化、氰化、酰化、酯化、甲基化、环合、缩合等。氯化、磺化、氯磺化、硝化、亚硝化过程反应激烈，常常伴有大量的HCl、SO_2、SO_3、NO_x等排出，容易造成强烈的大气污染，因此，必须进行综合治理。例如吸收、反应、燃烧、吸附等。

1. 吸收法处理二氧化硫及氯化氢尾气　在某些药物生产中，产生大量的二氧化硫尾气，过去一直采用液碱喷淋循环吸收，吸收效果并不理想，后采用35% NH_4HSO_3和10%（NH_4）$_2SO_3$配成的溶液，通过喷射泵循环吸收，可使最后二氧化硫尾气浓度降低到<0.07%。在生产黄连素、磺胺噻唑等的氯化反应、氯磺化反应中，产生的大量氯化氢尾气用水吸收，不仅消除了氯化氢气体造成的环境污染，而且回收得到一定浓度的盐酸。

2. 高效脱硝催化处理氮氧化物废气　硝化、亚硝化反应中产生的氮氧化物气体，可用水或碱吸收，但处理通常不够彻底，有时还会造成二次污染（当稀硝酸水溶液直接排放时）。如果使氮氧化物在催化剂作用下分解为氮和二氧化碳等无害气体，则可直接排放到大气中，又避免了吸收法可能造成的二污染。

3. 焚烧法处理苯乙酰胺生产尾气　苯乙酰胺生产尾气中含有大量硫化氢气体，部分氨气和其他有机蒸气，用焚烧法进行净化处理，可将其氧化生成 SO_2、N_2、CO_2、H_2O 等气体，消除硫化氢气体的污染。

4. 副产物的综合利用　在制药工业的生产过程中，常常有大量的副产物产生，必须加以综合利用，否则会造成资源的巨大浪费，并影响到成本。如氯霉素生产中副产大量的邻硝基乙苯固体，以前没有找到合适的综合利用方法，现在经过研究可用来生产除莠剂、防染盐、炸药、溶剂等。

◈ 第四节　废渣处理技术

药厂废渣是在制药过程中产生的固体、半固体或浆状废物，是制药工业的主要污染源之一。常见的废渣包括煎煮残渣、蒸馏残渣、失活催化剂、废活性炭、胶体废渣（如铁泥、锌泥等）、过期的药品、不合格的中间体和产品，以及用沉淀、混凝、生物处理等方法产生的污泥残渣等。其中以废水处理产生的污泥数量最多，而又最难处理。药厂废渣污染问题与废气、废水相比，一般要小得多，废渣的种类和数量也比较少。但废渣的组成复杂，且大多含有高浓度的有机污染物，有些是剧毒、易燃、易爆的物质。因此，必须对药厂废渣进行适当的处理，以免造成环境污染。

固体废渣处理的含义是指被称为废物的固体的出路或处置方法。有的有回收价值，如贵金属，应予回收；有的可进行综合利用，如某种中药材在大批量提取有效成分后的药材废渣的综合利用（包括中药材中多类成分的综合利用，淀粉、色素、蛋白质、纤维素、果胶等的提纯回收）；有的可进行焚烧；有的则可考虑土埋。

一、回收和综合利用

各种废渣的成分及性质很不相同，因此处理的方法和步骤也不相同。一般说来，废渣中有相当一部分是未反应的原料或反应副产物，是宝贵的资源。因此，在对废渣进行无害化处理前，首先应注意是否含有贵重金属和其他有回收价值的物质，是否有毒性。对于前者要先回收而后才作其他处理，对后者则要除毒后才能进行综合利用。如废催化剂是化学制药过程中常见的废渣，制造这些催化剂要消耗大量的贵重金属，从控制环境污染和合理利用资源的角度考虑，都应对其进行回收利用。再如，铁泥可以制备氧化铁红或磁蕊，锰泥可以制备硫酸锰或碳酸锰，废活性炭经再生后可以回收利用，硫酸钙废渣可制成优质建筑材料，废菌丝体可作饲料和饲料添加剂等。许多废渣经过某些技术处理后，可回收有价值的资源。从废渣中回收有价值的资源，并开展综合利用，是控制污染的一项积极措施。这样不仅可以保护环境，而且可以产生显著的经济效益。

回收或除毒，主要先采用浸出法（固 - 液萃取），然后用化学方法处理。常用的浸出剂有盐酸、硫酸、氨水、液碱以及煤油等有机溶剂。浸出液经浓缩结晶、化学沉淀、离子交换等方法处理即可得到贵金属及其他有用物质。废脱色炭、胶体等多种沉渣都可以用本法来回收其中的有用物质。废渣经回收或除毒后，应尽量进行综合利用。

1. 作原辅材料　废渣用作本厂或他厂的原辅材料，能大大地降低了生产成本。如氯霉素生产中排出的铝盐可制成医疗用氢氧化铝凝胶等。

2. 作燃料　煎煮残渣、蒸馏残渣、经回收利用后的废胶体、废活性炭等均易燃烧，可以用作燃料使用。但应特别注意的是如果燃烧不充分，极易造成二次污染问题。

3. 用作饲料或肥料　有些废渣，特别是生物发酵后排出的废渣通常含有多种营养物质，根据具体情况可将这些废渣用作饲料或肥料。剩余的活性污泥经厌气处理后，如果不含有重金属等有害物质，一般可作农肥使用。

4. 作铺路或建筑材料　有些废渣，如电石渣，除可用于 pH 调节外，还可用作建筑材料。

二、废渣处理技术

经综合利用后的残渣或无法进行综合利用的废渣，应采用适当的方法进行无害化处理。由于废渣的组成复杂，性质各异，所以对废渣的治理还没有像废气和废水的治理那样形成系统。目前，对废渣的处理方法主要有焚烧法、化学法、热解法和填埋法等。

（一）焚烧法

焚烧法是使被处理的废渣与过量的空气在焚烧炉内进行氧化燃烧反应，从而使废渣中所含的污染物在高温下氧化分解而破坏，是一种高温处理和深度氧化的综合工艺。

当废渣中有机物或可燃物质的含量较高时，可采用焚烧法。焚烧能大大减少废物的体积，消除其中的许多有害物质，同时又能回收热量。因此，对于一时无回收价值的可燃性废渣，特别当它含有毒性或有杀菌作用的废渣无法用厌气处理时，可以选用焚烧。因为物质的燃烧实际上是分两步进行的，先是可燃物质气化，然后是可燃气体与氧气反应发光放热。通常两步是合在一起的，这就造成气化不完全或可燃气体燃烧不够充分，影响去除率。有关废物的焚烧处理，有五个问题值得关注。

1. 废物的发热量　废物的发热量越高，也就是可燃物含量越高，则焚烧处理的费用就越低。发热量达到一定程度（如对废渣来说，一般为 2500kcal/kg 以上），点燃后即能自行焚烧；若发热量较低（如只有几百千卡/千克）的，不能自行维持燃烧，要靠燃料燃烧产生高温气流来保持炉温，所以燃料的消耗量取决于废物发热量的大小。

2. 焚烧的温度　为了保证废物中的有机成分或其他可燃物全部烧毁，必须要有一定的燃烧温度。通常炉温不能低于 800℃。有的要在氧化焰下进行，否则燃烧不充分，则排出的烟气和焚烧后废渣中的污染物不能去尽。

3. 烟气的处理　废物的焚烧过程也就是高温深度氧化过程。含碳、氢、氧、氨的化合物，经完全焚烧生成无害的二氧化碳、水、氮气等排入大气中，一般可不经处理直接排放。含氯、硫、磷、氟等元素的物质燃烧后有氯化氢、二氧化硫、五氧化二磷等有害物质生成。必须进行吸收等处理至符合排放标准后才能排放。

4. 残渣的处理　许多废渣焚烧时可完全生成气体，有的则仍有一些残渣。这种残渣大多是一些无机盐和氧化物，可进行综合利用或作工业垃圾处理。有些残渣含有重金属等有害物质，应设法回收利用或用"化学安全填埋法"处置。焚烧残渣中不应含有机物质，否则说明焚烧不够完全。不完全燃烧产生的残渣具有一定的污染性，不能任意抛弃，应妥善处置。

5. 烟气废热的回收利用　一般只有大中型的焚烧器采用废热锅炉生产蒸汽，在经济上才合算，但同时存在锅炉腐蚀等技术问题。对于一时难以用其他方法回收处理的废物，用焚烧法能解决许多棘手的污染问题。但应特别注意其工艺设备和排出的烟气是否会再污染环境。

（二）化学法

利用废渣中所含污染物的化学性质，通过化学反应将其转化为稳定、安全的物质，是一种常用的无害化处理技术。

如凝血酸生产中的氰化亚铜废渣，过去无法处理，影响了凝血酸的扩产。后采用无害化处理，即在废渣中加入氢氧化钠溶液，加热回流数小时后，再用次氯酸钠分解，使氰基转变成 CO_2 和 N_2。经取样分析，符合排放标准后排放。既治理了三废，又扩大了凝血酸的生产。

（三）热解法

在无氧或缺氧的高温条件下，使废渣中的大分子有机物裂解为可燃的小分子燃料气体、油和固态碳等。

（四）填埋法

填埋法是将一时无法利用、又无特殊危害的废渣埋入土中，利用微生物的长期分解作用而使其中的有害物质降解。填埋法通常比焚烧法更经济些。填埋的地方要经过仔细考察，特别要注意不能污染地下水。用填埋法处理有机废物常有潜在的危险性，如有机物分解时放出甲烷、氨气及硫化氢等气体。因此目前多专家倾向于先焚烧变成少量的残渣再用填埋法处理。有些污泥废渣发热量太低无法焚烧时，也需先进行脱水，待其体积、数量大大减少后才进行填埋处置。

目前国外正在发展的化学安全填埋法是一种较好的废渣处置法。例如含砷的废渣可装入水泥容器中进行填埋，周围的土壤均用石灰处理，以防止万一容器泄漏会形成可溶性的砷化合物而污染地下水。采用这种方法处理的费用虽较贵，但不易污染环境，因此是一种比较适当的处置法。

三、制药工业中的废渣治理

废渣中有相当一部分是未参加反应的原料、辅料或反应后生成的副产物，是宝贵的资源。因此，在对废渣进行无害化处理前，应尽可能考虑回收和综合利用。很多废渣经过适宜技术处理后，可回收有价值的资源，既有效地节约了资源，又避免了对环境造成的污染。常见的有以下几种。

1. 胶体废渣　某药厂在安乃近生产过程中产生多种胶体废渣，含有安乃近及其中间体，采用煤油作浸出剂，在提取塔中进行连续浸提。浸出液经酸或碱精制处理可回收安乃近及其中间体，从而使收率提高，成本降低。残余的废渣仍可用作燃料。

2. 反应残渣　反应残渣和废催化剂一样用化学法处理，如钯催化剂在套用失活后，先用溶剂洗涤，再以王水处理生成氯化钯，然后重新制成催化剂。

$$Pd（失活）+ HCl \xrightarrow{HN_3O} PdCl_2$$
$$PdCl_2 + H_2 \longrightarrow Pd（活性）\downarrow + 2HCl$$

3. 中药药渣　中药药渣大多是植物的根、茎、叶以及海洋生物、昆虫等经提取后形成的混合物，并以湿物料为主。中药制药生产过程中每年产生的废弃药渣高达数百万吨，目前，最常采用的方法是填埋、焚烧、固定区域堆放等措施，但这些方法会对周围的水质、土壤和空气造成严重的污染。此外，中药废弃药渣虽经煎煮等处理过程，但依旧含有一定量的药物活性成分以及大量的纤维素、半纤维素、木质素、蛋白、淀粉等丰富的有机成分，如果直接丢弃也会造成巨大的资源浪费。中药药渣资源丰富且有再利用价值，将中药废弃药渣生态化利用，在保护环境的同时也能为企业带来良好的经济效益。需要注意的是，中药药渣来源广泛，不同原料药得到的药渣成分不同，需要根据具体情况来决定采取的途径。如：菊花药材生产过程产生的大量茎叶、根非药用部位，其富含挥发油、黄酮、三萜酸、糖等类资源性化学成分，属于高值化废弃物；通过提取分离技术，获得高附加值的菊茎叶精油、菊茎叶黄酮/酚酸、菊多糖等作为医药原料、日用化妆品原料、饲料添加剂等；剩余残渣可进一步作为生产纤维素酶、生物燃料、生物有机肥等的原料进行资源化利用。

>>> 知识链接 o- -

中药药渣生产有机肥

利用中药药渣生产有机肥料是当前比较常见、经济的利用方式。中药药渣中含有大量的纤维素，将中药药渣适当粉碎，利用微生物在一定的温度和 pH 条件下，将其进行生化腐熟，形成一种稳定的腐殖质，即可获得优质的有机肥料，以上即为堆肥的过程。另外，中药药渣还含有氮、磷、钾等无机成分，能基本满足农作物的营养需求。中药药渣作为有机肥料的利用模式主要包括三种：生土熟化利用模式，生产基质、肥料利用模式和基于有机生态无土栽培的三级循环利用模式。

目前已有一些研究者将麦芽药渣、连翘药渣、丹皮药渣堆肥发酵生产有机肥。研究表明：三种中药药渣有机肥均能促进黄芪植株的生长，提高黄芪地上部分和地下部分增重、株高和根粗。不仅单味药的药渣可用于药材的种植，中成药药渣也可以用于药材的种植。如制备妇科千金片的药渣生成有机肥后，可促进半夏生长，对半夏地下球茎、根质量与地下部分总重量增重效果显著。

答案解析

目标检测

一、选择题

1. 制药过程污染不包括（　）

    A. 水污染　　　　　　B. 固体废弃物污染　　　C. 信息污染　　　　　D. 大气污染

2. 废水经过二级处理后，BOD_5 应降到（　）mg/L

    A. 20~30　　　　　　B. 30~40　　　　　　C. 50~60　　　　　　D. 90~100

3. 废水处理中的还原法常用于处理含（　）的废水

    A. 酚　　　　　　　　B. 氰　　　　　　　　C. 硫　　　　　　　　D. 汞

4. 世界卫生组织提出的空气质量水平分为（　）级

    B. 二　　　　　　　　B. 三　　　　　　　　C. 四　　　　　　　　D. 五

5. 袋式除尘器对含尘浓度低、直径在（　）μm 范围内的细粉除尘效率可达90%以上

    A. 0.1~20　　　　　B. 0.05~0.1　　　　C. 0.01~0.05　　　　D. 0.001~0.01

二、思考题

1. 制药工业污染的特点是什么？
2. 制药工业防治污染的措施有哪些？
3. 如何对工业废水进行分类？
4. 制药工业废水的有效治理的原则有哪些？
5. 常用的除尘方法有哪些？

书网融合……

思政导航　　　　　本章小结　　　　　微课　　　　　题库

参考文献

［1］陈金水. 中医学［M］.9 版. 北京：人民卫生出版社，2018.

［2］王知斌. 药物制剂设备［M］. 北京：中国医药科技出版社，2021.

［3］王沛. 中药制药工程原理与设备［M］.4 版. 北京：中国中医药出版社，2017.

［4］王沛. 制药工艺学［M］.2 版. 北京：中国中医药出版社，2017.

［5］王沛. 药物制剂设备［M］. 北京：中国医药科技出版社，2016.

［6］张功臣. 制药用水系统［M］.3 版. 北京：化学工业出版社，2016.

［7］高尚，盛伦武. 实用制药知识与技术解析［M］. 长沙：湖南科学技术出版社，2018.

［8］杨贵恒. 噪声与振动控制技术及其应用［M］. 北京：化学工业出版社，2018.

［9］纪光欣，孔敏. 论泰勒科学管理理论的系统性特征［J］. 系统科学报，2022，30（2），18－24.

［10］蓝莎，王芮. 泰勒科学管理理论在现代企业中的应用［J］. 现代企业，2020（9），10－11.

［11］金锐，黄建梅，王宇光，等. 中西药物相互作用研究框架：Ⅰ／Ⅱ／Ⅲ类途径的构建［J］. 中国中药杂志，2016，41（3）：545－549.

［12］张志轩，崔树婷，朱中博，等. 中药有效部位提取技术与筛选方法应用研究进展［J］. 中国中医药信息杂志，2021，28（5）：132－136.

［13］张青铃，罗友华，许光辉，等. 干法制粒工艺在中药口服固体制剂制备中的应用［J］. 中国现代中药，2020，22（5）：827－834.

［14］张臻，高天慧，傅超美，等. 中药丸剂剂型理论与应用现状关键问题分析［J］. 中国中药杂志，2017，42（12）：5.

［15］叶亮，熊志伟，孙娥，等. 中药液体制剂的剂型设计关键技术：组分的溶解性质与增溶技术应用［J］. 中国中药杂志，2022，47（12）：3166－3174.

［16］管庆霞，赵梦瑶，董诗，等. 酒剂工艺演变及临床应用研究［J］. 现代食品，2021（22）：115－119.

［17］熊皓舒，田埂，刘鹏，等. 中药生产过程质量控制关键技术研究进展［J］. 中草药，2020，51（16）：4331－4337.

［18］徐冰，史新元，吴志生，等. 论中药质量源于设计［J］. 中国中药杂志，2017，42（6）：1015－1024.

［19］曾慧婷，戴迪，何小群，等. 大健康背景下药食两用药渣的资源化利用研究实践与策略［J］. 中国中药杂志，2022，47（14）：3968－3976.

［20］Zhang S，Xiong H，Zhou L，et al. Development and validation of in－line near－infrared spectroscopy based analytical method for commercial production of a botanical drug product［J］. J Pharm Biomed Anal，2019，174：674－682.

［21］Yating Yu，Lijie Zhao，Xiao Lin，et al. Research on the powder classification and the key parameters affecting tablet qualities for direct compaction based on powder functional properties［J］. Advanced Powder Technology，2021，32：565－581.

［22］Binbin Liu，Jiamiao Wang，Jia Zeng，et al. A review of high shear wet granulation for better process understanding，control and product development［J］. Powder Technology，2021，381：204－223.